Stahlbetonbau-Praxis
nach **DIN 1045** *neu*

Band 1

BBB Bauwerk-Basis-Bibliothek

Prof. Dr.-Ing. Alfons Goris

Stahlbetonbau-Praxis nach DIN 1045 *neu*

Band 1

Grundlagen
Bemessung
Beispiele

Die Deutsche Bibliothek – CIP-Einheitsaufnahme

Goris, Alfons:
Stahlbetonbau-Praxis
nach DIN 1045 neu

Band 1
Grundlagen – Bemessung – Beispiele

1. Aufl. Berlin: Bauwerk, 2002

ISBN 3-934369-28-6

www.bauwerk-verlag.de
info@bauwerk-verlag.de

Umschlaggestaltung:
moniteurs, Berlin

Druck und Bindung:
Druckerei Runge GmbH

Vorwort

Gegenwärtig sind die Vorschriften zur Bemessung und Konstruktion von Stahlbetontragwerken in einem erheblichen Wandel begriffen. Noch gilt die DIN 1045 in der Fassung von 1988, der Übergang zu einer neuen Normengeneration ist jedoch schon eingeleitet. Aufbauend auf den Eurocode wurde im Juli 2001 die neue DIN 1045 „Tragwerke aus Beton, Stahlbeton und Spannbeton" veröffentlicht, die schon bald die „alte" DIN 1045 ersetzen soll. Damit steht dem praktisch tätigen Ingenieur eine wesentliche Umstellung bevor, an den Hochschulen müssen sich die Studierenden mit der neuen Vorschrift in der Ausbildung auseinander setzen. Das vorliegende Buch soll hierzu eine Hilfe bieten.

Das Buch behandelt die Eigenschaften von Beton, Stahl sowie den Verbundbaustoff Stahlbeton und gibt eine Einführung in das neue Sicherheitskonzept; es enthält die Nachweise in den Grenzzuständen der Tragfähigkeit und Gebrauchstauglichkeit sowie die Anforderungen an die Dauerhaftigkeit und an ein duktiles Bauteilverhalten. Die einzelnen Nachweise werden in ihren theoretischen Grundlagen anwendungsnah erläutert und jeweils mit mehreren Beispielen ergänzt. Zwei abschließende „vollständige" Beispiele stellen dann zusammenhängend die wesentlichen Schritte einer Bemessung für ein Tragwerk dar.

Die Bewehrungsrichtlinien und die konstruktive Durchbildung der einzelnen Bauteile sowie die Besonderheiten der Schnittgrößenermittlung bei Stahlbetontragwerken werden in einem zweiten Band behandelt.

Das vorliegende Buch soll Studierende an den Verbundbaustoff Stahlbeton heranführen und mit der Theorie, Berechnung und Bemessung vertraut machen. Alle Nachweise beziehen sich auf die neue DIN 1045; dies wird sicher auch für den in der Praxis tätigen Ingenieur von besonderem Interesse sein.

Dem Bauwerk Verlag und insbesondere Herrn Prof. Klaus-Jürgen Schneider möchte ich an dieser Stelle für die stets gute und kooperative Zusammenarbeit danken.

Im Dezember 2001 *Alfons Goris*

Schneider, Klaus-Jürgen (Hrsg.)

Baustellen-Tafeln
Tabellen. Kurzinfos. Beispiele.
Mit neuer Bauregelliste 2000/2001

2000. 782 Seiten.
13 x 18,5 cm. Gebunden.

DM 85,– I ÖS 620,– I SF 85,– I EUR 44,–
ISBN 3-934369-04-9

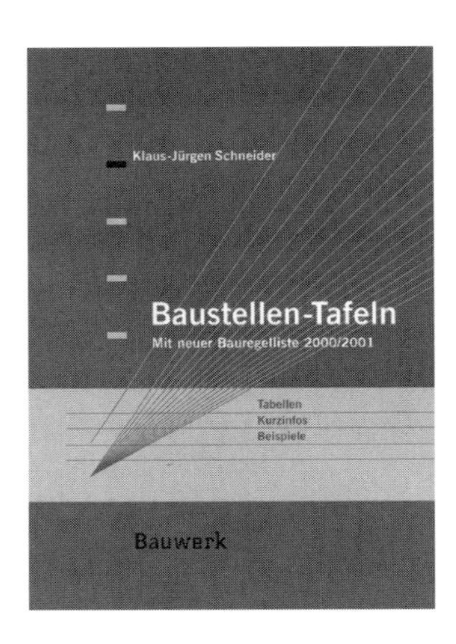

Herausgeber:
Prof. Klaus-Jürgen Schneider ist auch Herausgeber der bekannten SCHNEIDERs (Bautabellen für Ingenieure und für Architekten).

Ein neuer SCHNEIDER: Das Praxishandbuch für unterwegs

Die „Baustellen-Tafeln" sind ein „Praxishandbuch für unterwegs". Sie enthalten kompakte Informationen aus wichtigen Bereichen des Bauwesens, wie z.B. Baurecht, Baubetrieb, Bauphysik, Baustatik, konstruktiver Ingenieurbau, Bauvermessung, aktuelle Normenübersicht. Die Handlichkeit durch das kleine Buchformat und der kompakte Inhalt machen diese Neuerscheinung zu einem wirklichen Taschenbuch als ständigen Fachbegleiter.
Ein kompetentes Autorenteam praxiserfahrener Professoren ist der Garant für ein praxisgerechtes Nachschlagewerk auf dem neuesten Stand der bautechnischen Entwicklung.

Inhaltsverzeichnis

1 Einführung

1.1 Grundsätzliche Erläuterungen zum Tragverhalten

Stahlbeton und Spannbeton sind Verbundbaustoffe, die aus den Komponenten Beton, Betonstahl und Spannstahl bestehen. Diese Komponeneten haben unterschiedliche Eigenschaften in Bezug auf ihr Materialverhalten, ihre Verarbeitung und ihre Kosten.

Beton hat eine relativ hohe Druckfestigkeit, die im Hochbau für übliche Betonfestigkeitsklassen bei etwa 15 N/mm^2 bis 35 N/mm^2 liegt, beim hochfesten Beton aber durchaus Werte von 100 N/mm^2 und mehr erreichen kann. Die Zugfestigkeit ist allerdings gering und erreicht im Durchschnitt nur Werte von ca. 10 % der Druckfestigkeit. Beton ist sehr preisgünstig und hat den Vorteil, dass er leicht formbar ist (Beton passt sich jeder Schalung an).

Stahl hat dagegen eine sehr hohe Zug- und Druckfestigkeit, die für den heute auf dem Markt befindlichen und eingesetzten Betonstahl etwa 500 N/mm^2 beträgt (der genannte Wert gibt die sog. Streckgrenze wieder), also etwa 20fache Festigkeitswerte im Vergleich zur Druckfestigkeit des Betons aufweist. Im Vergleich zum Beton ist der Betonstahl sehr teuer und ist außerdem nur werksmäßig herstellbar.

Aus den in Kurzform dargestellten Eigenschaften ergibt sich, wo Beton wirtschaftlich sinnvoll als Baustoff eingesetzt wird

- bei auf Druck beanspruchten Bauteilen wie Stützen, Wände, Bögen u. a.
- bei Biegeträgern in der Druckzone des Verbundbaustoffs Stahlbeton, während in der Zugzone wegen der nur geringen Betonzugfestigkeit Stahlbewehrung zur Aufnahme der Zugspannungen erforderlich ist.

Als *Vorteil* der Stahlbetonbauweise – im Vergleich zum Stahlbau und Holzbau – können genannt werden

● Formbarkeit:	leichte Formgebung durch Schalung	
	beliebige architektonische Form	(Tragwerksform, Oberflächenprofilierungen)
	Anpassung an Beanspruchung	(Vouten etc.)
● Wirtschaftlichkeit:	optimaler Materialeinsatz	(teurer Stahl wird nur in der Zugzone benötigt)
	geringe Unterhaltungsarbeiten	(Anstriche sind bei Beton mit dichtem Gefüge i. Allg. nicht erforderlich)
	guter Schallschutz	(wegen ausreichender Masse)
● Widerstandsfähigkeit:	widerstandsfähig gegen Feuer, mechanische Abnutzung Witterungseinflüsse und chemische Einflüsse	

Als *Nachteile* wirken sich insbesondere aus, dass die Herstellung abhängig von Witterungseinflüssen ist (gilt nicht für Fertigteile), die i. Allg. geringeren Schlankheiten bzw. großen Gewichte und die schwierige Demontierbarkeit.

Erläuterungen des Tragverhaltens

Das Tragverhalten von Beton-, Stahlbeton- und Spannbetontragwerken soll zunächst am Beispiel eines einfeldrigen Biegeträgers erläutert werden.

Hierfür erhält man unter Gleichstreckenlast den dargestellten parabelförmigen Momentenverlauf. Bei linear-elastischem Materialverhalten ergeben sich über die Querschnittshöhe linear verlaufende Spannungen, die nach der Elastizitätstheorie als Randspannungen ermittelt werden können aus $\sigma = M/W$ (bei einem Rechteckquerschnitt sind die Biegzug- und Biegedruckspannungen gleich groß).

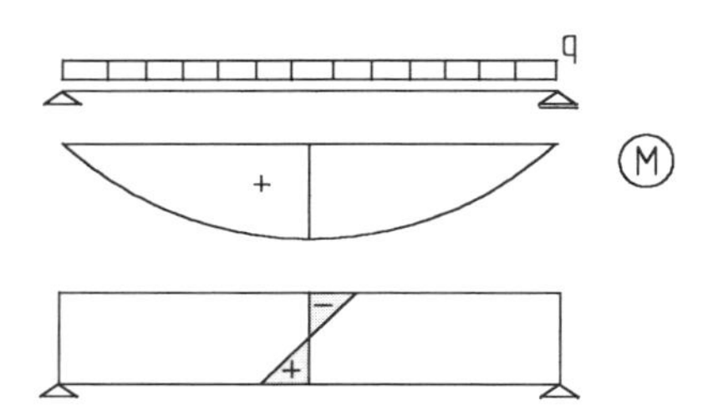

Die Annahme eines linearen Materialverhaltens ist jedoch für den Werkstoff Beton nicht zutreffend. Zum einen weist der Beton unterschiedliches Verhalten auf Druck und Zug auf (die Zugfestigkeit beträgt nur etwa 10 % der Druckfestigkeit), zum anderen ist der Zusammenhang zwischen den Dehnungen und Spannungen im Druckbereich nicht linear (mit steigenden Dehnungen wachsen die Druckspannungen nicht proportional an).

Für den *unbewehrten* Betonbalken tritt unter geringer Belastung – in der Regel schon im Gebrauchszustand – Tragwerksversagen auf. Wenn die Zugfestigkeit des Betons erreicht bzw. überschritten wird, ist ein Gleichgewichtszustand im Querschnitt nicht mehr möglich.

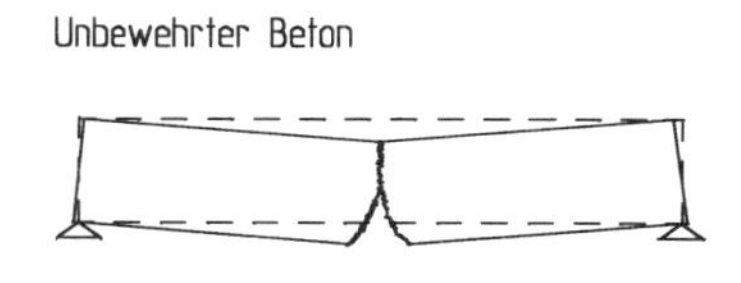

Bei einem *Stahlbeton*-Tragwerk kommt es ebenfalls zu einem Versagen des Betons in der Zugzone (gerissene Betonzugzone). Allerdings können die Zugspannungen durch die im Verbund liegende Bewehrung aufgenommen werden. Es ist somit im Querschnitt ein Gleichgewichtszustand möglich. Die Rissbildung muss allerdings im Gebrauchszustand soweit begrenzt werden, dass die einwandfreie Gebrauchstauglichkeit und die Dauerhaftigkeit (Bewehrungskorrosion) nicht nachteilig beeinflusst wird.

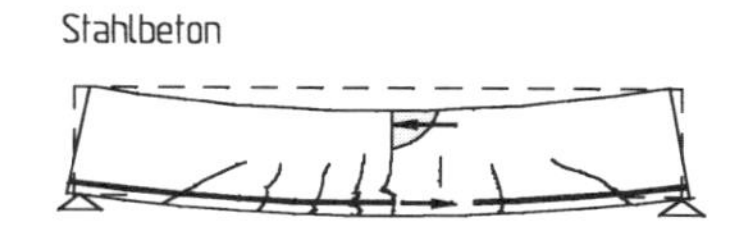

Im *Spannbeton* erhält ein Tragwerk durch „Vorspannung“ eine zusätzliche (Druck-)Längskraft. Außerdem wird bei entsprechender Spanngliedführung ein Vorverformungs- und Spannungszustand hervorgerufen, der dem aus äußeren Lasten entgegen wirkt (die in der Abbildung dargestellten sog. Umlenkkräfte *u* heben die äußeren Belastungen teilweise oder ganz auf). Bei geeigneter Wahl einer Vorspannung entstehen unter Gebrauchslasten keine oder nur noch geringe Zugspannungen; das Tragwerk ist weitgehend rissefrei und weist nur geringe Verformungen auf. Bei Laststeigerung über die Gebrauchslast hinaus, stellt sich ein ähnliches Tragverhalten wie im Stahlbeton ein. Tragwerke werden insbesondere bei größeren Stützweiten und höheren Lasten vorgespannt; die Vorspannung wird jedoch auch zur Verminderung einer Rissbildung oder zur Reduzierung von Verformung angewendet.

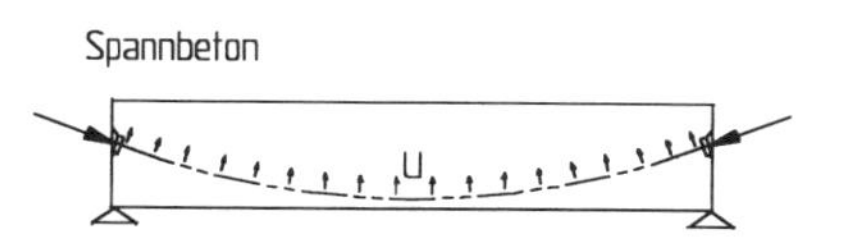

1.2 Geschichtliche Entwicklung

Die Bauweise mit Beton lässt sich bis zur Römerzeit zurückverfolgen; Stahlbeton ist jedoch erst seit ca. 150 Jahren bekannt. Nachfolgend ist eine kurze Übersicht gezeigt (s. a. Abb. 1.1).

120 v. Chr.:	ältestes römisches Gussmauerwerk mit „hydraulischem Bindemittel" hergestellt (Opus Caementitum)
26 v. Chr.:	Kuppel des Pantheon in Rom in Leichtmörtel und Gussmauerwerk
1824:	Erste Portlandzementfabrik von *Aspin* bei London
1867:	*Monier*'s erstes Patent für stahlbewehrte Betonkübel
1886:	*Jackson* (USA) macht erste Vorschläge Beton vorzuspannen
1902:	Erste theoretische Untersuchungen und Ansätze zur Bemessung von *Mörsch* („Der Eisenbetonbau, seine Anwendung und Theorie")
1904:	Preußischer Erlass „Vorläufige Leitsätze für Vorbereitung, Ausführung und Prüfung von Eisenbetonbauten" (Vorläufer der DIN 1045)
1906:	Erste Versuche mit in gespanntem Zustand einbetonierter Bewehrung (*Koenen*)
1907:	Deutscher Ausschuss für Stahlbeton
1928:	*Freyssinet* (Frankreich) entwickelt Verfahren mit hochfesten Stählen, bei denen genügend hohe bleibende Druckspannungen erzeugt werden konnten
1932:	Erstausgabe der DIN 1045: Bestimmungen und Ausführung von Bauwerken aus Eisenbeton
1934:	*Dischinger* erhält Patent für Vorspannung ohne Verbund
1938:	Erste Spannbetonbrücke in Deutschland (bei Oelde)
1949:	Erste im Verbund vorgespannte Durchlaufträgerbrücke (*Leonhardt / Baur*)
1953:	Erstausgabe der DIN 4227: Richtlinie für die Bemessung und Ausführung von Spannbeton
1972:	Neue DIN 1045 (überarbeitet: 1978, 1988)
1973:	Neue DIN 4227 Spannbetonrichtlinie (überarbeitet 1979, 1988)
1992:	Neue Europäische Stahlbeton- und Spannbetonnorm (Eurocode 2)
2001:	DIN 1045-1: Tragwerke aus Beton, Stahlbeton und Spannbeton; Teil 1: Bemessung und Konstruktion (als Fortentwicklung des Eurocode 2)

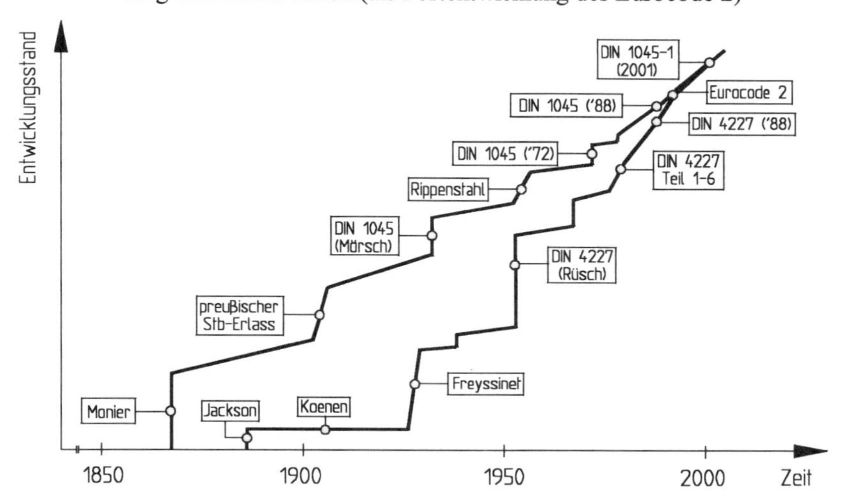

Abb. 1.1 Entwicklungsstufen der deutschen Stahlbeton- und Spannbetonnormen (nach [Litzner – 96])

1.3 Begriffe; Formel- und Kurzzeichen

1.3.1 Begriffe

Für die Anwendung von DIN 1045-1 ist zunächst zu unterscheiden zwischen Prinzipien und Anwendungsregeln. **Prinzipien** enthalten allgemeine Festlegungen, Definitionen und Angaben, die einzuhalten sind; als Prinzipien sind Anforderungen und Rechenmodelle formuliert, für die keine Abweichungen erlaubt sind. Prinzipien sind in DIN 1045-1 durch gerade Schreibweise gekennzeichnet. **Anwendungsregeln** sind dagegen allgemein anerkannte Regel, die den Prinzipien folgen und deren Anforderungen erfüllen. Abweichende Regeln sind zulässig, wenn sie mit den Prinzipien übereinstimmen und hinsichtlich der sicherzustellenden Tragfähigkeit, Gebrauchstauglichkeit und Dauerhaftigkeit gleichwertig sind. Die Anwendungsregeln sind in DIN 1045-1 durch kursive Schreibweise gekennzeichnet.

Für die Anwendung von DIN 1045-1 gelten neben den dort genannten Begriffen insbesondere auch die nach DIN 1055-100. Nachfolgend sind einige wesentliche Begriffe aus DIN 1045-1 und DIN 1055-100 zusammengestellt (s. a. die nachfolgenden Abschnitte).

Grenzzustand bezeichnet einen Zustand, bei dem ein Tragwerk die Entwurfsanforderungen gerade noch erfüllt; es werden Grenzzustände der Tragfähigkeit, der Gebrauchstauglichkeit und der Dauerhaftigkeit unterschieden.

Einwirkungen E sind auf ein Tragwerk einwirkende Kräfte, Lasten u. a. als direkte Einwirkung, eingeprägte Verformungen (Temperatur, Setzung) als indirekte Einwirkung, eingeteilt in
- ständige Einwirkung: z. B. Eigenlast der Konstruktion
- veränderliche Einwirkung: z. B. Nutzlast, Wind, Schnee, Temperatur
- außergewöhnliche Einwirkungen: z. B. Explosion, Anprall von Fahrzeugen
- vorübergehende Einwirkungen: z. B. Bauzustände, Montagelasten

- *Charakteristische Werte* der Einwirkungen (F_k) werden i. Allg. in Lastnormen festgelegt und zwar:
  - ständige Einwirkung i. Allg. als ein einzelner Wert (G_k), ggf. jedoch auch als oberer ($G_{k,sup}$) und unterer ($G_{k,inf}$) Grenzwert
  - veränderliche Einwirkung (Q_k) als oberer / unterer Wert oder als festgelegter Sollwert
  - außergewöhnliche Einwirkung (A_k) i. Allg. als festgelegter (deterministischer) Wert
- *Kombinationen von veränderlichen Einwirkungen* ergeben sich unter Berücksichtigung von Kombinationsbeiwerten ψ_i (s. Abschn. 3 und 4)
- *Bemessungswerte* der Einwirkung (F_d) ergeben sich aus $F_d = \gamma_F F_k$ mit γ_F als Teilsicherheitsbeiwert für die betrachtete Einwirkung; der Beiwert γ_F kann mit einem oberen ($\gamma_{F,sup}$) und einem unteren Wert ($\gamma_{F,inf}$) angegeben werden (s. Abschn. 3 und 4).

Widerstand R bezeichnet die durch Materialeigenschaften (Beton, Betonstahl, Spannstahl) und geometrische Größen sich ergebende aufnehmbare Beanspruchungen

- *Charakteristische Werte der Baustoffe (X_k)* werden in Baustoff- und Bemessungsnormen als Quantile einer statistischen Verteilung festgelegt, ggf. mit oberen und unteren Werten
- *Bemessungswert einer Baustoffeigenschaft* ergibt sich aus $X_d = X_k/\gamma_M$ mit γ_M als Teilsicherheitsbeiwert für die Baustoffeigenschaften (Beiwerte γ_M s. Abschn. 3 und 4).

Von besonderer Bedeutung für eine Berechnung und Konstruktion nach DIN 1045-1 ist der Begriff ***üblicher Hochbau***. Darunter wird ein Hochbau verstanden, der für vorwiegend ruhende, gleichmäßig verteilte Nutzlasten bis 5,0 kN/m², ggf. für Einzellasten bis 7,0 kN und für Personenkraftwagen zu bemessen ist.

Als ***vorwiegend ruhende Einwirkung*** gilt eine statische oder eine nicht ruhende, die jedoch für die Tragwerksplanung als ruhend betrachtet werden darf (z. B. entsprechende normative Nutzlasten in Parkhäusern, Werkstätten, Fabriken). Eine ***nicht vorwiegend ruhende Einwirkung*** ist eine stoßende oder sich häufig wiederholende Einwirkung, die eine vielfache Beanspruchungsänderung während der Nutzungsdauer des Tragwerks hervorruft und die für die Tragwerksplanung nicht als ruhend angesehen werden darf (z. B. Kran-, Kranbahn-, Gabelstablerlasten, Verkehrslasten auf Brücken).

1.3.2 Geltungsbereich

DIN 1045-1 gilt für die Bemessung und Konstruktion von Tragwerken des Hoch- und Ingenieurbaus aus unbewehrtem Beton, Stahlbeton und Spannbeton mit Normal- und Leichtzuschlägen und zwar:

- C12/15 bis C100/115[1] als Normalbeton
- LC12/15 bis LC60/66 als Leichtbeton

In diesem Buch wird überwiegend die Bemessung und Konstruktion von Stahlbetontragwerken mit *Normalbeton C12/15 bis C50/60* behandelt und damit der übliche Anwendungsbereich weitestgehend abgedeckt. Auf die besonderen Anforderungen für *hochfesten Normalbeton C55/67 bis C110/115* und für *Leichtbeton LC12/13 bis LC60/66* – ebenso von vorgespannten Tragwerken – wird nur am Rande eingegangen.

DIN 1045-1 behandelt ausschließlich Anforderungen an die Tragfähigheit, die Gebrauchstauglichkeit und die Dauerhaftigkeit von Tragwerken. Gebrauchstauglichkeitsnachweise sichern zum einen die Nutzung, zum anderen die Dauerhaftigkeit der Konstruktion. Grenzwerte zur Sicherung der Dauerhaftigkeit sind verbindlich formuliert, Grenzwerte zur Sicherung der Nutzung sind als Richtwerte angegeben.

Die Norm behandelt nicht

- bauphysikalische Anforderungen (Wärme- und Schallschutz)
- Bemessung im Brandfall
- Bauteile aus Beton mit haufwerksporigem Gefüge und Porenbeton sowie Bauteile aus Schwerzuschlägen oder mit mittragendem Baustahl
- besondere Bauformen (z. B. Schächte im Bergbau).

Für die Bemessung von bestimmten Bauteilen (z. B. Brücken, Dämme, Druckbehälter, Flüssigkeitsbehälter, Offshore-Plattformen) sind i. d. R. zusätzliche Anforderungen zu berücksichtigen.

---

[1] Normalbeton der Festigkeitsklassen C 55/67 bis C 100/115 wird als hochfester Normalbeton bezeichnet. Die Anwendung von C90/105 und C 100/115 bedarf weiterer, auf den Verwendungszweck abgestimmter Nachweise.

1.3.3 Formelzeichen (Auswahl)

Lateinische Großbuchstaben

A	Fläche	(area)
E	Elastizitätsmodul	(modulus of elasticity)
E	Einwirkung, Beanspruchung	(internal forces and moments)
F	Kraft	(force)
G	ständige Einwirkung	(permanent action)
I	Flächenmoment 2. Grades	(second moment of area)
M	Biegemoment	(bending moment)
N	Längskraft	(axial force)
P	Vorspannkraft	(prestressing force)
Q	Verkehrslast	(variable action)
R	Tragwiderstand, Tragfähigkeit	(resistance)
T	Torsionsmoment	(torsional moment)
V	Querkraft	(shear force)

Lateinische Kleinbuchstaben

b	Breite	(width)
c	Betondeckung	(concrete cover)
d	Nutzhöhe	(effective depth)
f	Festigkeit eines Materials	(strength of a material)
g	verteilte ständige Last	(distributed permanent load)
h	Querschnittshöhe	(overall depth)
i	Trägheitsradius	(radius of gyration)
l	Länge; Stützweite, Spannweite	(length; span)
q	verteilte veränderliche Last	(distributed variable load)
t	Dicke	(thickness)
w	Rissbreite	(crack width)
x	Druckzonenhöhe	(neutral axis depth)
z	Hebelarm der inneren Kräfte	(lever arm of internal force)

Griechische Kleinbuchstaben

γ	Teilsicherheitsbeiwert	(partial safety factor)
ε	Dehnung	(strain)
λ	Schlankheitsgrad	(slenderness ratio)
μ	bezogenes Biegemoment	(reduced bending moment)
ν	bezogene Längskraft	(reduced axial force)
ν	Querdehnzahl	(Poisson's ratio)
ρ	geometrischer Bewehrungsgrad	(geometrical reinforcement ratio)
σ	Längsspannung	(axial stress)
τ	Schubspannung	(shear stress)
ω	mechanischer Bewehrungsgrad	(mechanical reinforcement ratio)

Fußzeiger

b	Verbund	(bond)
c	Beton; Druck; Kriechen	(concrete; compression; creep)
cal	Rechenwert	(calculatet value)
col	Stütze	(column)
d	Bemessungswert	(design value)
dir	unmittelbar	(direct)
E	Beanspruchung	(internal forces and moments)
eff	effektiv, wirksam	(effective)
f	Flansch, Gurt	(flange)
fat	Ermüdungswert	(fatigue value)
g, G	ständige Einwirkung	(permanent action)
ind	mittelbar	(indirect)
inf	unterer, niedriger	(inferior)
k	charakteristischer Wert	(characteristic value)
nom	Nennwert	(nominal value)
p, P	Vorspannung; Spannstahl	(prestressing force; prestressing steel)
q, Q	veränderliche Einwirkung, Verkehrslast	(variable action)
R	Systemwiderstand	(resistance)
s	Betonstahl; Schwinden	(reinforcing steel; shrinkage)
sup	ober, oberer	(superior)
surf	Oberfläche	(surface)
t	Zug	(tension)
y	Fließ-, Streckgrenze	(yield)
I	ungerissener Zustand (Zustand I)	(uncracked concrete)
II	gerissener Zustand (Zustand II)	(cracked concrete)

Zusammengesetzte Formelzeichen

A_c	Gesamtfläche des Betonquerschnitts
A_s	Querschittsfläche des Betontstahls
E_{cm}	mittlerer Elastizitätsmodul für Normalbeton
E_d	Bemessungswert einer Beanspruchung, Schnittgröße, Spannung ...
f_{ck}	charakteristischer Wert der Betondruckfestigkeit
f_{cd}	Bemessungswert der Betondruckf.
f_{ct}	Zugfestigkeit des Betons
f_{yk}	charakteristischer Wert der Stahlstreckgrenze
f_{yd}	Bemessungswert der Stahlstreckgrenze
M_{Ed}	einwirkendes Bemessungsmoment
M_{Eds}	einwirkendes, auf die Zugbewehrung bezogenes Bemessungsmoment
N_{Ed}	einwirkende Bemessungslängskraft
R_d	Bemessungswert des Tragwiderstands
V_{Ed}	einwirkende Bemessungsquerkraft
V_{Rd}	aufnehmbare Querkraft
γ_c	Teilsicherheitsbeiwert für Beton
γ_s	Teilsicherheitsbeiwert für Stahl
γ_G	Teilsicherheitsbeiwert für eine ständige Einwirkung
γ_Q	Teilsicherheitsbeiwert für eine veränderliche Einwirkung
μ_{Ed}	bezogenes Bemessungsmoment
μ_{Eds}	bezogenes, auf die Biegezugbewehrung „versetztes" Bemessungsmoment
ν_{Ed}	bezogene Bemessungslängskraft
σ_c	Spannung im Beton
σ_s	Spannung im Stahl

2 Baustoffe

2.1 Beton

Die Einteilung des Betons kann nach folgenden Gesichtspunkten erfolgen:

– Trockenrohdichte:	Leichtbeton LC:	1,0 kg/dm³ $< \rho \leq$ 2,0 kg/dm³
	Normalbeton C:	2,0 kg/dm³ $< \rho \leq$ 2,6 kg/dm³
	Schwerbeton HC:	2,6 kg/dm³ $< \rho$
– Betonzusammensetzung:	Bimsbeton, Splittbeton etc.	
– Betongefüge:	Porenbeton, Schaumbeton etc.	
– Verarbeitung:	Pumpbeton, Spritzbeton	
– Ort der Herstellung:	Baustellenbeton, Transportbeton, Ortbeton	
– Erhärtungszustand:	Frischbeton, Festbeton	
– Festigkeitsklassen:	C12/15, C16/20, C20/25, C25/30	(Normalbeton)
	LC12/13, LC16/18, LC20/22	(Leichtbeton)

Betondruckfestigkeit

Die Festigkeitsklasse ist die für die Bemessung wesentlichste Eigenschaft. Die Einteilung erfolgt nach der Druckfestigkeit f_{ck}, die im Alter von 28 Tagen an

- Zylindern mit d =150 mm und h = 300mm (erster Wert) oder
- Würfeln mit 150 mm Kantenlänge (zweiter Wert)

gemessen wird. Die Bezeichnung der Festigkeitsklassen erfolgt nach DIN 1045- 1, Tab. 9 und Tab. 10. Ein Beton C30/37 ist beispielweise ein Normalbeton (Zeichen „C") mit einer charakteristischen Zylinderdruckfestigkeit $f_{ck,cyl}$=30 N/mm² (1. Zahlenwert) und einer charakteristischen Würfeldruckfestigkeit $f_{ck,cube}$=37 N/mm² (2. Zahlenwert).

Für die Tragwerksbemessung wird die Zylinderdruckfestigkeit benötigt, während in der Baustoffprüfung in Deutschland üblicherweise die Würfelfestigkeit gemessen wird. Der Würfel liefert jedoch eine überhöhte Festigkeit, weil die Stahlplatten der Prüfpresse über Reibung die Querdehnung des Betons behindern und damit eine festigkeitssteigernde Wirkung ausüben. Die tatsächliche Festigkeit im Tragwerk entspricht eher der Zylinderdruckfestigkeit (s. Abb. 2.1).

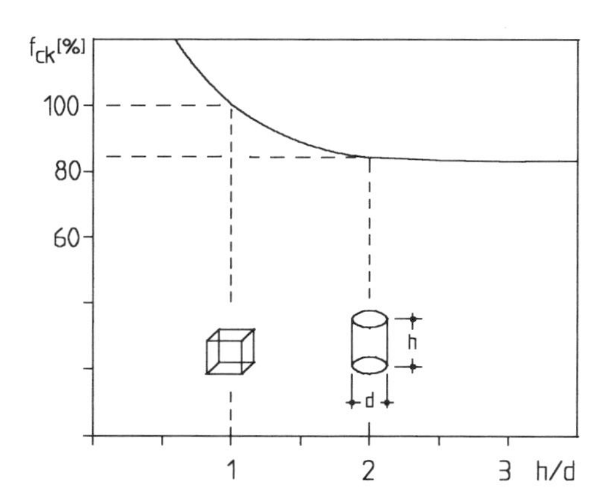

Abb. 2.1 Qualitative Darstellung der Betondruckfestigkeit in Abhängigkeit von der Prüfkörpergeometrie

Die im Versuch gemessene Kurzzeitfestigkeit ist größer als die im Tragwerk unter lang andauernden Lasten aufnehmbaren Druckspannungen. Die im Labor festgestellte Zylinderdruckfestigkeit muss daher für eine Bemessung noch abgemindert werden; nach DIN 1045-1 beträgt dieser Abminderungsfaktor für Normalbeton $\alpha = 0{,}85$, für Leichtbeton $\alpha = 0{,}80$ (s. hierzu auch Abschn. 4).

Als charakteristischer Wert f_{ck} wird die Zylinderdruckfestigkeit im Alter von 28 Tagen angegeben. Beton im jungen Alter hat eine niedrigere Festigkeit (dies ist ggf. bei der Bemessung von Bauzuständen zu berücksichtigen!) und im reiferen Alter eine geringfügig höhere Festigkeit; der letztgenannte Einfluss darf bei der Bemessung jedoch nicht berücksichtigt werden. Für Normalbeton kann man bei der Verwendung von Portlandzement von der in Abb. 2.2 dargestellten Festigkeitsentwicklung ausgehen.

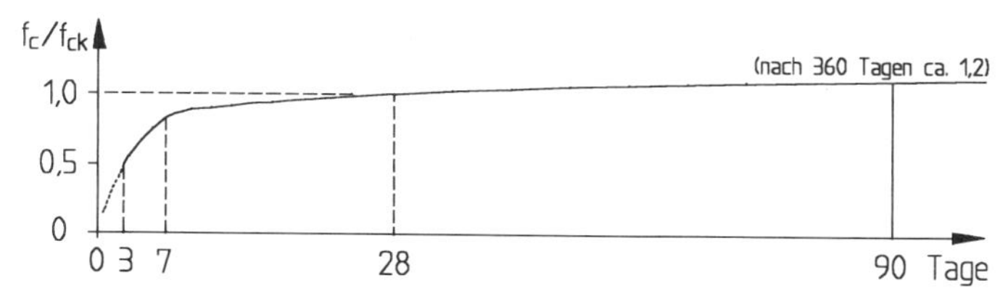

Abb. 2.2 Qualitative Darstellung der Festigkeitsentwicklung von Normalbeton

Die Spannungs-Dehnungs-Linien des Betons sind durch die unterschiedlichen Betonzusammensetzungen bzw. Festigkeiten geprägt. Während bei normalfestem Beton der Spannungsverlauf schon relativ früh – etwa ab 40 % der Druckfestigkeit – in einen parabelförmig gekrümmten Verlauf übergeht, verlaufen die Spannungs-Dehnungs-Linien bei hochfesten Betonen in einem großen Bereich nahezu linear. Der abfallende Ast nach Erreichen der Höchstgrenzen ist bei hochfesten Betonen wesentlich steiler als bei normalfesten. Hochfeste Betone verhalten sich insgesamt deutlich spröder. Dieses Verhalten ist qualitativ in Abb. 2.3 dargestellt (die sich hieraus ergebenden rechnerischen Spannungs-Dehnungs-Linien werden im Abschnitt 4 erläutert).

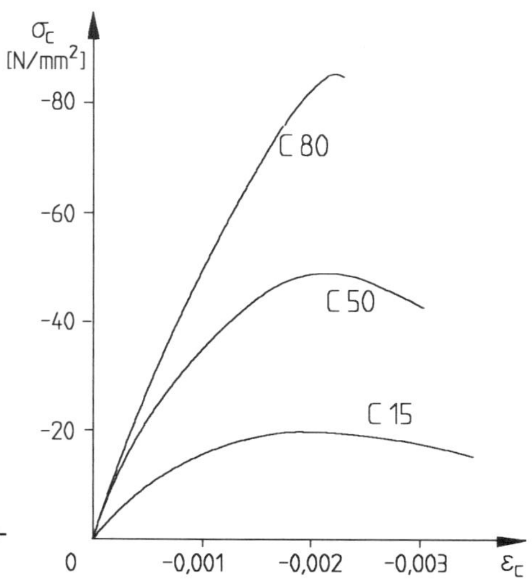

Abb. 2.3 Spannungs-Dehnungs-Linie bei unterschiedlichen Betonfestigkeitsklassen (qualitativ)

2.2 Betonstahl

Betonstahl wird heute fast ausschließlich mit einer charakteristischen Festigkeit beim Erreichen der Streckgrenze von 500 N/mm² hergestellt. Er steht in folgenden Lieferformen zur Verfügung

– Betonstabstahl	BSt 500 S
– Betonstahlmatten	BSt 500 M
– Bewehrungsstahl in Ringen	BSt 500

Betonstabstahl wird als *warmverformter* Stabstahl, Betonstahlmatten als fertige Matten aus *kaltverformtem* Stabstahl und Betonstahl in Ringen als warm- oder kaltverformter Stabstahl in Rollen mit Außendurchmessern zwischen 50 cm und 120 cm geliefert. Die Spannungs-Dehnungs-Linien unterscheiden sich je nach Herstellungsart deutlich. Der warmgewalzte Stahl weist ein deutliches Fließplateau bei Erreichen der Fließgrenze auf und das Verformungsvermögen ist deutlich größer. Der kaltverformte Stahl zeigt dagegen keine ausgeprägte Streckgrenze; sie wird daher als 0,2% Dehngrenze (s. Abb. 2.4) definiert.

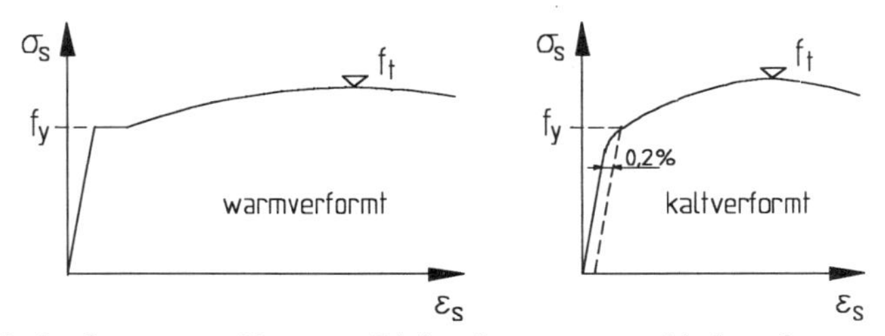

Abb. 2.4 Typische Spannungs-Denungs-Linien des warm- und kaltverformten Betonstahls

Zur Beurteilung der Eigenschaften von Betonstahl werden im Allgemeinen folgende kennzeichnende Größen benötigt:

- Streckgrenze (Fließgrenze) f_y bzw. $f_{0,2k}$ und Zugfestigkeit f_t
- Verhältnis zwischen Zugfestigkeit und Streckgrenze (f_t/f_y)
- Elastizitätsmodul E_s
- Gleichmaßdehnung ε_{uk} und Bruchdehnung
- bezogene Rippenfläche f_R
- Eignung zum Schweißen.

Über die Verformungen bis zum Erreichen der Zugfestigkeit und über das Verhältnis von Zugfestigkeit f_t zur Streckgrenze f_y werden die sog. *Duktilitätsklassen* der Betonstähle definiert. Nach DIN 1045-1, Tab. 12 gilt hierfür:

- Klasse A bzw. normal duktil: $(f_t/f_y) \geq 1{,}05$ und $\varepsilon_{uk} \geq 25$ ‰
- Klasse B bzw. hoch duktil: $(f_t/f_y) \geq 1{,}08$ und $\varepsilon_{uk} \geq 50$ ‰

Die Duktilitätsklassen müssen insbesondere bei Nachweisen, bei denen die Verformungsfähigkeit von Bedeutung ist, beachtet werden (beispielsweise bei der Umlagerungen von Schnittgrößen), für die Querschnittbemessung ist der Einfluss gering und kann daher im Allg. vernachlässigt werden.

Als *Lieferformen* sind für Betonstabstahl Durchmesser von 6, 8, 10, 12, 14, 16, 20, 25 und 28 (32) mm vorhanden, Betonstahlmatten werden mit Durchmessern von 4 - 12 mm geliefert, wobei zum einen die Querschnittsfläche pro Meter, zum anderen das Verhältnis zwischen Längs- ($a_{s,l}$) und Querbewehrung ($a_{s,q}$) variiert wird. Sogenannte Lagermatten haben als R- und K-Matten ein Verhältnis $a_{s,q}/a_{s,l}$ = 0,2, bei Q-Matten beträgt es 1,0. Betonstabstahl vom Ring wird bis zu einem Durchmesser von 14 mm bezogen.

Für weitere Produkte aus Betonstahl (Listenmatten, Gitterträger, Schubleitern u. a.) können entsprechende Angaben und Veröffentlichungen der Betonstahlindustrie entnommen werden.

Die *Oberfläche* von Betonstahl ist (bzw. war bisher) im Allg. gerippt. Die Rippen werden beim kalt- und warmverformten Stahl aufgerollt bzw. gewalzt. In Abb. 2.5a und 2.5b1 ist die Rippengeometrie von Betonstahl 500 S und 500 M dargestellt. Durch die Rippen wird der Verbund des Betonstahls mit dem umgebenden Beton wesentlich beeinflusst (s. hierzu Abschnitt 2.3).

Die gegenüber der bisherigen DIN 1045, Ausg. ‘88 in der neuen DIN 1045-1 definierten erhöhten Anforderung an die Duktilität von Betonstählen (vgl. Abschn. 4.2.2) kommt die Betonstahlindustrie mit einem neuen „tiefgerippten“ Betonstahl nach. Statt Rippen – also Erhöhungen – werden dabei Vertiefungen gemäß Abb. 2.5b2 eingebracht. Damit wird im Gegensatz zur bisher produzierten Betonstahlmatte das in DIN 1045-1 geforderte Qualitätsniveau erreicht (vgl. hierzu Mitteilungen der Betonstahlindustrie; s. a. [Rußwurm – 97]).

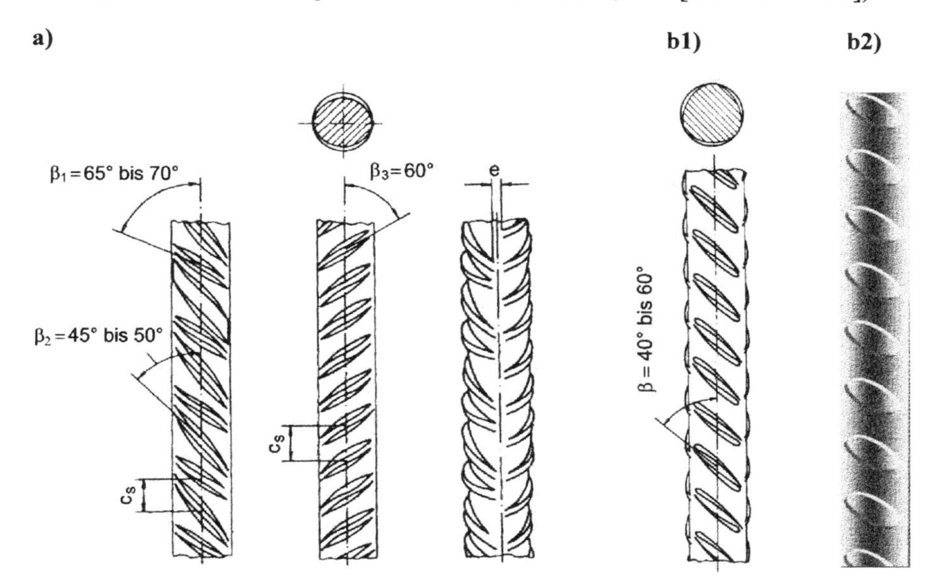

Abb. 2.5 Kennzeichnung und Rippenanordnung von Betonstählen
- a) Betonstabstahl
- b1) Betonstahlmatten mit Rippen
- b2) Betonstahlmatten mit Tiefrippung

2.3 Verbund

2.3.1 Zusammenwirkung von Beton und Stahl

Die günstige Eigenschaft des Stahlbetons beruht auf der schubfesten Verbindung zwischen dem Beton und den eingelegten Stahlstäben; diese schubfeste Verbindung wird als Verbund bezeichnet und stellt eine wesentliche Grundlage und Voraussetzung für die Bemessung im Stahlbetonbau dar. Bei Annahme eines sog. „vollkommenen Verbundes" sind die Dehnungen ε der Bewehrung und der benachbarten Betonfasern gleich. Bei kleinen Dehnungen bleibt der Beton zunächst ungerissen (Zustand I); bei Betondehnungen ε_{ct} von 0,15 ‰ bis 0,25 ‰ reißt der Beton und geht in den Zustand II über.

Begriffe

Zustand I: Beton ist nicht gerissen und trägt auf Zug mit
Zustand II: Beton auf Zug gerissen, die Zugkräfte werden von der Bewehrung aufgenommen.

Zusammenwirken von Stahl und Beton am Zugstab im Zustand I

Die Zugkraft F wird im Krafteinleitungsbereich vom Bewehrungsstahl in den umgebenden Beton eingeleitet. Aus der Betrachtung am Stabelement der Länge dx ergibt sich

$$dF_s = F_{s2} - F_{s1} = d\sigma_s \cdot A_s$$
$$= \tau_1(\mathrm{x}) \cdot u \cdot dx = dF_c = d\sigma_c \cdot A_{cn}$$

$u = \pi \cdot d_s$ Umfang des Bewehrungsstabes
$A_{cn} = A_c - A_s$ Nettofläche des Betonquerschnitts

Die gesamte auf den Beton übertragene Kraft beträgt am Ende der „Einleitungslänge" l_e (s. Abb. 2.6):

$$F_c = \tau_{1m} \cdot u \cdot l_e = \sigma_c \cdot A_n$$

mit τ_{1m} als mittlere konstante Verbundspannung über die Länge l_e. Zwischen den Eintragungsbereichen ergibt sich aus Gleichgewichtsgründen:

$$F = F_s + F_c = \sigma_s \cdot A_s + \sigma_c \cdot A_n \qquad (2.1)$$

Bei Annahme eines vollkommenen Verbundes müssen die Stahl- und Betondehungen gleich sein, d. h. es gilt $\varepsilon_s = \varepsilon_c$ und mit dem Elastizitätsgesetz von *Hooke*

$$\sigma_s / E_s = \sigma_c / E_c$$
$$\sigma_s = (E_s / E_c) \cdot \sigma_c = \alpha_e \cdot \sigma_c \qquad (2.2)$$

mit $\alpha_e = E_s / E_c$ als Verhältnis der E-Moduln der beiden Baustoffe (α_e liegt etwa zwischen 6 und 10). Aus Gln. (2.1) und (2.2) ergibt sich

$$F = \alpha_e \cdot \sigma_c \cdot A_s + \sigma_c \cdot A_n = \sigma_c \cdot (A_n + \alpha_e \cdot A_s)$$
$$\sigma_c = \frac{F}{A_n + \alpha_e \cdot A_s} = \frac{F}{A_i}$$

mit A_i als „ideeller" Querschnitt, der sich ergibt aus $A_i = A_n + \alpha_e \cdot A_s$.

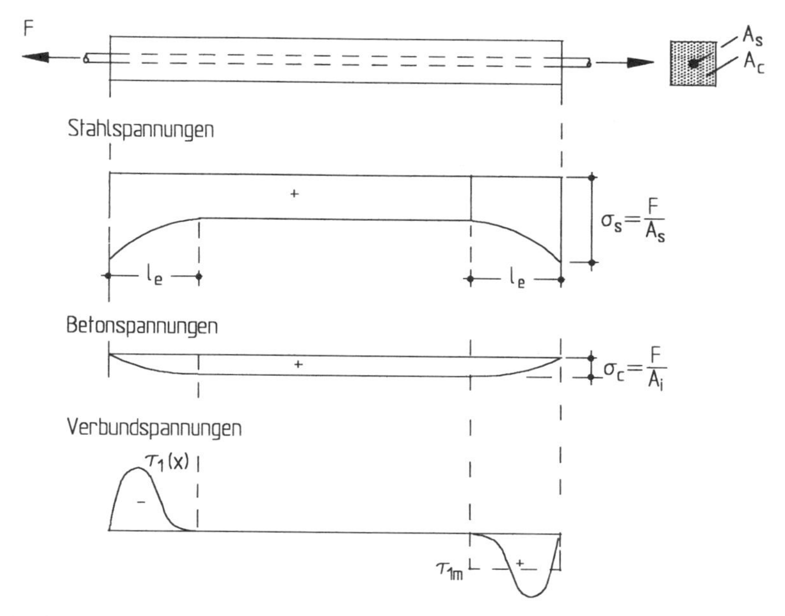

Abb. 2.6 Verlauf der Stahl-, Beton- und Verbundspannungen im Zustand I

Zusammenwirken von Stahl und Beton im Zustand II

Die bisherige Betrachtungen galten nur für den Zustand I; bei weiterer Laststeigerung wird die Zugfestigkeit des Betons f_{ct} überschritten, es kommt zum Riss (Übergang in den Zustand II)

Im Riss ist nur der Bewehrungsstahl wirksam; die Stahlspannung beträgt dann

$$\sigma_s = \frac{F}{A_s}$$

Vom Riss aus wird innerhalb der Einleitungslänge l_e die Kraft erneut in den Beton eingeleitet, bis die Betonspannung

$$\sigma_c = \frac{F}{A_i} = f_{ct}$$

wieder erreicht und überschritten wird. An dieser Stelle, d. h. nach der Einleitungslänge l_e kann die zum weiteren Reißen des Betons führende Betonzugkraft Z_{cr} frühestens wieder erreicht sein. Daraus folgt unmittelbar, dass der Rissabstand von der Eintragungslänge l_e bzw. von der Verbundgüte abhängig ist. Je besser der Verbund ist, desto kleiner wird der Rissabstand. Zur Beschränkung der Rissbreite wird ein Rissbild angestrebt mit vielen Rissen in engem Abstand (bei kleiner Einzelrissbreite). Ein abgeschlossenes Rissbild ist erreicht, wenn die am Riss eingeleitete Zugkraft die Betonzugfestigkeit nicht mehr erreicht.[1)]

Die am Zugstab hergeleiteten Beziehungen gelten sinngemäß auch für die Zugzone eines Biegeträgers.

---

1) Auf die Beschränkung der Rissbreite wird im Abschnitt 6.3 ausführlich eingegangen.

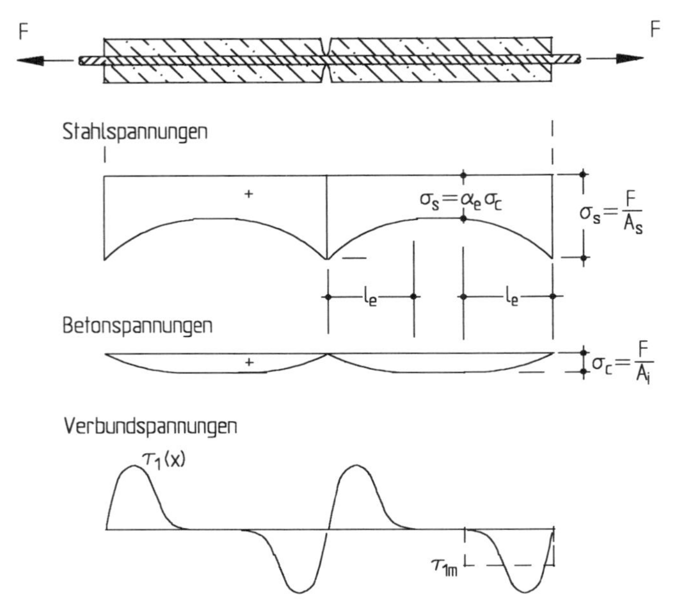

Abb. 2.7 Verlauf der Stahl-, Beton- und Verbundspannungen im Zustand II

2.3.2 Verbundwirkung

Die Verbundwirkungen zwischen Betonstahl und Bewehrung lässt sich über drei unterschiedliche Mechanismen beschreiben:

- Haftverbund (Klebewirkung zwischen Stahl und Zementstein)
- Reibungsverbund (nur bei Querdruck möglich, z. B. bei direkten Endauflagern)
- Scherverbund (Verzahnung von Stahloberfläche und Beton)

Der Scherverbund ist die wirksamste Verbundwirkung; dabei stützt sich die Stahlzugkraft über die Rippen der Stäbe auf Beton“konsolen“ ab (s. nebenstehende Skizze).

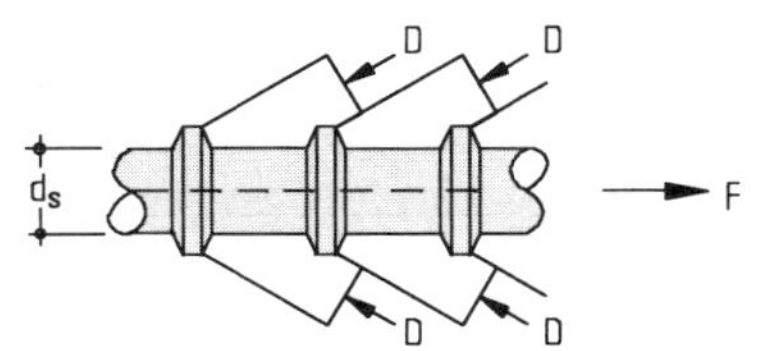

Bestimmung der Verbundspannungen

Die Verbundfestigkeit wird in den meisten Fällen mit Hilfe von sog. Pulloutkörpern bestimmt; als Standardkörper dient der Körper nach RILEM (s. Abb. 2.8). Aus der aufnehmbaren Kraft F und der definierten Verbundlänge $l_b = 5\,d_s$ sowie dem Stabumfang u wird die mittlere Verbundspannung τ_{1m} bestimmt

$$\tau_{1m} = F / (l_b \cdot u)$$

wobei als charakteristischer Wert der Verbundspannung f_{bk} der Wert festgelegt wird, der bei einer Verschiebung von $\Delta l = 0{,}1$ mm aufgenommen wird, d. h. es gilt

$$f_{bk} = \frac{F\,(\Delta l = 0{,}1 \text{ mm})}{u \cdot l_b}$$

Abb. 2.8 RILEM-Körper

3 Grundlagen der Tragwerksplanung und des Sicherheitsnachweises

3.1 Ziel der Tragwerksplanung

3.1.1 Grundsätzliche Nachweisform

Die tragende Konstruktion eines Bauwerks muss so bemessen und konstruiert werden, dass ein Tragwerk oder seine Tragwerksteile

- mit ausreichender Sicherheit allen Einwirkungen während der Nutzung standhält,
- mit annehmbarer Wahrscheinlichkeit die geforderte Gebrauchstauglichkeit behält,
- eine angemessene Dauerhaftigkeit aufweist.

Diese Forderungen werden durch Nachweise in *Grenzzuständen* erfüllt; damit werden Zustände beschrieben, bei denen ein Tragwerk die Entwurfsanforderungen, d. h. die geplante Nutzung, gerade noch erfüllt. Zu unterscheiden sind Grenzzustände der Tragfähigkeit, der Gebrauchstauglichkeit und der Dauerhaftigkeit.

Für diese Nachweise sind zunächst die Einwirkungen auf das Tragwerk zu ermitteln. Hierzu müssen die Bauteilabmessungen und die Funktion bzw. die Nutzungsanforderung bekannt sein. Mit diesen Größen werden geeignete statische Systeme („Tragwerksidealisierung“) und die zugehörigen Lasten („Eigenlasten“, „Nutzlasten“ ...) formuliert, so dass sich die Einwirkungen als Schnittgrößen, Spannungen o. Ä. berechnen lassen. Die einwirkenden Größen werden den aufnehmbaren gegenübergestellt, wobei zwischen diesen Werten je nach Gefährdung für Menschenleben und/oder nach wirtschaftlichen Folgen zwischen diesen Größen ein angemessener Sicherheitsabstand vorhanden sein muss.

3.1.2 Grenzzustände

Grenzzustände der Tragfähigkeit

Im Grenzzustand der Tragfähigkeit ist nachzuweisen, dass der Bemessungswert einer Beanspruchung E_d den einer Beanspruchbarkeit R_d nicht überschreitet:

$$\mathbf{E_d \leq R_d} \qquad \text{mit } E_d = E\,(\gamma_F \cdot E_k) \qquad (3.1)$$
$$R_d = E\,(X_k / \gamma_M)$$

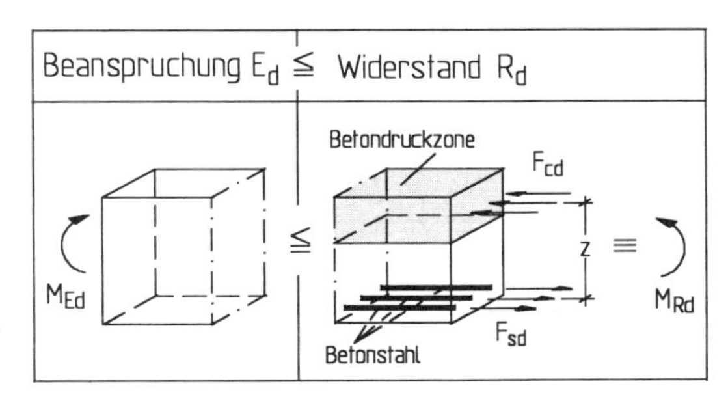

Abb. 3.1 Grundsätzliche Darstellung des Tragfähigkeitsnachweises

Die Beanspruchung E_d erhält man durch Multiplikation von charakteristischen Werten F_k (Lasten, Schnittgrößen ...) mit lastartabhängigen Teilsicherheitsbeiwerten γ_F. Die Tragfähigkeit R_d ergibt sich durch Verminderung der charakteristischen Baustofffestigkeiten X_k um materialabhängige Teilsicherheitsbeiwerte γ_M.

Grenzzustände der Gebrauchstauglichkeit

Unter einer festgelegten Einwirkungskombination (das sind die charakteristischen Werte der Eigenlasten G_k und der anteilmäßigen veränderlichen Last $\psi_i \cdot Q_k$) ist nachzuweisen, dass der Nennwert einer Bauteileigenschaft (eine zulässige Durchbiegung, eine Rissbreite o. Ä.) nicht überschritten wird.

Dauerhaftigkeit

Eine ausreichende Dauerhaftigkeit wird in Abhängigkeit von den Umweltbedingungen bzw. Expositionsklassen durch geeignete Baustoffe und durch eine entsprechende bauliche Durchbildung (Betondeckung etc.) nachgewiesen.

	Grenzzustände	Beispiele
①	Grenzzustände der Tragfähigkeit – Biegung und Längskraft – Querkraft, Torsion, Durchstanzen – Verformungsbeeinflusste Grenzzustände der Tragfähigkeit (Knicken)	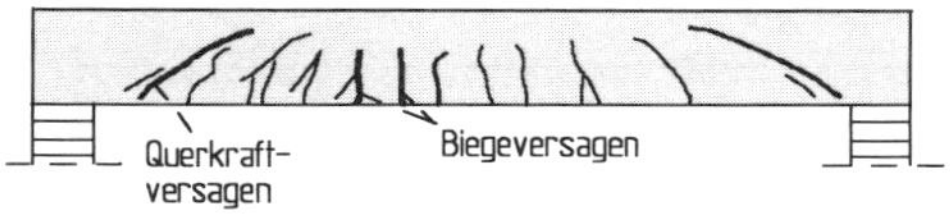 Querkraft-versagen Biegeversagen (Biege-/Querkraftversagen bei zu schwacher Bewehrung und/oder zu gering dimensioniertem Betonquerschnitt)
②	Grenzzustände der Gebrauchstauglichkeit – Spannungsbegrenzung – Begrenzung der Rissbreiten – Begrenzung der Verformungen	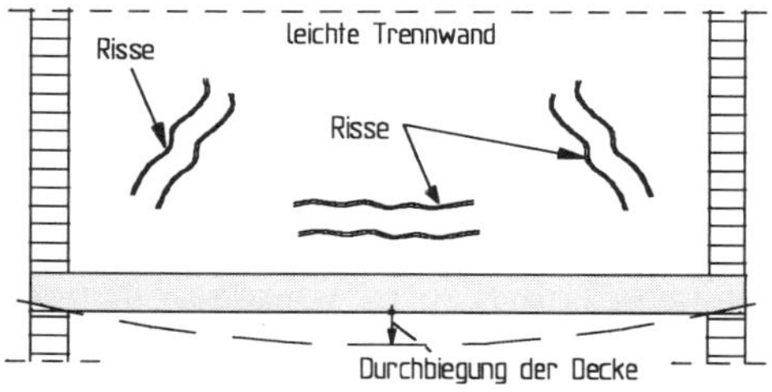 leichte Trennwand Risse Risse Durchbiegung der Decke Durchbiegungsschäden (z. B. an leichten Trennwänden)
③	Dauerhaftigkeit, z. B. – Betonzusammensetzung – Betonverarbeitung – Betondeckung der Bewehrung	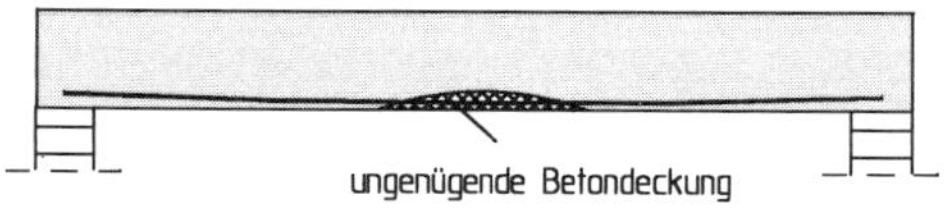 ungenügende Betondeckung Betonabplatzungen (durch Korrosion der Bewehrung bei ungenügender Betondeckung)

Abb. 3.2 Exemplarische Darstellung von Grenzzuständen

3.1.3 Einführendes Beispiel

Die dargestellte Decke einer Warenhauserweiterung ist zu bemessen und konstruktiv zu bearbeiten. Im Rahmen des Beispiels werden nur die Nachweise für eine Biegebeanspruchung in den Grenzzuständen der Tragfähigkeit und Gebrauchstauglichkeit gezeigt.

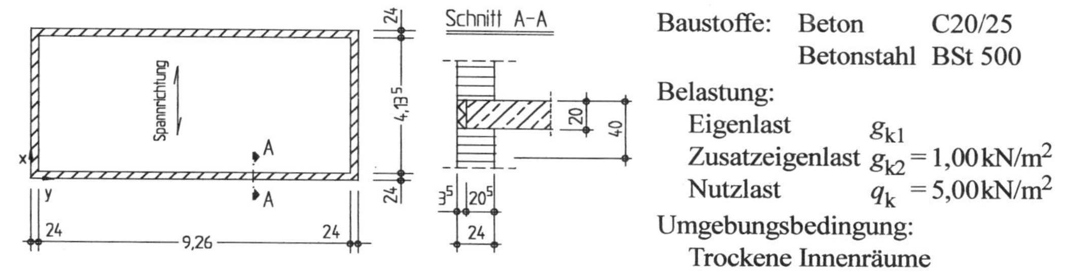

Baustoffe: Beton C20/25
Betonstahl BSt 500

Belastung:
Eigenlast g_{k1}
Zusatzeigenlast $g_{k2} = 1{,}00\,\mathrm{kN/m^2}$
Nutzlast $q_k = 5{,}00\,\mathrm{kN/m^2}$

Umgebungsbedingung:
Trockene Innenräume

Tragwerksidealisierung

Die Platte kann wegen überwiegender Lastabtragung in einer Richtung als einachsig, in Richtung der kürzeren Stützweite gespannt, gerechnet werden. Als Ersatzsystem wird dabei ein *Plattenstreifen mit einer Breite von einem Meter* angenommen. Die Stützweite wird ermittelt als Abstand der Auflagerschwerpunkte:

$$l_x = 4{,}135 + 2 \cdot (0{,}205/3) \approx 4{,}25\ \mathrm{m}$$

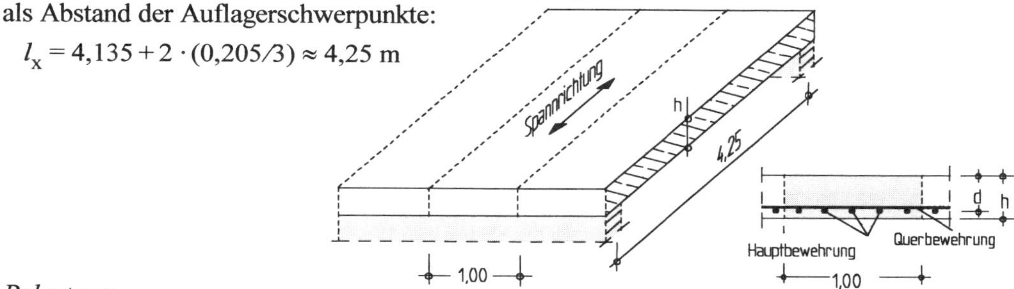

Belastung

Konstruktionseigenlast:	$0{,}20 \cdot 25{,}0 = 5{,}00\ \mathrm{kN/m^2}$	$g_{k1} = 5{,}00\ \mathrm{kN/m^2}$
Zusatzeigenlast (Estrich, Belag, Putz ...)		$g_{k2} = 1{,}00\ \mathrm{kN/m^2}$
	Σ ständige Lasten:	$g_k = 6{,}00\ \mathrm{kN/m^2}$
Nutzlast in Warenhäusern	Σ veränderliche Lasten:	$q_k = 5{,}00\ \mathrm{kN/m^2}$

Nachweise im Grenzzustand der Tragfähigkeit

Im Rahmen des einführenden Beispiels wird nur die Tragfähigkeit auf Biegung betrachtet (zusätzlich ist noch die Tragfähigkeit auf Querkraft zu untersuchen).

Einwirkungen

Im Grenzzustand der Tragfähigkeit müssen die Einwirkungen mit Sicherheitsbeiwerten erhöht werden, um einen ausreichenden Sicherheitsabstand gegen Versagen zu erreichen. Wie im Abschnitt 4 noch ausführlich dargelegt, betragen die (Teil-)sicherheitsbeiwerte für die Eigenlast $\gamma_G = 1{,}35$ und für die Nutzlast $\gamma_Q = 1{,}50$, wenn diese Lasten „ungünstig" wirken, d. h. die Tragfähigkeit herabsetzten (dieser Fall liegt hier erkennbar vor). Damit erhält man:

Bemessungslasten:

$F_d = (\gamma_Q \cdot g_k + \gamma_Q \cdot q_k)$
$= 1{,}35 \cdot 6{,}00 + 1{,}50 \cdot 5{,}00$
$= 15{,}6 \text{ kN/m}^2$

Bemessungsmoment:

$M_{Ed} = 0{,}125 \cdot F_d \cdot l_x^2$
$= 0{,}125 \cdot 15{,}6 \cdot 4{,}25^2$
$= 35{,}2 \text{ kNm/m}$

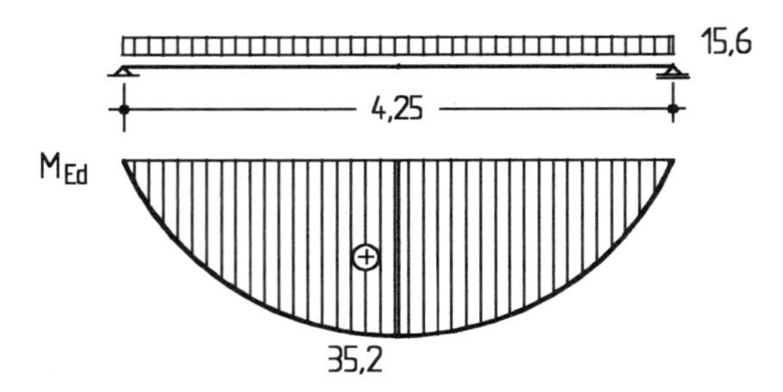

Widerstand (Tragfähigkeit)

Für den Nachweis der Tragfähigkeit wird das Biegemoment in ein Kräftepaar umgewandelt, bestehend aus der Stahlzugkraft F_{sd} und der Betondruckkraft F_{cd} (s. Abb. 3.1). Die Stahlkraft wirkt in Höhe der Bewehrung; es wird ein Abstand $d_1 = 2{,}5$ cm vom Zugrand angenommen, so dass sich eine für die Bemessung nutzbare Höhe (= Nutzhöhe) $d = 17{,}5$ cm ergibt.

Der Abstand zwischen F_{sd} und F_{cd} – Hebelarm z der inneren Kräfte – wird im Rahmen des Beispiels zu $0{,}9d$ abgeschätzt (auf eine genauere Ermittlung wird an dieser Stelle verzichtet; s. hierzu Abschn. 5.1).

$F_{sd} = F_{cd} = M_{Ed} / z$
$F_{sd} = 35{,}2 / (0{,}90 \cdot 0{,}175) = 223 \text{ kN/m}$

Die Querschnittsfläche der Bewehrung erhält man durch Division der Stahlzugkraft durch die (Bemessungs-)Stahlfestigkeit. Die Stahlfestigkeit des hier gewählten Betonstahls BSt 500 beträgt an der Streckgrenze $f_{yk} = 500$ N/mm². Im Grenzzustand der Tragfähigkeit muss gegenüber Materialversagen ein Sicherheitsabstand $\gamma_s = 1{,}15$ eingehalten werden, d. h. für die Bemessung darf Stahl nur mit

$f_{yd} = f_{yk} / \gamma_s = 500 / 1{,}15 = 435 \text{ N/mm}^2 = 43{,}5 \text{ kN/cm}^2$

berücksichtigt werden. Man erhält damit die gesuchte Bewehrung.

$A_s = F_{sd} / f_{yd} = 223 / 43{,}5 = 5{,}13 \text{ cm}^2\text{/m}$
gew.: R513 (A) (= 5,13 cm²/m)

Im Weiteren ist noch nachzuweisen, dass die Betondruckkraft F_{cd} vom Beton aufgenommen werden kann. Hierauf wird im Rahmen des Beispiels verzichtet.

Nachweise im Grenzzustand der Gebrauchstauglichkeit

Für Platten bis 20 cm Dicke ohne nennenswerte Zwangbeanspruchung ist i. d. R. nur ein Nachweis zur Begrenzung der Verformungen erforderlich. Der Nachweis wird normalerweise nicht über einen rechnerischen Nachweis der Durchbiegungen geführt, der im Stahlbetonbau relativ aufwendig ist. Statt dessen begnügt man sich bei Stahlbetonplatten des Hochbaus mit einer Begrenzung der sog. Biegeschlankheit. DIN 1045-1 fordert für einfeldrige Platten, soweit keine besonderen Anforderungen vorliegen, eine Begrenzung auf

$l / d \leq 35 \quad \rightarrow \quad 4{,}25 \text{ [m]} / 0{,}175 \text{ [m]} = 24 < 35$

Die Biegeschlankheit (und damit die Verformung) ist damit ausreichend begrenzt.

Nachweise der Dauerhaftigkeit

Eine ausreichende Dauerhaftigkeit wird durch Wahl eines geeigneten Betons und einer ausreichenden Betondeckung der Bewehrung erreicht. Für die hier vorliegende Expositionsklasse XC 1 („Innenraum mit normaler Luftfeuchte") ist das Angriffsrisiko für Beton und Bewehrung gering. Es sind zu wählen (s. Abschn. 4.1.3):

Beton	Mindestfestigkeitsklasse C16/20	
Betondeckung der Bewehrung	Mindestmaß	$\min c$ = 1,0 cm (für $d_s \leq 10$ mm)
	Vorhaltemaß	Δc = 1,0 cm
	Nennmaß	$\text{nom}\, c$ = 2,0 cm (hier gleich Verlegemaß c_v)

Der gewählte Beton (C20/25) erfüllt die Mindestanforderungen; ebenso wird mit der zu wählenden Betondeckung der Bewehrung die Annahme über die Nutzhöhe eingehalten.

Bewehrungsführung und Bewehrungszeichnung

Auf Nachweise zur Bewehrungsführung wird hier nicht eingegangen; die Bewehrung wird entsprechend nachfolgender Skizze geführt (die obere Bewehrung wurde im Rahmen des Beispiels nicht behandelt). Auf der Bewehrungszeichung sind anzugeben (DIN 1045-1, 4.2.1)

- Festigkeitsklasse des Betons, Betonsahlsorte, Expositionsklasse
- Maßnahmen zur Lagesicherung der Betonstahlbewehrung sowie Anordnung , Maße und Ausführung der Unterstützungen für die obere Bewehrung (hier *nicht* dargestellt)
- Verlegmaß c_v der Bewehrung sowie das Vorhaltemaß Δc

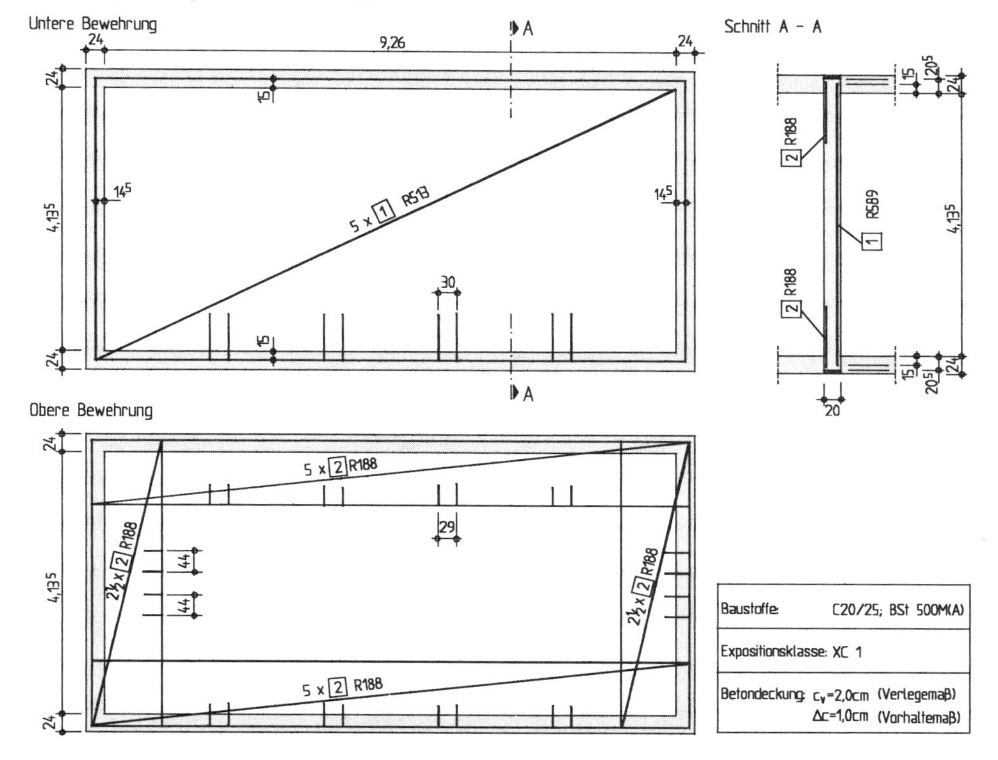

3.2 Grundlagen des Sicherheitsnachweises

Die nachfolgend in vereinfachter Form dargestellten sicherheitstheoretischen Betrachtungen bilden die Grundlage für eine Bemessung im Stahlbetonbau. Für eine ausführliche Darstellung wird auf die einschlägige Literatur verwiesen (z. B. [Grünberg – 01]).

3.2.1 Grundsätzliche Anforderungen an die Bemessung

Die Bemessung der tragenden Konstruktion eines Bauwerks muss sicherstellen, dass ein Tragwerk

- unter Berücksichtigung der vorgesehenen Nutzungsdauer und seiner Erstellungskosten mit annehmbarer Wahrscheinlichkeit die geforderten Gebrauchseigenschaften behält,
- mit angemessener Zuverlässigkeit den Einwirkungen und Einflüssen standhält, die während seiner Ausführung und seiner Nutzung auftreten können,
- eine angemessene Dauerhaftigkeit im Verhältnis zu seinen Unterhaltungskosten aufweist,
- durch Ereignisse wie Explosionen, Aufprall oder Folgen menschlichen Versagens nur in einem Ausmaß geschädigt wird, das einer vorgesehenen Schadensbegrenzung entspricht.

Diese grundlegende Anforderung nach DIN 1045-1, 5.1 ist auch in anderen Normenwerken (wie z. B. im Eurocode 2 oder in DIN 1045, Ausg. '88) direkt oder indirekt enthalten.

Grundsätzlich sind zu unterscheiden*)

- Grenzzustände der Tragfähigkeit (DIN 1045-1, 10)
- Grenzzustände der Gebrauchstauglichkeit (DIN 1045-1, 11)
- Anforderungen an die Dauerhaftigkeit (vgl. DIN 1045-1, 6)

In den **Grenzzuständen der Tragfähigkeit** sind die Zustände zu untersuchen, die im Zusammenhang mit dem Tragwerksversagen stehen. Solche können entstehen

- durch Bruch
- durch Überschreitung der Grenzdehnungen

eines Tragwerks oder eines seiner Teile (einschl. von Lagern und Fundamenten; DIN 1045-1, 5.4.1). Für den Nachweis der Lagesicherheit gelten die Regelungen in DIN 1055-100.

Die **Grenzzustände der Gebrauchstauglichkeit** sind Zustände, bei deren Überschreitung festgelegte Kriterien der Gebrauchstauglichkeit nicht mehr erfüllt sind. Sie umfassen Nachweise der

- Spannungsbegrenzungen,
- Begrenzung der Rissbreite und
- Begrenzung von Verformungen.

Andere Grenzzustände (wie z. B. Erschütterungen, Schwingungen) können von Bedeutung sein, werden jedoch nicht im Rahmen von DIN 1045-1 behandelt (vgl. DIN 1045-1, 5.4.1).

Eine **Bemessung auf Dauerhaftigkeit** ist in den derzeitig gültigen Normen nicht direkt, sondern nur in Form von Konstruktionsregeln enthalten. Im Wesentlichen erstrecken sich diese

---

*) In DIN 1045, Ausg. '88 sind in analoger Weise Nachweise in den *Bruchzuständen* nach Abschn. 17.2 bis 17.5 und 22.5 und in den *Gebrauchszuständen* nach Abschn. 17.6 und 17.7 zu führen sowie konstruktive Regeln für eine ausreichende *Dauerhaftigkeit* nach Abschn. 13 zu beachten.

Regeln auf Grenzwerte für Betondeckung, Betonzusammensetzung (*w/z*-Werte, Mindestzementgehalt u. a.) und Verarbeitung (Einbringen und Nachbehandeln des Betons etc.). Über Konzepte einer Bemessung im Hinblick auf die Dauerhaftigkeit mit Ansätzen, die mit der Lastbemessung vergleichbar sind, wird in [Schießl – 97] berichtet.

3.2.2 Allgemeine sicherheitstheoretische Betrachtungen
(Einführung)

Einflussgrößen, die beim Nachweis einer angemessenen Zuverlässigkeit bzw. beim Nachweis der Sicherheit berücksichtigt werden müssen, sind auf der einen Seite die Einwirkungen als Kräfte (Lasten), Zwang (aufgezwungene Verformungen) und Einflüsse aus der Umgebung (chemischer und physikalischer Art), auf der anderen Seite die Widerstände als Eigenschaften von Baustoffen, Verbindungsmitteln und Bauteilen. Zusätzlich kann es außerdem erforderlich sein, Unsicherheiten von geometrischen Größen auf der Seite der Einwirkungen und/oder auf der Seite der Widerstände zu berücksichtigen. Das Bemessungsziel ist erreicht, wenn im Grenzzustand der Tragfähigkeit und im Grenzzustand der Gebrauchstauglichkeit zwischen den Beanspruchungen und der Beanspruchbarkeit oder der Tragfähigkeit ein ausreichend großer Abstand vorhanden ist. Die Dauerhaftigkeit wird durch vorgegebene konstruktive Regeln gewährleistet.

Auf der Beanspruchungsseite ist detaillierter und differenzierter zu unterscheiden zwischen den Einwirkungsgruppen

– Ständige Einwirkungen	Eigenlasten, feste Einbauten, Vorspannung
– Veränderliche Einwirkungen	Verkehrslasten, Wind- und Schneelasten, Temperatureinwirkung, Erddruck und Wasserdruck, Baugrundsetzung
– Außergewöhnliche Einwirkungen	Anpralllasten, Explosionslasten, Bergsenkung
– Vorübergehende Einwirkungen	Bauzustände, Montagelasten, Ablagerungen.

Die Einwirkungen lassen sich nur mit gewissen Unsicherheiten vorhersagen und unterliegen Streuungen, die sich in Häufigkeitsverteilungen darstellen lassen (s. Abb. 3.3). Dabei sind die Abweichungen von einem statistischen Mittelwert für die verschiedenen Einwirkungsarten –

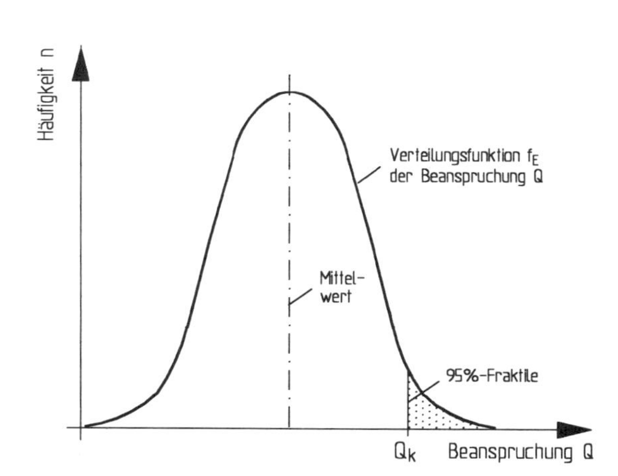

Abb. 3.3 Qualitative Darstellung der Häufigkeitsverteilung einer veränderlichen Einwirkung *Q* und Kennzeichnung des charakteristischen Wertes als 95%-Quantilwert

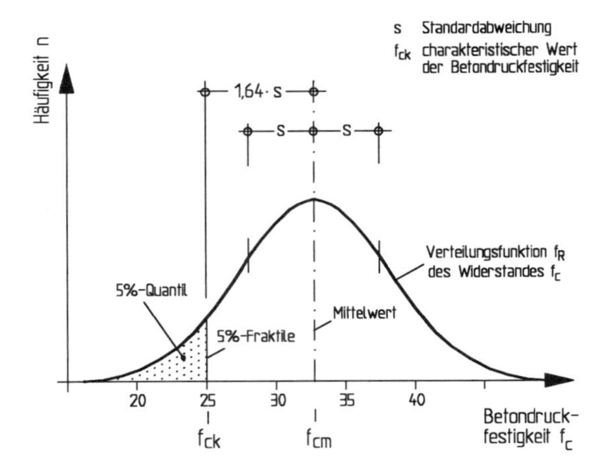

Abb. 3.4 Charakteristischer Wert der Betondruckfestigkeit als 5%-Quantilwert der Grundgesamtheit

ständige oder veränderliche – wiederum unterschiedlich, d. h., man erhält für jede Einwirkungsart eine eigene Häufigkeitsverteilung. Die in entsprechenden Lastnormen festgelegten Werte, die der statischen Berechnung zugrunde gelegt werden, entsprechen im Allgemeinen Fraktilwerten dieser Verteilung, die auch als charakteristische Werte oder Nennwerte bezeichnet werden (beispielsweise als 95%-Fraktilwerte, die nur in 5 % aller Fälle erreicht bzw. überschritten werden; vgl. Abb. 3.3, siehe auch DIN 1055).

Bei den ständigen Einwirkungen ist im Allgemeinen ein einziger charakteristischer Wert ausreichend; nur in Ausnahmefällen – bei besonders großen Streuungen einer ständigen Last oder bei Nachweisen, die besonders empfindlich in der Veränderung einer ständigen Einwirkung sind – kann es jedoch auch erforderlich sein, einen oberen und einen unteren charakteristischen Wert anzugeben. Bei örtlich und zeitlich veränderlichen Lasten ist im Allgemeinen nur ein oberer charakteristischer Wert festgelegt, der untere Wert ist dann wegzulassen bzw. zu null zu setzen.

Auf der Seite der Widerstände bzw. der Tragfähigkeit sind als maßgebende Größen die Festigkeitseigenschaften von Beton, Betonstahl und Spannstahl in Verbindung mit ihren Abmessungen und Querschnitten zu nennen (ggf. auch Abweichungen der Abmessungen von den Sollmaßen). Auch diese Größen sind mit Streuungen behaftet, die wiederum für die verschiedenen Materialien unterschiedlich und beispielsweise bei den Festigkeitswerten des Betons deutlich größer als bei denjenigen von Betonstahl sind. Die Streuungen lassen sich mathematisch in Form von Häufigkeitsverteilungen darstellen. In Abb. 3.4 ist hierfür exemplarisch die Häufigkeitsverteilung für die Druckfestigkeit eines Betons gezeigt. Hierfür sind kennzeichnende Größen

- der Mittelwert der Betondruckfestigkeit f_{cm}
- der 5%-Quantilwert $f_{ck;\,0,05}$
- der 95%-Quantilwert $f_{ck;\,0,95}$

Ebenso wie bei den Lastannahmen entsprechen die in den Stoffnormen angegebenen Rechenwerte oder auch charakteristischen Werte Fraktilwerten einer solchen Häufigkeitsverteilung. Beispielsweise beruht die Einteilung nach Betonfestigkeitsklassen in den jeweiligen Betonnormen, aus der die Betondruckfestigkeit hergeleitet wird, auf dem 5%-Quantilwert (das ist diejenige Druckspannung, die von 5 % aller Proben nicht erreicht bzw. von 95 % aller Proben

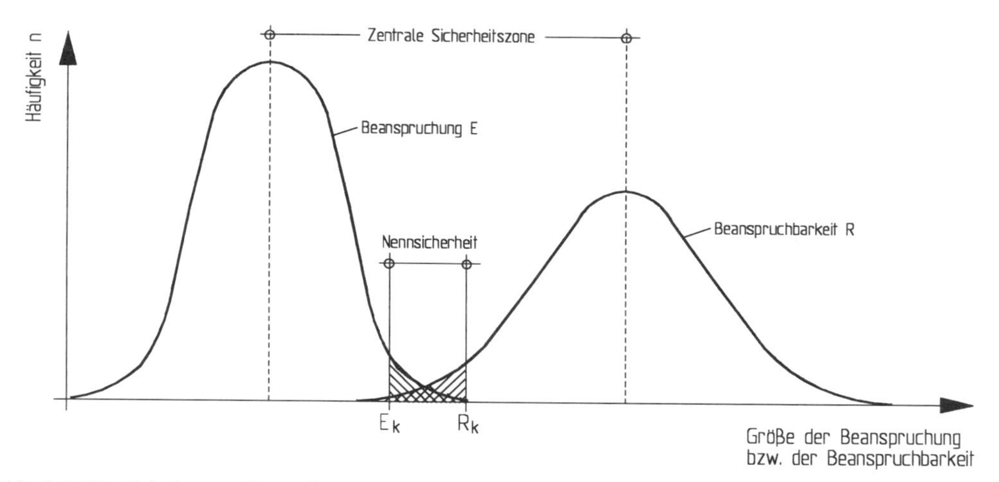

Abb. 3.5 Häufigkeitsverteilung der Beanspruchungen und der Beanspruchbarkeit; Nennsicherheit γ

erreicht und überschritten wird). In analoger Weise lassen sich die kennzeichnenden Werte für Betonstahl und Spannstahl angeben.

Die Häufigkeitskurve der Einwirkungen bzw. der Beanspruchungen E wird den Widerständen bzw. der Beanspruchbarkeit R gegenübergestellt. Dabei ergeben sich sowohl für die Beanspruchung E als auch für die Beanspruchbarkeit R unterschiedliche last- und materialabhängige Verteilungsfunktionen. In Abb. 3.5 sind diese auf der Einwirkungs- und Widerstandsseite als Resultat der einzelnen lastart- und materialabhängigen Verteilungsfunktionen zusammengefasst. Der Abstand zwischen den Fraktilwerten der Verteilungsfunktionen für die Beanspruchung und für die Beanspruchbarkeit ist ein Maß für die Nennsicherheit γ, die tatsächliche Sicherheit ist im Mittel höher, sie kann sogar über die zentrale Sicherheitszone hinausreichen.

Bei den Einflussgrößen E und R werden streuende Größen gegenübergestellt, die nur die Verteilung einer Wahrscheinlichkeit wiedergeben. Dementsprechend lässt sich auch nur die *Wahrscheinlichkeit* für eine ausreichende Tragfähigkeit angeben, eine absolute Sicherheit gibt es nicht. Aus der Differenz zwischen den Widerständen und Einwirkungen $(R-E)$ lässt sich eine Aussage über eine Versagenswahrscheinlichkeit machen. In Abb. 3.6 ist diese Differenz als Dichtefunktion $f_Z(x)$ dargestellt. Als Versagenswahrscheinlichkeit p_f eines Tragwerks wird das Verhältnis des im Bereich von $x < 0$ liegenden Flächenanteils – in Abb. 3.6 schraffiert – zur Ge-

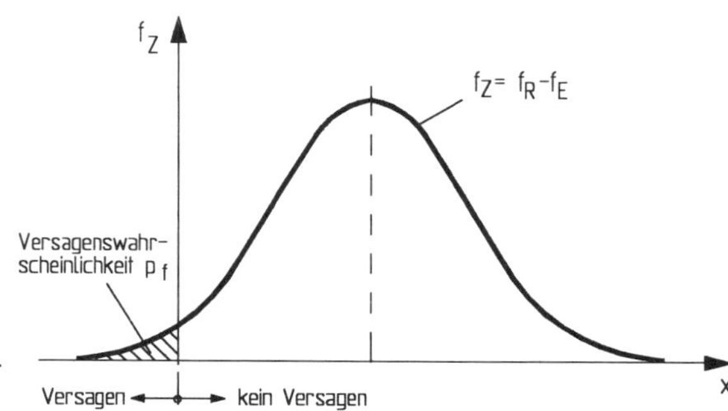

Abb. 3.6 Erläuterung des Begriffs Versagenswahrscheinlichkeit p_f

Tafel 3.1 Versagenswahrscheinlichkeit p_f im Grenzzustand der Tragfähigkeit für den Bezugszeitraum eines Jahres

Sicherheitsklasse	Versagenswahrscheinlichkeit p_f	Erläuterung
1	10^{-5}	Versagen ist ohne Gefahr für Menschenleben; wirtschaftliche Folgen gering
2	10^{-6}	Gefahr für Menschenleben und/oder große wirtschaftliche Folgen
3	10^{-7}	Große Bedeutung der baulichen Anlage für die öffentliche Sicherheit

samtfläche bezeichnet. Die Wahrscheinlichkeit p_f wird in Abhängigkeit von den möglichen Versagensfolgen für die öffentliche Sicherheit (Gefahr für Menschenleben) und im Hinblick auf wirtschaftliche Folgen festgelegt. Der Wert p_f muss umso kleiner sein, je größer die Gefahr einer Gefährdung für Menschenleben und je bedeutender die wirtschaftlichen Folgen im Versagensfall sind.

Zulässige Werte einer Versagenswahrscheinlichkeit werden in [DIN–81] in Abhängigkeit von Sicherheitsklassen angegeben, wobei drei Klassen definiert sind. In Tafel 3.1 sind diese Sicherheitsklassen mit ihrer jeweiligen Versagenswahrscheinlichkeit p_f wiedergegeben. Bauwerke des üblichen Hochbaus sind der Sicherheitsklasse 2 zuzuordnen.

Die zuvor dargestellten Zusammenhänge gelten in erster Linie für den Grenzzustand der Tragfähigkeit. Für einen Nachweis im Grenzzustand der Gebrauchstauglichkeit gelten diese Ausführungen jedoch sinngemäß. Allerdings kann der Sicherheitsindex niedriger bzw. die operative „Versagens“-wahrscheinlichkeit höher festgelegt werden, da die Folgen weniger eine Gefährdung für Menschenleben darstellen, sondern in erster Linie wirtschaftlicher Art sind.

Abschließend sei noch darauf hingewiesen, dass die zuvor erläuterten Zusammenhänge des Sicherheitskonzepts mit dem Vergleich von einwirkenden und ertragbaren Lasten sich – will man konsistent bleiben – auf System- und nicht auf Querschnittsebene beziehen müssten. Die Annahme eines Querschnittsversagens führt bei äußerlich oder innerlich statisch unbestimmten Systemen nicht unbedingt zum Kollaps bzw. Systemversagen, wie am Beispiel von Durchlaufträgern, Platten u. a. leicht zu zeigen ist. Ein lokales, eng begrenztes Querschnittsversagen in einer Platte führt beispielsweise kaum zu einer Beeinträchtigung der Gesamttragfähigkeit, da die Schnittgrößen um diese Schwachstelle herum geleitet werden können (vgl. [Eibl/Schmidt-Hurtienne – 95]).

3.2.3 Normative Festlegungen

Die auf wahrscheinlichkeitstheoretischen Untersuchungen beruhende Anwendung eines Sicherheitsnachweises ist für eine praktische Berechnung zu aufwendig und daher unbrauchbar. Sie bildet jedoch die Grundlage für ein Sicherheitskonzept und für entsprechende normative Festlegungen, die nachfolgend für DIN 1045 (alt) und DIN 1045-1 in Verbindung mit DIN 1055-100 kurzgefasst dargestellt werden sollen. Die Ausführungen beziehen sich auf den Nachweis einer ausreichenden Sicherheit gegen Tragwerksversagen. Sie lassen sich sich jedoch in analoger Weise auf den Nachweis der Gebrauchstauglichkeit übertragen.

3.2.3.1 Sicherheitskonzept mit globalem Sicherheitsbeiwert

Die Sicherheit eines Tragwerks bzw. eines seiner Teile gegen Versagen wird durch einen einzigen globalen Sicherheitsbeiwert nachgewiesen, indem ein vorgegebener Abstand zwischen einem festgelegten charakteristischen Wert E_k der Beanspruchung und dem charakteristischen Wert R_k der Beanspruchbarkeit festgelegt wird. Die in entsprechenden Normen festgelegten charakteristischen Werte E_k und R_k entsprechen dabei einem oberen Fraktilwert auf der Seite der Beanspruchung und einem unteren Fraktilwert auf der Seite der Beanspruchbarkeit (s. vorher). Dieser Zusammenhang lässt sich wie folgt darstellen

$$\gamma_{\text{Global}} \cdot E_k \leq R_k \quad oder \quad E_k \leq R_k / \gamma_{\text{Global}} \tag{3.2}$$

Diese Vorgehensweise entspricht der in den bisherigen Normen (z. B. DIN 1045, Ausg. ‘88) praktizierten. Sämtliche Unsicherheiten auf der Einwirkungs- und Widerstandsseite werden also durch einen einzigen globalen Sicherheitsfaktor γ berücksichtigt. Dieser Faktor γ ist in der bisherigen DIN 1045 mit $\gamma = 1{,}75$ festgelegt, nur im Falle eines Versagens des Betons auf Druck gilt $\gamma = 2{,}10$. Die Erhöhung des Sicherheitsfaktors bei Betonversagen wird mit einem Bruch „ohne Vorankündigung“ begründet, er lässt sich jedoch auch im Sinne des Konzeptes mit Teilsicherheitsbeiwerten (s. nachfolgend) auch als zusätzlicher Teilsicherheitsfaktor für die größeren Streuungsbreiten der Festigkeitseigenschaften von Beton gegenüber denen von Stahl begründen. In DIN 4227, Teil 1 (Ausg. ‘88) entfällt die Unterscheidung zwischen Beton- und Stahlversagen, da der Rechenwert der Betonfestigkeit $\beta_R = 0{,}60\beta_{WN}$ niedriger als nach DIN 1045 angesetzt ist und bereits Unsicherheiten bzw. eine größere Streuungsbreite der Betonfestigkeit berücksichtigt*).

Eine genauere Analyse der zuvor dargestellten sicherheitstheoretischen Zusammenhänge zeigt jedoch, dass mit einem einzigen globalen Sicherheitsfaktor eine Versagenswahrscheinlichkeit p_f nur unzureichend beschrieben werden kann, da die verschiedenen Einflussparameter E und R auf der Einwirkungs- und Widerstandseite unterschiedlich stark streuen und sich zum Teil nichtlinear beeinflussen. So kann beispielsweise bei einer Stütze die Erhöhung einer Drucklängskraft auf der Einwirkungsseite durch einen globalen „Sicherheitsfaktor“ durchaus auf der unsicheren Seite liegen (s. hierzu Abb. 3.9), da die Längsdruckkräfte die Beanspruchung am Zugrand abmindern und entsprechend zu kleineren Zugkräften mit einer geringeren Zugbewehrung führen. Eine Steigerung der Drucklängskraft durch einen globalen Sicherheitsfaktor, wie es bei einem Verfahren mit globalen Sicherheitsbeiwerten erfolgt (z. B. in DIN 1045, Ausg. ‘88), führt daher nicht immer zu einem befriedigenden Ergebnis bzw. nicht zu der erforderlichen Zuverlässigkeit.

3.2.3.2 Sicherheitskonzept mit Teilsicherheitsbeweiwerten

Im Allgemeinen erhält man ein ausgeglicheneres Zuverlässigkeits- bzw. Sicherheitsniveau durch die Anwendung von Teilsicherheitsbeiwerten. Der in Gl. (3.2) beschriebene Zusammenhang

---

*) Formal ergibt sich nach DIN 1045 (Ausg. ‘88) zwar für die Betonfestigkeitsklassen B 45 und B 55 derselbe oder sogar noch ein kleinerer Rechenwert β_R der Betonfestigkeit, der aber nur als „Angstwert“ zu interpretieren ist, weil man zum Zeitpunkt der ersten Neufassung der DIN 1045 im Jahre 1972 mit den „höheren“ Betonfestigkeitsklassen wenig Erfahrung hatte und daher die Rechenwerte bewusst niedrig angesetzt hatte.

zwischen den Beanspruchungen und der Beanspruchbarkeit lässt sich mit dem Konzept der Teilsicherheitsbeiwerte wie folgt darstellen (nachfolgende Gleichungen gelten für die sog. Grundkombination; s. Abschn. 4.1.1):

$$E_d \leq R_d \tag{3.3}$$

Hierbei ergibt sich der Bemessungswert E_d der Einwirkungen aus

$$E_d = E\,[\Sigma\,(\gamma_{G,j} \cdot G_{k,j}) \oplus \gamma_{Q,1} \cdot Q_{k,1} \oplus \sum_{i>1}(\gamma_{Q,i} \cdot \psi_{0,i} \cdot Q_{k,i})] \tag{3.4a}$$

In Gl. (3.4a) sind

$\gamma_{G,j}$ Teilsicherheitsbeiwert einer unabhängigen ständigen Einwirkung $G_{k,j}$
$\gamma_{Q,1}$; $\gamma_{Q,i}$ Teilsicherheitsbeiwert für die vorherrschende, für andere veränderliche Einwirkungen
$G_{k,j}$ charakteristischer Wert einer unabhängigen ständigen Einwirkung
$Q_{k,1}$; $Q_{k,i}$ charakteristischer Wert der vorherrschenden, der anderen veränderlichen Einwirkungen
$\psi_{0,i}$ Kombinationsbeiwert der anderen veränderlichen Einwirkungen

Den Bemessungswert R_d des Widerstands bzw. der Tragfähigkeit erhält man für Stahlbeton aus

$$R_d = R\,(\alpha \cdot f_{ck} / \gamma_c;\ f_{yk} / \gamma_s) \tag{3.4b}$$

γ_c; γ_s Teilsicherheitsbeiwert für die Beton-, die Betonstahl- und Spannstahlfestigkeit
f_{ck}; f_{yk} charakteristischer Wert der Beton-, der Betonstahl- und Spannstahlfestigkeit

Die Sicherheitsbeiwerte für Einwirkungen werden bei *ungünstiger* Wirkung, d. h. wenn sie die Tragfähigkeit vermindern, zu $\gamma_G = 1{,}35$ und $\gamma_Q = 1{,}50$ gesetzt, die Materialsicherheitsbeiwerte auf der Widerstandsseite sind im Allgemeinen mit $\gamma_c = 1{,}50$ und $\gamma_s = 1{,}15$ festgelegt. (Wegen weiterer konkreter Zahlenwerte bzgl. der Teilsicherheitsbeiwerte γ_i, des Kombinationsfaktors ψ_0 etc. wird auf Abschn. 4.1.1 verwiesen.)

Durch das Konzept der Teilsicherheitsbeiwerte ist es möglich, die unterschiedlichen Verteilungsdichten auf der Seite der Einwirkungen und Widerstände genauer und differenzierter zu berücksichtigen und im Allgemeinen zu einer ausgeglicheneren tatsächlichen Zuverlässigkeit zu gelangen. So kann beipielsweise auf der Lastseite der Teilsicherheitsbeiwert für eine ständige Einwirkung wegen der größeren Vorhersagegenauigkeit etwas geringer festgelegt werden als für eine veränderliche Einwirkung mit einer entsprechend größeren Streuungsbreite. Ebenso ist auf der Seite der Widerstände die Verteilungsdichte der Festigkeiten von Beton und Betonstahl unterschiedlich, was mit dem Konzept der Teilsicherheitsbeiwerte konsequent durch einen größeren Beiwert für Beton gegenüber Stahl berücksichtigt werden kann.

Die Anwendung des Sicherheitskonzepts mit Teilsicherheitsbeiwerten – wie in DIN 1045-1 verwendet – führt häufig zu wirtschaftlicheren Ergebnissen als eine Berechnung mit einem globalen Sicherheitsbeiwert. Allerdings ist der Aufwand für den entwerfenden Ingenieur in der Regel größer, da oft eine größere Anzahl von Lastfallkombinationen untersucht werden muss.

3.2.3.3 Auswirkungen unterschiedlicher Sicherheitskozepte auf das Bemessungsergebnis

Die Auswirkungen von unterschiedlichen Sicherheitskonzepten – globaler Sicherheitsbeiwert auf der einen Seite (Verfahren nach DIN 1045, Ausg. '88) und Teilsicherheitsbeiwerte auf der anderen Seite (Anwendung in DIN 1045-1 neu) – sollen zunächst für den zentrisch auf Zug beanspruchten Querschnitt gezeigt werden. In diesem Fall ist von einem gerissenen Betonquerschnitt auszugehen, so dass auf der Tragfähigkeitseite nur die Bewehrung A_s wirksam ist.

Für die Einwirkungsseite wird unterstellt, dass nur *eine* veränderliche Last bzw. Nutzlast vorhanden ist, Kombinationswerte $\psi_{0,i}$ (s. Abschn. 4.1) sind also nicht zu berücksichtigen. In Abb. 3.7 ist hierfür in Abhängigkeit von der einwirkenden Zugkraft, die im Verhältnis Eigenlast zu Nutzlast variiert wird, der erforderliche Stahlbedarf als bezogene Größe ($A_s \cdot f_{yk}/F_{ges}$) dargestellt. Diese Größe ist dabei identisch mit einem Gesamtsicherheitsfaktor, der sich ergibt

– bei einem Konzept mit Teilsicherheitsbeiwerten (z. B. nach DIN 1045-1):

$$F_G/F_{ges} = 0 \quad \rightarrow \quad \gamma_s \cdot \gamma_Q = 1{,}725$$
$$F_G/F_{ges} = 1 \quad \rightarrow \quad \gamma_s \cdot \gamma_G = 1{,}553$$

– nach DIN 1045:

$$F_G/F_{ges} = \text{beliebig} \rightarrow \gamma_{Global} = 1{,}75$$

Die Berechnung mit Teilsicherheitsbeiwerten nach neueren Normenkonzepten kann also gegenüber einem Nachweis mit einem globalen Sicherheitsfaktor (nach DIN 1045, Ausg.'88) zu einer Bewehrungsreduzierung um bis zu ca. 12 % führen. Aus Abb. 3.7 ist außerdem die differenzierte Betrachtungsweise eines Konzepts mit Teilsicherheitsbeiwerten für die ständigen und die veränderlichen Einwirkungen zu erkennen, während bei einem globalen Sicherheitsbeiwert beide Einwirkungsarten gleich (ungünstig) bewertet werden.

Die Auswirkungen des Konzepts der Teilsicherheitsbeiwerte im Vergleich zu einem globalen Sicherheitsbeiwert auf der Einwirkungs- *und* Widerstandsseite ist bei dem zentrisch gedrückten Querschnitt besonders deutlich zu sehen. In Abb. 3.8 ist ein Vergleich der aufnehmbaren bezogenen Längskräfte in Abhängigkeit vom Bewehrungsgrad dargestellt. Der Vergleich bezieht sich auf einen C20/25 und einen B 25, die näherungsweise die gleiche Festigkeit aufweisen. Die Darstellung gilt außerdem nur für bewehrten Beton, der Grenzwert $\rho_l = 0$ ist daher nur theoretischer Art. Außerdem sind die Anforderungen einer Mindestbewehrung nicht berücksichtigt.

Wie man sieht, ist nach DIN 1045-1 wiederum je nach Lastart zu unterscheiden, ob die Beanspruchung aus Eigenlasten ($\gamma_F = \gamma_G = 1{,}35$) oder aus Verkehrslasten ($\gamma_F = \gamma_Q = 1{,}50$) resul-

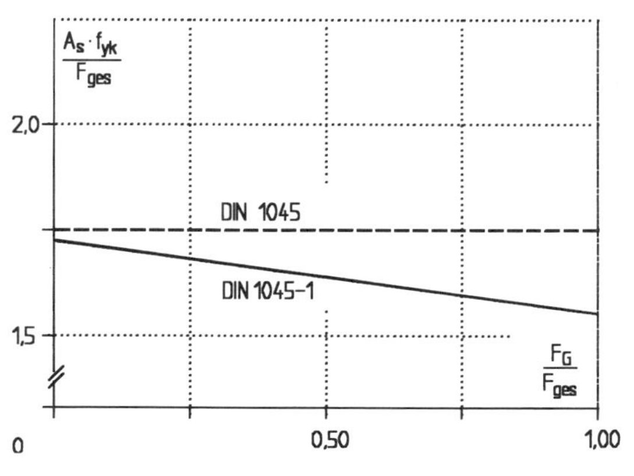

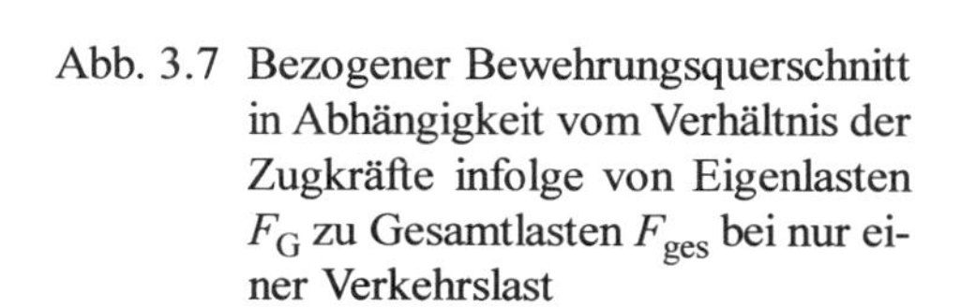
Abb. 3.7 Bezogener Bewehrungsquerschnitt in Abhängigkeit vom Verhältnis der Zugkräfte infolge von Eigenlasten F_G zu Gesamtlasten F_{ges} bei nur einer Verkehrslast

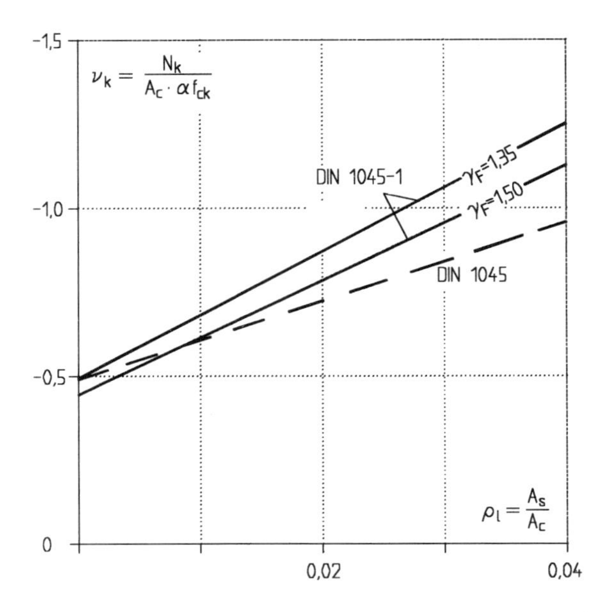

Abb. 3.8 Bezogene zulässige Längskraft ν_k für den zentrisch beanspruchten Stahlbetonquerschnitt für einen Beton B 25 bzw. C20/25 und einen Betonstahl BSt 500

tiert, während bei einer Berechnung mit einem globalen Sicherheitsbeiwert nach DIN 1045 die Lastart keine Rolle spielt. Zusätzlich ist jedoch auch der Einfluss von Teilsicherheitsbeiwerten auf der Widerstandsseite zu erkennen. Die Tragfähigkeit des Betonquerschnitts ist zunächst für den theoretischen Bewehrungsgrad $\rho_l = 0$ % bei einer Berechnung nach DIN 1045-1 und DIN 1045 fast identisch. Mit zunehmendem Bewehrungsgrad wirkt sich jedoch bei einer Berechnung nach DIN 1045-1 günstig aus, dass wegen des kleineren Teilsicherheitsbeiwertes für Betonstahl mit $\gamma_s = 1{,}15$ (im Vergleich zum Beton mit $\gamma_c = 1{,}5$) der Bewehrungsanteil deutlich günstiger als nach DIN 1045 beurteilt wird; in DIN 1045 wird nämlich pauschal Beton und Stahl mit ein und demselben globalen Sicherheitsfaktor belegt, der wegen Betonversagens $\gamma_{Global} = 2{,}1$ beträgt.

Aus den bisherigen Betrachtungen geht hervor, dass bei einer differenzierteren Betrachtungsweise der Einwirkungs- und Widerstandseite, wie es in DIN 1045-1 geschieht, häufig wirtschaftlichere Ergebnisse erzielt werden und eine Berechnung nach mit einem globalem Sicherheitsbeiwert im Allgemeinen auf der sicheren Seite liegt. Dies gilt jedoch insbesondere bei auf Biegung mit Längsdruck beanspruchten Querschnitten – beispielsweise bei Stützen – nur noch mit Einschränkungen. Eine Längsdruckkraft kann hier auch günstig wirken und eine Erhöhung der Druckkraft durchaus die erforderliche Bewehrung verringern. Dies soll an der in Abb. 3.7 dargestellten Stütze gezeigt werden. Die Stütze sei durch eine zentrisch wirkende Druckkraft infolge Eigenlasten beansprucht, während eine davon unabhängige veränderliche Last ein Biegemoment hervorruft. Zunächst einmal ist festzustellen, dass bei einer Berechnung mit Teilsicherheitsbeiwerten entsprechend DIN 1045-1 zwei Lastfälle zu betrachten sind, nämlich jeweils das größte Biegemoment infolge der veränderlichen Last, einmal in Kombination mit dem unteren Wert der Längsdruckkraft infolge von Eigenlasten ($\gamma_{G,inf} = 1{,}00$), zum anderen mit dem oberen ($\gamma_{G,sup} = 1{,}35$). Bei einem globalen Sicherheitsbeiwert entsprechend DIN 1045 ist dagegen nur eine Beanspruchungskombination zu untersuchen, wobei dabei jedoch – auf der unsicheren Seite liegend (!) – Längsdruckkräfte auch dann mit diesem globalen „Sicherheitsfaktor" vergrößert werden, wenn sie günstig wirken, d. h. die Bewehrung reduzieren.

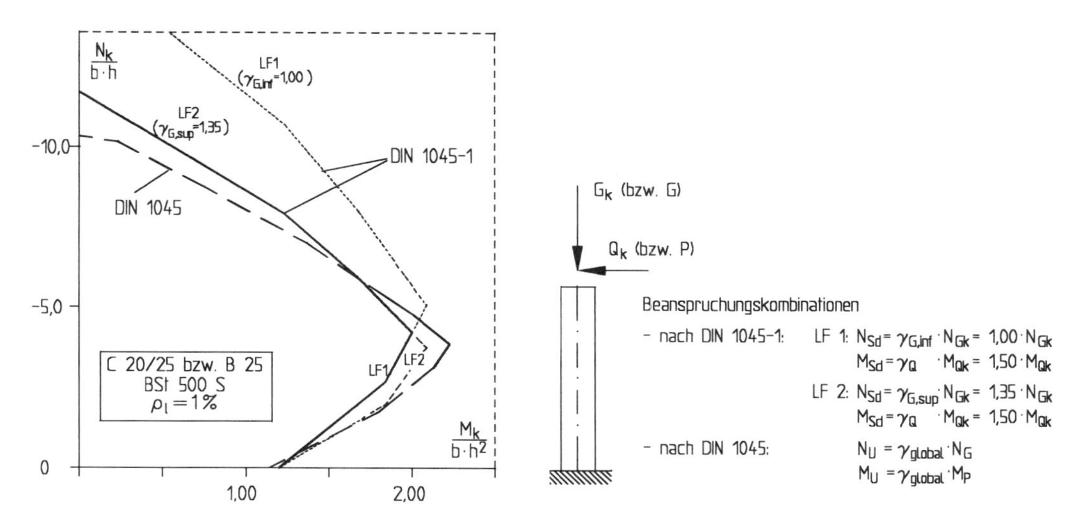

Abb. 3.9 Beanspruchung aus Eigenlast und veränderlicher Last und Tragfähigkeit (Gebrauchszustand)

Diese Aussage ist an Hand der Tragfähigkeitskurven in Abb. 3.9 dargestellt, die für einen Rechteckquerschnitt mit einem Bewehrungsgrad von 1 % als Interaktion zwischen der bezogenen Längsdruckkraft und dem bezogenen Biegemoment dargestellt ist. Wie man sieht, ist bei einer Berechnung nach DIN 1045-1 bei geringen Längsdruckkräften $\gamma_{G,inf} = 1{,}0$ (LF. 1) maßgebend, da dann das zugehörige aufnehmbare Biegemoment kleiner als für $\gamma_{G,sup} = 1{,}35$ ist. Es ist auch zu sehen, dass in diesem Bereich die Tragfähigkeit nach DIN 1045 rechnerisch größer ist und überschätzt wird.

Neben diesen hier im Querschnitt dargestellten Unterschieden ergeben sich weitere systembedingte Abweichungen. So ändert sich beispielsweise die Lage von Momentennullpunkten durch die unterschiedliche Gewichtung der einzelnen Lastarten. In Abb. 3.10 ist dies für den Verlauf der Biegemomente eines Einfeldträgers mit Kragarm dargestellt, wobei nach DIN 1045 mit Gebrauchslasten gerechnet ist (mit Bruchlasten ergibt sich dieselbe Lage des Momentennullpunktes) und nach DIN 1045-1 die Teilsicherheitsbeiwerte jeweils ungünstigst berücksichtigt sind. In dem Beispiel ist allerdings insofern ein Sonderfall dargestellt, als hier auch die Eigenlast mit zwei verschiedenen Sicherheitsbeiwerten ($\gamma_{G,\,inf} = 0{,}9$ und $\gamma_{G,\,sup} = 1{,}1$) berücksichtigt wurde, wie dies in DIN 1055-100 für Nachweise gefordert ist, die sehr empfindlich gegenüber der Größe der ständigen Einwirkung sind (z. B. der Nachweis der Lagesicherheit).

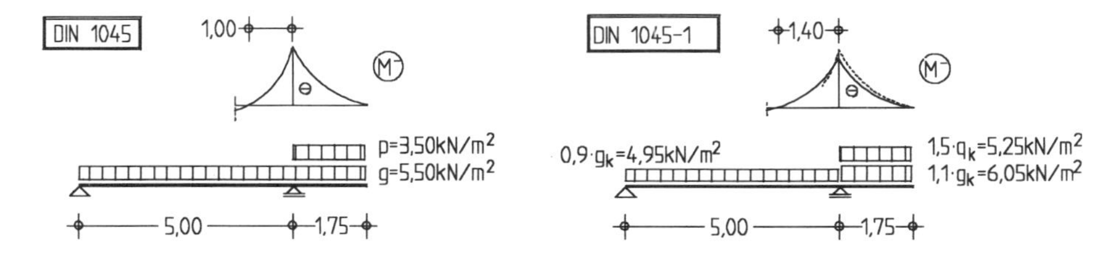

Abb. 3.10 Lage der Momentennullpunkte für eine Berechnung nach DIN 1045 und nach DIN 1045-1

4 Bemessungsgrundlagen

4.1 Bemessungskonzept

Das Bemessungskonzept von DIN 1045-1 in Verbindung mit DIN 1055-100 beruht auf dem Nachweis, dass sog. Grenzzustände nicht überschritten werden. Es sind Grenzzustände der Tragfähigkeit (Bruch, Verlust des Gleichgewichts, Ermüdung etc.), der Gebrauchstauglichkeit (Verformungen, Schwingungen, Rissbreiten) und der Dauerhaftigkeit zu betrachten und zu untersuchen. Hierbei werden drei *Bemessungssituationen**) unterschieden

- ständige Situation (normale Nutzungsbedingungen des Tragwerks)
- vorübergehende Situation (z. B. Bauzustand, Instandsetzungsarbeiten)
- außergewöhnliche Situation (z. B. Anprall, Explosion)

4.1.1 Grenzzustände der Tragfähigkeit

4.1.1.1 Bruch oder übermäßige Verformung

Der Bemessungswert der Beanspruchung E_d darf den Bemessungswert des Tragwiderstands R_d nicht überschreiten (DIN 1055-100):

$$\boldsymbol{E_d \leq R_d} \qquad (4.1)$$

Bemessungswerte E_d der Beanspruchungen

Die Bemessungswerte der Beanspruchungen E_d werden wie folgt bestimmt

– ständige und vorübergehende Bemessungssituation (Grundkombination)

$$E_d = E\left(\sum_{j \geq 1} \gamma_{G,j} \cdot G_{k,j} \oplus \gamma_P \cdot P_k \oplus \gamma_{Q,1} \cdot Q_{k,1} \oplus \sum_{i>1} \gamma_{Q,i} \cdot \psi_{0,i} \cdot Q_{k,i}\right) \qquad (4.2a)$$

– außergewöhnliche Bemessungssituation

$$E_{d,A} = E\left(\sum_{j \geq 1} \gamma_{GA,j} \cdot G_{k,j} \oplus \gamma_P \cdot P_k \oplus A_d \oplus \psi_{1,1} \cdot Q_{k,1} \oplus \sum_{i>1} \psi_{2,i} \cdot Q_{k,i}\right) \qquad (4.2b)$$

In Gln. (4.2a) und (4.2b) sind

$\gamma_{G,j}$; $\gamma_{GA,j}$ Teilsicherheitsbeiwerte für die ständige Einwirkung *j* (s. Tafel 4.1), für die ständige Einwirkung *j* in der außergewöhnliche Kombination (i. Allg. $\gamma_{GA,j} = 1$)
γ_P Teilsicherheitsbeiwerte für die Vorspannung (s. Tafel 4.1)
$\gamma_{Q,1}$; $\gamma_{Q,i}$ Teilsicherheitsbeiwerte für die erste veränderliche Einwirkung, für weitere veränderliche Einwirkungen *i*
$G_{k,j}$ charakteristische Werte der ständigen Einwirkungen
P_k charakteristische Werte der Vorspannung
$Q_{k,1}$; $Q_{k,i}$ charakteristische Werte der ersten veränderlichen Einwirkung, weiterer veränderlicher Einwirkungen *i*
A_d Bemessungswert einer außergewöhnlichen Einwirkung (z. B. Anpralllast)
ψ_0, ψ_1, ψ_2 Kombinationsbeiwerte der seltenen, häufigen und quasi-ständigen Einwirkungen (vgl. Tafel 4.2)
$\oplus$ „in Kombination mit“

---

*) zusätzlich nach DIN 1055-100: Situation infolge Erbeben

Tafel 4.1 Teilsicherheitsbeiwerte γ_F für Einwirkungen (Grundkombination)

Auswirkung	ständige Einwirkung γ_G [a)]	veränderliche Einwirkung γ_Q	Vorspannung γ_P
günstig	1,00	0	1,0
ungünstig	1,35 [c)]	1,50 [b)c)]	1,0

a) Bei durchlaufenden Platten und Balken darf für ein und dieselbe unabhängige ständige Einwirkung (z. B. Eigengewicht) entweder der obere oder untere Wert γ_G in allen Feldern gleich angesetzt werden. Das gilt jedoch nicht für den Nachweis der Lagesicherheit.

b) Für Zwang gilt bei linearer Schnittgrößenermittlung mit der Steifigkeit nach Zustand I $\gamma_Q = 1{,}00$.

c) Bei Fertigteilen darf im Bauzustand für Biegung und Längskraft $\gamma_G = 1{,}15$ und $\gamma_Q = 1{,}15$ gesetzt werden.

Beim Nachweis des Grenzzustandes für Versagen des Tragwerks werden alle charakteristischen Werte einer unabhängigen ständigen Einwirkung mit dem Faktor $\gamma_{G,sup} = 1{,}35$ multipliziert, wenn der Einfluss auf die betrachtete Beanspruchung ungünstig ist, und mit $\gamma_{G,inf} = 1{,}00$, wenn der Einfluss günstig ist. Bemessungssituationen mit günstigen ständigen Einwirkungen brauchen jedoch für nicht vorgespannte Durchlaufträger und -platten des üblichen Hochbaus nicht berücksichtigt zu werden (DIN 1045-1, 8.2), wenn die Konstruktionsregeln für die Mindestbewehrung eingehalten werden. Dies gilt allerdings nicht für den Nachweis der Lagesicherheit nach DIN 1055-100 (s. Abschn. 4.1.3), bei dem auch eine feldweise ungünstige Berücksichtigung der ständigen Einwirkungen erforderlich ist.

Die veränderliche Last ist feldweise ungünstig mit $\gamma_Q = 1{,}50$ berücksichtigt, im günstigen Falle ist sie wegzulassen.

Tafel 4.2 Kombinationsbeiwerte ψ (nach DIN 1055-100)

Einwirkung	Kombinationswerte		
	ψ_0	ψ_1	ψ_2
Nutzlasten			
– Kategorie A: Wohn-/Aufenthaltsräume	0,7	0,5	0,3
– Kategorie B: Büros	0,7	0,5	0,3
– Kategorie C: Versammlungsräume	0,7	0,7	0,6
– Kategorie D: Verkaufsräume	0,7	0,7	0,6
– Kategorie E: Lagerräume	1,0	0,9	0,8
Verkehrslasten			
– Kategorie F: Fahrzeuglast ≤ 30 kN	0,7	0,7	0,6
– Kategorie G: 30 kN ≤ Fahrzeuglast ≤ 160 kN	0,7	0,5	0,3
– Kategorie H: Dächer	0	0	0
Schnee, Orte bis NN +1000 m	0,5	0,2	0
Orte über NN +1000 m	0,7	0,5	0,2
Windlasten	0,6	0,5	0
Temperatureinwirkungen (nicht Brand)	0,6	0,5	0
Baugrundsetzungen	1,0	1,0	1,0
Sonstige Einwirkungen	0,8	0,7	0,5

Mit den Kombinationsbeiwerten ψ_i nach Tafel 4.2 wird die Häufigkeit des Auftretens einer veränderlichen Last berücksichtigt. Dabei erfasst ψ_0 die geringe, ψ_1 die mittlere und ψ_2 die hohe Wahrscheinlichkeit des gleichzeitigen Auftretens der jeweiligen veränderlichen Last mit weiteren unabhängigen veränderlichen Lasten. Die Kombinationsbeiwerte werden für die Ermittlung der maßgebenden Beanspruchung im Grenzzustand der Tragfähigkeit benötigt, insbesondere aber auch bei den Nachweisen in den Grenzzuständen der Gebrauchstauglichkeit (s. hierzu Abschn. 4.2).

Vereinfachte Kombination

Nach DIN 1055-100 dürfen Gln. (4.2a) und (4.2b) für Hochbauten bei einer linear-elastischen Schnittgrößenermittlung ersetzt werden durch vereinfachte Kombinationsregeln. Mit diesen vereinfachten Kombinationsregeln soll die Suche nach der ungünstigsten Bemessungseinwirkung für die zu berechnenden Bauteile entfallen. Es gilt:

– Grundkombination: $E_d = \gamma_G \cdot E_{Gk} + 1{,}50 \cdot E_{Q,unf} + E_{Pk}$ (4.3a)

– außergewöhnlichen Kombination: $E_{dA} = E_{Ad} + E_{d,frequ}$ (4.3b)

$E_{Q,unf}$ Kombination der ungünstigen veränderlichen Einwirkungen
$E_{Q,unf} = E_{Qk,1} + \psi_{0,Q} \cdot \sum_{i>1} E_{Qk,i}$ ($E_{Qk,1}$: vorherrschende Einwirkung)

$E_{d,frequ}$ Häufige Kombination
$E_{d,frequ} = E_{Gk} + E_{Pk} + \psi_{1,Q} \cdot E_{Q,unf}$ ($\psi_{1,Q}$: bauwerksbezogener Größtwert)

γ_G Teilsicherheitsbeiwert der ständigen Einwirkung nach Tafel 4.1. (Bei mehreren ständigen Einwirkungen – Eigenlasten, Erddruck, ständiger Wasserdruck – ist die Summe der ungünstigen unabhängigen $E_{G,unf}$ mit $\gamma_{G,sup}$, die Summe der günstigen unabhängigen $E_{G,fav}$ mit $\gamma_{G,inf}$ zu multiplizieren.)

Bemessungswerte des Widerstands R_d

Sie werden bei linear-elastischer Schnittgrößenermittlung oder plastischen Berechnungen gebildet aus (für nichtlineare Schnittgrößenermittlung s. DIN 1045-1, 5.3.3 und 8.5):

$$R_d = R\,(\alpha f_{ck}/\gamma_c;\ f_{yk}/\gamma_s;\ f_{tk,cal}/\gamma_s;\ f_{yk}/\gamma_s;\ f_{tk,cal}/\gamma_s;\ f_{p0,1k}/\gamma_s;\ f_{pk}/\gamma_s) \quad (4.4)$$

f_{ck} charakteristischer Wert der Druckfestigkeit des Betons
$f_{yk}, f_{tk,cal}$ charakteristischer Wert der Streckgrenze bzw. der Zugfestigkeit des Betonstahls
$f_{p0,1k}, f_{pk}$ charakteristischer Wert der 0,1%-Dehngrenze bzw. der Zugfestigkeit des Spannstahls
γ_c; γ_s Teilsicherheitsbeiwerte für Beton bzw. Betonstahl und Spannstahl nach Tafel 4.3

Tafel 4.3 Teilsicherheitsbeiwert γ_M für Baustoffe (DIN 1045-1, 5.3.3)

Bemessungssituation	Beton γ_c [a)c)]	Betonstahl, Spannstahl γ_s
Ständige und vorübergehende Bemessungssituation (Grundkombination)	1,50 [b)]	1,15
Außergewöhnliche Bemessungssituation	1,30	1,00
Nachweis gegen Ermüdung	1,50	1,15

a) Bei Beton ≥ C 55/67 muss γ_c mit dem Faktor $\gamma_c' = 1/(1{,}1 - 0{,}002 f_{ck})$ vergrößert werden
b) Bei Fertigteile darf der Beiwert auf $\gamma_c = 1{,}35$ verringert werden (bei überwachter Herstellung!)
c) Bei unbewehrten Beton gilt $\gamma_c = 1{,}8$ in der Grundkombination und $\gamma_c = 1{,}55$ in der außergewöhnlichen Bemessungssituation

Beispiele

Beispiel 1

Für den dargestellten Einfeldträger mit Belastung aus Eigenlast g_k und Nutzlast q_k (charakteristische Werte!) ist das maximale Bemessungsmoment im Grenzzustand der Tragfähigkeit gesucht.

q_k=3,0kN/m
g_k=5,0kN/m
l=5,0m

$$\max M_{Ed} = (\gamma_G \cdot g_k + \gamma_Q \cdot q_k) \cdot \frac{l^2}{8} = (1{,}35 \cdot 5{,}0 + 1{,}50 \cdot 3{,}0) \cdot \frac{5{,}0^2}{8} = 35{,}2 \text{ kNm}$$

Beispiel 2

Kragkonstruktion mit Belastung aus Eigenlast g_k, Schneelast s_k und angehängter veränderlicher Einzellast Q_k; gesucht ist das Bemessungsmoment M_{Ed} an der Einspannstelle im Grenzzustand der Tragfähigkeit.

s_k=5,0kN/m
g_k=8,0kN/m
Q_k=10,0kN
l_{Kr}=4,0m

Es liegen zwei unabhängige veränderliche Lasten vor; die jeweilige erste ist in voller Größe zu berücksichtigen, die zweite darf mit einem Kombinationsfaktor ψ_0 abgemindert werden. Mit $\psi_0 = 0{,}5$ für Schnee und $\psi_0 = 0{,}8$ für eine sonstige Einwirkung und mit Gl. (4.2a) erhält man

$$\text{Komb. 1:} \quad M_{Ed} = -\gamma_G \cdot g_k \cdot \frac{l_{Kr}^2}{2} - \gamma_Q \cdot s_k \cdot \frac{l_{Kr}^2}{2} - \gamma_Q \cdot \psi_0 \cdot Q_k \cdot l_{Kr}$$

$$= -1{,}35 \cdot 8{,}0 \cdot \frac{4{,}0^2}{2} - 1{,}50 \cdot 5{,}0 \cdot \frac{4{,}0^2}{2} - 1{,}50 \cdot 0{,}8 \cdot 10 \cdot 4{,}0 = -194{,}4 \text{ kNm}$$

$$\text{Komb. 2:} \quad M_{Ed} = -\gamma_G \cdot g_k \cdot \frac{l_{Kr}^2}{2} - \gamma_Q \cdot Q_k \cdot l_{Kr} - \gamma_Q \cdot \psi_0 \cdot s_k \cdot \frac{l_{Kr}^2}{2}$$

$$= -1{,}35 \cdot 8{,}0 \cdot \frac{4{,}0^2}{2} - 1{,}50 \cdot 10 \cdot 4{,}0 - 1{,}50 \cdot 0{,}5 \cdot 5{,}0 \cdot \frac{4{,}0^2}{2} = -176{,}4 \text{ kNm}$$

Beispiel 3

Kragstütze mit Belastung aus Eigenlast G_k, veränderlicher Last Q_k (Kranbahn mit Seitenkräften) und Windlast w_k. Gesucht sind die Bemessungsschnittgrößen N_{Ed} und M_{Ed} im Grenzzustand der Tragfähigkeit (ohne Berücksichtigung der Zusatzmomente nach Theorie 2. Ordnung)

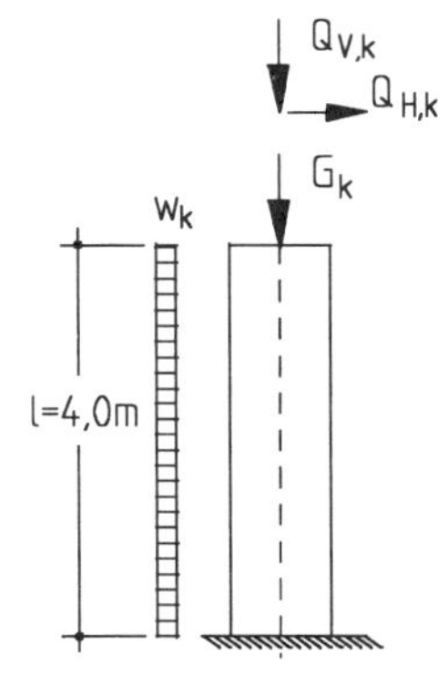

Belastung

Eigenlast	G_k	= 500 KN
veränderliche Last	$Q_{V,k}$	= 500 KN
	$Q_{H,k}$	= 10 KN
Wind	w_k	= 10 kN/m

Wie im Beispiel 2 liegen auch hier zwei unabhängige veränderliche Lasten vor; zusätzlich ist zu berücksichtigen, dass die Eigenlast bei günstiger Wirkung (vgl. Abb. 3.7) nur mit $\gamma_G = 1{,}0$ berücksichtigt werden darf. Mit $\psi_0 = 0{,}6$ für Wind und $\psi_0 = 0{,}8$ für eine sonstige Einwirkung ergeben sich (theoretisch) folgende Kombinationsmöglichkeiten:

Komb. 1: $N_{Ed} = 1{,}35 \cdot 500 + 1{,}50 \cdot 500 \quad + 1{,}50 \cdot 0{,}6 \cdot 0 \quad = 1425$ kN
$M_{Ed} = 1{,}35 \cdot 0 \quad + 1{,}50 \cdot 10 \cdot 4{,}0 \quad + 1{,}50 \cdot 0{,}6 \cdot 10 \cdot 4{,}0^2/2 = 132$ kNm

Komb. 2: $N_{Ed} = 1{,}00 \cdot 500 + 1{,}50 \cdot 500 \quad + 1{,}50 \cdot 0{,}6 \cdot 0 \quad = 1250$ kN
$M_{Ed} = 1{,}00 \cdot 0 \quad + 1{,}50 \cdot 10 \cdot 40 \quad + 1{,}50 \cdot 0{,}6 \cdot 10 \cdot 4{,}0^2/2 = 132$ kNm

Komb. 3: $N_{Ed} = 1{,}35 \cdot 500 + 1{,}50 \cdot 0 \quad + 1{,}50 \cdot 0{,}8 \cdot 500 \quad = 1275$ kN
$M_{Ed} = 1{,}00 \cdot 0 \quad + 1{,}50 \cdot 10 \cdot 4{,}0^2/2 + 1{,}50 \cdot 0{,}8 \cdot 10 \cdot 4{,}0 \quad = 168$ kNm

Komb. 4: $N_{Ed} = 1{,}00 \cdot 500 + 1{,}50 \cdot 0 \quad + 1{,}50 \cdot 0{,}8 \cdot 500 \quad = 1100$ kN
$M_{Ed} = 1{,}00 \cdot 0 \quad + 1{,}50 \cdot 10 \cdot 4{,}0^2/2 + 1{,}50 \cdot 0{,}8 \cdot 10 \cdot 4{,}0 \quad = 168$ kNm

Bei günstiger Wirkung der veränderlichen Last Q_k ist zusätzlich zu untersuchen:

Komb. 5: $N_{Ed} = 1{,}00 \cdot 500 + 1{,}50 \cdot 0 \quad + 0 \cdot 0{,}8 \cdot 500 \quad = 500$ kN
$M_{Ed} = 1{,}00 \cdot 0 \quad + 1{,}50 \cdot 10 \cdot 4{,}0^2/2 + 0 \cdot 0{,}8 \cdot 10 \cdot 4{,}0 \quad = 120$ kNm

Beispiel 4

Für den dargestellten zentrischen belasteten Zugstab ist der vollständige Nachweis im Grenzzustand der Tragfähigkeit zu führen.

Gegeben Längskräfte: $N_{Gk} = 150$ kN (Eigenlast), $N_{Qk} = 200$ kN (Nutzlast)
Bewehrung: $A_{s1} = A_{s2} = 6{,}28$ cm², Festigkeit $f_{yk} = 50$ kN/cm²
Beton: ohne Angabe (Zugfestigkeit darf im Grenzzustand der Tragfähigkeit nicht berücksichtigt werden; s. hierzu Pkt. 5.1.1).

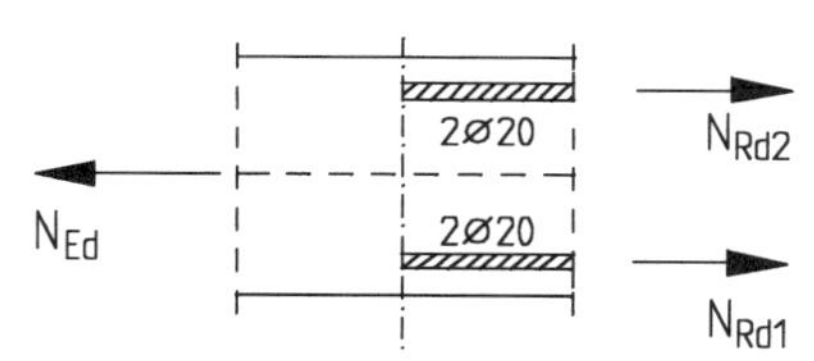

Es ist der Nachweis zu erbringen, dass der Bemessungswert der Schnittgrößen N_{Ed} – d. h. die γ-fachen charakteristischen Längskräfte – die Querschnittstragfähigkeit als die $1/\gamma$-fachen aufnehmbaren Schnittgrößen $N_{Rd} = N_{Rd1} + N_{Rd2}$ nicht überschreitet:

$$N_{Ed} \leq N_{Rd}$$

Schnittgrößen (Einwirkung)

$N_{Ed} = \gamma_G \cdot N_{Gk} + \gamma_Q \cdot N_{Qk}$

$N_{Gk} = 150$ kN | charakteristische Werte
$N_{Qk} = 200$ kN | (Vorgabe)

$N_{Ed} = 1{,}35 \cdot 150 + 1{,}50 \cdot 200 = 503$ kN

Tragfähigkeit (Widerstand)

$N_{Rd} = N_{Rd1} + N_{Rd2}$

$N_{Rd1} = A_{s1} \cdot (f_{yk} / \gamma_s) = F_{Rd2}$

$N_{Rd1} = 6{,}28 \cdot (50/1{,}15) = 273$ kN

$N_{Rd} = 2 \cdot 273 = 546$ kN

Nachweis

$$N_{Ed} = 503 \text{ kN} < F_{Rd} = 548 \text{ kN}$$

4.1.1.2 Versagen ohne Vorankündigung

Ein Versagen ohne Vorankündigung bei Erstrissbildung muss vermieden werden. Dies kann nach DIN 1045-1, 5.3.2 als erfüllt angesehen werden für:

- Unbewehrten Beton
  Für stabförmige Bauteile mit Rechteckquerschnitt durch Begrenzung der Ausmitte der Längskraft im Grenzzustand der Tragfähigkeit auf $e_d / h < 0{,}4$
- Stahlbeton
  durch Anordnung einer Mindestbewehrung nach DIN 1045-1, 13.1.1, die für das Rissmoment mit dem Mittelwert der Zugfestigkeit f_{ctm} und der Stahlspannung f_{yk} berechnet ist.

4.1.1.3 Statisches Gleichgewicht

Nach DIN 1055-100 ist nachzuweisen, dass die Bemessungswerte der destabilisierenden Einwirkungen $E_{d,dst}$ die Bemessungswerte der stabilisierenden $E_{d,stb}$ nicht überschreiten:

$$\boldsymbol{E_{d,dst} \leq E_{d,stb}} \tag{4.5a}$$

Wird die Lagesicherheit durch eine Verankerung bewirkt, wird Gl. (4.5a) modifiziert

$$\boldsymbol{E_{d,dst} - E_{d,stb} \leq R_d} \tag{4.5b}$$

Für die veränderlichen Einwirkungen gelten die Teilsicherheitsbeiwerte nach Tafel 4.1 und die Kombinationsbeiwerte nach Tafel 4.2. Zusätzlich gelten für die ständigen Einwirkungen

- $\gamma_{G,inf} = 0{,}9$ für die günstig wirkenden ständigen Einwirkungen
- $\gamma_{G,sup} = 1{,}1$ für die ungünstig wirkenden ständigen Einwirkungen

Bei kleinen Schwankungen (wie z. B. beim Nachweis der Auftriebssicherheit) dürfen die Werte auf 0,95 bzw. 1,05 geändert werden. Weitere Hinweise s. DIN 1055-100.

Beispiel

Für den dargestellten Einfeldträger mit Kragarm ist die Lagesicherheit am Auflager A nachzuweisen. Bedingung nach Gl. (4.5a) für Auflagerkraft A.

Mit $g_k = 9{,}0$ kN/m und $q_k = 7{,}5$ kN/m erhält man

$$A_{d,dst} = 1{,}1 \cdot 9{,}0 \cdot \frac{1{,}5^2}{2 \cdot 2{,}5} + 1{,}5 \cdot 7{,}5 \cdot \frac{1{,}5^2}{2 \cdot 2{,}5} = 9{,}52 \text{ kN}$$

$$A_{d,stb} = 0{,}9 \cdot 9{,}0 \cdot \frac{2{,}5}{2} = 10{,}12 \text{ kN}$$

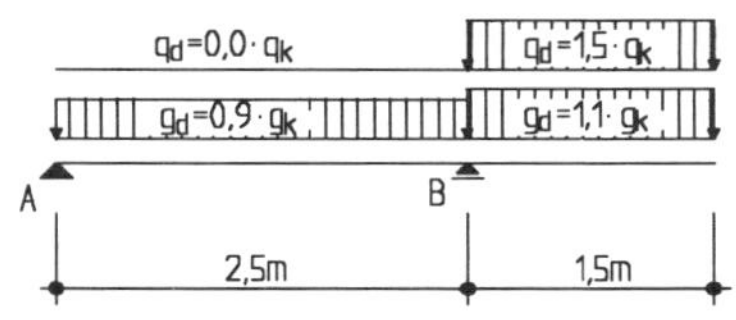

Nachweis: $A_{d,dst} = 9{,}52$ kN $< A_{d,stb} = 10{,}12$ kN $\Rightarrow$ Nachweis erfüllt!

4.1.1.4 Ermüdung

Der Nachweis ist nach DIN 1045-1, 10.8 zu führen; der Bemessungswert einer Schädigungssumme D_{Ed} darf den Wert 1 nicht überschreiten:

$$\boldsymbol{D_{Ed} \leq 1} \tag{4.6}$$

Vereinfachend kann der Nachweis auch nach DIN 1045-1, 10.8.4 mit den Einwirkungskombinationen nach Abschn. 4.1.2, d. h. mit $\gamma_F = 1$, geführt werden.

4.1.2 Grenzzustände der Gebrauchstauglichkeit

Der Bemessungswert der Beanspruchung E_d darf den Grenzwert der betrachteten Auswirkung C_d bei vorgegebenen Gebrauchstauglichkeitsbedingungen nicht überschreiten:

$$\boldsymbol{E_d \leq C_d} \tag{4.7}$$

Einwirkungskombinationen E_d

Sie sind für die Grenzzustände der Gebrauchstauglichkeit wie folgt definiert:

– Seltene Kombination

$$E_{d,rare} = E(\sum_{j\geq 1} G_{k,j} \oplus P_k \oplus Q_{k,1} \oplus \sum_{i>1} \psi_{0,i} \cdot Q_{k,i}) \tag{4.8a}$$

– Häufige Kombination

$$E_{d,frequ} = E(\sum_{j\geq 1} G_{k,j} \oplus P_k \oplus \psi_{1,1} \cdot Q_{k,1} \oplus \sum_{i>1} \psi_{2,i} \cdot Q_{k,i}) \tag{4.8b}$$

– Quasi-ständige Kombination

$$E_{d,perm} = E(\sum_{j\geq 1} G_{k,j} \oplus P_k \oplus \sum_{i\geq 1} \psi_{2,i} \cdot Q_{k,i}) \tag{4.8c}$$

(Erläuterung der Formelzeichen s. vorher.)

Vereinfachte Kombination

Für den Hochbau darf bei einer linear-elastischen Schnittgrößenermittlung auch verwendet werden:

– Seltene Kombination $E_{d,rare} = E_{Gk} + E_{Pk} + E_{Q,unf}$ (4.9a)

– Häufige Kombination $E_{d,frequ} = E_{Gk} + E_{Pk} + \psi_{1,Q} \cdot E_{Q,unf}$ (4.9b)

– Quasi-ständige Kombination $E_{d,perm} = E_{Gk} + E_{Pk} + \Sigma\, \psi_{2,i} \cdot E_{Qk,i}$ (4.9c)

mit $E_{Q,unf}$ als Kombination der ungünstigen veränderlichen charakteristischen Werte

$E_{Q,unf} = E_{Qk,1} + \psi_{0,Q} \cdot \sum_{i>1} E_{Qk,i}$ ($E_{Qk,1}$ vorherrschende Einwirkung
$\psi_{0,Q}$ bauwerksbezogener Größtwert nach Tafel 4.2)

Bemessungswert des Gebrauchstauglichkeitskriteriums C_d

Das Gebrauchstauglichkeitskriterium C_d kann zum Beispiel eine ertragbare Spannung, eine zulässige Verformung, Rissbreite o. Ä. sein (s. hierzu auch Abschn. 5.2).

Beispiel

Kragkonstruktion mit Belastung aus Eigenlast g_k, Schneelast s_k und angehängter veränderlicher Einzellast Q_k (vgl. S. 33, Beispiel 2); gesucht ist das Einspannmoment M für die seltene und die quasi-ständige Kombination.

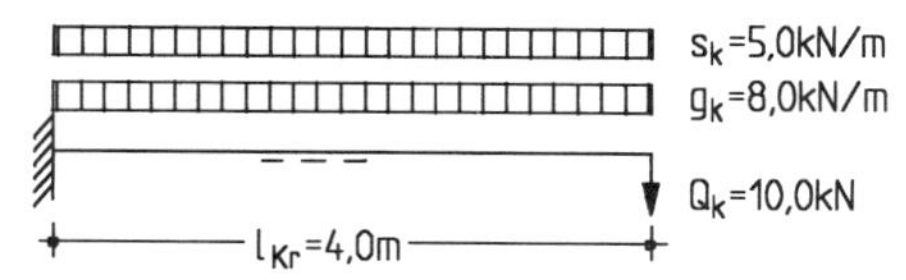

Seltene Kombintion

Die erste veränderliche Einwirkung muss ist in voller Größe berücksichtigt werden, die zweite darf mit einem Kombinationsfaktor ψ_0 abgemindert werden. Mit ψ_0 = 0,5 für Schnee und ψ_0 = 0,8 für eine sonstige Einwirkung und mit Gl. (4.8a) erhält man

Komb. 1: $M_{E,rare} = -g_k \cdot l_{Kr}^2/2 - s_k \cdot l_{Kr}^2/2 - \psi_0 \cdot Q_k \cdot l_{Kr}$
$= -8{,}0 \cdot 4{,}0^2/2 - 5{,}0 \cdot 4{,}0^2/2 - 0{,}8 \cdot 10 \cdot 4{,}0 = -136{,}0$ kNm

Komb. 2: $M_{E,rare} = -g_k \cdot l_{Kr}^2/2 - Q_k \cdot l_{Kr} - \psi_0 \cdot s_k \cdot l_{Kr}^2/2$
$= -8{,}0 \cdot 4{,}0^2/2 - 10 \cdot 4{,}0 - 0{,}5 \cdot 5{,}0 \cdot 4{,}0^2/2 = -124{,}0$ kNm

Quasi-ständige Kombintion

Beide veränderlichen Einwirkungen werden mit dem Kombinationsfaktor ψ_2 abgemindert. Mit ψ_2 = 0 für Schnee und ψ_2 = 0,5 für eine sonstige Einwirkung und mit Gl. (4.8c) erhält man

Komb. 1: $M_{E,perm} = -g_k \cdot l_{Kr}^2/2 - \psi_2 \cdot s_k \cdot l_{Kr}^2/2 - \psi_2 \cdot Q_k \cdot l_{Kr}$
$= -8{,}0 \cdot 4{,}0^2/2 - 0 - 0{,}5 \cdot 10 \cdot 4{,}0 = -84{,}0$ kNm

4.1.3 Dauerhaftigkeit

4.1.3.1 Grundsätzliches

Zur Erreichung einer ausreichenden Dauerhaftigkeit eines Tragwerks sind u. a. folgende Faktoren zu berücksichtigen:

- Nutzung des Tragwerks
- geforderte Tragwerkseigenschaften
- voraussichtliche Umweltbedingungen
- Zusammensetzung, Eigenschaften und Verhalten der Baustoffeigenschaften
- Bauteilform und bauliche Durchbildung
- Qualität der Bauausführung und Überwachung
- besondere Schutzmaßnahmen
- voraussichtliche Instandhaltung während der vorgesehenen Nutzungsdauer.

Für eine ausreichende Dauerhaftigkeit sind zunächst die Nachweise in den Grenzzuständen der Tragfähigkeit und der Gebrauchstauglichkeit zu erfüllen. Außerdem sind konstruktive Regeln einzuhalten, die als Ersatz für eine Bemessung auf Dauerhaftigkeit dienen. Hierzu gehören insbesondere die Beachtung von Mindestbetonfestigkeitsklassen und Mindestbetondeckungen der Bewehrung in Abhängigkeit von den Umweltbedingungen und Einwirkungen (s. Abschn. 4.1.3.2). Zusätzlich sind Anforderungen an die Zusammensetzung und die Eigenschaften des Betons nach DIN EN 206-1 und DIN 1045-2 zu berücksichtigen. Umwelt im Sinne von DIN 1045-1 bedeutet chemische und physikalische Einwirkungen, denen ein Tragwerk als Ganzes, Tragwerksteile und der Beton selbst ausgesetzt sind.
Chemischer Angriff kann herrühren aus

- der Nutzung eines Bauwerks
- Umweltbedingungen
- Kontakt mit Gasen oder Lösungen
- im Beton enthaltenen Chloriden
- Reaktionen zwischen den Betonbestandteilen (z. B. Alkalireaktionen im Beton).

Physikalischer Angriff kann beispielweise erfolgen durch

- Verschleiß
- Temperaturwechsel
- Frost-Tau-Wechselwirkung
- Eindringen von Wasser

4.1.3.2 Expositionsklassen und Mindestbetonfestigkeitsklassen

Bei den Expositionsklassen (Umgebungsbedinungen) wird nach DIN 1045-1, Tabelle 3 unterschieden zwischen Bewehrungskorrosion und Betonangriff. Bei der *Bewehrungskorrosion* sind die karbonatisierungsinduzierte und die chloridinduzierte Korrosion sowie die chloridinduzierten Korrosion aus Meerwasser zu nennen (s. Tafel 4.4, Zeile 2 bis 4). Die Expositionsklassen nach den Risiken des *Betonangriffs* geben den Angriff durch Frost-Tauwechsel, aggressive chemische Umgebung und Verschleiß wieder (Tafel 4.4, Zeile 5 bis 7). Den Expositionsklaasen ist jeweils ein Mindestbetonfestigkeitsklasse zugeordnet (falls mehrere Bedingungen zutreffen, ist die jeweils höchste maßgebend).

Tafel 4.4: Expositionsklassen

	Ursache der Korrosion	Klasse	Beschreibung	Beispiele für die Zuordnung (weitere Beispiele und Erläuterungen s. DIN 1045-1, 6.2)	Mindest-festigkeits-klasse
1	Kein Angriffsrisiko	X 0	Kein Angriffsrisiko	Bauteil ohne Bewehrung in nicht betonangreifender Umgebung	C12/15 LC12/13
2	Karbonatisierungs-induzierte Korrosion	XC 1	Trocken oder ständig nass	Bauteile in Innenräumen mit normaler Luftfeuchte	C16/20 LC16/18
		XC 2	Nass, selten trocken	Teile von Wasserbehältern, Gründungsbauteile	C16/20 LC16/18
		XC 3	Mäßige Feuchte	Bauteil, zu dem die Außenluft häufig oder ständig Zugang hat, z. B. offene Hallen, Innenräume mit hoher Luftfeuchte	C20/25 LC20/22
		XC 4	Wechselnd nass und trocken	Außenbauteile mit direkter Beregnung, Bauteile in Wasserwechselzonen	C25/30 LC25/28
3	Chlorid-induzierte Korrosion	XD 1	Mäßige Feuchte	Bauteile im Sprühnebelbereich von Verkehrsflächen; Einzelgaragen	C30/37 LC30/33
		XD 2	Nass, selten trocken	Schwimmbecken; Bauteile, die chloridhaltigen Industriewässern ausgesetzt sind	C35/45 LC35/38
		XD 3	Wechselnd nass und trocken	Bauteile im Spritzwasserbereich von taumittelbehandelten Straßen; direkt befahrene Parkdecks[a)]	C35/45 LC35/38
4	Chlorid-induzierte Korrosion aus Meerwasser	XS 1	Salzhaltige Luft, kein unmittelbarer Meerwasserkontakt	Außenbauteile in Küstennähe	C30/37 LC30/33
		XS 2	Unter Wasser	Bauteile in Hafenanlagen, die ständig unter Wasser liegen	C35/45 LC35/38
		XS 3	Tidebereiche, Spritzwasser- und Sprühnebelzonen	Kaimauern in Hafenanlagen	C35/45 LC35/38

a) s. nächste Seite

Tafel 4.4 (Fortsetzung)

	Art des Betonangriffs	Klasse	Beschreibung	Beispiele für die Zuordnung (weitere Beispiele und Erläuterungen s. DIN 1045-1, 6.2)	Mindestfestigkeitsklasse
5	Frost mit und ohne Taumittel	XF 1	Mäßige Wassersättigung ohne Taumittel	Außenbauteile	C25/30 LC25/28
		XF 2	Mäßige Wassersättigung mit Taumittel oder Meerwasser	Bauteile im Sprühnebel- oder Spritzwasserbereich taumittelbehandelter Verkehrsflächen (soweit nicht XF 4) oder im Sprühnebelbereich von Meerwasser	C25/30 LC25/28
		XF 3	Hohe Wassersättigung ohne Taumittel	offene Wasserbehälter; Bauteile in der Wasserwechselzone von Süßwasser	C25/30 LC25/28
		XF 4	Hohe Wassersättigung mit Taumittel oder Meerwasser	mit Taumittel behandelte Bauteile; überwiegend horizontale Bauteile im Spritzwasserbereich von taumittelbehandelten Verkehrsflächen; direkt befahrene Parkdecks [a]; Bauteile in der Wasserwechselzonen von Meerwasser; Räumerlaufbahnen von Kläranlagen	C30/37 LC30/33
5	Angriff durch aggressive chemische Umgebung[b]	XA 1	Chemisch schwach angreifende Umgeb.	Behälter von Kläranlagen; Güllebehälter	C25/30 LC25/28
		XA 2	Chemisch mäßig angreifende Umgebung und Meeresbauwerke	Bauteile, die mit Meerwasser in Berührung kommen oder in betonangreifenden Böden	C35/45 LC35/38
		XA 3	Chemisch stark angreifende Umgebung	Industrieabwasseranlagen mit chemisch angreifenden Abwässern, Gärfuttersilos u. a.	C35/45 LC35/38
7	Verschleiß-Angriff	XM 1	Mäßige Verschleißbeanspruchung	Bauteile mit Beanspruchung durch luftbereifte Fahrzeuge	C30/37 LC30/33
		XM 2	Schwere Verschleißbeanspruchung	Bauteile mit luft- oder vollgummibereiftem Gabelstaplerverkehr	C30/37 LC30/33
		XM 3	Extreme Verschleißbeanspruchung	Bauteile mit elastomer- oder stahlrollenbereiftem Gabelstapler- u. Kettenfahrzeugverkehr; Tosbecken	C35/45 LC35/38

[a] Ausführung nur mit zusätzlichem Oberflächenschutzsystem für den Beton.
[b] Grenzwerte für die Umgebungsklassen siehe DIN EN 206-1 und DIN 1045-2

Die Anforderungen an die Zusammensetzung und die Eigenschaften des Betons von DIN EN 206-1 und DIN 1045-2 sind zusätzlich zu beachten (s. dort).

4.1.3.3 Mindestmaße c_{min} und Nennmaße c_{nom} der Betondeckung

Eine ausreichende Betondeckung*) ist erforderlich, um die Bewehrung dauerhaft gegen Korrosion zu schützen, den Verbund zwischen Bewehrung und den umgebenden Beton zu sichern und den Brandschutz zu gewährleisten. Als Mindestmaße der Betondeckung c_{min} sind daher zu beachten (der jeweils ungünstigere Wert ist maßgebend)

- für den Schutz der Bewehrung gegen Korrosion die Werte nach Tafel 4.5a
- zur Sicherung des Verbundes die Angaben nach Tafel 4.5b
- aus Brandschutzgründen die in den entsprechenden Brandschutzbestimmungen geforderten Betondeckungen (wird nicht in DIN 1045-1 behandelt).

*) Die Anforderungen an die Betondeckung gelten auch für eine rechnerisch nicht berücksichtigte Bewehrung.

Tafel 4.5a Mindestmaße c_{min} der Betondeckung; Korrosionschutz (DIN 1045-1, 6.3)

	Mindestbetondeckung c_{min} in mm a) b) c)									
	karbonatisierungsinduzierte Korrosion				chloridinduzierte Korrosion			chloridinduzierte Korrosion aus Meerwasser		
Umgebungsklasse	XC 1	XC 2	XC 3	XC 4	XD 1	XD 2	XD 3 d)	XS 1	XS 2	XS 3
Betonstahl	10	20		25	40			40		

a) Die Mindestbetondeckung darf bei Bauteilen, deren Festigkeitsklasse um 2 Klassen höher liegt, als nach Tafel 4.4 erforderlich, um 5 mm vermindert werden (gilt nicht für Expositionsklasse XC 1).
b) Zusätzlich sind 5 mm für die Umweltklasse XM 1, 10 mm für XM 2 und 15 mm für XM 3 vorzusehen, sofern nicht zusätzliche Anforderungen an die Betonzuschläge nach DIN 1045-2 berücksichtigt werden.
c) Wird Ortbeton kraftschlüssig mit einem Fertigteil verbunden, darf die Mindestbetondeckung an den der Fuge zugewandten Rändern auf 5 mm im Fertigteil und auf 10 mm im Ortbeton verringert werden; zur Verbundsicherung sind jedoch die Werte nach Tafel 4.5b einzuhalten, wenn die Bewehrung im Bauzustand berücksichtigt wird.
d) Im Einzelfall können besondere Maßnahmen zum Korrosionsschutz der Bewehrung nötig werden.

Tafel 4.5b Mindestmaß c_{min} der Betondeckung; Verbundsicherung (DIN 1045-1, 6.3)

	Einzelstäbe	Doppelstäbe; Stabbündel
Stahlbeton	$c_{min} \geq d_s$	$c_{min} \geq d_{sv}$ a)

a) d_{sv} Vergleichsdurchmesser; $d_{sv} = d_s \cdot \sqrt{n}$ mit n als Anzahl der Stäbe

Die Mindestmaße der Betondeckung c_{min} dürfen an keiner Stelle unterschritten werden. Damit dies mit angemessener Sicherheit erreicht wird, gelten für die Verlegung der Bewehrung sog. Nennmaße c_{nom}, die auch für die statische Berechung zu berücksichtigen sind; sie ergeben sich durch Vergrößerung von c_{min} um ein Vorhaltemaß Δc:

$$c_{nom} = c_{min} + \Delta c$$

Vorhaltemaß Δc im Allgemeinen $\Delta c = 15$ mm
für Umweltklasse XC 1 $\Delta c = 10$ mm

Eine angemessenen *Vergrößerung des Vorhaltemaßes* Δc ist erforderlich, wenn der Beton gegen unebene Oberflächen (strukturierte Oberflächen, Waschbeton u. a.) geschüttet wird. Die Erhöhung erfolgt um das Differenzmaß der Unebenheit, mindestens jedoch um 20 mm, bei Schüttung gegen Baugrund um 50 mm.

Eine *Verminderung des Vorhaltemaßes* Δc ist nur in Ausnahmefällen und bei entsprechender Qualitätskontrolle zulässig; genauere Angaben hierzu enthalten die DBV-Merkblätter „Betondeckung und Bewehrung" und „Abstandhalter".

Auf der Konstruktionszeichnung ist das für die Abstandhalter maßgebende Verlegemaß c_v anzugeben*) (für die Stäbe, die unterstützt werden sollen; im Allg. die der Betonoberfläche am nächsten liegenden Stäbe). Es gilt dann als Verlegemaß c_v

$$c_v \geq \begin{cases} c_{nom,bü} \\ c_{nom,l} - d_{sbü} \end{cases}$$

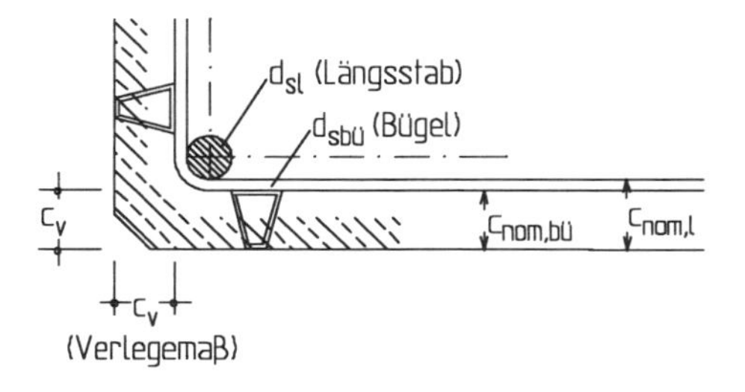

*) Zusätzlich ist nach DIN 1045-1, 4.2.1 das Vorhaltemaß Δc anzugeben.

Beispiel

Für das dargestellte Bürogebäude sollen die Mindestfestigkeitsklasse des Betons und die Mindest- und Nennmaße der Betondeckung für die gekennzeichneten Stellen ① bis ③ festgelegt werden.

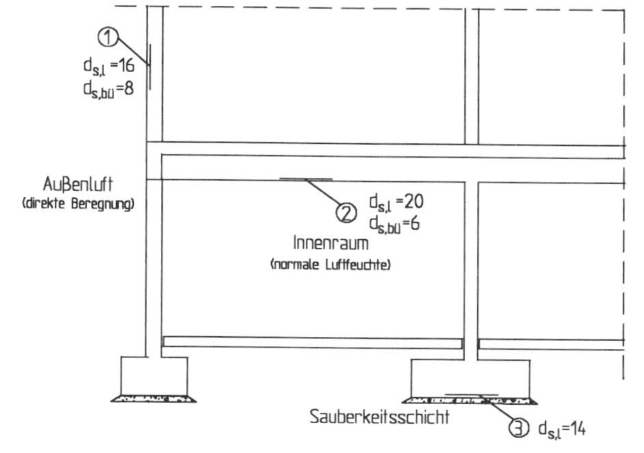

① *Stütze als Außenbauteil mit direkter Beregnung*

Es liegen die Umgebungsklassen XC 4 (Bewehrungskorrosion) und XF 1 (Betonangriff) vor; als Mindestfestigkeitsklasse des Betons gilt C 25/30.

	Betondeckung			Anmerkung
	c_{min}	Δc	c_{nom}	
Längsbewehung	25 mm	15 mm	40 mm	Korrosionsschutz der Bewehrung
Bügelbewehrung	25 mm	15 mm	40 mm	Korrosionsschutz der Bewehrung
Verlegemaß c_v			**40 mm**	$c_v = c_{nom,bü}$ (maßgebend)

② *Unterzug als Innenbauteil mit normaler Luftfeuchte*

Umgebungsklassen XC 1 (Bewehrungskorrosion), Mindestfestigkeitsklasse C 12/16.

	Betondeckung			Anmerkung
	c_{min}	Δc	c_{nom}	
Längsbewehung	20 mm	10 mm	30 mm	Verbundsicherung der Bewehrung
Bügelbewehrung	10 mm	10 mm	20 mm	Korrosionsschutz der Bewehrung
Verlegemaß c_v			**25 mm***)	$c_v = c_{nom,l} - d_{sbü} = 30 - 8 = 22$

③ *Fundament, Bewehrung auf Sauberkeitsschicht verlegt*

Umgebungsklassen XC 2 (Bewehrungskorrosion), Mindestfestigkeitsklasse C 16/20.

	Betondeckung			Anmerkung
	c_{min}	Δc	c_{nom}	
Längsbewehung	20 mm	35 mm**)	55 mm	Korrosionsschutz der Bewehrung
Verlegemaß c_v			**55 mm**	$c_v = c_{nom,l}$

*) Der theoretische Wert von 22 mm ist auf ein Vielfaches von 5 mm aufzurunden!

**) Vorhaltemaß wegen Betonieren gegen unebene Fläche um 20 mm vergrößert!

4.2 Ausgangswerte für die Querschnittsbemessung

4.2.1 Beton

DIN 1045-1 gilt für Beton, der nach DIN 1045-2 hergestellt wird. In DIN 1045-2 werden Anforderungen an die Betonausgangsstoffe, Eigenschaften von Frischbeton und Festbeton, Betonzusammensetzung, Verfahren der Produktionskontrolle, Konformitätskriterien etc. festgelegt. DIN 1045-2 gilt für Beton, der so verdichtet wird, dass – abgesehen von künstlich eingeführten Luftporen – kein nennenswerter Anteil an eingeschlossener Luft verbleibt; die Norm gilt jedoch nicht für Porenbeton, Schaumbeton, Beton mit haufwerksporigem Gefüge, Beton mit Rohdichten von weniger als 800 kg/m³ und für feuerfesten Beton.

DIN 1045-1 und DIN 1045-2 gelten für Normal- und Leichtbeton. Die Festigkeitsklassen für Normalbeton werden durch das vorangestellte Symbol C, für Leichtbeton durch LC gekennzeichnet. Nachfolgende Ausführungen gelten jedoch nur für Normalbeton, auf die Besonderheiten von Leichtbeton wird in diesem Beitrag nicht eingegangen.

Festigkeitsklassen und mechanische Eigenschaften von Normalbeton

In der Bezeichnung der Festigkeitsklassen nach DIN 1045-1 gibt der erste Zahlenwert die Zylinderdruckfestigeit $f_{ck,cyl}$, der zweite die Würfeldruckfestigkeit $f_{ck,cube}$ (jeweils in N/mm²) wieder. Die wesentlichen mechanischen und für die Bemessung relevanten Eigenschaften sind für Normalbeton in DIN 1045-1, Tab. 9 zusammengestellt. Dabei kann unterschieden werden zwischen normalfestem Normalbeton, der die Festigkeitsklassen C12/15 bis C50/60 (s. Tafel 4.6) umfasst, und hochfestem Normalbeton mit den Festigkeitsklassen C55/67 bis C110/115 (s. Tafel 4.7).

Tafel 4.6 Mechanische Eigenschaften von normalfestem Normalbeton

Kenngröße		Festigkeitsklasse C									Analytische Beziehung; Erläuterungen
		12/15	16/20	20/25	25/30	30/37	35/45	40/50	45/55	50/60	
Druck-festigkeit	f_{ck}	12	16	20	25	30	35	40	45	50	Charakteristischer Wert (Zylinderdruckfestigkeit)
	f_{cm}	20	24	28	33	38	43	48	53	58	Mittlere Druckfestigkeit $f_{cm} = f_{ck} + 8$ (in N/mm²)
Zug-festigkeit	f_{ctm}	1,6	1,9	2,2	2,6	2,9	3,2	3,5	3,8	4,1	$f_{ctm} = 0{,}30 \cdot f_{ck}^{2/3}$
	$f_{ctk;\,0,05}$	1,1	1,3	1,5	1,8	2,0	2,2	2,5	2,7	2,9	$f_{ctk;0.05} = 0{,}7 f_{ctm}$
	$f_{ctk;\,0,95}$	2,0	2,5	2,9	3,3	3,8	4,2	4,6	4,9	5,3	$f_{ctk;0.95} = 1{,}3 f_{ctm}$
E-Modul	E_{cm} a)	25800	27400	28800	30500	31900	33300	34500	35700	36800	$E_{cm} = 9500 \cdot (f_{ck}+8)^{1/3}$
Dehnung (in ‰)	ε_{c1}	–1,80	–1,90	–2,10	–2,20	–2,30	–2,40	–2,50	–2,55	–2,60	Gilt nur für Gl. (4.10) und Abb. 4.1
	ε_{c1u}	–3,50									
	ε_{c2}	–2,00									Gilt nur für Gl. (4.12) und Abb. 4.2
	ε_{c2u}	–3,50									
	n	2,0									Exponent in Gl. (4.12)
	ε_{c3}	–1,35									Gilt nur für Abb. 4.3a
	ε_{c3u}	–3,50									

a) Die Werte gelten für $|\sigma_c| < 0{,}4 \cdot f_{cm}$

(Zahlenwerte von f_{ck}, f_{cm}, f_{ctm}, f_{ctk} und E_{cm} in N/mm²)

Tafel 4.7 Mechanische Eigenschaften von hochfestem Normalbeton

Kenngröße		Festigkeitsklasse C						Analytische Beziehung; Erläuterungen
		55/67	60/75	70/85	80/95	90/105	100/115	
Druck-festigkeit	f_{ck}	55	60	70	80	90	100	Charakteristischer Druckfestigkeitswert (Zylinderdruckfestigkeit)
	f_{cm}	63	68	78	88	98	108	Mittlere Druckfestigkeit $f_{cm} = f_{ck} + 8$ (in N/mm²)
Zug-festigkeit	f_{ctm}	4,2	4,4	4,6	4,8	5,0	5,2	$f_{ctm} = 2{,}12 \cdot \ln(1+(f_{cm}/10))$
	$f_{ctk;\,0,05}$	3,0	3,1	3,2	3,4	3,5	3,7	$f_{ctk;0.05} = 0{,}7 f_{ctm}$ (5%-Quantil)
	$f_{ctk;\,0,95}$	5,5	5,7	6,0	6,3	6,6	6,8	$f_{ctk;0.95} = 1{,}3 f_{ctm}$ (95%-Quantil)
E-Modul	E_{cm} a)	37800	38800	40600	42300	43800	45200	$E_{cm} = 9500 \cdot (f_{ck}+8)^{1/3}$
Dehnung (in ‰)	ε_{c1}	−2,65	−2,70	−2,80	−2,90	−2,95	−3,00	Gilt nur für Gl. (4.10) und Abb. 4.1
	ε_{c1u}	−3,40	−3,30	3,20	−3,10	−3,00	−3,00	
	ε_{c2}	−2,03	−2,06	−2,10	−2,14	−2,17	−2,20	Gilt nur für Gl. (4.12) und Abb. 4.2
	ε_{c2u}	−3,10	−2,70	−2,50	−2,40	−2,30	−2,20	
	n	2,0	1,9	1,8	1,7	1,6	1,55	Exponent in Gl. (4.12)
	ε_{c3}	−1,35	−1,40	−1,50	−1,60	−1,65	−1,70	Gilt nur für Abb. 4.3a
	ε_{c3u}	−3,10	−2,70	−2,50	−2,40	−2,30	−2,20	

a) Die Werte gelten für $|\sigma_c| < 0{,}4 \cdot f_{cm}$

(Zahlenwerte von f_{ck}, f_{cm}, f_{ctm}, f_{ctk} und E_{cm} in N/mm²)

Spannungs-Dehnungs-Linien für Normalbeton

Nach DIN 1045-1 ist zu unterscheiden zwischen der Spannungs-Dehnungs-Linie für die Schnittgrößenermittlung und für die Querschnittsbemessung (DIN 1045-1, 9.1.5 und 9.1.6).

Für nichtlineare Verfahren der **Schnittgrößenermittlung** und Ermittlung von Verformungen ist die in DIN 1045-1, 9.1.5 (s. Abb. 4.1) angegebene Spannungs-Dehnungs-Linie maßgebend. Die Beziehung zwischen σ_c und ε_c für kurzzeitig wirkende Lasten und einachsige Spannungszustände wird beschrieben durch

$$\frac{\sigma_c}{f_c} = -\frac{k\,\eta - \eta^2}{1 + (k-2)\cdot\eta} \tag{4.10}$$

mit $\eta = \varepsilon_c/\varepsilon_{c1}$ und $k = -1{,}1 E_{cm} \cdot \varepsilon_{c1}/f_c$ (Werte für E_{cm}, ε_{c1} und f_c nach Tafel 4.6 und 4.7). Die Gleichung ist für $0 \geq \varepsilon_c \geq \varepsilon_{c1u}$ gültig, wobei ε_{c1u} die Bruchdehnung bei Erreichen der Festigkeitsgrenze nach Tafel 4.6 und 4.7 darstellt. Für nichtlineare Verfahren der Schnittgrößenermittlung gilt für f_c der Rechenwert f_{cR} nach DIN 1045-1, 8.5.1.

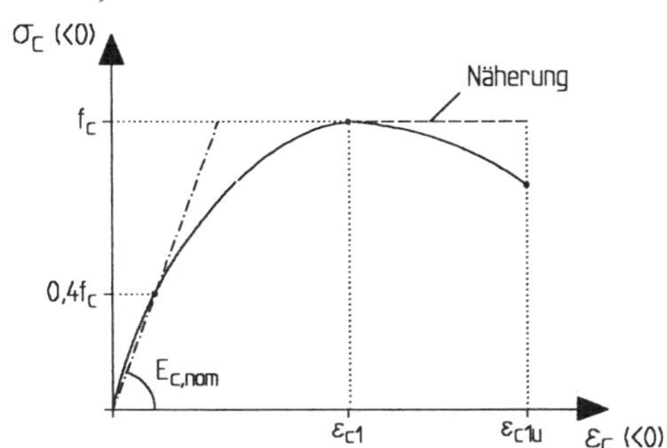

Abb. 4.1 Spannungs-Dehnungs-Linie für die Schnittgrößenermittlung

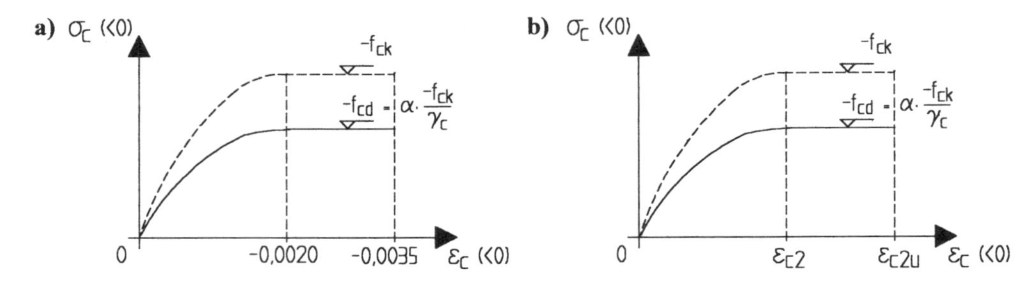

Abb. 4.2 Spannungs-Dehnungs-Linie für die Querschnittsbemessung
a) Normalfester Normalbeton (C12/15 bis C50/60)
b) Hochfester Normalbeton (C55/67 bis C110/115)

Für die **Querschnittsbemessung** ist das Parabel-Rechteck-Diagramm gemäß Abb. 4.2 die bevorzugte Idealisierung der tatsächlichen Spannungsverteilung. Hierbei ist zu unterscheiden zwischen Betonfestigkeitsklassen bis C50/60 und höheren Festigkeitsklassen.

Für Betonfestigkeitsklassen *bis C50/60* ist das Parabel-Rechteck-Diagramm durch eine affine Form mit konstanten Grenzdehnungen gekennzeichnet, die bei Erreichen der Festigkeitsgrenze mit $\varepsilon_{c2} = -2{,}0\,‰$ und bei Erreichen der Dehnung unter Höchstlast mit $\varepsilon_{c2u} = -3{,}5\,‰$ festgelegt ist. Die Gleichung der Parabel für die Bemessungswerte der Betondruckspannungen im Grenzzustand der Tragfähigkeit erhält man aus

$$\sigma_c = 1000 \cdot (\varepsilon_c + 250 \cdot \varepsilon_c^2) \cdot f_{cd} \qquad (4.11)$$

mit $f_{cd} = \alpha f_{ck} / \gamma_c$ Bemessungswert der Betondruckfestigkeit
γ_c Teilsicherheitsbeiwert nach Tafel 3.4
α Faktor zur Berücksichtigung von Langzeiteinwirkungen u. Ä. Für Normalbeton gilt $\alpha = 0{,}85$.

(*Anmerkung*: Gl. (4.11) ergibt sich aus Gl. (4.12) mit $\varepsilon_{c2} = -0{,}002$ und $n = 2$, s. a. Tafel 4.6.)

Bei Betonfestigkeitsklassen *ab C55/67* (sowie für Leichtbeton generell) wird das Materialverhalten durch die genannten Grenzdehnungen und durch Gl. (4.11) nur ungenau erfasst. Die Stauchung bei Erreichen der Höchstlast wird mit steigenden Betonfestigkeitsklassen zunehmend kleiner und erreicht für den C110/115 nur noch den Wert $\varepsilon_{c2u} = -2{,}2\,‰$, ebenso müssen die Werte für die Dehnung ε_{c2} bei Erreichen der Höchstlast und die Form der Parabel angepasst werden (s. hierzu Tafel 4.7). Für die Parabel gilt dann

$$\sigma_c = -[1 - (1 - \varepsilon_c / \varepsilon_{c2})^n] \cdot f_{cd} \qquad (4.12)$$

mit $f_{cd} = \alpha f_{ck} / \gamma_c$ (s. o.; für γ_c ist der Erhöhungsfaktor γ_c' zu beachten, s. Tafel 4.3)
ε_{c2} Dehnung bei Erreichen der Festigkeitsgrenze nach Tafel 4.7
n Exponent nach Tafel 4.7

Andere idealisierte Spannungs-Dehnungs-Linien sind zulässig, wenn sie dem Parabel-Rechteck-Diagramm in Bezug auf die Spannungsverteilung gleichwertig sind (z. B. die bilineare Spannungsverteilung nach Abb. 4.3a). Der rechteckige Spannungsblock (Abb. 4.3b), der für „Von-Hand"- und Kontrollrechnungen eine praktische Bedeutung hat, darf alternativ ebenfalls angewendet werden, wenn die Dehnungsnulllinie im Querschnitt liegt.

a)

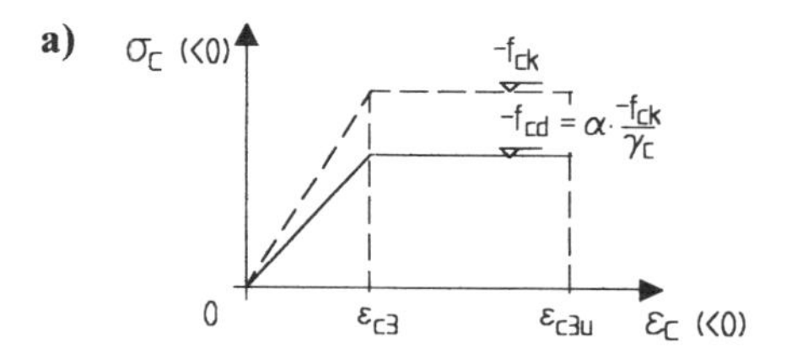

b)

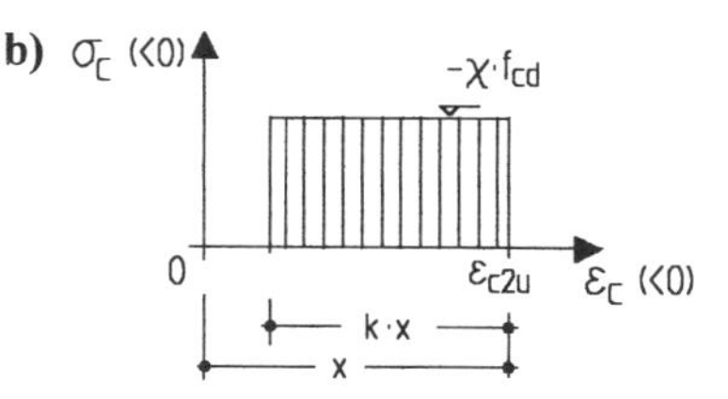

Abb. 4.3 Vereinfachte Spannungs-Dehnungs-Linien für die Querschnittsbemessung
a) Bilineare Spannungs-Dehnungs-Linie
b) Rechteckiger Spannungsblock

Für den Bemessungswert der Betonfestigkeit f_{cd} (s. Abb. 4.3) und die Werte α und γ_c gelten die Erläuterungen zu Gl. (4.11). Bei Anwendung der Spannungs-Dehnungs-Linie sind die Grenzdehnungen nach Tafel 4.6 und 4.7 zu beachten. Der rechteckige Spannungsblock gilt mit $k = 0{,}80$ und $\chi = 0{,}95$ für $f_{ck} \leq 50$ N/mm² sowie $k = 1{,}0 - f_{ck}/250$ und $\chi = 1{,}05 - f_{ck}/250$ für $f_{ck} > 50$ N/mm².

Elastische Verformungseigenschaften

Die elastischen Verformungen des Betons hängen im hohen Maße von seiner Zusammensetzung – insbesondere von seinen Zuschlagstoffen – ab. Die in DIN 1045-1, 9.1.3 gemachten Angaben können daher nur als Richtwerte dienen und sind dann genauer zu ermitteln, wenn ein Tragwerk besonders empfindlich auf entsprechende Abweichungen reagiert. Folgenden Angaben können im Regelfall verwendet werden:

- Elastizitätsmodul E_{cm}: Es gilt der Sekantenmodul nach Tafel 4.6 und 4.7.
- Querdehnzahl: Sie darf im Allgemeinen zu 0,2 angenommen werden; bei Rissbildung darf auch näherungsweise null angenommen werden.
- Wärmedehnzahl: Die Wärmedehnzahl darf i. Allg. für Normalbeton zu $10 \cdot 10^{-6}$ K^{-1} gesetzt werden.

Kriechen und Schwinden

Kriechen und Schwinden des Betons hängen hauptsächlich von der Feuchte der Umgebung, den Bauteilabmessungen, der Betonzusammensetzung, dem Betonalter bei Belastungsbeginn sowie von der Dauer und Größe der Beanspruchung ab. Die nachfolgenden Angaben dürfen als zu erwartende Mittelwerte angesehen werden und gelten unter der Voraussetzung, dass die kriecherzeugende Betondruckspannung den Wert $0{,}45 f_{ck}$ nicht überschreitet, die Luftfeuchte zwischen RH = 40 % und 100 % und die mittlere Temperaturen zwischen 10 °C und 30 °C liegt.

Die Kriechdehnung des Betons $\varepsilon_{cc}(t, t_0)$ zum Zeitpunkt t kann in Abhängigkeit von der Kriechzahl wie folgt berechnet werden:

$$\varepsilon_{cc}(t, t_0) = \varphi(t, t_0) \cdot \sigma_c(t_0)/E_{c0} \qquad (4.13)$$

mit $\sigma_c(t_0)$ als Betonspannung bei Belastungsbeginn, E_{c0} als Tangentenmodul nach 28 Tagen (näherungsweise $E_{c0} = 1{,}1\, E_{cm}$) und der Kriechzahl φ.

Bei einem linearen Kriechverhalten kann die Kriechdehnung auch durch eine Abminderung des Elastizitätsmoduls erfasst werden:

Tafel 4.8 Endkriechzahlen φ_∞*)

Alter bei Belastung t_0 (Tage)	RH	Wirksame Bauteildicke $h_0 = 2A_c/u$ (in cm)					
		10	50	100	10	50	100
		C20/25			C30/37		
1	50 %	6,8	5,2	4,7	4,9	3,8	3,5
	80 %	4,5	3,8	3,6	3,4	3,0	2,8
7	50 %	4,7	3,6	3,3	3,4	2,7	2,4
	80 %	3,1	2,7	2,5	2,4	2,1	2,0
28	50 %	3,6	2,8	2,5	2,6	2,1	1,9
	80 %	2,4	2,1	1,9	1,8	1,6	1,5

$$E_{c,eff} = E_{cm} / (1 + \varphi(t,t_0)) \tag{4.14}$$

Häufig werden nur die **Endkriechzahlen** φ_∞ benötigt. Die Ermittlung dieser Werte kann, wenn keine besondere Genauigkeit gefordert ist, mit Hilfe der Abbildungen in DIN 1045-1, 9.1.4 erfolgen. Die dortigen Darstellungen beruhen auf den z. B. in [Goris – 02] ausführlich dargestellten Berechungsansätzen. Zur groben Orientierung sind in Tafel 4.8 für einige ausgewählte Fälle – zugrunde liegende Parameter s. Anmerkung zu den Tafeln – Zahlenwerte angegeben; für weiterer Werte wird auf DIN 1045-1 verwiesen.

Die **Endschwindmaße** $\varepsilon_{cs,\infty}$ können mit DIN 1045-1, Abschn. 9.1.4 ermittelt werden. Das Schwindmaß setzt sich dabei aus zwei Anteilen zusammen

- der Schrumpfdehnung $\varepsilon_{cas}(t)$
- der Trocknungsschwinddehnung $\varepsilon_{cds}(t)$

Auch hier sind in Tafel 4.9 einige Zahlenwerte angegeben, die sich auf den Zeitraum t = 70 Jahren beziehen, und mit den Berechnungsansätzen in [Goris – 02]) ermittelt wurden.

Für längere Zeiträume (t > 70 Jahre) erhält man als *Kriechzahl* nahezu dieselben Werte wie für t = 70 Jahre. Für das *Schwindmaß* ergeben sich jedoch für t > 70 Jahre teilweise deutlich größere Werte; als Grenzwerte erhält man zu einem sehr späten Zeitpunkt – unabhägig von der tatsächlichen wirksamen Bauteildicke – die für h_0 = 10 cm angegebenen Werte.

Tafel 4.9 Endschwindmaße $\varepsilon_{cs,\infty}$*)

Lage des Bauteils	RH	Wirksame Bauteildicke $h_0 = 2A_c/u$ (in cm)					
		10	50	100	10	50	100
		C20/25			C30/37		
innen	50 %	$-68 \cdot 10^{-5}$	$-59 \cdot 10^{-5}$	$-46 \cdot 10^{-5}$	$-63 \cdot 10^{-5}$	$-56 \cdot 10^{-5}$	$-43 \cdot 10^{-5}$
außen	80 %	$-39 \cdot 10^{-5}$	$-35 \cdot 10^{-5}$	$-27 \cdot 10^{-5}$	$-38 \cdot 10^{-5}$	$-34 \cdot 10^{-5}$	$-27 \cdot 10^{-5}$

*) Die Werte gelten für die Betonfestigkeiten C20/25 und C30/37 und für Betone mit normal erhärtendem Zement (N), welche nicht länger als 14 Tage feucht nachbehandelt werden und üblichen Umgebungsbedinungen (Temperaturen zwischen +10 °C und 30 °C) ausgesetzt sind.

Die angegebenen Werte beziehen sich auf eine Zeitraum von 70 Jahren (s. Text).

4.2.2 Betonstahl

Die nachfolgenden Festlegungen gelten für Betonstabstahl, für Betonstahl vom Ring und für Betonstahlmatten. Betonstahlsorten und ihre Eigenschaften werden in DIN 488 oder in bauaufsichtlichen Zulassungsbescheiden beschrieben. Das Verhalten von Betonstahl ist durch Streckgrenze, Duktilität, Stahldehnung unter Höchstlast, Dauerschwingfestigkeit, Schweißbarkeit, Querschnitte und Toleranzen, Biegbarkeit und durch Verbundeigenschaften (Oberflächengestaltung) bestimmt. Die Oberflächengestaltung, Nennstreckgrenze f_{yk} und die Duktilitätsklassen sind in Tafel 4.10 zusammengestellt, die weiteren Eigenschaften können den entsprechenden Normen und DIN 1045-1, Abschn. 9.2.2 entnommen werden. Für Betonstähle nach Zulassung sind die dort getroffenen Festlegungen zu beachten. Bezüglich der zulässigen Schweißverfahren wird auf DIN 1045-1 (Abschn. 9.2) verwiesen.

Duktilitätsanforderungen

Betonstähle müssen eine angemessene Duktilität aufweisen. Das darf angenommen werden, wenn mindestens folgende Duktilitätsanforderungen erfüllt sind:

- normale Duktilität: $\varepsilon_{uk} = 25$ ‰; $(f_t/f_y)_k = 1{,}05$
- hohe Duktilität: $\varepsilon_{uk} = 50$ ‰; $(f_t/f_y)_k = 1{,}08$

Hierin ist ε_{uk} der charakteristische Wert der Dehnung unter Höchstlast, f_t die Zugfestigkeit und f_y die Streckgrenze der Betonstähle.

Physikalische Eigenschaften

Es dürfen folgende physikalische Eigenschaften angenommen werden:

- Elastizitätsmodul: $E_s = 200\,000$ N/mm²
- Wärmedehnzahl: $\alpha = 10 \cdot 10^{-6} \cdot K^{-1}$

Die genannten Werte gelten im Temperaturbereich von –60 °C bis +200 °C.

Spannungs-Dehnungs-Linie

Für die **Schnittgrößenermittlung** gilt die Spannungs-Dehnungs-Linie nach Abb. 4.4. Dabei darf der Verlauf bilinear idealisiert angesetzt werden. Der abfallende Ast der Spannung-Dehnungs-Linie ($\varepsilon > \varepsilon_{uk}$) darf bei nichtlinearen Berechnungsverfahren für die Schnittgrößenermittlung jedoch nicht berücksichtigt werden.

Tafel 4.10 Erforderliche Eigenschaften der Betonstähle (DIN 1045-1, Abschn. 9.2.2)

Kurzzeichen	Lieferform	Oberfläche	Nennstreckgrenze f_{yk} N/mm²	Duktilität
1	2	3	4	5
BSt 500 S(A)	Stab	gerippt	500	normal
BSt 500 S(B)	Stab	gerippt	500	hoch
BSt 500 M(A)	Matte	gerippt	500	normal
BSt 500 M(B)	Matte	gerippt	500	hoch

Für die **Bemessung** im Querschnitt sind zwei verschiedene Annahmen zugelassen (s. hierzu auch Abb. 4.4):

– *Linie I:* Die Stahlspannung wird auf den Wert f_{yk} bzw. $f_{yd} = f_{yk}/\gamma_s$ begrenzt.

– *Linie II:* Der Anstieg der Stahlspannung von der Streckgrenze f_{yk} bzw. f_{yk}/γ_s zur Zugfestigkeit $f_{tk,cal}$ bzw. $f_{tk,cal}/\gamma_s$ wird berücksichtigt; die Spannung $f_{tk,cal}$ ist jedoch auf 525 N/mm² zu begrenzen.

Die Stahldehnung ε_s ist für die Querschnittsbemessung auf den charakteristischen Wert unter Höchstlast $\varepsilon_{su} \leq 25$ ‰ zu begrenzen.

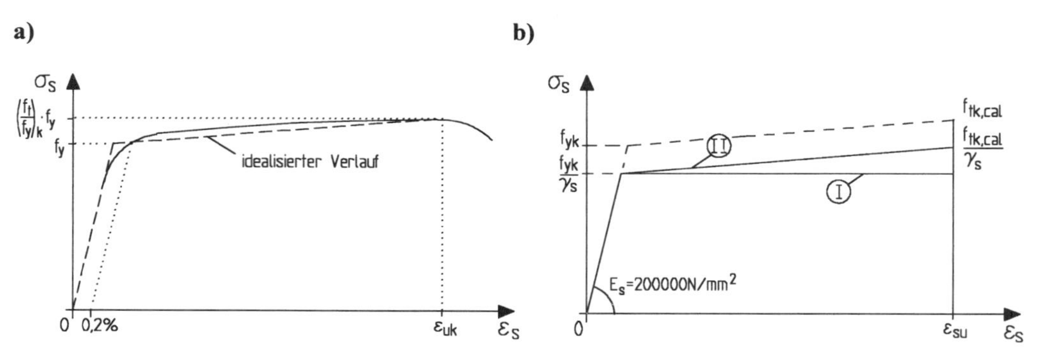

Abb. 4.4 Spannungs-Dehnungs-Linie des Betonstahls
a) für die Schnittgrößenermittlung
b) für die Bemessung

5 Grenzzustände der Tragfähigkeit

5.1 Biegung und Längskraft

5.1.1 Voraussetzungen und Annahmen

Für die Bestimmung der Grenztragfähigkeit von Querschnitten werden folgende Annahmen und Voraussetzungen getroffen:

- Dehnungen der Fasern eines Querschnitts verhalten sich wie ihre Abstände von der Dehnungsnulllinie (*Ebenbleiben der Querschnitte*).
- Dehnungen der Bewehrung und des Betons, die sich in einer Faser befinden, sind gleich (*Vollkommener Verbund*).
- Die Zugfestigkeit des Betons darf im Grenzzustand der Tragfähigkeit nicht berücksichtigt werden.
- Die Betondruckspannungen werden mit der σ-ε-Beziehung für die Querschnittsbemessung nach Abschn. 4.2.1 bestimmt.
- Die Spannungen im Betonstahl werden aus der σ-ε-Linie nach Abb. 4.4b hergeleitet.
- Die Dehnungen im (Normal-)*Beton* sind auf ε_{c2u} nach Tafel 4.6 oder 4.7 zu begrenzen. Bei vollständig überdrückten Querschnitten darf die Dehnung im Punkt C (s. Abb. 5.1) höchstens ε_{c2} nach Tafel 4.6 oder 4.7 betragen (bei geringen Ausmitten bis $e/h \leq 0{,}1$ darf für Normalbeton vereinfachend auch $\varepsilon_{c2} = -2{,}2$ ‰ angenommen werden). In vollständig überdrückten Platten von gegliederten Querschnitten ist die Dehnung in der Plattenmitte auf ε_{c2} zu begrenzen; die Tragfähigkeit braucht jedoch nicht kleiner angesetzt zu werden als die des Stegquerschnitts mit der Höhe h und mit einer Dehnungsverteilung gemäß Abb. 5.1.
- Für die Dehnungen im *Betonstahl* gilt $\varepsilon_{su} \leq 25$ ‰.

Die möglichen Dehnungsverteilungen nach DIN 1045-1 sind in Abb. 5.1 dargestellt; sie lassen sich wie folgt beschreiben:

Bereich 1 Mittige Zugkraft und Zugkraft mit kleiner Ausmitte (die Zugkraft greift innerhalb der Bewehrungslagen an).

Bereich 2 Biegung und Längskraft bei Ausnutzung der Bewehrung, d. h., die Streckgrenze f_{yd} wird erreicht.

Bereich 3 Biegung und Längskraft bei Ausnutzung der Bewehrung an der Streckgrenze f_{yd} und der Betonfestigkeit f_{cd}.

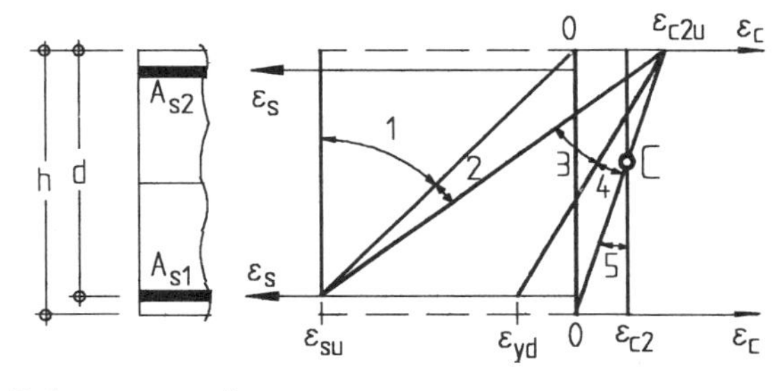

Abb. 5.1 Zulässige Dehnungsverteilungen

Bereich 4 Biegung und Längskraft bei Ausnutzung der Betonfestigkeit f_{cd}.
Bereich 5 Mittige Druckkraft und Druckkraft mit kleiner Ausmitte.

Zur Sicherstellung eines duktilen Bauteilverhaltens ist ein Querschnittsversagen ohne Vorankündigung bei Erstrissbildung zu verhindern. Dies erfolgt durch Anordnung einer Mindestbewehrung, die für das Rissmoment mit dem Mittelwert der Zugfestigkeit des Betons f_{ctm} und der Stahlspannung $\sigma_s = f_{yk}$ berechnet wird (s. a. Abschn. 3.1.2 und 7.1).

Die Begrenzung der Dehnung des Betonstahls auf 25 ‰ in DIN 1045-1 hat rechentechnische Gründe und entspricht – je nach Duktilitätsklasse des Betonstahls – nicht unbedingt der tatsächlichen Dehnung beim Erreichen der Zugfestigkeit. Der Einfluss der tatsächlichen Grenzdehnung auf das Bemessungsergbnis ist allerdings relativ gering, wie aus Abb. 5.2 zu erkennen ist. Hierbei ist der ζ-Wert als der auf die Nutzhöhe d bezogene Hebelarm der inneren Kräfte z für unterschiedliche Grenzdehnungen ε_s in Abhängigkeit von dem bezogenen Moment μ_{Eds} dargestellt. Die Darstellung gilt für nomalfesten Normalbeton, d. h. für Betonfestigkeitsklassen bis C50/60.

Wie zu sehen, ist der bezogene Hebelarm ζ der inneren Kräfte für Grenzdehnungen $\varepsilon_s = 5$ ‰, $\varepsilon_s = 25$ ‰ und $\varepsilon_s \rightarrow \infty$ ‰ (als theoretischer Grenzwert) nahezu identisch. Lediglich im Bereich geringer Beanspruchungen, also für kleine μ_{Eds}-Werte, sind geringfügige Abweichungen erkennbar, die jedoch im Rahmen einer üblichen Rechengenauigkeit liegen. Größere Unterschiede ergeben sich nur für die bezogene Druckzonenhöhe ξ, auch hier wiederum im Bereich geringer Beanspruchungen.

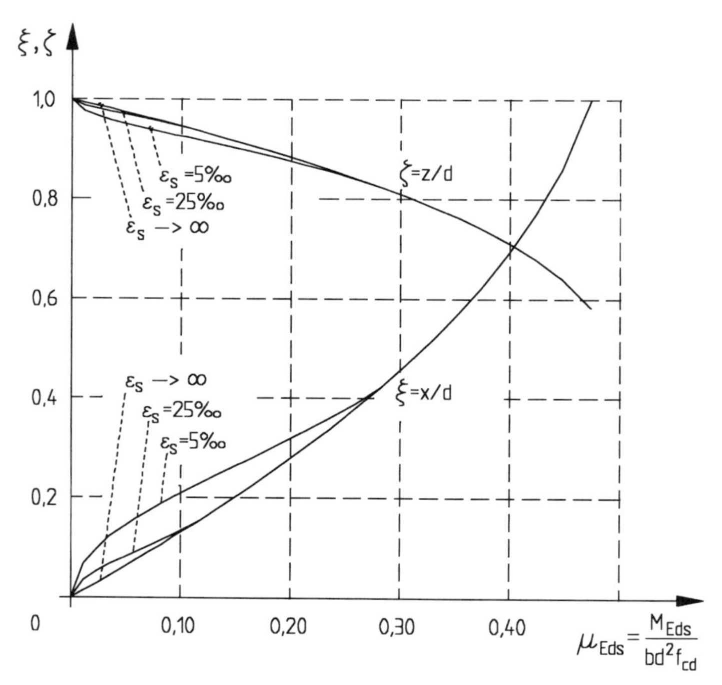

Abb. 5.2: Bezogener Hebelarm ζ der inneren Kräfte und bezogene Druckzonenhöhe ξ für verschiedene Grenzdehnungen ε_s des Betonstahls in Abhängigkeit vom bezogenen Biegemoment μ_{Eds}

5.1.2 Mittige Längszugkraft und Zugkraft mit kleiner Ausmitte

(Dehnungsbereich 1 nach Abb. 5.1)

Die resultierende Zugkraft greift innerhalb der Bewehrungslagen an, d. h., der gesamte Querschnitt ist gezogen; die Zugkraft muss nur durch Bewehrung aufgenommen werden.

Die Ermittlung der erforderlichen bzw. gesuchten Bewehrungen A_{s1} und A_{s2} erfolgt unmittelbar aus den Identitätsbedingungen $\Sigma M_{s1} = 0$ und $\Sigma M_{s2} = 0$.

$$\Sigma M_{s1} = 0\text{:}\ N_{Ed} \cdot (z_{s1} - e) = F_{s2d} \cdot (z_{s1} + z_{s2})$$
$$\Sigma M_{s2} = 0\text{:}\ N_{Ed} \cdot (z_{s2} + e) = F_{s1d} \cdot (z_{s1} + z_{s2})$$

Nimmt man vereinfachend an, dass in beiden Bewehrungslagen die Streckgrenze erreicht wird, erhält man mit $F_{s1d} = A_{s1} \cdot f_{yd}$ und $F_{s2d} = A_{s2} \cdot f_{yd}$ – hierbei wird die Linie I gem. Abb. 4.4b angenommen – die gesuchte Bewehrung aus

$$A_{s1} = \frac{N_{Ed}}{f_{yd}} \cdot \frac{z_{s2} + e}{z_{s1} + z_{s2}} \qquad A_{s2} = \frac{N_{Ed}}{f_{yd}} \cdot \frac{z_{s1} - e}{z_{s1} + z_{s2}} \tag{5.1}$$

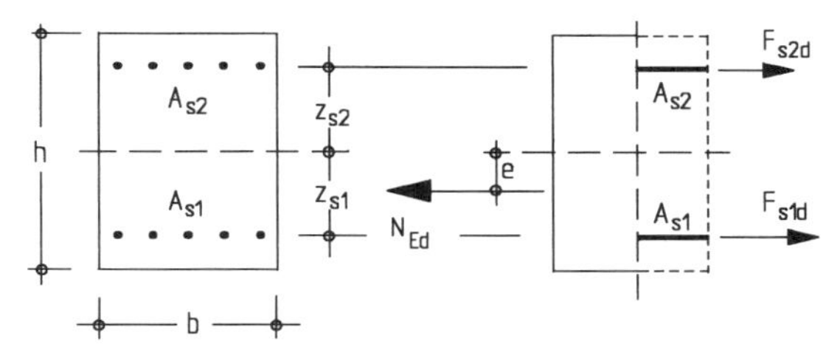

Abb. 5.3 Zugkraft mit kleiner Ausmitte

Beispiel

Querschnitt unter Biegung mit Längskraft gemäß Angaben (s. Skizze)

Schnittgrößen (charakteristische Werte)

$N_{k,g} = 300$ kN; $N_{k,q} = 200$ kN
$M_{k,g} = 15$ kNm; $M_{k,q} = 10$ kNm

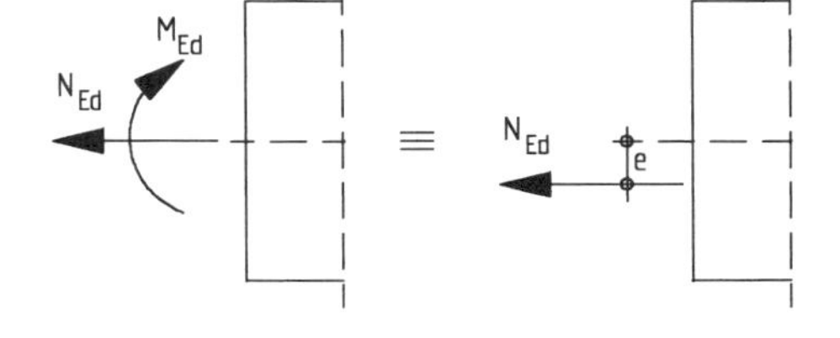

Bemessungsschnittgrößen

$N_{Ed} = 1{,}35 \cdot 300 + 1{,}50 \cdot 200 = 705$ kN
$M_{Ed} = 1{,}35 \cdot 15 + 1{,}50 \cdot 10 = 35{,}3$ kNm
$e = M_{Ed} / N_{Ed} = 35{,}3/705 = 0{,}05$ m $< 0{,}15$ m

→ Die resultierende Zugkraft greift innerhalb der Bewehrungslagen an (Dehnungsbereich 1).

Bemessung

$f_{yd} = 500/1{,}15 = 435$ MN/m² (Linie I nach Abb. 4.4b)

$$A_{s1} = \frac{0{,}705}{435} \cdot \frac{0{,}15 + 0{,}05}{0{,}15 + 0{,}15} = 10{,}8 \cdot 10^{-4}\ \text{m}^2 = 10{,}8\ \text{cm}^2$$

$$A_{s2} = \frac{0{,}705}{435} \cdot \frac{0{,}15 - 0{,}05}{0{,}15 + 0{,}15} = 5{,}4 \cdot 10^{-4}\ \text{m}^2 = 5{,}4\ \text{cm}^2$$

gew.: unten 4 Ø 20 (12,6 cm²)
oben 4 Ø 14 (6,2 cm²)

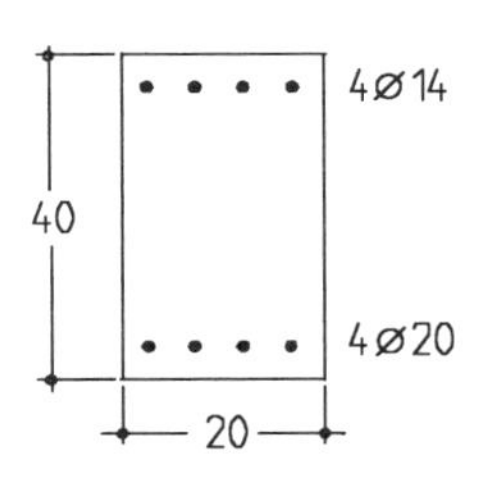

5.1.3 Biegung und Längskraft
(Dehnungsbereich 2 bis 4)

5.1.3.1 Querschnitt mit rechteckiger Druckzone

Für die Bemessung werden die auf die Schwerachse bezogenen Schnittgrößen in ausgewählte, „versetzte" Schnittgrößen umgewandelt. Als neue Bezugslinie wird die Achse der Biegezugbewehrung A_{s1} gewählt. Man erhält dann die in Abb. 5.4 dargestellten Schnittgrößen.

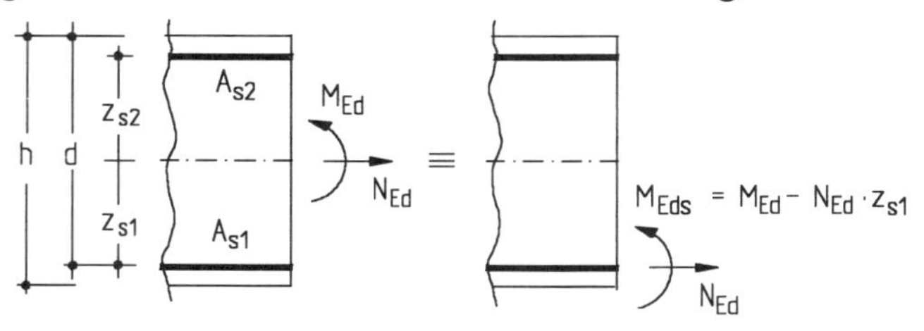

Abb. 5.4 Schnittgrößen in der Schwerachse und „versetzte" Schnittgrößen

In den Dehnungsbereichen 2 bis 4 liegt die Dehnungsnulllinie innerhalb des Querschnitts (vgl. Abb. 5.1 und 5.5). Die Betonzugzone wird als vollständig gerissen angenommen und darf bei einer Bemessung nicht mehr in Rechnung gestellt werden. Der wirksame Querschnitt besteht aus der Betondruckzone (ggf. mit Druckbewehrung A_{s2}) und der Zugbewehrung A_{s1}.

Der Nachweis der Tragfähigkeit erfolgt mit Hilfe von Identitätsbeziehungen; die einwirkenden Schnittgrößen N_{Ed} und M_{Eds} müssen identisch mit den Widerständen N_{Rd} und M_{Rds} sein. Für das Momentengleichgewicht wird als Bezugspunkt die Zugbewehrung A_{s1} gewählt.

Identitätsbedingungen (s. Abb. 5.4 und 5.5)

$$N_{Ed} \equiv N_{Rd} \qquad (5.2a)$$
$$M_{Eds} = M_{Ed} - N_{Ed} \cdot z_s \equiv M_{Rds} \qquad (5.2b)$$

Die „inneren" Schnittgrößen bzw. Widerstände N_{Rd} und M_{Rds} erhält man zu

$$N_{Rd} = -|F_{cd}| - |F_{s2d}| + F_{s1d} \qquad (5.3a)$$
$$M_{Rds} = |F_{cd}| \cdot z + |F_{s2d}| \cdot (d - d_2) \qquad (5.3b)$$

mit
$$F_{cd} = x \cdot b \cdot \alpha_V \cdot f_{cd} \qquad (5.4a)$$
$$F_{s2d} = A_{s2} \cdot \sigma_{s2d} \qquad (5.4b)$$
$$F_{s1d} = A_{s1} \cdot \sigma_{s1d} \qquad (5.4c)$$

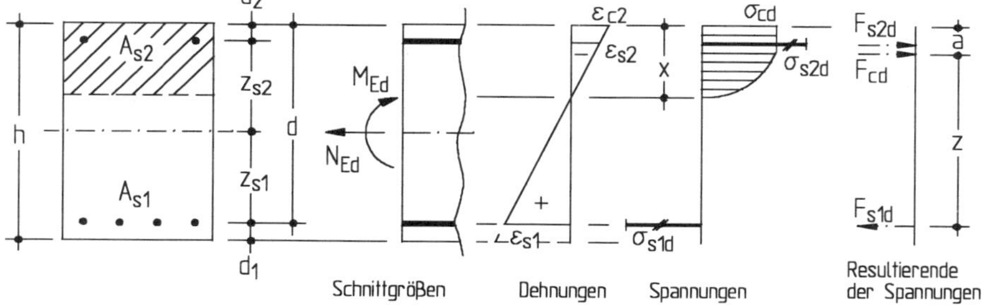

Abb. 5.5 Schnittgrößen und Spannungen im Dehnungsbereich 2 bis 4

Tafel 5.1 Hilfswerte k_a und α_V für C12/15 bis C50/60 ($|\varepsilon|$ in ‰)

	$0‰ \le |\varepsilon_{c2}| < 2{,}0‰$	$2‰ \le |\varepsilon_{c2}| \le 3{,}5‰$
k_a	$\frac{8-|\varepsilon_{c2}|}{4\cdot(6-|\varepsilon_{c2}|)}$	$\frac{|\varepsilon_{c2}|\cdot(3\cdot|\varepsilon_{c2}|-4)+2}{2\cdot|\varepsilon_{c2}|\cdot(3\cdot|\varepsilon_{c2}|-2)}$
α_V	$\frac{|\varepsilon_{c2}|\cdot(6-|\varepsilon_{c2}|)}{12}$	$\frac{3\cdot|\varepsilon_{c2}|-2}{3\cdot|\varepsilon_{c2}|}$

Die Werte a, x, z, α_V ergeben sich zu ($|\varepsilon|$ in ‰)

$a = k_a \cdot x$ Randabstand der Betondruckkraft; k_a nach Tafel 5.1 (für Normalbeton bis C50/60)
$x = \xi \cdot d$ Höhe der Druckzone
$z = \zeta \cdot d$ Hebelarm der inneren Kräfte
α_V Völligkeitsbeiwert; α_V s. Tafel 5.1 (für Normalbeton bis C50/60)

mit $\xi = |\varepsilon_{c2}| / (|\varepsilon_{c2}| + \varepsilon_{s1})$
$\zeta = 1 - k_a \cdot x.$

Mit den Identitätsbedingungen und den angegebenen Hilfsgrößen ist der Nachweis ausreichender Tragfähigkeit zu führen. Eine Auflösung der Gleichungen nach den gesuchten Querschnittsgrößen A_c und A_s – sie werden aus den Resultierenden der Spannungen F_{cd} und F_{sd} bestimmt – enthält noch die unbekannten Spannungen σ_s und σ_c, die von der ebenfalls unbekannten Dehnungsverteilung abhängen. Bei einer „Von-Hand"-Bemessung wird die Lösung daher i. Allg. iterativ durchgeführt. Dabei werden zunächst die Querschnittsabmessungen b und h als bekannt vorausgesetzt („Erfahrungswert") und die unbekannten Dehnungen

- ε_{c2} als Betonrandspannung
- ε_{s1} als Stahldehnung der Zugbewehrung

geschätzt. Damit lassen sich alle für eine Bemessung erforderlichen Größen ermitteln. Die Richtigkeit der Schätzung wird dann mit Hilfe der Identitätsbedingungen überprüft. Es muss gelten, dass die „äußeren" Schnittgrößen den resultierenden „inneren" Spannungen entsprechen.

Beispiel

Eine iterative „Von-Hand"-Bemessung soll an einem einfachen Beispiel gezeigt werden. Gegeben ist ein Rechteckquerschnitt mit Beanspruchungen und Baustoffen nach Abbildung.

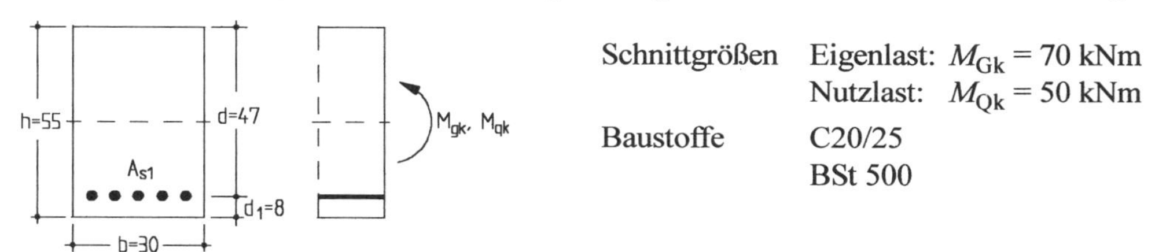

Im Grenzzustand der Tragfähigkeit ist der Nachweis zu erbringen, dass die Einwirkungen E_d die Tragfähigkeit R_d nicht überschreiten.

Einwirkung E_d

$M_{Ed} = \gamma_G \cdot M_{Gk} + \gamma_Q \cdot M_{Qk} = 1{,}35 \cdot 70 + 1{,}50 \cdot 50 \approx 170$ kNm
$M_{Eds} = M_{Ed} = 170$ kNm (wegen $N_{Ed} = 0$)

Tragfähigkeit R_d

- ***Iterative Bestimmung der Dehnungsverteilung***

  – *1. Iterationsschritt:* Dehnungsverteilung schätzen:

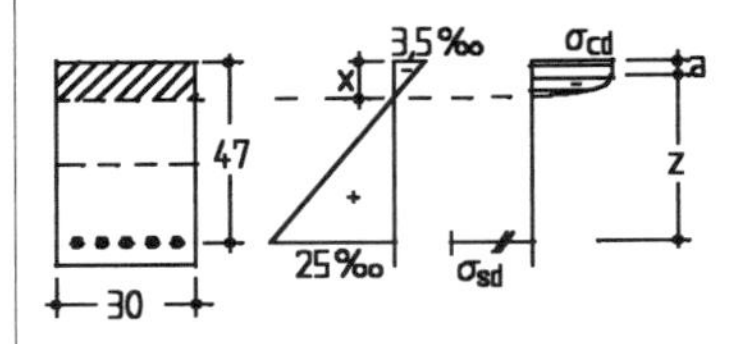

$\varepsilon_{s1} = 25$ ‰, $\varepsilon_{c2} = -3{,}5$ ‰ (s. nebenstehende Skizze)

$$F_{cd} = \alpha_V \cdot x \cdot b \cdot f_{cd} = \frac{3 \cdot \varepsilon_{c2} - 2}{3 \cdot \varepsilon_{c2}} \cdot x \cdot b \cdot \frac{\alpha \cdot f_{cd}}{\gamma_c}$$

$$x = \frac{\varepsilon_{c2}}{\varepsilon_{c2} + \varepsilon_{s1}} \cdot d = \frac{3{,}5}{3{,}5 + 25{,}0} \cdot 0{,}47 = 0{,}0577 \text{ m}$$

Druckzonenhöhe x

$$F_{cd} = \frac{3 \cdot 3{,}5 - 2}{3 \cdot 3{,}5} \cdot 0{,}0577 \cdot 0{,}30 \cdot \frac{0{,}85 \cdot 20{,}0}{1{,}5} = 0{,}159 \text{ MN}$$

Betondruckkraft F_{cd} ($|\varepsilon_c|$ in ‰).

$$a = \frac{\varepsilon_{c2} \cdot (3 \cdot \varepsilon_{c2} - 4) + 2}{2 \cdot \varepsilon_{c2} \cdot (3 \cdot \varepsilon_{c2} - 2)} \cdot x = \frac{3{,}5 \cdot (3 \cdot 3{,}5 - 4) + 2}{2 \cdot 3{,}5 \cdot (3 \cdot 3{,}5 - 2)} \cdot 0{,}0577$$

$$= 0{,}024 \text{ m}$$

Randabstand a der Betondruckkraft

$$z = d - a = 0{,}470 - 0{,}024 = 0{,}446 \text{ m}$$

Hebelarm der „inneren“ Kräfte

$$M_{Rds} = F_{cd} \cdot z = 0{,}159 \cdot 0{,}446 = 0{,}071 \text{ MNm}$$

Aufnehmbares Moment

$$M_{Eds} = M_{Rds} (?)$$

$0{,}170 \neq 0{,}071 \rightarrow$ Dehnungsverteilung neu schätzen!

Eine „verträgliche“ Dehnungsverteilung muss zu einer Identität zwischen Einwirkung und Widerstand führen.

  – *2. Iterationsschritt:* Dehnungsverteilung neu schätzen:

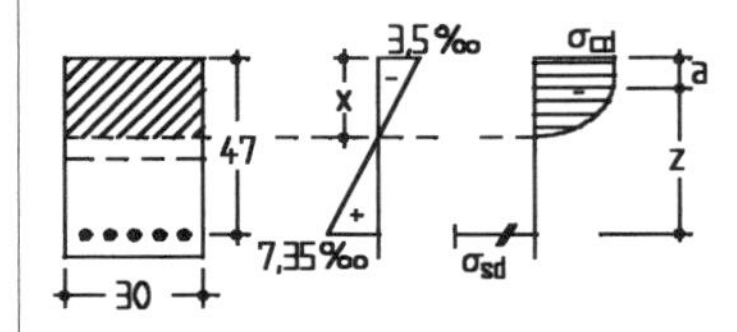

$\varepsilon_{s1} = 7{,}35$ ‰, $\varepsilon_{c2} = -3{,}5$ ‰ (s. nebenstehende Skizze)

$F_{cd} = 0{,}417$ MN

$z \;\; = 0{,}407$ m

$M_{Rds} = F_{cd} \cdot z = 0{,}417 \cdot 0{,}407 = 0{,}170$ MNm

$M_{Eds} = M_{Rds} (!)$

$0{,}170 \approx 0{,}170 \rightarrow$ Dehnungsverteilung richtig geschätzt!

- ***Ermittlung der erforderlichen Bewehrung***

$N_{Ed} \;\; = N_{Rd}$

$0 \;\; = -|F_{cd}| + F_{sd} \rightarrow \;\; F_{sd} = |F_{cd}| = 0{,}417$ MN

vgl. Gln.(5.2a) und (5.3a)

$$A_{s1} = \frac{F_{sd}}{\sigma_{sd}}$$

$$\sigma_{sd} = f_{yd} = f_{yk} / \gamma_s = 500 / 1{,}15 = 435 \text{ MN/m}^2$$

Ansteigender Ast der Stahlspannung vereinfachend nicht berücksichtigt

$$A_{s1} = \frac{0{,}417}{435} = 9{,}6 \cdot 10^{-4} \text{ m}^2 = 9{,}6 \text{ cm}^2$$

Bewehrungswahl und Bewehrungsskizze

gew.: 5 Ø 16 (= 9,6 cm²)

vorh $A_{s1} \geq$ erf A_{s1}

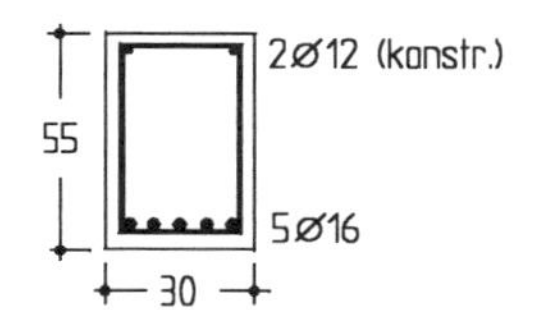

Hinweis:

Der dargestellte Rechengang gilt ohne Berücksichtigung der (konstruktiv gewählten) oberen Bewehrung.

Bemessungstafeln

Der Nachweis ausreichender Tragfähigkeit erfolgt i. Allg. mit Bemessungstafeln. Für DIN 1045-1 liegen Bemessungshilfen z. B. in [Schmitz/Goris – 01], [DAfStb-H.525– 02] vor bzw. sind in Vorbereitung. Zu beachten ist, dass die Affinität der Spannungs-Dehnungs-Beziehungen nur für Festigkeitsklassen C12/15 bis C50/60 gilt und nicht mehr für hochfesten Beton ab C55/67; für letztere gilt daher für jede Festigkeitsklasse eine eigene Bemessungstafel.

- ***Allgemeines Bemessungsdiagramm***

Die Zusammenhänge zwischen den von den Dehnungen abhängigen Kräften und Abständen lassen sich in dimensionsloser Form als sog. *allgemeines Bemessungsdiagramm* darstellen. Hierzu werden die in den Gln. (5.3a) und (5.3b) dargestellten Gleichgewichtsbeziehungen wie folgt dargestellt (Herleitung ohne Berücksichtigung einer Druckbewehrung):

$$\mu_{\text{Eds}} = \frac{M_{\text{Eds}}}{b \cdot d^2 \cdot f_{\text{cd}}} = \frac{(\xi \cdot d) \cdot b \cdot \alpha_{\text{v}} \cdot f_{\text{cd}}}{b \cdot d^2 \cdot f_{\text{cd}}} \cdot (\zeta \cdot d) = \xi \cdot \zeta \cdot \alpha_{\text{v}} \qquad (5.5)$$

Die Werte ξ, ζ und α_{v} sind von der Dehnungsverteilung $\varepsilon_{\text{s1}}/\varepsilon_{\text{c2}}$ und der Spannungsverteilung σ_{c} abhängig. Bis zum Beton C50/60 ist die Spannungsverteilung affin, so dass einer vorgegebenen Dehnungsverteilung dann direkt ein bezogenes Moment μ_{Eds} sowie Beiwerte ξ und ζ zugeordnet werden können. Diese Größen werden dann in Diagrammform dargestellt (s. Tafel 5.2). Aus der zweiten Bedingung $\Sigma H = 0$ wird die gesuchte Bewehrung gefunden:

$$N_{\text{Ed}} = -|F_{\text{cd}}| + F_{\text{s1d}}$$

$$\rightarrow \quad F_{\text{sd,1}} = |F_{\text{cd}}| + N_{\text{Ed}} = M_{\text{Eds}}/z + N_{\text{Ed}} \qquad (5.6)$$

$$A_{\text{s1}} = \frac{F_{\text{sd,1}}}{\sigma_{\text{sd}}} = \frac{1}{\sigma_{\text{sd}}} \cdot \left(\frac{M_{\text{Eds}}}{z} + N_{\text{Ed}}\right) \qquad (5.7)$$

Wenn eine Druckbewehrung angeordnet werden soll oder muss, wird zunächst das vom Querschnitt ohne Druckbewehrung aufnehmbare Moment M_{Eds} bestimmt; das dann noch verbleibende Restmoment ΔM_{Eds} wird in ein Kräftepaar umgewandelt, das in Höhe der Zugbewehrung und der Druckbewehrung angreift. Diesen Kräften sind dann eine Druckbewehung und eine zusätzliche Zugbewehrung zuzuordnen (s. Abb. 5.6):

$$A_{\text{s1}} = \frac{1}{\sigma_{\text{s1d}}} \cdot \left(\frac{M_{\text{Eds,lim}}}{z} + \frac{\Delta M_{\text{Eds}}}{d - d_2} + N_{\text{Ed}}\right) \qquad (5.8a)$$

$$A_{\text{s2}} = \frac{1}{\sigma_{\text{s2d}}} \cdot \left(\frac{\Delta M_{\text{Eds}}}{d - d_2}\right) \qquad (5.8b)$$

mit $M_{\text{Eds,lim}} = \mu_{\text{Eds,lim}} \cdot b \cdot d^2 \cdot f_{\text{cd}}$

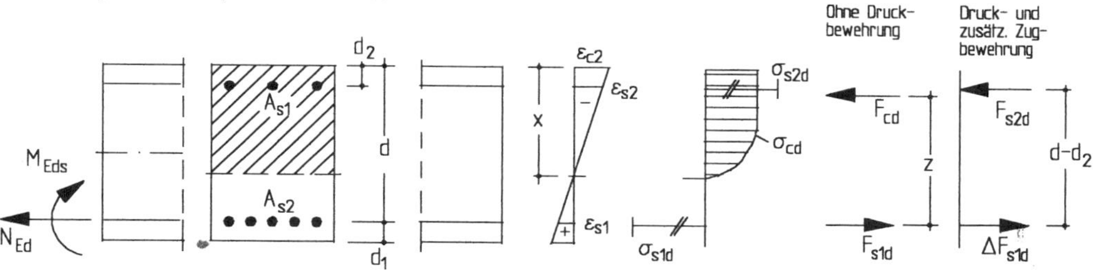

Abb. 5.6 Verfahren bei Querschnitten mit Druckbewehrung

Beispiele

Beispiel 1

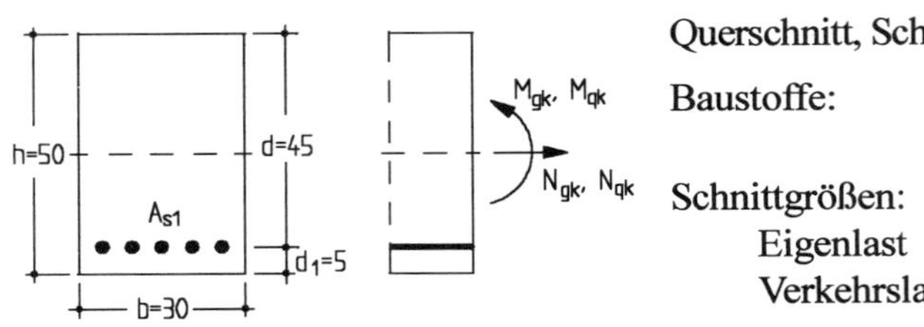

Querschnitt, Schnittgrößen und Baustoffe nach Skizze

Baustoffe: C35/45
BSt 500

Schnittgrößen:
Eigenlast $M_{gk} = 120$ kNm; $N_{gk} = -50$ kN
Verkehrslast $M_{qk} = 70$ kNm; $N_{qk} = -30$ kN

Bemessungsschnittgrößen:

$$N_{Ed} = 1{,}35 \cdot N_{gk} + 1{,}50 \cdot N_{qk} = 1{,}35 \cdot (-50) + 1{,}50 \cdot (-30) = -113 \text{ kN}$$
$$M_{Ed} = 1{,}35 \cdot M_{gk} + 1{,}50 \cdot M_{qk} = 1{,}35 \cdot (120) + 1{,}50 \cdot (70) = 267 \text{ kNm}$$
$$M_{Eds} = M_{Ed} - N_{Ed} \cdot z_s = 267 + 113 \cdot 0{,}20 = 289{,}6 \text{ kNm}$$

Bemessung (vgl. Tafel 5.2):

Eingangswert: $\mu_{Eds} = \dfrac{M_{Eds}}{b \cdot d^2 \cdot f_{cd}} = \dfrac{0{,}2896}{0{,}30 \cdot 0{,}45^2 \cdot (0{,}85 \cdot 35{,}0 / 1{,}50)} = 0{,}240$

Ablesung: $\zeta = 0{,}87$; $\varepsilon_s = 6{,}6$ ‰ ($> \varepsilon_{yd} = 2{,}17$ ‰)

$\xi = 0{,}35$
$\nu_{cd} = 0{,}28$
$\varepsilon_c = -3{,}5$ ‰

Zusätzliche Ablesewerte, die zur Lösung dieser Aufgabenstellung nicht erforderlich sind

Bemessung: $\text{erf } A_s = \dfrac{1}{\sigma_{sd}} \cdot \left(\dfrac{M_{Eds}}{z} + N_{Ed} \right)$

$$= \frac{1}{500 / 1{,}15} \cdot \left(\frac{0{,}2896}{0{,}87 \cdot 0{,}45} - 0{,}113 \right)$$
$$= 14{,}4 \cdot 10^{-4} \text{ m}^2 = 14{,}4 \text{ cm}^2$$

gew.: 5 Ø 20 (= 15,7 cm²)

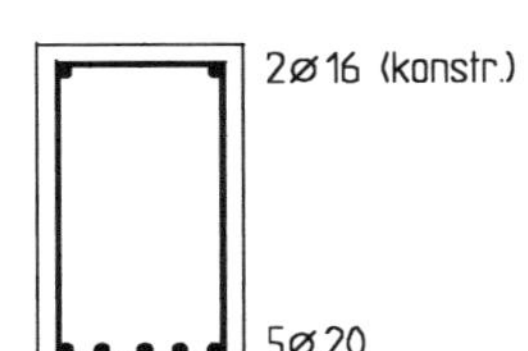

Beispiel 2

Es gelten Querschnitt und Schnittgrößen wie im Beispiel 1, jedoch soll ein Beton C20/25 zum Einsatz kommen.

Bemessungsschnittgrößen:

$M_{Eds} = 289{,}6$ kNm (wie Beispiel 1)

Bemessung (vgl. Tafel 5.2):

Eingangswert: $\mu_{Eds} = \dfrac{M_{Eds}}{b \cdot d^2 \cdot f_{cd}} = \dfrac{0{,}2896}{0{,}30 \cdot 0{,}45^2 \cdot (0{,}85 \cdot 20{,}0 / 1{,}50)} = 0{,}421$

$\mu_{Eds} = 0{,}421 > \mu_{Eds,lim} = 0{,}371 \rightarrow$ Druckbewehrung anordnen

Momenten-aufteilung:
$M_{Eds,lim} = 0{,}371 \cdot 0{,}30 \cdot 0{,}45^2 \cdot (0{,}85 \cdot 20{,}0/1{,}50) = 0{,}2554$ MNm
$\Delta M_{Eds} = 0{,}2896 - 0{,}2554 = 0{,}0342$ MNm

Ablesung: $\zeta = 0{,}74$
(bei $\mu_{\text{Eds,lim}}$) $\varepsilon_{s1} = 2{,}17$ ‰ $= \varepsilon_{sy,d}$
$\varepsilon_{s2} = -2{,}9$ ‰ $> \varepsilon_{sy,d}$ (für $d_2/d = 5/45 = 0{,}11$) | Streckgrenze in beiden Bewehrungslagen wird erreicht

Bemessung: $$\text{erf}\,A_{s1} = \frac{1}{\sigma_{sd}} \cdot \left(\frac{M_{\text{Eds}}}{z} + \frac{\Delta M_{\text{Eds}}}{d - d_2} + N_{\text{Ed}} \right)$$

$$= \frac{1}{435} \cdot \left(\frac{0{,}2554}{0{,}74 \cdot 0{,}45} + \frac{0{,}0342}{0{,}45 - 0{,}05} - 0{,}113 \right) \cdot 10^4 = 17{,}0 \text{ cm}^2$$

$$\text{erf}\,A_{s2} = \frac{1}{\sigma_{sd}} \cdot \frac{\Delta M_{\text{Eds}}}{d - d_2} = \frac{1}{435} \cdot \frac{0{,}0342}{0{,}45 - 0{,}05} \cdot 10^4 = 2{,}0 \text{ cm}^2$$

gew.: unten 6 Ø 20 (= 18,8 cm²)
oben 2 Ø 16 (= 4,02 cm²)

2Ø16
6Ø20

Anmerkung:

Eine Bemessung ohne Druckbewehrung ist zwar noch möglich, allerdings deutlich unwirtschaflicher, da die Streckgrenze der Zugbewehrung nicht mehr erreicht wird; ohne Druckbewehrung ergäbe sich

$\mu_{\text{Eds}} = 0{,}421$: $\zeta = 0{,}68$
$\varepsilon_{s1} = 1{,}1$ ‰ $\rightarrow \sigma_{sd} = 0{,}0011 \cdot 200000 = 220$ MN/m² | Streckgrenze wird nicht (!) erreicht

$$A_{s1} = \frac{1}{220} \cdot \left(\frac{0{,}2896}{0{,}68 \cdot 0{,}45} - 0{,}113 \right) \cdot 10^4 = 37{,}9 \text{ cm}^2$$

und damit deutlich mehr Bewehrung als bei einer Bemessung mit Druckbewehrung.

Beispiel 3

Querschnitt, Baustoffe, Bemessungsschnittgrößen wie Beispiel 2; es soll jedoch eine bezogene Druckzonenhöhe $\xi = x/d = 0{,}45$ eingehalten werden (DIN 1045-1, 8.2(3) für Durchlaufträger).

Bemessung (vgl. Tafel 5.2):

Eingangswert: $\mu_{\text{Eds}} = 0{,}421 > \mu_{\text{Eds,lim}} = 0{,}296 \rightarrow$ Druckbewehrung anordnen

Momenten-aufteilung: $M_{\text{Eds,lim}} = 0{,}296 \cdot 0{,}30 \cdot 0{,}45^2 \cdot (0{,}85 \cdot 20{,}0/1{,}50) = 0{,}2038$ MNm
$\Delta M_{\text{Eds}} = 0{,}2896 - 0{,}2038 = 0{,}0858$ MNm

Ablesung: $\zeta = 0{,}82$
(bei $\mu_{\text{Eds,lim}}$) $\varepsilon_{s1} = 4{,}3$ ‰ $> \varepsilon_{sy,d}$
$\varepsilon_{s2} = -2{,}7$ ‰ $> \varepsilon_{sy,d}$ (für $d_2/d = 5/45 = 0{,}11$) | Streckgrenze in beiden Bewehrungslagen wird erreicht

Bemessung: $$\text{erf}\,A_{s1} = \frac{1}{435} \cdot \left(\frac{0{,}2038}{0{,}82 \cdot 0{,}45} + \frac{0{,}0858}{0{,}40} - 0{,}113 \right) \cdot 10^4 = 15{,}0 \text{ cm}^2$$

$$\text{erf}\,A_{s2} = \frac{1}{435} \cdot \frac{0{,}0858}{0{,}40} \cdot 10^4 = 4{,}9 \text{ cm}^2$$

gew.: unten 5 Ø 20 (= 15,7 cm²)
oben 4 Ø 14 (= 6,2 cm²)

(Bewehrungsskizze analog zu Beispiel 2)

• *Bemessungstafeln mit dimensionslosen Beiwerten*

Ebenso wie das allgemeine Bemessungsdiagramm in graphischer Form lassen sich auch Bemessungshilfen als Tabellen aufstellen mit dem bezogenen Moment μ_{Eds} als Eingangswert. Wie zuvor ausgeführt, ist dabei μ_{Eds} identisch mit (vgl. Gl. (5.6))

$$\mu_{Eds} = \frac{M_{Eds}}{b \cdot d^2 \cdot f_{cd}} = \xi \cdot \zeta \cdot \alpha_v \tag{5.9}$$

wobei die Werte ξ, ζ und α_v nur von der Dehnungsverteilung $\varepsilon_{s1}/\varepsilon_{c2}$ abhängig sind und direkt dem Eingangswert μ_{Eds} zugeordnet werden können. Außerdem wird noch der sog. mechanische Bewehrungsgrad ω angegeben, der identsich mit der bezogenen Betondruckkraft ν_{cd} ist und sich ergibt aus

$$\omega = \nu_{cd} = \frac{F_{cd}}{b \cdot d \cdot f_{cd}} = \frac{x \cdot b \cdot \alpha_V \cdot f_{cd}}{b \cdot d \cdot f_{cd}} = \xi \cdot \alpha_v \tag{5.10}$$

ergibt und der sich unmittelbar für die Ermittlung der Bewehrung eignet. Aus der Bedingung $\Sigma H = 0$ erhält man (vgl. Gl. (5.7)):

$$F_{sd,1} = |F_{cd}| + N_{Ed} = \omega \cdot b \cdot d \cdot f_{cd} + N_{Ed} \tag{5.11a}$$

$$A_{s1} = \frac{F_{sd,1}}{\sigma_{sd}} = \frac{1}{\sigma_{sd}} \cdot (\omega \cdot b \cdot d \cdot f_{cd} + N_{Ed}) \tag{5.11b}$$

Die Auswertung zeigt Tafel 5.3a, wobei als Stahlspannung σ_{sd} wahlweise der horizontale Ast (Begrenzung auf f_{yd}) oder der ansteigenden Ast der Spannungs-Dehnungs-Linie berücksichtigt werden kann (Begrenzung auf $f_{td,cal}$); vgl. Abb. 4.4b.

In analoger Weise lassen sich Bemessungstafeln für Querschnitte mit Druckbewehrung aufstellen, siehe Tafeln 5.3b bis 5.3d; bei diesen Tafeln wurde der ansteigende Ast der Spannungs-Dehnungs-Linie generell nicht berücksichtigt, da der Einfluss nur gering ist.

Beispiel 1

Querschnitt, Schnittgrößen und Baustoffe nach Skizze (wie Beispiel 1, S. 56)

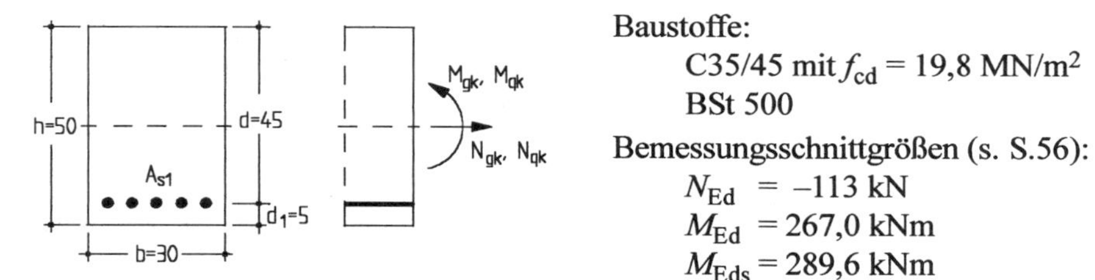

Baustoffe:
C35/45 mit $f_{cd} = 19{,}8$ MN/m²
BSt 500

Bemessungsschnittgrößen (s. S.56):
$N_{Ed} = -113$ kN
$M_{Ed} = 267{,}0$ kNm
$M_{Eds} = 289{,}6$ kNm

Bemessung (vgl. Tafel 5.3a):

Eingangswert: $\mu_{Eds} = 0{,}240$
Ablesung: $\omega = 0{,}280$; $\sigma_{sd} = 435$ MN/m² *)
$\xi = 0{,}35$; $\zeta = 0{,}86$; $\varepsilon_{c2} / \varepsilon_{s1} = -3{,}5$ ‰ / 6,6 ‰
Bemessung: $A_{s1} = (\omega \cdot b \cdot d \cdot f_{cd} + N_{Ed}) / \sigma_{sd}$
$= (0{,}280 \cdot 0{,}30 \cdot 0{,}45 \cdot 19{,}8 - 0{,}113) / 435 = 14{,}6 \cdot 10^{-4}$ m² $= 14{,}6$ cm²

*) Vereinfachend ohne Berücksichtigung des ansteigenden Astes der Spannungs-Dehnungs-Linie.

Beispiel 2

Querschnitt und Schnittgrößen wie Beispiel 1, jedoch soll ein Beton C20/25 gewählt werden. Außerdem soll eine bezogene Druckzonenhöhe $x/d = 0{,}45$ eingehalten werden.

Bemessungsschnittgrößen (s. Beispiel 1):

$M_{Ed} = 267{,}0$ kNm; $N_{Ed} = -113$ kN
$M_{Eds} = 289{,}6$ kNm

Bemessung:

Eingangswert: $$\mu_{Eds} = \frac{M_{Eds}}{b \cdot d^2 \cdot f_{cd}} = \frac{0{,}2896}{0{,}30 \cdot 0{,}45^2 \cdot (0{,}85 \cdot 20{,}0 / 1{,}50)} = 0{,}421$$

$\mu_{Eds} = 0{,}421 > \mu_{Eds,lim} = 0{,}296 \rightarrow$ Druckbewehrung anordnen

Die Bemessung erfolgt mit Tafel 5.3b; hierfür gilt im gesamten Bereich eine bezogene Druckzonenhöhe $x/d = 0{,}45$ (s. Aufgabenstellung).

Ablesung: Für $d_2 / d = 5 / 50 = 0{,}11$ erhält man nach Interpolation
$\omega_1 = 0{,}505$; $\omega_2 = 0{,}141$

Bemessung: $A_{s1} = (\omega_1 \cdot b \cdot d \cdot f_{cd} + N_{Ed}) / f_{yd}$
$= (0{,}505 \cdot 0{,}30 \cdot 0{,}45 \cdot 11{,}3 - 0{,}113) / 435 = 15{,}1 \cdot 10^{-4}\ \text{m}^2 = 15{,}1\ \text{cm}^2$
$A_{s2} = \omega_2 \cdot b \cdot d \cdot f_{cd} / f_{yd} = 0{,}141 \cdot 0{,}30 \cdot 0{,}45 \cdot 11{,}3 / 435 \cdot 10^4 = 4{,}9\ \text{cm}^2$

- ***k_d-Tafeln (dimensionsgebundenes Verfahren)***

Beim k_d-*Verfahren* werden die Identitätsbeziehungen in abgewandelter Form dargestellt. Die Größe μ_{Eds} (s. vorher) wird nach d aufgelöst:

$$\mu_{Eds} = \frac{M_{Eds}}{b \cdot d^2 \cdot f_{cd}} \rightarrow \quad d = \frac{1}{\sqrt{\mu_{Eds} \cdot f_{cd}}} \cdot \sqrt{\frac{M_{Eds}}{b}} = k_d \cdot \sqrt{\frac{M_{Eds}}{b}} \tag{5.12}$$

Hieraus folgt der (dimensionsgebundene) k_d-Wert als Eingangswert für eine Bemessungstabelle.

$$k_d = \frac{d}{\sqrt{M_{Eds}/b}} = \frac{1}{\sqrt{\mu_{Eds} \cdot f_{cd}}} \tag{5.13}$$

Wie zu sehen ist, lässt sich der k_d-Wert in Abhängigkeit von dem einwirkenden Moment M_{Eds} angeben, aber auch (über μ_{Eds}; s. vorher) als Funktion von den Hilfwerten ξ, ζ und α_v.

Die Bewehrung ergibt sich dann aus (s. vorher)

$$A_{s1} = \frac{F_{s1d}}{\sigma_{sd}} = \frac{1}{\sigma_{sd} \cdot \zeta} \cdot \frac{M_{Eds}}{d} + \frac{N_{Ed}}{\sigma_{sd}} = k_s \cdot \frac{M_{Eds}}{d} + \frac{N_{Ed}}{\sigma_{sd}} \tag{5.14}$$

wobei der k_s-Wert aus entsprechenden Tafeln abgelesen wird. Die Herleitung setzt eine affine Betonspannungsverteilung voraus, wie sie nach DIN 1045-1 für Normalbeton bis C50/60 gegeben ist.

In den Tafeln 5.4a und 5.4b sind als Bemessungshilfen die k_d-Tafeln wiedergegeben, die eine Bemessung von Rechtecken ohne und mit Druckbewehrung ermöglichen; zur Vereinfachung der Darstellung wurde generell die Stahlspannung auf f_{yd} begrenzt.

Beispiele

Zum Vergleich und zur Vereinfachung der Darstellung werden dieselben Beispiele gewählt wie bei der Bemessung mit den μ_s-Tafeln.

Beispiel 1

Querschnitt, Schnittgrößen und Baustoffe nach Skizze (s. S. 58)

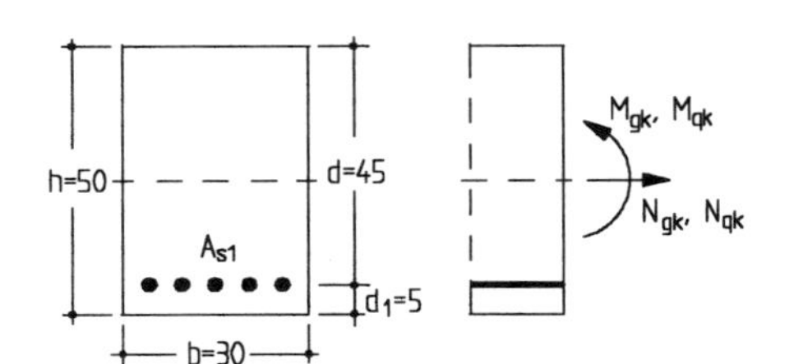

Baustoffe:

C35/45 mit $f_{cd} = 19{,}8$ MN/m²
BSt 500

Bemessungsschnittgrößen (s. S. 58):

$N_{Ed} = -113$ kN
$M_{Ed} = 267{,}0$ kNm
$M_{Eds} = 289{,}6$ kNm

Bemessung (vgl. Tafel 5.4a):

Eingangswert: $k_d = \dfrac{d}{\sqrt{M_{Eds}/b}} = \dfrac{45{,}0}{\sqrt{289{,}6/0{,}30}} = 1{,}45$

Ablesung: $k_s = 2{,}69$

$\xi = 0{,}35;\ \zeta = 0{,}86;\ \varepsilon_{c2}/\varepsilon_{s1} = -3{,}5\ ‰ / 6{,}6\ ‰$

Bemessung: $A_s = k_s \cdot M_{Eds}/d + N_{Ed}/43{,}5$

$= 2{,}69 \cdot 289{,}6/45{,}0 - 113/43{,}5 = 14{,}7\ \text{cm}^2$

Beispiel 2

Querschnitt und Schnittgrößen wie Beispiel 1, jedoch soll ein Beton C20/25 gewählt werden. Außerdem soll eine bezogene Druckzonenhöhe $x/d = 0{,}45$ eingehalten werden.

Bemessungsschnittgrößen (s. Beispiel 1):

$M_{Ed} = 267{,}0$ kNm; $N_{Ed} = -113$ kN
$M_{Eds} = 289{,}6$ kNm

Bemessung:

Eingangswert: $k_d = \dfrac{d}{\sqrt{M_{Eds}/b}} = \dfrac{45{,}0}{\sqrt{289{,}6/0{,}30}} = 1{,}45$

$k_d < k_{d,lim} = 1{,}73$ (Grenzwert für $\xi = 0{,}45$ und C 20/25; s. Tafel 5.4a)
→ Druckbewehrung anordnen

Die Bemessung erfolgt mit Tafel 5.4b

Ablesung: Für $d_2/d = 5/50 = 0{,}11$ erhält man

$k_{s1} = 2{,}72;\ k_{s2} = 0{,}73$

$\rho_1 = 1{,}01;\ \rho_2 = 1{,}05$

Bemessung: $A_{s1} = \rho_1 \cdot k_{s1} \cdot M_{Eds}/d + N_{Ed}/43{,}5$

$= 1{,}01 \cdot 2{,}72 \cdot 289{,}6/45 - 113/43{,}5 = 15{,}1\ \text{cm}^2$

$A_{s2} = \rho_2 \cdot k_{s2} \cdot M_{Eds}/d = 1{,}05 \cdot 0{,}73 \cdot 289{,}6/45 = 4{,}9\ \text{cm}^2$

Tafel 5.2 Allgemeines Bemessungsdiagramm für Rechteckquerschnitte; C12/15 bis C50/60 (aus [Schmitz/Goris – 01])

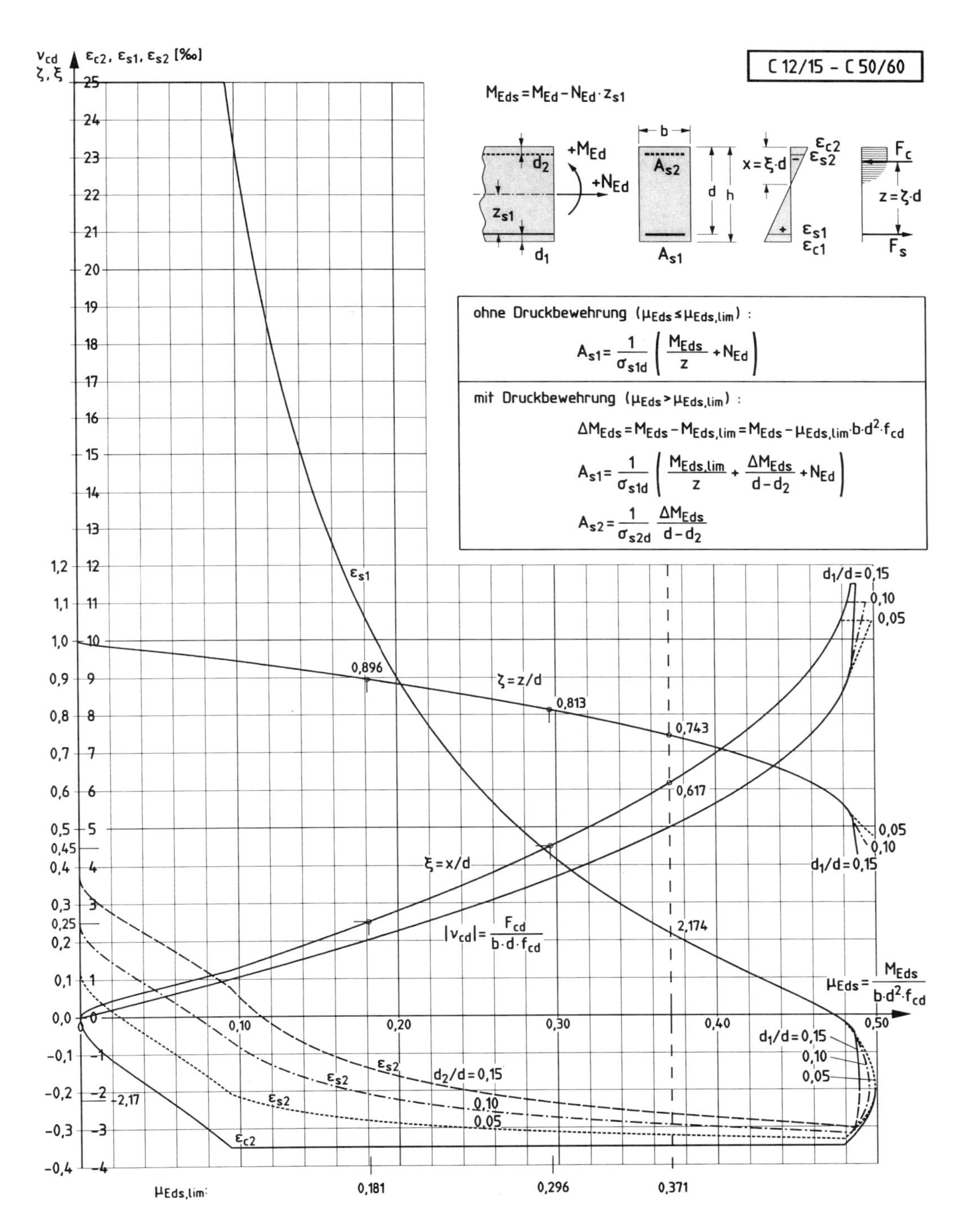

Tafel 5.3a Bemessungstafeln (μ_s-Tafeln) für Rechteckquerschnitte ohne Druckbewehrung; Beton C12/15 bis C50/60; Betonstahl BSt 500 mit γ_s = 1,15

$$\mu_{Eds} = \frac{M_{Eds}}{b \cdot d^2 \cdot f_{cd}}$$

mit $M_{Eds} = M_{Ed} - N_{Ed} \cdot z_{s1}$

$f_{cd} = \alpha \cdot f_{ck}/\gamma_c$ (i. Allg. gilt α = 0,85)

μ_{Eds}	ω	$\xi = \frac{x}{d}$	$\zeta = \frac{z}{d}$	ε_{c2} in ‰	ε_{s1} in ‰	σ_{sd} a) in MPa BSt 500	σ_{sd}^{*} b) in MPa BSt 500
0,01	0,0101	0,030	0,990	–0,77	25,00	435	457
0,02	0,0203	0,044	0,985	–1,15	25,00	435	457
0,03	0,0306	0,055	0,980	–1,46	25,00	435	457
0,04	0,0410	0,066	0,976	–1,76	25,00	435	457
0,05	0,0515	0,076	0,971	–2,06	25,00	435	457
0,06	0,0621	0,086	0,967	–2,37	25,00	435	457
0,07	0,0728	0,097	0,962	–2,68	25,00	435	457
0,08	0,0836	0,107	0,956	–3,01	25,00	435	457
0,09	0,0946	0,118	0,951	–3,35	25,00	435	457
0,10	0,1057	0,131	0,946	–3,50	23,29	435	455
0,11	0,1170	0,145	0,940	–3,50	20,71	435	452
0,12	0,1285	0,159	0,934	–3,50	18,55	435	450
0,13	0,1401	0,173	0,928	–3,50	16,73	435	449
0,14	0,1518	0,188	0,922	–3,50	15,16	435	447
0,15	0,1638	0,202	0,916	–3,50	13,80	435	446
0,16	0,1759	0,217	0,910	–3,50	12,61	435	445
0,17	0,1882	0,232	0,903	–3,50	11,56	435	444
0,18	0,2007	0,248	0,897	–3,50	10,62	435	443
0,19	0,2134	0,264	0,890	–3,50	9,78	435	442
0,20	0,2263	0,280	0,884	–3,50	9,02	435	441
0,21	0,2395	0,296	0,877	–3,50	8,33	435	441
0,22	0,2528	0,312	0,870	–3,50	7,71	435	440
0,23	0,2665	0,329	0,863	–3,50	7,13	435	440
0,24	0,2804	0,346	0,856	–3,50	6,60	435	439
0,25	0,2946	0,364	0,849	–3,50	6,12	435	439
0,26	0,3091	0,382	0,841	–3,50	5,67	435	438
0,27	0,3239	0,400	0,834	–3,50	5,25	435	438
0,28	0,3391	0,419	0,826	–3,50	4,86	435	437
0,29	0,3546	0,438	0,818	–3,50	4,49	435	437
0,30	0,3706	0,458	0,810	–3,50	4,15	435	437
0,31	0,3869	0,478	0,801	–3,50	3,82	435	436
0,32	0,4038	0,499	0,793	–3,50	3,52	435	436
0,33	0,4211	0,520	0,784	–3,50	3,23	435	436
0,34	0,4391	0,542	0,774	–3,50	2,95	435	436
0,35	0,4576	0,565	0,765	–3,50	2,69	435	435
0,36	0,4768	0,589	0,755	–3,50	2,44	435	435
0,37	0,4968	0,614	0,745	–3,50	2,20	435	435
0,38	0,5177	0,640	0,734	–3,50	1,97	395	395
0,39	0,5396	0,667	0,723	–3,50	1,75	350	350
0,40	0,5627	0,695	0,711	–3,50	1,54	307	307

(Zeilen 0,38 bis 0,40: unwirtschaftlicher Bereich)

a) Begrenzung der Stahlspannung auf $f_{yd} = f_{yk} / \gamma_s$ (horizontaler Ast der σ-ε-Linie)
b) Begrenzung der Stahlspannung auf $f_{td,cal} = f_{tk,cal} / \gamma_s$ (geneigter Ast der σ-ε-Linie)

$$A_{s1} = \frac{1}{\sigma_{sd}} (\omega \cdot b \cdot d \cdot f_{cd} + N_{Ed})$$

Tafel 5.3b Bemessungstafeln (μ_s-Tafeln) für Rechteckquerschnitte mit Druckbewehrung; Beton C12/15 bis C50/60; Betonstahl BSt 500 mit γ_s = 1,15

$$\mu_{Eds} = \frac{M_{Eds}}{b \cdot d^2 \cdot f_{cd}}$$

mit $M_{Eds} = M_{Ed} - N_{Ed} \cdot z_{s1}$

$f_{cd} = \alpha \cdot f_{ck}/\gamma_c$ (i. Allg. gilt α = 0,85)

ξ = **0,45** (ε_{s1} = 4,3 ‰, ε_{c2} = –3,5 ‰)

d_2/d	0,05		0,10		0,15		0,20	
$\varepsilon_{s1}/\varepsilon_{s2}$	4,28 ‰	–3,11 ‰	4,28 ‰	–2,72 ‰	4,28 ‰	–2,33 ‰	4,28 ‰	–1,94 ‰
μ_{Eds}	ω_1	ω_2	ω_1	ω_2	ω_1	ω_2	ω_1	ω_2
0,30	0,368	0,004	0,369	0,004	0,369	0,005	0,369	0,005
0,31	0,379	0,015	0,380	0,015	0,381	0,016	0,382	0,019
0,32	0,389	0,025	0,391	0,027	0,392	0,028	0,394	0,033
0,33	0,400	0,036	0,402	0,038	0,404	0,040	0,407	0,047
0,34	0,410	0,046	0,413	0,049	0,416	0,052	0,419	0,061
0,35	0,421	0,057	0,424	0,060	0,428	0,063	0,432	0,075
0,36	0,432	0,067	0,435	0,071	0,439	0,075	0,444	0,089
0,37	0,442	0,078	0,446	0,082	0,451	0,087	0,457	0,103
0,38	0,453	0,088	0,458	0,093	0,463	0,099	0,469	0,117
0,39	0,463	0,099	0,469	0,104	0,475	0,110	0,482	0,131
0,40	0,474	0,109	0,480	0,115	0,487	0,122	0,494	0,145
0,41	0,484	0,120	0,491	0,127	0,498	0,134	0,507	0,159
0,42	0,495	0,130	0,502	0,138	0,510	0,146	0,519	0,173
0,43	0,505	0,141	0,513	0,149	0,522	0,158	0,532	0,187
0,44	0,516	0,151	0,524	0,160	0,534	0,169	0,544	0,201
0,45	0,526	0,162	0,535	0,171	0,545	0,181	0,557	0,215
0,46	0,537	0,173	0,546	0,182	0,557	0,193	0,569	0,229
0,47	0,547	0,183	0,558	0,193	0,569	0,205	0,582	0,243
0,48	0,558	0,194	0,569	0,204	0,581	0,216	0,594	0,257
0,49	0,568	0,204	0,580	0,215	0,592	0,228	0,607	0,271
0,50	0,579	0,215	0,591	0,227	0,604	0,240	0,619	0,285
0,51	0,589	0,225	0,602	0,238	0,616	0,252	0,632	0,299
0,52	0,600	0,236	0,613	0,249	0,628	0,263	0,644	0,313
0,53	0,610	0,246	0,624	0,260	0,639	0,275	0,657	0,327
0,54	0,621	0,257	0,635	0,271	0,651	0,287	0,669	0,341
0,55	0,632	0,267	0,646	0,282	0,663	0,299	0,682	0,355
0,56	0,642	0,278	0,658	0,293	0,675	0,310	0,694	0,369
0,57	0,653	0,288	0,669	0,304	0,687	0,322	0,707	0,383
0,58	0,663	0,299	0,680	0,315	0,698	0,334	0,719	0,397
0,59	0,674	0,309	0,691	0,327	0,710	0,346	0,732	0,411
0,60	0,684	0,320	0,702	0,338	0,722	0,358	0,744	0,425

$$A_{s1} = \frac{1}{f_{yd}} (\omega_1 \cdot b \cdot d \cdot f_{cd} + N_{Ed})$$

$$A_{s2} = \omega_2 \cdot b \cdot d \cdot \frac{f_{cd}}{f_{yd}}$$

Tafel 5.3c Bemessungstafeln (μ_s-Tafeln) für Rechteckquerschnitte mit Druckbewehrung; Beton C12/15 bis C50/60; Betonstahl BSt 500 mit $\gamma_s = 1,15$

$$\mu_{Eds} = \frac{M_{Eds}}{b \cdot d^2 \cdot f_{cd}}$$

mit $M_{Eds} = M_{Ed} - N_{Ed} \cdot z_{s1}$

$f_{cd} = \alpha \cdot f_{ck}/\gamma_c$ (i. Allg. gilt $\alpha = 0,85$)

ξ = **0,617** (ε_{s1} = 2,17 ‰, ε_{c2} = –3,5 ‰)

d_2/d	0,05		0,10		0,15		0,20	
$\varepsilon_{s1}/\varepsilon_{s2}$	2,17 ‰	–3,22 ‰	2,17 ‰	–2,93 ‰	2,17 ‰	–2,65 ‰	2,17 ‰	–2,37 ‰
μ_{Eds}	ω_1	ω_2	ω_1	ω_2	ω_1	ω_2	ω_1	ω_2
0,38	0,509	0,009	0,509	0,010	0,510	0,010	0,510	0,011
0,39	0,519	0,020	0,520	0,021	0,521	0,022	0,523	0,023
0,40	0,530	0,030	0,531	0,032	0,533	0,034	0,535	0,036
0,41	0,540	0,041	0,542	0,043	0,545	0,046	0,548	0,048
0,42	0,551	0,051	0,554	0,054	0,557	0,057	0,560	0,061
0,43	0,561	0,062	0,565	0,065	0,569	0,069	0,573	0,073
0,44	0,572	0,072	0,576	0,076	0,580	0,081	0,585	0,086
0,45	0,582	0,083	0,587	0,088	0,592	0,093	0,598	0,098
0,46	0,593	0,093	0,598	0,099	0,604	0,104	0,610	0,111
0,47	0,603	0,104	0,609	0,110	0,616	0,116	0,623	0,123
0,48	0,614	0,114	0,620	0,121	0,627	0,128	0,635	0,136
0,49	0,624	0,125	0,631	0,132	0,639	0,140	0,648	0,148
0,50	0,635	0,136	0,642	0,143	0,651	0,151	0,660	0,161
0,51	0,645	0,146	0,654	0,154	0,663	0,163	0,673	0,173
0,52	0,656	0,157	0,665	0,165	0,674	0,175	0,685	0,186
0,53	0,666	0,167	0,676	0,176	0,686	0,187	0,698	0,198
0,54	0,677	0,178	0,687	0,188	0,698	0,199	0,710	0,211
0,55	0,688	0,188	0,698	0,199	0,710	0,210	0,723	0,223
0,56	0,698	0,199	0,709	0,210	0,721	0,222	0,735	0,236
0,57	0,709	0,209	0,720	0,221	0,733	0,234	0,748	0,248
0,58	0,719	0,220	0,731	0,232	0,745	0,246	0,760	0,261
0,59	0,730	0,230	0,742	0,243	0,757	0,257	0,773	0,273
0,60	0,740	0,241	0,754	0,254	0,769	0,269	0,785	0,286

$$A_{s1} = \frac{1}{f_{yd}} (\omega_1 \cdot b \cdot d \cdot f_{cd} + N_{Ed})$$

$$A_{s2} = \omega_2 \cdot b \cdot d \cdot \frac{f_{cd}}{f_{yd}}$$

Tafel 5.4a Dimensionsgebundene Bemessungstafel (k_d-Verfahren) für den Rechteckquerschnitt ohne Druckbewehrung; C12/15 bis C50/60 und BSt 500 mit $\gamma_s = 1{,}15$

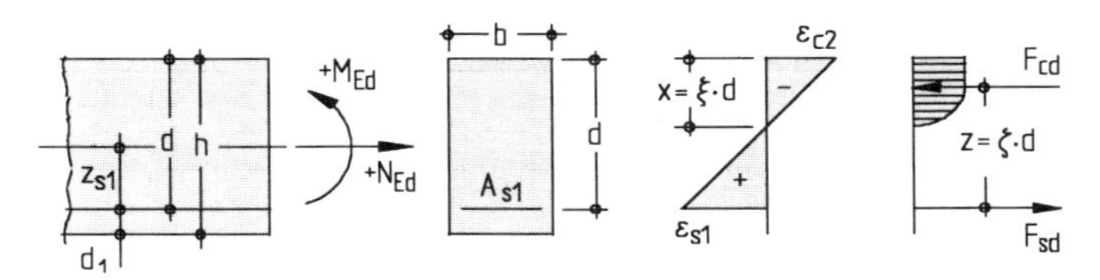

$$k_d = \frac{d\ [\text{cm}]}{\sqrt{M_{Eds}\ [\text{kNm}]\ /\ b\ [\text{m}]}} \qquad \text{mit } M_{Eds} = M_{Ed} - N_{Ed} \cdot z_{s1}$$

k_d für Betonfestigkeitsklasse C									k_s	ξ	ζ	ε_{c2} in ‰	ε_{s1} in ‰
12/15	16/20	20/25	25/30	30/37	35/45	40/50	45/55	50/60					
14,34	12,41	11,10	9,93	9,07	8,39	7,85	7,40	7,02	2,32	0,025	0,991	-0,64	25,00
7,90	6,84	6,12	5,47	5,00	4,63	4,33	4,08	3,87	2,34	0,048	0,983	-1,26	25,00
5,87	5,08	4,54	4,06	3,71	3,44	3,21	3,03	2,87	2,36	0,069	0,975	-1,84	25,00
4,94	4,27	3,82	3,42	3,12	2,89	2,70	2,55	2,42	2,38	0,087	0,966	-2,38	25,00
4,38	3,80	3,40	3,04	2,77	2,57	2,40	2,27	2,15	2,40	0,104	0,958	-2,89	25,00
4,01	3,47	3,10	2,78	2,53	2,35	2,20	2,07	1,96	2,42	0,120	0,950	-3,40	25,00
3,63	3,14	2,81	2,51	2,29	2,12	1,99	1,87	1,78	2,45	0,147	0,939	-3,50	20,29
3,35	2,90	2,60	2,32	2,12	1,96	1,84	1,73	1,64	2,48	0,174	0,927	-3,50	16,56
3,14	2,72	2,43	2,18	1,99	1,84	1,72	1,62	1,54	2,51	0,201	0,916	-3,50	13,90
2,97	2,57	2,30	2,06	1,88	1,74	1,63	1,53	1,46	2,54	0,227	0,906	-3,50	11,91
2,85	2,47	2,21	1,97	1,80	1,67	1,56	1,47	1,40	2,57	0,250	0,896	-3,50	10,52
2,72	2,36	2,11	1,89	1,72	1,59	1,49	1,41	1,33	2,60	0,277	0,885	-3,50	9,12
2,62	2,27	2,03	1,82	1,66	1,54	1,44	1,36	1,29	2,63	0,302	0,875	-3,50	8,10
2,54	2,20	1,97	1,76	1,61	1,49	1,39	1,31	1,24	2,66	0,325	0,865	-3,50	7,26
2,47	2,14	1,91	1,71	1,56	1,44	1,35	1,27	1,21	2,69	0,350	0,854	-3,50	6,50
2,41	2,08	1,86	1,67	1,52	1,41	1,32	1,24	1,18	2,72	0,371	0,846	-3,50	5,93
2,35	2,03	1,82	1,63	1,49	1,38	1,29	1,21	1,15	2,75	0,393	0,836	-3,50	5,40
2,28	1,98	1,77	1,58	1,44	1,34	1,25	1,18	1,12	2,79	0,422	0,824	-3,50	4,79
2,23	1,93	1,73	1,54	1,41	1,30	1,22	1,15	1,09	2,83	0,450	0,813	-3,50	4,27
2,18	1,89	1,69	1,51	1,38	1,28	1,19	1,13	1,07	2,87	0,477	0,801	-3,50	3,83
2,14	1,85	1,65	1,48	1,35	1,25	1,17	1,10	1,05	2,91	0,504	0,790	-3,50	3,44
2,10	1,82	1,62	1,45	1,33	1,23	1,15	1,08	1,03	2,95	0,530	0,780	-3,50	3,11
2,06	1,79	1,60	1,43	1,30	1,21	1,13	1,07	1,01	2,99	0,555	0,769	-3,50	2,81
2,03	1,75	1,57	1,40	1,28	1,19	1,11	1,05	0,99	3,04	0,585	0,757	-3,50	2,48
1,99	1,72	1,54	1,38	1,26	1,17	1,09	1,03	0,98	3,09	0,617	0,743	-3,50	2,17

$$A_s\ [\text{cm}^2] = k_s \cdot \frac{M_{Eds}\ [\text{kNm}]}{d\ [\text{cm}]} + \frac{N_{Ed}\ [\text{kN}]}{43{,}5}$$

Tafel 5.4b Dimensionsgebundene Bemessungstafel (k_d-Verfahren) für den Rechteckquerschnitt mit Druckbewehrung; C12/15 bis C50/60 und BSt 500 mit $\gamma_s = 1{,}15$

$$k_d = \frac{d\ [\text{cm}]}{\sqrt{M_{Eds}\ [\text{kNm}]\ /\ b\ [\text{m}]}}$$

mit $M_{Eds} = M_{Ed} - N_{Ed} \cdot z_{s1}$

Beiwerte k_{s1} und k_{s2}

$\xi = 0{,}45$										$\xi = 0{,}617$										$\xi = \{0{,}450;\ 0{,}617\}$
k_d für f_{ck}									k_{s1}	k_d für f_{ck}									k_{s1}	k_{s2}
12	16	20	25	30	35	40	45	50		12	16	20	25	30	35	40	45	50		
2,23	1,93	1,73	1,54	1,41	1,30	1,22	1,15	1,09	2,83	1,99	1,72	1,54	1,38	1,26	1,17	1,09	1,03	0,98	3,09	0
2,18	1,89	1,69	1,51	1,38	1,28	1,19	1,13	1,07	2,81	1,95	1,69	1,51	1,35	1,23	1,14	1,07	1,01	0,96	3,07	0,10
2,14	1,85	1,65	1,48	1,35	1,25	1,17	1,10	1,05	2,80	1,91	1,65	1,48	1,32	1,21	1,12	1,05	0,99	0,93	3,04	0,20
2,09	1,81	1,62	1,45	1,32	1,22	1,14	1,07	1,02	2,78	1,87	1,62	1,45	1,29	1,18	1,09	1,02	0,96	0,91	3,01	0,30
2,04	1,77	1,58	1,41	1,29	1,19	1,11	1,05	1,00	2,77	1,82	1,58	1,41	1,26	1,15	1,07	1,00	0,94	0,89	2,99	0,40
1,99	1,72	1,54	1,38	1,26	1,17	1,09	1,03	0,98	2,75	1,78	1,54	1,38	1,23	1,12	1,04	0,97	0,92	0,87	2,96	0,50
1,94	1,68	1,50	1,34	1,23	1,14	1,07	1,01	0,96	2,74	1,73	1,50	1,34	1,20	1,09	1,01	0,95	0,89	0,85	2,94	0,60
1,88	1,63	1,46	1,31	1,19	1,10	1,03	0,97	0,92	2,72	1,68	1,46	1,30	1,17	1,06	0,99	0,92	0,87	0,83	2,91	0,70
1,83	1,58	1,42	1,27	1,16	1,07	1,00	0,94	0,89	2,70	1,63	1,42	1,26	1,13	1,03	0,96	0,90	0,85	0,80	2,88	0,80
1,77	1,53	1,37	1,23	1,12	1,04	0,97	0,92	0,87	2,69	1,58	1,37	1,23	1,10	1,00	0,93	0,87	0,82	0,78	2,86	0,90
1,71	1,48	1,33	1,19	1,09	1,00	0,94	0,88	0,84	2,67	1,53	1,33	1,19	1,06	0,97	0,90	0,84	0,79	0,75	2,83	1,00
1,65	1,43	1,28	1,15	1,05	0,97	0,91	0,85	0,81	2,66	1,48	1,28	1,14	1,02	0,93	0,86	0,81	0,76	0,72	2,80	1,10
1,59	1,38	1,23	1,10	1,01	0,93	0,87	0,82	0,78	2,64	1,42	1,23	1,10	0,98	0,90	0,83	0,78	0,73	0,70	2,78	1,20
1,53	1,32	1,18	1,06	0,96	0,89	0,84	0,79	0,75	2,63	1,36	1,18	1,06	0,94	0,86	0,80	0,75	0,70	0,67	2,75	1,30
1,46	1,26	1,13	1,01	0,92	0,85	0,80	0,75	0,71	2,61	1,30	1,13	1,01	0,90	0,82	0,76	0,71	0,67	0,64	2,72	1,40

Beiwerte ρ_1 und ρ_2

d_2/d	$\xi = 0{,}45$					$\xi = 0{,}617$				
	ρ_1 für k_{s1} =				ρ_2	ρ_1 für k_{s1} =				ρ_2
	2,83	2,74	2,68	2,61		3,09	2,97	2,85	2,72	
0,06	1,00	1,00	1,00	1,00	1,00	1,00	1,00	1,00	1,00	1,00
0,08	1,00	1,00	1,00	1,01	1,02	1,00	1,00	1,01	1,01	1,02
0,10	1,00	1,01	1,01	1,02	1,04	1,00	1,01	1,01	1,02	1,04
0,12	1,00	1,01	1,02	1,04	1,07	1,00	1,01	1,02	1,04	1,07
0,14	1,00	1,02	1,03	1,05	1,09	1,00	1,01	1,03	1,05	1,09
0,16	1,00	1,02	1,04	1,06	1,12	1,00	1,02	1,04	1,06	1,12
0,18	1,00	1,03	1,05	1,08	1,19	1,00	1,02	1,05	1,08	1,15
0,20	1,00	1,04	1,06	1,09	1,31	1,00	1,03	1,06	1,09	1,18
0,22	1,00	1,04	1,07	1,11	1,46	1,00	1,03	1,06	1,11	1,21
0,24	1,00	1,05	1,09	1,13	1,65	1,00	1,04	1,07	1,12	1,26

$$A_{s1}\ [\text{cm}^2] = \rho_1 \cdot k_{s1} \cdot \frac{M_{Eds}\ [\text{kNm}]}{d\ [\text{cm}]} + \frac{N_{Ed}\ [\text{kN}]}{43{,}5} \qquad A_{s2}\ [\text{cm}^2] = \rho_2 \cdot k_{s2} \cdot \frac{M_{Eds}\ [\text{kNm}]}{d\ [\text{cm}]}$$

5.1.3.2 Biegung (mit Längskraft) bei Plattenbalken

Bei Plattenbalken ist i. Allg. zunächst die *mitwirkende Breite* b_{eff} zu bestimmen; sie ist definiert durch diejenige Flanschbreite, bei der man für eine konstante Betonrandspannung die gleiche resultierende Betondruckkraft erhält wie bei Ansatz der tatsächlichen, gekrümmt verlaufenden Spannung. Die konstante Spannung wird dabei so gewählt, dass sie der tatsächlichen maximalen Betonrandspannung entspricht (s. Abb. 5.7).

Die Ermittlung der mitwirkenden Plattenbreite kann z. B. nach [DAfStb-H.240 – 91] erfolgen. Für übliche Fälle kann b_{eff} jedoch auch abgeschätzt werden. Näherungsweise gilt nach DIN 1045-1

$$b_{eff} = b_w + \Sigma b_{eff,i} \qquad (5.15)$$

mit $b_{eff,i} = 0{,}2 \cdot b_i + 0{,}1 \cdot l_0 \leq \; 0{,}2 \cdot l_0 \leq b_i$

Der Abstand der Momentennullpunkte bzw. die wirksame Stützweite l_0 darf, wie in Abb. 5.8 angegeben, abgeschätzt werden, falls etwa gleiche Steifigkeitsverhältnisse vorliegen (z. B. Verhältnis $l_2 / l_1 \leq 1{,}5$ und $l_3 / l_2 \leq 0{,}5$ bei konstantem Querschnitt).

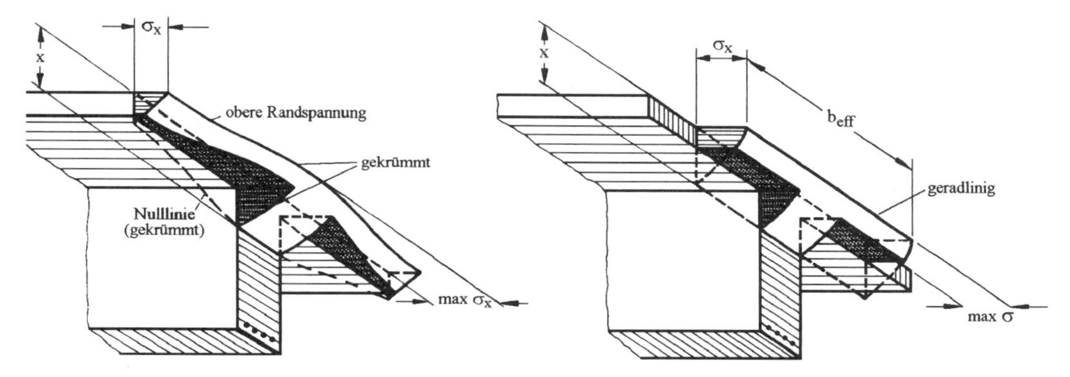

Abb. 5.7a Definition der mitwirkenden Plattenbreite

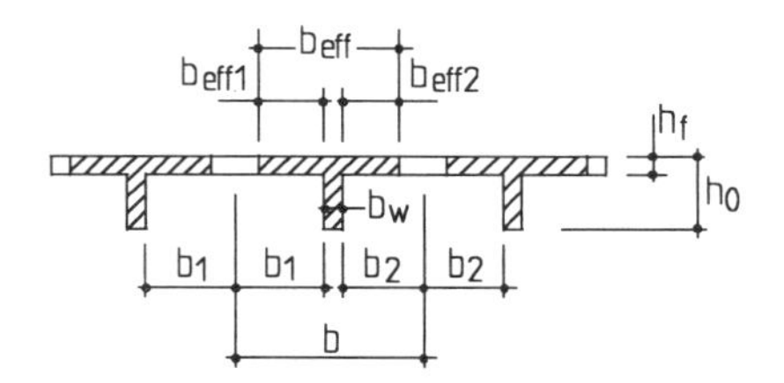

Abb. 5.7b Bezeichnungen im Querschnitt

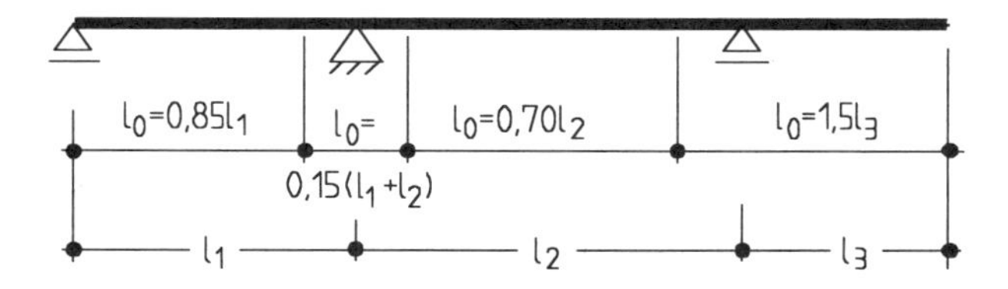

Abb. 5.8 Näherungsweise Ermittlung der wirksamen Stützweite l_0

Biegebemessung von Plattenbalken

Nachfolgende Ausführungen gelten für den Fall, dass die Platte sich in der Druckzone befindet. Für den Fall, dass die Platte als Zuggurt wirkt (z. B. bei durchlaufenden Plattenbalken mit obenliegender Platte an den Zwischenunterstützungen) und die Druckzone durch den Steg gebildet wird, liegt üblicherweise eine rechteckige Druckzone mit der Druckzonenbreite $b = b_w$ vor. Hierfür gelten die Ausführungen nach Abschnitt 5.1.3.1.

Für die Biegebemessung sind je nach Lage der Dehnungs-Nulllinie bzw. nach Form der Druckzone zwei Fälle zu unterscheiden (s. Abb. 5.9):

- die Dehnungs-Nulllinie liegt in der Platte
- die Dehnungs-Nulllinie liegt im Steg.

Wenn die Nulllinie in der Platte liegt, liegt ein Querschnitt mit rechteckiger Druckzone vor, so dass die Bemessungsverfahren für Rechteckquerschnitte anwendbar sind. Die Druckzonenbreite ist $b = b_{eff}$. Die Überprüfung der Nulllinienlage erfolgt im Rahmen der Bemessung; es muss $x = \xi \cdot d \leq h_f$ gelten.

Liegt jedoch die Nulllinie im Steg, ist eine Bemessung mit Tafeln für Plattenbalken (z. B. mit Tafel 5.5; aus [Schmitz/Goris – 01]) erforderlich. Hierbei muss die Zusatzbedingung von DIN 1045-1 beachtet werden, dass die Dehnung in der Plattenmitte auf ε_{c2} – für normalfesten Normalbeton also auf –2 ‰ – zu begrenzen ist. Die Tragfähigkeit des Gesamtquerschnitts braucht jedoch nicht kleiner angesetzt zu werden als diejenige des Stegs mit der Höhe h und einer Dehnungsverteilung gemäß Abb. 5.1.

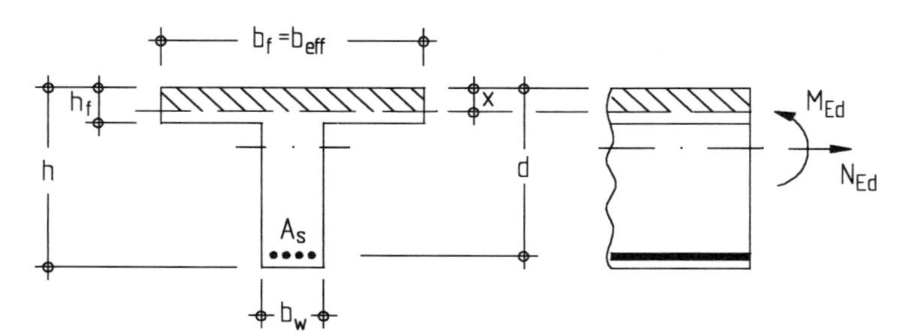

Dehnungs-Nulllinie in der Platte

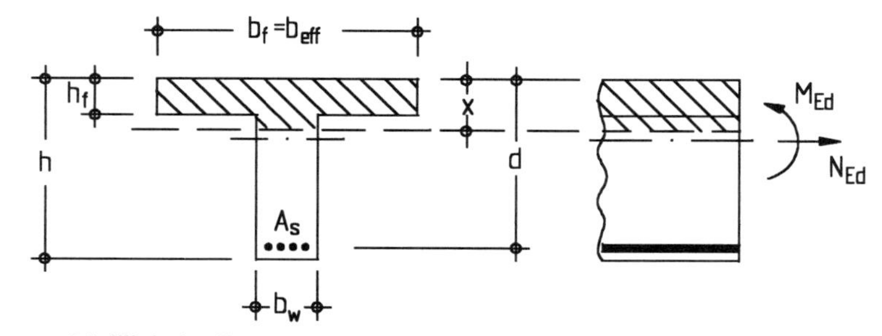

Dehnungs-Nulllinie im Steg

Abb. 5.9 Mögliche Lage der Dehnungs-Nulllinie

Beispiel 1

Plattenbalken mit einer Beanspruchung durch ein Bemessungsmoment $M_{Ed} = 1000$ kNm (incl. Sicherheitsbeiwerte); die mitwirkende Plattenbreite b_{eff} beträgt 1,50 m.

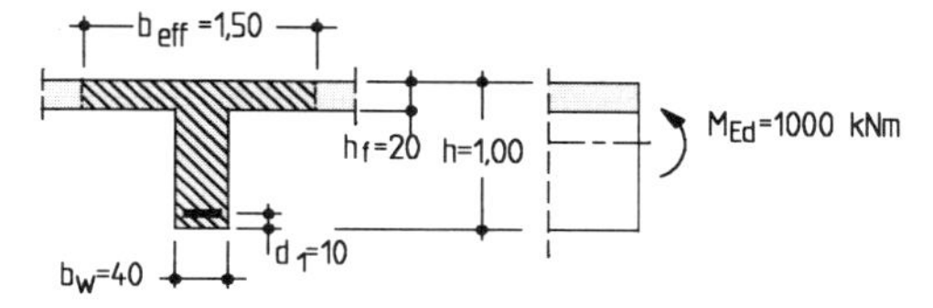

Baustoffe: C30/37; BSt 500 S

Bemessung

$M_{Eds} = M_{Ed} = 1000$ kNm (wegen $N_{Ed} = 0$)

$$\mu_{Eds} = \frac{M_{Eds}}{b \cdot d^2 \cdot f_{cd}} = \frac{1{,}000}{1{,}50 \cdot 0{,}90^2 \cdot (0{,}85 \cdot 30 / 1{,}5)} = 0{,}048$$

$\rightarrow \xi = 0{,}074$ (s. S. 62, Tafel 5.3a)

$x = \xi \cdot d = 0{,}074 \cdot 90 = 6{,}7 \text{ cm} < h_f = 20$ cm

Die Dehnungs-Nulllinie liegt somit in der Platte; die Bemessung kann dann als „Rechteckquerschnitt" erfolgen, da für die Biegebemessung nur die Form der Druckzone – hier Rechteck mit einer Breite $b_{eff} = 1{,}50$ m – von Bedeutung ist.

$\rightarrow \omega = 0{,}0494$ (s. S. 62, Tafel 5.3a)

$\sigma_{sd} = 457 \text{ MN/m}^2$ (ansteigender Ast der σ-ε-Linie)

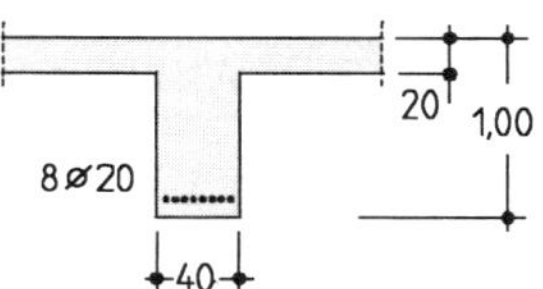

erf $A_s = \omega \cdot b \cdot d \cdot f_{cd} / \sigma_{sd}$

$= 0{,}0494 \cdot 1{,}50 \cdot 0{,}90 \cdot 17{,}0/457$

$= 24{,}8 \cdot 10^{-4} \text{ m}^2 = 24{,}8 \text{ cm}^2$

gew.: 8 ⌀ 20 (= 25,1 cm²); 1lagige Anordnung (s. S. 189)

Beispiel 2

Plattenbalken mit $M_{Ed} = 1000$ kNm (wie Bsp. 1); es gilt jedoch der skizzierte Querschnitt.

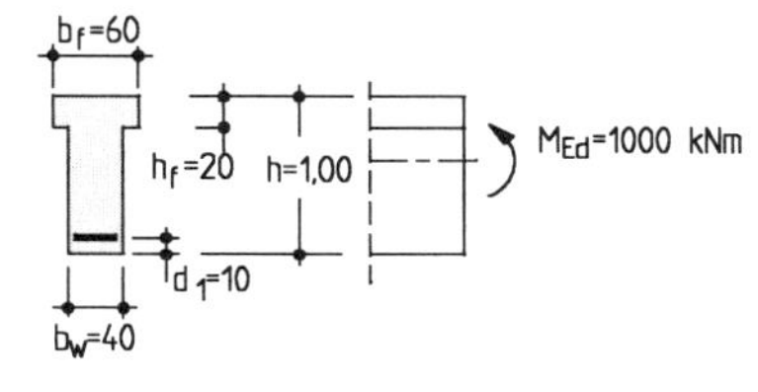

Baustoffe: C16/20; BSt 500 S

Bemessung

$$\mu_{Eds} = \frac{M_{Eds}}{b \cdot d^2 \cdot f_{cd}} = \frac{1{,}000}{0{,}60 \cdot 0{,}90^2 \cdot (0{,}85 \cdot 16 / 1{,}5)} = 0{,}227$$

$\rightarrow \xi = 0{,}324$ (s. S. 62, Tafel 5.3a)

$x = \xi \cdot d = 0{,}324 \cdot 90 = 29{,}2 \text{ cm} > h_f = 20$ cm *)

Die Dehnungs-Nulllinie liegt im Steg; eine Bemessung als „Rechteck" ist nicht zulässig. Die Bemessung erfolgt daher mit Plattenbalken-Tafeln (s. S. 71, Tafel 5.5).

*) Die ermittelte Druckzonenhöhe dient nur als „Kontrollwert"; der tatsächliche Wert weicht bei $x > h_f$ hiervon ab.

weitere Tafeleingangswerte

$$\left.\begin{aligned} h_f/d &= 20/90 = 0{,}22 \\ b_f/b_w &= 60/40 = 1{,}50 \end{aligned}\right\} \rightarrow \omega = 0{,}264 \quad \text{(interpoliert; s. S. 72)}$$

$\text{erf } A_s = \omega \cdot b \cdot d \cdot f_{cd}/f_{yd}$

$= 0{,}264 \cdot 0{,}60 \cdot 0{,}90 \cdot 9{,}07/435 = 29{,}7 \cdot 10^{-4}\ \text{m}^2 = 29{,}7\ \text{cm}^2$

gew.: 10 ∅ 20 (= 31,4 cm²); Anordnung: 8 ∅ 20 in 1. Lage
2 ∅ 20 in 2. Lage

Beispiel 3

Zweistegiger Plattenbalken mit Belastung g_k und q_k (g_k beinhaltet den Steganteil als „verschmierte" Flächenlast). Gesucht ist die Biegebemessung für den Lastfall „Volllast".

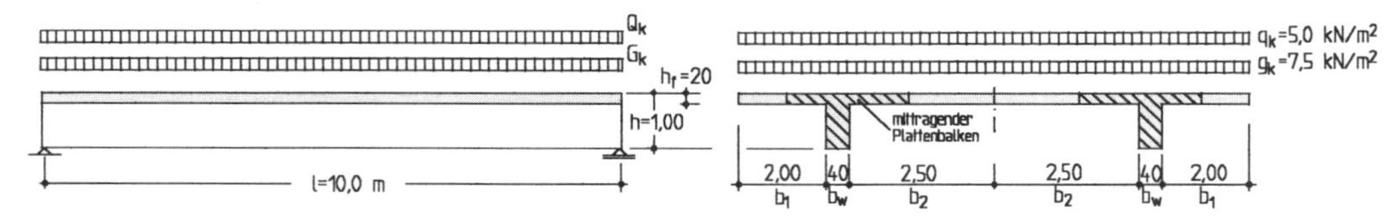

Baustoffe: C20/25; BSt 500 S

Bemessungsmoment

(Wegen Symmetrie wird die Berechung auf eine Querschnittshälfte beschränkt.)

Belastung: $G_k = 7{,}5 \cdot (2{,}00 + 0{,}40 + 2{,}50) = 36{,}8\ \text{kN/m}$

$Q_k = 5{,}0 \cdot (2{,}00 + 0{,}40 + 2{,}50) = 24{,}5\ \text{kN/m}$

Moment: $M_{Ed,max} = 0{,}125 \cdot (\gamma_G \cdot G_k + \gamma_Q \cdot Q_k) \cdot l^2$

$= 0{,}125 \cdot (1{,}35 \cdot 36{,}8 + 1{,}50 \cdot 24{,}5) \cdot 10{,}0^2 = 1080\ \text{kNm}$

Biegebemessung

– Mitwirkende Breite b_{eff}

$b_{eff} = b_w + b_{eff1} + b_{eff2}$ $\qquad b_{eff1} = 0{,}2 \cdot b_1 + 0{,}1 \cdot l_0 = 0{,}2 \cdot 2{,}00 + 0{,}1 \cdot 10{,}0 = 1{,}40\ \text{m} < b_1$

$b_{eff2} = 0{,}2 \cdot b_2 + 0{,}1 \cdot l_0 = 0{,}2 \cdot 2{,}50 + 0{,}1 \cdot 10{,}0 = 1{,}50\ \text{m} < b_2$

($l_0 = l = 10{,}0$ m; Einfeldträger)

$b_{eff} = b_w + b_{eff1} + b_{eff2} = 0{,}40 + 1{,}40 + 1{,}50 = 3{,}30\ \text{m}$

– Bemessung (für eine Nutzhöhe $d = 90$ cm)

$M_{Eds} = M_{Ed}$ (wegen $N_{Ed} = 0$)

$$k_d = \frac{d}{\sqrt{M_{Eds}/b}} = \frac{90}{\sqrt{1080/3{,}30}} = 4{,}97$$

$\rightarrow \xi = 0{,}07$ (s. S.65, Tafel 5.4a)

$x = \xi \cdot d = 0{,}07 \cdot 90 = 6{,}3\ \text{cm} < h_f = 20\ \text{cm}$

Dehnungs-Nulllinie in der Platte, Bemessung als „Rechteckquerschnitt"

$\rightarrow k_s = 2{,}36$ (Tafel 5.4a; wie vorher)

$\text{erf } A_s = k_s \cdot M_{Eds}/d = 2{,}36 \cdot 1080/90 = 28{,}3\ \text{cm}^2$ (für $N_{Ed} = 0$)

gew.: 9 ∅ 20 (= 28,3 cm²); Anordnung: 7 ∅ 20 in 1. Lage, 2 ∅ 20 in 2. Lage.

(Bewehrung je Steg! Es sind also im Gesamtquerschnitt 18 ∅ 20 anzuordnen.)

Tafel 5.5 Bemessungstafel für Plattenbalken; C12/15 bis C50/60, BSt 500 mit $\gamma_s = 1{,}15$
(aus [Schmitz/Goris – 01])

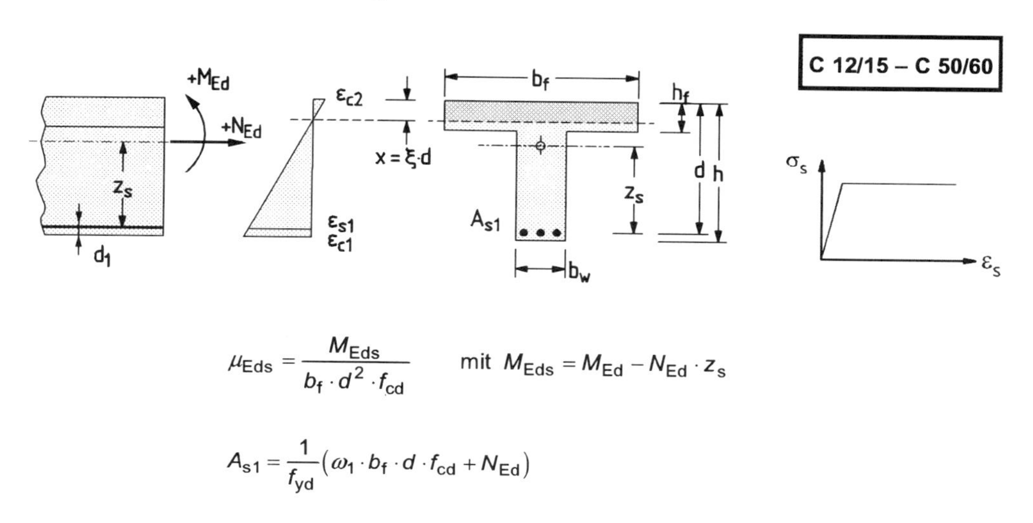

$$\mu_{\mathrm{Eds}} = \frac{M_{\mathrm{Eds}}}{b_\mathrm{f} \cdot d^2 \cdot f_{\mathrm{cd}}} \quad \text{mit } M_{\mathrm{Eds}} = M_{\mathrm{Ed}} - N_{\mathrm{Ed}} \cdot z_\mathrm{s}$$

$$A_{\mathrm{s1}} = \frac{1}{f_{\mathrm{yd}}}\left(\omega_1 \cdot b_\mathrm{f} \cdot d \cdot f_{\mathrm{cd}} + N_{\mathrm{Ed}}\right)$$

$h_f/d = 0{,}05$	ω_1-Werte für b_f/b_w =				
μ_{Eds}	1	2	3	5	≥ 10
0,01	0,0101	0,0101	0,0101	0,0101	0,0101
0,02	0,0203	0,0203	0,0203	0,0203	0,0203
0,03	0,0306	0,0306	0,0306	0,0306	0,0306
0,04	0,0410	0,0410	0,0410	0,0409	0,0409
0,05	0,0515	0,0514	0,0514	0,0514	0,0514
0,06	0,0621	0,0621	0,0622	0,0624	0,0629
0,07	0,0728	0,0731	0,0735	0,0742	0,0767
0,08	0,0836	0,0844	0,0852	0,0871	
0,09	0,0946	0,0961	0,0976	0,1014	
0,10	0,1057	0,1082	0,1107		
0,11	0,1170	0,1206	0,1246		
0,12	0,1285	0,1336	0,1396		
0,13	0,1401	0,1470			
0,14	0,1519	0,1611			
0,15	0,1638	0,1757			
0,16	0,1759	0,1912			
0,17	0,1882				
0,18	0,2007				
0,19	0,2134				
0,20	0,2263				
0,21	0,2395				
0,22	0,2529				
0,23	0,2665				
0,24	0,2804				
0,25	0,2946				
0,26	0,3091				
0,27	0,3240				
0,28	0,3391				
0,29	0,3546				
0,30	0,3706				
0,31	0,3870				
0,32	0,4038				
0,33	0,4212				
0,34	0,4391				
0,35	0,4577				
0,36	0,4769				
0,37	0,4969				

unterhalb dieser Linie gilt: $\xi = x/d > 0{,}45$

$h_f/d = 0{,}10$	ω_1-Werte für b_f/b_w =				
μ_{Eds}	1	2	3	5	≥ 10
0,01	0,0101	0,0101	0,0101	0,0101	0,0101
0,02	0,0203	0,0203	0,0203	0,0203	0,0203
0,03	0,0306	0,0306	0,0306	0,0306	0,0306
0,04	0,0410	0,0410	0,0410	0,0410	0,0410
0,05	0,0515	0,0515	0,0515	0,0515	0,0515
0,06	0,0621	0,0621	0,0621	0,0621	0,0621
0,07	0,0728	0,0728	0,0728	0,0728	0,0728
0,08	0,0836	0,0836	0,0836	0,0836	0,0836
0,09	0,0946	0,0946	0,0946	0,0946	0,0945
0,10	0,1057	0,1058	0,1058	0,1059	0,1060
0,11	0,1170	0,1173	0,1175	0,1179	0,1192
0,12	0,1285	0,1292	0,1298	0,1311	
0,13	0,1401	0,1415	0,1427	0,1459	
0,14	0,1518	0,1542	0,1565		
0,15	0,1638	0,1674	0,1712		
0,16	0,1759	0,1812			
0,17	0,1882	0,1955			
0,18	0,2007	0,2106			
0,19	0,2134	0,2266			
0,20	0,2263				
0,21	0,2395				
0,22	0,2529				
0,23	0,2665				
0,24	0,2804				
0,25	0,2946				
0,26	0,3091				
0,27	0,3240				
0,28	0,3391				
0,29	0,3546				
0,30	0,3706				
0,31	0,3870				
0,32	0,4038				
0,33	0,4212				
0,34	0,4391				
0,35	0,4577				
0,36	0,4769				
0,37	0,4969				

Tafel 5.5 (Fortsetzung)

C 12/15 – C 50/60

$h_f/d=0{,}15$	ω_1-Werte für b_f/b_w =				
μ_{Eds}	1	2	3	5	≥ 10
0,01	0,0101	0,0101	0,0101	0,0101	0,0101
0,02	0,0203	0,0203	0,0203	0,0203	0,0203
0,03	0,0306	0,0306	0,0306	0,0306	0,0306
0,04	0,0410	0,0410	0,0410	0,0410	0,0410
0,05	0,0515	0,0515	0,0515	0,0515	0,0515
0,06	0,0621	0,0621	0,0621	0,0621	0,0621
0,07	0,0728	0,0728	0,0728	0,0728	0,0728
0,08	0,0836	0,0836	0,0836	0,0836	0,0836
0,09	0,0946	0,0946	0,0946	0,0946	0,0946
0,10	0,1057	0,1057	0,1057	0,1057	0,1057
0,11	0,1170	0,1170	0,1170	0,1170	0,1170
0,12	0,1285	0,1285	0,1285	0,1285	0,1285
0,13	0,1401	0,1400	0,1400	0,1400	0,1400
0,14	0,1518	0,1519	0,1519	0,1519	0,1518
0,15	0,1638	0,1641	0,1642	0,1644	0,1652
0,16	0,1759	0,1766	0,1771	0,1783	
0,17	0,1882	0,1897	0,1909		
0,18	0,2007	0,2032	0,2056		
0,19	0,2134	0,2174	0,2215		
0,20	0,2263	0,2323			
0,21	0,2395	0,2479			
0,22	0,2529				
0,23	0,2665				
0,24	0,2804				
0,25	0,2946				
0,26	0,3091				
...	...	s. Tabelle für $h_f/d=0{,}05$			
0,37	0,4969				

unterhalb dieser Linie gilt: $\xi = x/d > 0{,}45$

$h_f/d=0{,}20$	ω_1-Werte für b_f/b_w =				
μ_{Eds}	1	2	3	5	≥ 10
0,01	0,0101	0,0101	0,0101	0,0101	0,0101
0,02	0,0203	0,0203	0,0203	0,0203	0,0203
0,03	0,0306	0,0306	0,0306	0,0306	0,0306
0,04	0,0410	0,0410	0,0410	0,0410	0,0410
0,05	0,0515	0,0515	0,0515	0,0515	0,0515
0,06	0,0621	0,0621	0,0621	0,0621	0,0621
0,07	0,0728	0,0728	0,0728	0,0728	0,0728
0,08	0,0836	0,0836	0,0836	0,0836	0,0836
0,09	0,0946	0,0946	0,0946	0,0946	0,0946
0,10	0,1057	0,1057	0,1057	0,1057	0,1057
0,11	0,1170	0,1170	0,1170	0,1170	0,1170
0,12	0,1285	0,1285	0,1285	0,1285	0,1285
0,13	0,1401	0,1401	0,1401	0,1401	0,1401
0,14	0,1519	0,1519	0,1519	0,1519	0,1519
0,15	0,1638	0,1638	0,1638	0,1638	0,1638
0,16	0,1759	0,1759	0,1758	0,1758	0,1758
0,17	0,1882	0,1881	0,1881	0,1880	0,1880
0,18	0,2007	0,2007	0,2007	0,2006	0,2006
0,19	0,2134	0,2137	0,2139	0,2141	0,2149
0,20	0,2263	0,2272	0,2278	0,2290	
0,21	0,2395	0,2413	0,2427		
0,22	0,2529	0,2560	0,2589		
0,23	0,2665	0,2715			
0,24	0,2804	0,2879			
0,25	0,2946				
0,26	0,3091				
...	...	s. Tabelle für $h_f/d=0{,}05$			
0,37	0,4969				

$h_f/d=0{,}30$	ω_1-Werte für b_f/b_w =				
μ_{Eds}	1	2	3	5	≥ 10
0,01	0,0101	0,0101	0,0101	0,0101	0,0101
0,02	0,0203	0,0203	0,0203	0,0203	0,0203
0,03	0,0306	0,0306	0,0306	0,0306	0,0306
0,04	0,0410	0,0410	0,0410	0,0410	0,0410
0,05	0,0515	0,0515	0,0515	0,0515	0,0515
0,06	0,0621	0,0621	0,0621	0,0621	0,0621
0,07	0,0728	0,0728	0,0728	0,0728	0,0728
0,08	0,0836	0,0836	0,0836	0,0836	0,0836
0,09	0,0946	0,0946	0,0946	0,0946	0,0946
0,10	0,1057	0,1057	0,1057	0,1057	0,1057
0,11	0,1170	0,1170	0,1170	0,1170	0,1170
0,12	0,1285	0,1285	0,1285	0,1285	0,1285
0,13	0,1401	0,1401	0,1401	0,1401	0,1401
0,14	0,1519	0,1519	0,1519	0,1519	0,1519
0,15	0,1638	0,1638	0,1638	0,1638	0,1638
0,16	0,1759	0,1759	0,1759	0,1759	0,1759
0,17	0,1882	0,1882	0,1882	0,1882	0,1882
0,18	0,2007	0,2007	0,2007	0,2007	0,2007
0,19	0,2134	0,2134	0,2134	0,2134	0,2134
0,20	0,2263	0,2263	0,2263	0,2263	0,2263
0,21	0,2395	0,2395	0,2395	0,2395	0,2395
0,22	0,2529	0,2528	0,2528	0,2528	0,2528
0,23	0,2665	0,2664	0,2663	0,2663	0,2662
0,24	0,2804	0,2802	0,2801	0,2800	0,2798
0,25	0,2946	0,2945	0,2944	0,2942	0,2940
0,26	0,3091	0,3095	0,3095	0,3095	
0,27	0,3239	0,3251	0,3256		
0,28	0,3391	0,3416			
0,29	0,3546				
0,30	0,3706				
0,31	0,3870				
0,32	0,4038				
0,33	0,4212				
...	...	s. Tabelle für $h_f/d=0{,}05$			
0,37	0,4969				

$h_f/d=0{,}40$	ω_1-Werte für b_f/b_w =				
μ_{Eds}	1	2	3	5	≥ 10
0,01	0,0101	0,0101	0,0101	0,0101	0,0101
0,02	0,0203	0,0203	0,0203	0,0203	0,0203
0,03	0,0306	0,0306	0,0306	0,0306	0,0306
0,04	0,0410	0,0410	0,0410	0,0410	0,0410
0,05	0,0515	0,0515	0,0515	0,0515	0,0515
0,06	0,0621	0,0621	0,0621	0,0621	0,0621
0,07	0,0728	0,0728	0,0728	0,0728	0,0728
0,08	0,0836	0,0836	0,0836	0,0836	0,0836
0,09	0,0946	0,0946	0,0946	0,0946	0,0946
0,10	0,1057	0,1057	0,1057	0,1057	0,1057
0,11	0,1170	0,1170	0,1170	0,1170	0,1170
0,12	0,1285	0,1285	0,1285	0,1285	0,1285
0,13	0,1401	0,1401	0,1401	0,1401	0,1401
0,14	0,1518	0,1518	0,1518	0,1518	0,1518
0,15	0,1638	0,1638	0,1638	0,1638	0,1638
0,16	0,1759	0,1759	0,1759	0,1759	0,1759
0,17	0,1882	0,1882	0,1882	0,1882	0,1882
0,18	0,2007	0,2007	0,2007	0,2007	0,2007
0,19	0,2134	0,2134	0,2134	0,2134	0,2134
0,20	0,2263	0,2263	0,2263	0,2263	0,2263
0,21	0,2395	0,2395	0,2395	0,2395	0,2395
0,22	0,2529	0,2529	0,2529	0,2529	0,2529
0,23	0,2665	0,2665	0,2665	0,2665	0,2665
0,24	0,2805	0,2805	0,2805	0,2805	0,2805
0,25	0,2946	0,2946	0,2946	0,2946	0,2946
0,26	0,3093	0,3093	0,3093	0,3093	0,3093
0,27	0,3239	0,3239	0,3239	0,3239	0,3239
0,28	0,3391	0,3390	0,3390	0,3390	0,3389
0,29	0,3546	0,3544	0,3543	0,3542	0,3541
0,30	0,3706	0,3701	0,3699	0,3697	0,3695
0,31	0,3870	0,3867	0,3864	0,3861	0,3856
0,32	0,4038	0,4041	0,4039		
0,33	0,4212				
...	...	s. Tabelle für $h_f/d=0{,}05$			
0,37	0,4969				

5.1.3.3 Beliebige Form der Betondruckzone (s. a. Abschn. 5.1.6)

Bei geringer Abweichung von der Rechteckform ist es genügend genau, mit einem Ersatzrechteck zu bemessen (s. Abb. 5.10). Die Ersatzbreite b_{ers} ist aus der Bedingung zu bestimmen, dass die Fläche der Ersatzdruckzone der tatsächlichen entspricht.

In anderen Fällen wird i. Allg. eine Bemessung mit Hilfe von EDV-Programmen durchgeführt. Für Kontrollrechnungen bzw. für „Von-Hand-Rechnungen" ist die Anwendung des „rechteckigen Spannungsblock" sinnvoll. Hierbei wird das Parabel-Rechteck-Diagramm der Spannungs-Dehnungs-Linie durch eine rechteckförmige Spannungsverteilung angenähert, wobei ein Flächenausgleich der Spannungsfläche vorgenommen wird (vgl. Abb. 5.11).

Eine Bemessung für den Querschnitt *ohne* Druckbewehrung erfolgt für eine Biegebeanspruchung in den Dehnungsbereichen 2 und 3 (s. Abb. 5.1) in folgenden Schritten

- Schätzen einer Dehnungsverteilung $\varepsilon_{c2}/\varepsilon_{s1}$
- Bestimmung der Druckzonenhöhe
  $x = [\,|\varepsilon_{c2}| / (|\varepsilon_{c2}| + \varepsilon_{s1})] \cdot d$
- Berechnung der resultierenden Betondruckkraft
  $F_{cd} = A_{cc,red} \cdot (\chi \cdot f_{cd})$
  mit $A_{cc,red}$ als Ersatzdruckzonenfläche der Höhe $(k \cdot x)$ und $(\chi \cdot f_{cd})$ als reduzierte Betondruckspannung; für Beton bis C50/60 gilt $k = 0{,}80$ und $\chi = 0{,}95$
- Ermittlung des Hebelarms der „inneren Kräfte" $z = d - a$ mit a als Schwerpunktabstand der Ersatzdruckzonenfläche vom oberen Rand
- Überprüfung der geschätzten Dehnungsverteilung über $\Sigma M_a \equiv \Sigma M_i$ (Identitätsbedingung: Summe der „äußeren Momente" identisch gleich Summe der „inneren" Momente); es gilt:
  $\Sigma M_{a,s} = M_{Ed} - N_{Ed} \cdot z_{s1} \equiv \Sigma M_{i,s} = |F_{cd}| \cdot z$
  (Die Dehnungsverteilung ist solange iterativ zu verbessern, bis die Identitätsbedingung ausreichend genau erfüllt ist.)
- Bestimmung der Stahlzugkraft F_{sd} und der Bewehrung A_{s1}
  $F_{sd} = |F_{cd}| + N_{Ed}$ und $A_{s1} = F_{sd} / \sigma_{sd}$

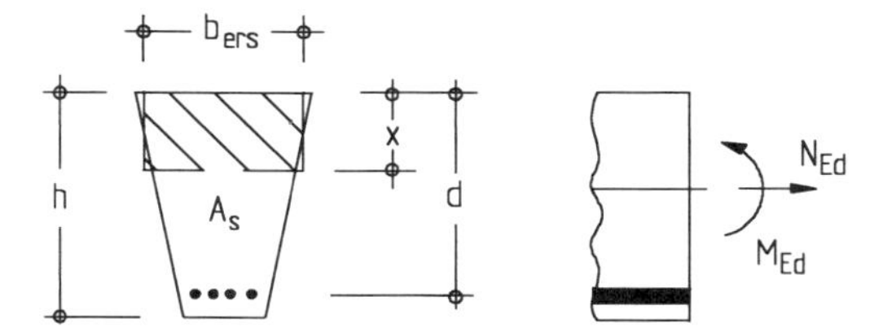

Abb. 5.10 Ersatzrechteck

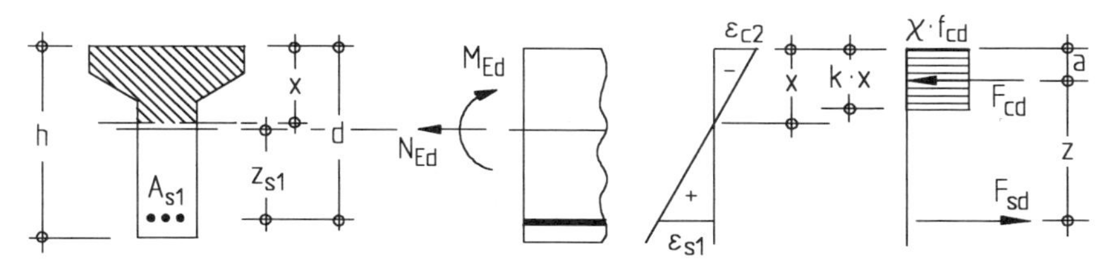

Abb. 5.11 Näherungsberechung mit dem rechteckigen Spannungsblock

Beispiel

Querschnitt nach Abbildung mit Beanspruchung M_{Ed} im Grenzzustand der Tragfähigkeit.

Baustoffe C20/25; BSt 500
Beanspruchung: $M_{Ed} = 120$ kNm

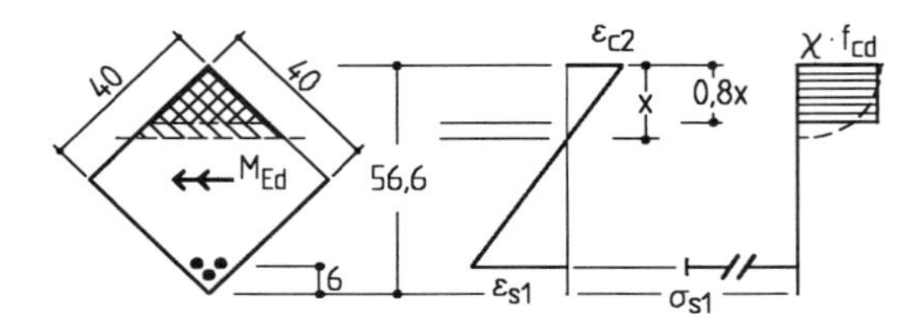

Bemessung

Annahme: $\varepsilon_{s1} = 4{,}88$ ‰; $\varepsilon_{c2} = -3{,}50$ ‰
(eine mögliche Dehnugsverteilung wird geschätzt)

$$\Rightarrow x = \frac{3{,}5}{3{,}5 + 4{,}88} \cdot (56{,}6 - 6{,}0) = 21{,}1 \text{ cm}$$

Betondruckkraft $A_{cc,red} = 0{,}5 \cdot 0{,}169 \cdot 0{,}338 = 0{,}0286 \text{ m}^2$ (s. Skizze unten)
$\chi \cdot f_{cd} = 0{,}95 \cdot (0{,}85 \cdot 20/1{,}5) = 10{,}76 \text{ MN/m}^2$
$F_{cd} = 0{,}0286 \cdot 10{,}76 = 0{,}308$ MN

Randabstand $a = 2 \cdot 0{,}169 / 3 = 0{,}113$ m

Identitätsbedingung $\Sigma M_s = 0 \rightarrow M_{Ed} \equiv M_{Rd} = F_{cd} \cdot z$
$0{,}120 \approx 0{,}308 \cdot (0{,}566 - 0{,}06 - 0{,}113)$
$0{,}120 \approx 0{,}121$ (in MNm)

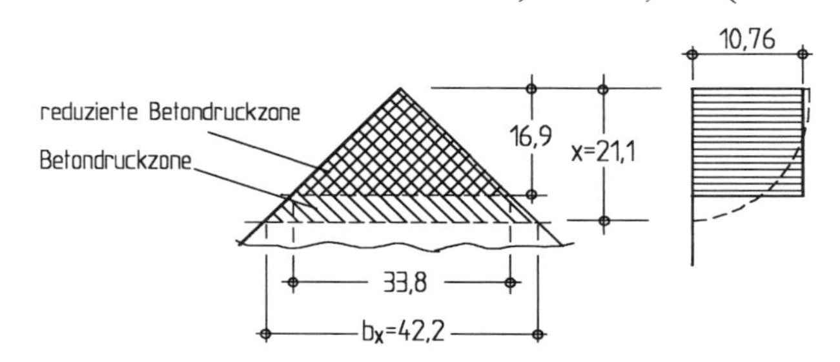

$\Rightarrow$ die Dehnungsverteilung wurde somit richtig geschätzt.

Aus der Bedingung, dass die „äußeren" und „inneren" Längskräfte identisch sein müssen ($\Sigma N_{Ed} \equiv \Sigma N_{Rd}$) wird die gesuchte Bewehrung bestimmt

Bewehrung $\Sigma N = 0 \rightarrow N_{Ed} \equiv N_{Rd}$
$0 = F_{sd} - F_{cd}$
$\Rightarrow F_{sd} = F_{cd} = 0{,}305$ MN

$$\text{erf } A_s = \frac{F_{sd}}{\sigma_{sd}} = \frac{0{,}305}{435} \cdot 10^4 = 7{,}01 \text{ cm}^2$$

5.1.4 Längsdruckkraft mit kleiner einachsiger Ausmitte

(Dehnungsbereich 5)

Es treten nur Druckspannungen auf, die Dehnungs-Nulllinie liegt außerhalb des Querschnitts (s. Abb. 5.12). Der Nachweis der Tragfähigkeit erfolgt mit den Identitätsbedingungen nach Gln. (5.2a) und (5.2b).

Man erhält (es treten nur Druckkräfte auf, die absolut dargestellt werden):

$$N_{Rd} = -|F_{cd}| - |F_{s2d}| - |F_{s1d}| \quad (5.16a)$$

$$M_{Rds} = |F_{cd}| \cdot (d-a) + |F_{s2d}| \cdot (d-d_2) \quad (5.16b)$$

Es sind

$$F_{cd} = h \cdot b \cdot \alpha_V \cdot f_{cd} \quad (5.17a)$$

$$F_{s1d} = A_{s1} \cdot \sigma_{s1d} \quad (5.17b)$$

$$F_{s2d} = A_{s2} \cdot \sigma_{s2d} \quad (5.17c)$$

Die Werte a und α_V in den Gleichungen (5.16) und (5.17) ergeben sich zu

$a = k_a \cdot h$ Randabstand der Betondruckkraft

α_V Völligkeitsbeiwert

Für *Rechteckquerschnitte* erhält man für die Größen k_a und α_V bei Normalbeton der Festigkeitsklassen ≤ C50/60 unter Berücksichtigung einer Stauchung von $|\varepsilon_c| = 2{,}0$ ‰ im Punkt C gemäß Abb. 5.1 ($|\varepsilon_{c2}|$ ist in nachfolgenden Gleichungen in ‰ einzusetzen):

$$k_a = \frac{6}{7} \cdot \frac{441 - 64 \cdot (|\varepsilon_{c2}| - 2)^2}{756 - 64 \cdot (|\varepsilon_{c2}| - 2)^2} \quad (5.18a)$$

$$\alpha_V = 1 - \frac{16}{189} \cdot (|\varepsilon_{c2}| - 2)^2 \quad (5.18b)$$

Bei geringen Ausmitten bis $e/h \leq 0{,}1$ darf die Stauchungen im Punkt C jedoch $|\varepsilon_c| = 2{,}2$ ‰ betragen (s. hierzu die Erläuterungen zu Abschnitt 5.1.1), was bei zentrisch gedrückten Querschnitten zu günstigeren Ergebnissen führt.

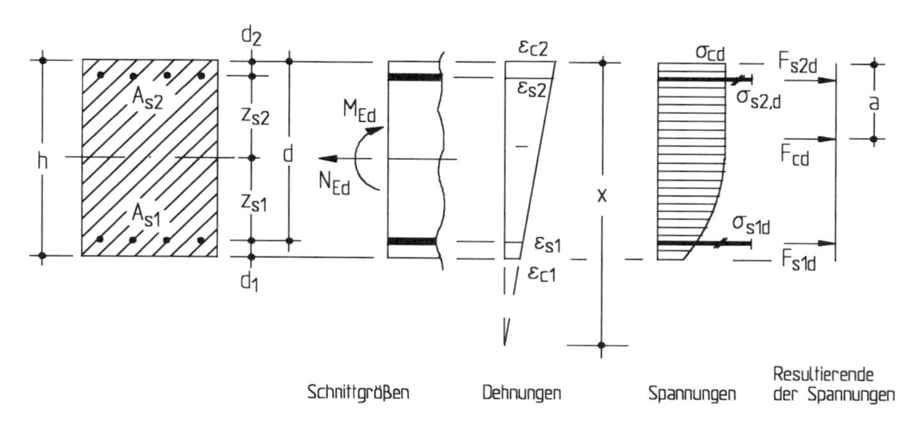

Abb. 5.12 Schnittgrößen und Spannungen im Dehnungsbereich 5

Bemessungshilfen für mittig gedrückte Querschnitte

Für *mittig* gedrückte Querschnitte ergeben sich die Bemessungslängskräfte N_{Ed} direkt aus

$$|N_{Ed}| = |F_{cd}| + |F_{sd}| = A_{cn} \cdot f_{cd} + A_s \cdot |\sigma_{sd}| \qquad (5.19)$$

mit $A_{cn} = A_c - A_s$ als Nettobetonfläche, der Betondruckfestigkeit $f_{cd} = \alpha \cdot f_{ck} / \gamma_c$ und der Stahlspannung $\sigma_{sd} = \varepsilon_s \cdot E_s \leq f_{yd}$, wobei bei mittig gedrückten Querschnitten für ε_s eine Dehnung von –2,2 ‰ berücksichtigt werden darf und somit für BSt 500 $\sigma_{sd} = f_{yd}$ gilt. Damit erhält man

$$|N_{Ed}| = A_c \cdot f_{cd} + A_s \cdot (f_{yd} - f_{cd}) = A_c \cdot f_{cd} + A_s \cdot f_{yd} \cdot \kappa \qquad (5.20)$$

mit $\kappa = (1 - f_{cd}/f_{yd})$. Der Abminderungsfaktor κ ist für übliche Betonfestigkeitsklassen relativ gering. Für normalfesten Beton kann daher auch näherungweise gesetzt werden (Abweichung von der rechnerisch exakten Lösung im ungünstigsten Fall – Beton C50/60 – ca. 6 %):

$$|N_{Ed}| \approx A_c \cdot f_{cd} + A_s \cdot f_{yd} \qquad (5.20a)$$

Die Auswertung von Gl. 5.20 für Rechteck- und Kreisquerschnitte aus Beton C12/15, C20/25 und C30/37 zeigt Tafel 5.6.

Beispiel 1

Gegeben ist ein Rechteckquerschnitt der Festigkeitsklasse C20/25 mit $b = 30$ cm und $h = 40$ cm; der Querschnitt ist je Ecke mit 3 ∅ 16 (insgesamt 12 ∅ 16 mit $A_s = 24{,}1$ cm²) bewehrt. Gesucht ist die aufnehmbare Bemessungslängskraft N_{Rd} im Grenzzustand der Tragfähigkeit.

$$|N_{Rd}| = |F_{cd}| + |F_{sd}| \approx A_c \cdot f_{cd} + A_s \cdot f_{yd}$$

$$f_{cd} = 0{,}85 \cdot 20 / 1{,}5 = 11{,}33 \text{ MN/m}^2$$
$$f_{yd} = 500 / 1{,}15 = 435 \text{ MN/m}^2$$
$$A_s = 24{,}1 \text{ cm}^2 \quad (12 \varnothing 16)$$

$$|N_{Rd}| = 0{,}30 \cdot 0{,}40 \cdot 11{,}33 + 24{,}1 \cdot 10^{-4} \cdot 435 = 1{,}360 + 1{,}049 = 2{,}408 \text{ MN}$$

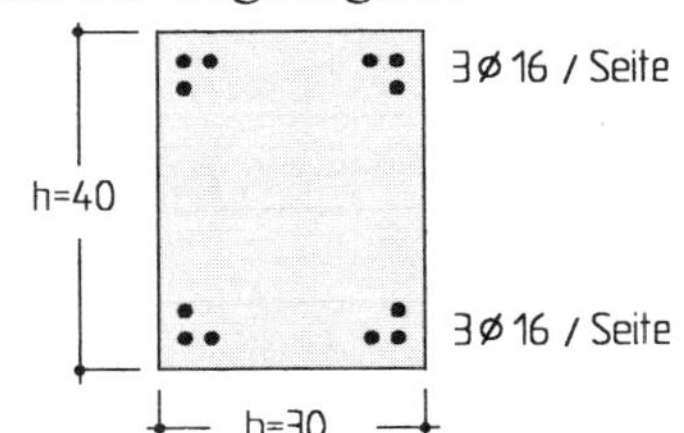

Alternativ ist auch eine direkte Bemessung mit Tafel 5.6 möglich. Eingangswerte sind die Betonabmessungen $h/b = 40/30$, die Betonfestigkeitsklasse C20/25 sowie die vorhandene Bewehrung mit 12 ∅ 16.

$$|N_{Rd}| = |F_{cd}| + \kappa \cdot |F_{sd}| = 1{,}360 + 0{,}974 \cdot 1{,}049 = 2{,}382 \text{ MN}$$

Beispiel 2

Ein Kreisquerschnitt der Festigkeitsklasse C30/37 mit einem Durchmesser $D = 50$ cm soll für eine Bemessungslängskraft $|N_{Ed}| = 4{,}500$ MN bemessen werden. Die Lösung erfolgt mit Hilfe von Tafel 5.6.

$$|N_{Ed}| \leq |N_{Rd}| = |F_{cd}| + |F_{sd}|$$

$$\rightarrow \quad |F_{sd}| \geq |N_{Ed}| - |F_{cd}| = 4{,}500 - 3{,}338 = 1{,}162 \text{ MN}$$

gew.: 6 ∅ 25 mit einer aufnehmbaren Stahldruckkraft von $|F_{sd}| = 1{,}281$ MN

Die Gesamttragfähigkeit ist mit $|N_{Rd}| = 3{,}338 + 1{,}281 = 4{,}619$ MN damit größer als die einwirkende Bemessungslängskraft.

Tafel 5.6 Längsdruckkraft $|N_{Rd}|$ für C12/15, C20/25 und C30/37 und BSt 500 S

Betonanteil $|F_{cd}|$ (in MN)

- **Reckteckquerschnitt**

C12/15

h \ b	20	25	30	40	50	60	70	80
20	0,272	0,340	0,408	0,544	0,680	0,816	0,952	1,088
25		0,425	0,510	0,680	0,850	1,020	1,190	1,360
30			0,612	0,816	1,020	1,224	1,428	1,632
40				1,088	1,360	1,632	1,904	2,176
50					1,700	2,040	2,380	2,720
60						2,448	2,856	3,264
70							3,332	3,808
80								4,352

C20/25

h \ b	20	25	30	40	50	60	70	80
20	0,453	0,567	0,680	0,907	1,133	1,360	1,587	1,813
25		0,708	0,850	1,133	1,417	1,700	1,983	2,267
30			1,020	1,360	1,700	2,040	2,380	2,720
40				1,813	2,267	2,720	3,173	3,627
50					2,833	3,400	3,967	4,533
60						4,080	4,760	5,440
70							5,553	6,347
80								7,253

C30/37

h \ b	20	25	30	40	50	60	70	80
20	0,680	0,850	1,020	1,360	1,700	2,040	2,380	2,720
25		1,063	1,275	1,700	2,125	2,550	2,975	3,400
30			1,530	2,040	2,550	3,060	3,570	4,080
40				2,720	3,400	4,080	4,760	5,440
50					4,250	5,100	5,950	6,800
60						6,120	7,140	8,160
70							8,330	9,520
80								10,88

- **Kreisquerschnitt**

C12/15

D	20	25	30	40	50	60	70	80
	0,214	0,334	0,481	0,855	1,335	1,923	2,617	3,418

C20/25

D	20	25	30	40	50	60	70	80
	0,356	0,556	0,801	1,424	2,225	3,204	4,362	5,697

C30/37

D	20	25	30	40	50	60	70	80
	0,534	0,835	1,202	2,136	3,338	4,807	6,542	8,545

Stahlanteil $|F_{sd}|$ (in MN)

- **Stabstahl**

BSt 500

n \ d	12	14	16	20	25	28
4	0,197	0,268	0,350	0,546	0,854	1,071
6	0,295	0,402	0,525	0,820	1,281	1,606
8	0,393	0,535	0,699	1,093	1,707	2,142
10	0,492	0,669	0,874	1,366	2,134	2,677
12	0,590	0,803	1,049	1,639	2,561	3,213
14	0,688	0,937	1,224	1,912	2,988	3,748
16	0,787	1,071	1,399	2,185	3,415	4,283
18	0,885	1,205	1,574	2,459	3,842	4,819
20	0,983	1,339	1,748	2,732	4,268	5,354

Abminderungsfaktor κ
(für den Stahlanteil $|F_{sd}|$)

Beton	κ
C12/15	0,984
C20/25	0,974
C30/37	0,961

Gesamttragfähigkeit

$$|N_{Rd}| = |F_{cd}| + \kappa \cdot |F_{sd}| \approx |F_{cd}| + |F_{sd}|$$

h, b Abmessungen des Querschnitts (in cm)
D Durchmessser des Querschnitts (in cm)
n Stabanzahl
d Stabdurchmesser (in mm)

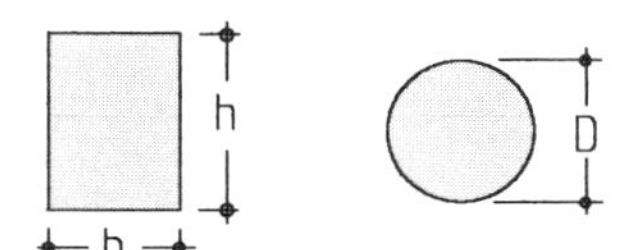

5.1.5 Symmetrisch bewehrte Rechtecke unter Biegung und Längskraft (Interaktionsdiagramm)

Für symmetrisch bewehrte Rechteckquerschnitte, d. h. $A_{s1} = A_{s2}$, werden Bemessungshilfen angewendet, bei denen in Interaktion zwischen einem Biegemoment und einer Längskraft die Bewehrung ermittelt wird („Interaktionsdiagramme"). Diese Diagramme decken alle fünf Dehnungsbereiche nach Abb. 5.1 ab, sind also vom zentrischen Zug bis hin zum mittigen Druck anwendbar (für eine „übliche" Biegebemessung wegen symmetrischer Bewehrung allerdings unwirtschaftlich). Bevorzugt werden sie für die Bemessung von Druckgliedern verwendet.

Das Aufstellen von Interaktionsdiagrammen erfolgt mit den Identitätsbeziehungen, wobei die Schnittgrößen auf die Schwerachse des Querschnitts bezogen werden. Beispielweise erhält man für den überdrückten Querschnitt (s. Abb. 5.12):

$$\Sigma H = 0: N_{Ed} = -|F_{cd}| - |F_{s1d}| - |F_{s2d}| \quad (5.21a)$$

$$\Sigma M = 0: M_{Ed} = |F_{cd}| \cdot (h/2 - a) - |F_{s1d}| \cdot (h/2 - d_1) + |F_{s2d}| \cdot (h/2 - d_2) \quad (5.21b)$$

Mit den entsprechenden Größen für F_{cd}, F_{s1d} und F_{s2d} erhält man beispielsweise für $\Sigma H = 0$:

$$N_{Ed} = -\alpha_V \cdot h \cdot b \cdot f_{cd} - A_{s1} \cdot |\sigma_{s1d}| - A_{s2} \cdot |\sigma_{s2d}| \quad (5.22)$$

Diese Werte werden auf die Abmessungen und die Betonfestigkeit – also auf $(b \cdot h \cdot f_{cd})$ – bezogen. Mit $\nu_{Ed} = N_{Ed}/(b \cdot h \cdot f_{cd})$ und $\rho_1 = A_{s1}/(b \cdot h)$ bzw. $\rho_2 = A_{s2}/(b \cdot h)$ erhält dann

$$\nu_{Ed} = -\alpha_V - \rho_1 \cdot \frac{|\sigma_{s1d}|}{f_{cd}} - \rho_2 \cdot \frac{|\sigma_{s2d}|}{f_{cd}} \quad (5.23)$$

und mit $\omega_{01} = \rho_1 \cdot f_{yd} / f_{cd}$ und $\omega_{02} = \rho_2 \cdot f_{yd} / f_{cd}$

$$\nu_{Ed} = -\alpha_V - \omega_{01} \cdot \frac{|\sigma_{s1d}|}{f_{yd}} - \omega_{02} \cdot \frac{|\sigma_{s2d}|}{f_{yd}} \quad (5.24a)$$

Ebenso lässt sich mit $\mu_{Ed} = M_{Ed}/(b \cdot h^2 \cdot f_{cd})$ aus Gl. (5.21b) mit $\Sigma M = 0$ herleiten:

$$\mu_{Ed} = \alpha_V \cdot \left(\frac{1}{2} - \frac{k_a \cdot d}{h}\right) - \omega_{01} \cdot \frac{|\sigma_{s1d}|}{f_{yd}} \cdot \left(\frac{1}{2} - \frac{d_1}{h}\right) + \omega_{02} \cdot \frac{|\sigma_{s2d}|}{f_{yd}} \cdot \left(\frac{1}{2} - \frac{d_2}{h}\right) \quad (5.24b)$$

Zu beachten ist, dass die Größen auf die Bauhöhe h des Querschnitts und nicht auf die Nutzhöhe d zu beziehen sind (abweichend von den Bemessungshilfen für eine übliche Biegebeanspruchung). Ein unterschiedlicher Randabstand der Bewehrung wird durch den zusätzlichen Parameter (d_1/h bzw. d_2/h) erfasst. Für vorgegebene ω_{01}- und ω_{02}-Werte lassen sich die Größen ν_{Ed} und μ_{Ed} bestimmen und in Diagrammform darstellen.

Als Beispiel für Bemessungshilfen ist nachfogend ein Interaktionsdiagramm für einen Rechteckquerschnitt mit oberer und unterer Randbewehrung (Tafel 5.7a) wiedergegeben. Der Anwendungsbereich des Diagramms geht dabei über die oben dargestellte Herleitung hinaus und umfasst alle fünf Dehnungsbereiche (s. o.). In analoger Form lassen sich Interaktionsdiagramme für andere Bewehrungsanordnungen und Querschnittsformen herleiten; beispielhaft sind Diagramme für einen Rechteckquerschnitt mit umlaufender Bewehrung (Tafel 5.7b) und für einen Kreisquerschnitt (Tafel 5.7c) abgedruckt. Die drei Tafeln gelten für BSt 500 S und für Randabstände $d_1/h = d_2/h = 0{,}10$, der ansteigende Ast der σ-ε-Linie wurde jeweils berücksichtigt. Weitere Diagramme und Erläuterungen s. [Schmitz/Goris – 01]).

Beispiel 1

Die dargestellte Stütze wird durch eine zentrische Druckkraft aus Eigenlasten und durch eine horizontal gerichtete veränderliche Einwirkung beansprucht (vgl. a. [Schneider – 00]). Es wird unterstellt, dass die Stütze nur in der dargestellten Ebene – d. h. in Richtung der Horizontallast $Q_{k,h}$ – ausweichen kann. Gesucht ist die Bemessung am Stützenfuß.

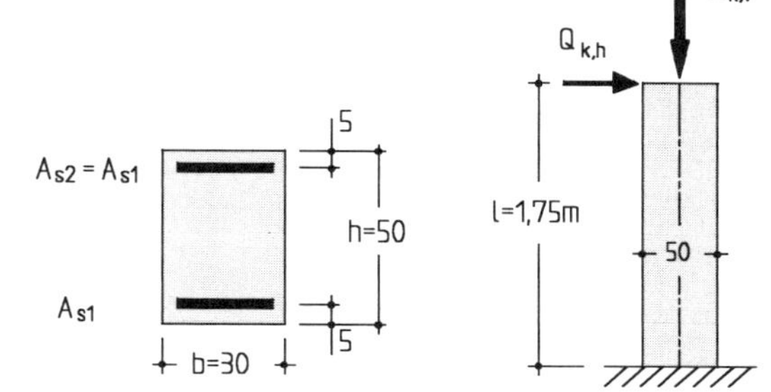

Baustoffe C20/25
BSt 500

Belastungen $G_{k,v} = 900$ kN
$Q_{k,h} = 100$ kN

Bemessungsschnittgrößen

Wegen $\lambda = 2 \cdot 1{,}75 \;/\; (0{,}289 \cdot 0{,}50) = 24 < 25$ kann auf eine Untersuchung am verformten System verzichtet werden (s. hierzu Abschn. 5.5).

$N_{Ed} = \gamma_G \cdot G_{k,v} = \mathbf{1{,}35^{*)}} \cdot (-900) = -1215$ kN
$M_{Ed} = \gamma_Q \cdot Q_{k,h} \cdot l = 1{,}50 \cdot 100 \cdot 1{,}75 = 263$ kNm

Bemessung

$d_1 / h = d_2 / h = 5/50 = 0{,}10$; BSt 500 $\Rightarrow$ Tafel 5.7a (S. 81)
$\nu_{Ed} = N_{Ed} \;/\; (b \cdot h \cdot f_{cd}) = -1{,}215 \;/\; (0{,}30 \cdot 0{,}50 \cdot 11{,}3) = -0{,}715$
$\mu_{Ed} = M_{Ed} \;/\; (b \cdot h^2 \cdot f_{cd}) = 0{,}263 \;/\; (0{,}30 \cdot 0{,}50^2 \cdot 11{,}3) = 0{,}309$
$\Rightarrow \omega_{tot} = 0{,}65$
$A_{s,tot} = \omega_{tot} \cdot b \cdot h \;/\; (f_{yd} / f_{cd}) = 0{,}65 \cdot 0{,}30 \cdot 0{,}50 / (435/11{,}3)$
$= 25{,}4 \cdot 10^{-4}\ \text{m}^2 \approx 25{,}4\ \text{cm}^2$
$A_{s1} = A_{s2} = 12{,}7\ \text{cm}^2$

4ø20 4ø20 50 30

Beispiel 2

Die im Beispiel 1 berechnete Stütze wird für eine geänderte Belastung aus Eigenlast bemessen. Im Übrigen gelten die zuvor gemachten Angaben.

Belastung $G_{k,v} = 400$ kN; $Q_{k,h} = 100$ kN

Schnittgrößen $N_{Ed} = \gamma_G \cdot G_{k,v} = \mathbf{1{,}00^{*)}} \cdot (-400) = -400$ kN
$M_{Ed} = \gamma_Q \cdot Q_{k,h} \cdot l = 1{,}50 \cdot 100 \cdot 1{,}75 = 263$ kNm

Bemessung
$$\left.\begin{aligned} \nu_{Ed} &= -0{,}400 \;/\; (0{,}30 \cdot 0{,}50 \cdot 11{,}3) = -0{,}235 \\ \mu_{Ed} &= 0{,}263 \;/\; (0{,}30 \cdot 0{,}50^2 \cdot 11{,}3) = 0{,}311 \end{aligned}\right\} \Rightarrow \omega_{tot} = 0{,}55$$
$A_{s,tot} = 0{,}55 \cdot 0{,}30 \cdot 0{,}50 \;/ (435/11{,}3) \cdot 10^4 = 21{,}4\ \text{cm}^2$
$A_{s1} = A_{s2} = 10{,}7\ \text{cm}^2$

---

*) Im Beispiel 2 wirkt im Gegensatz zum Beispiel 1 die Eigenlast günstig und darf daher nur mit $\gamma_{G,inf} = 1{,}0$ multipliziert werden (vgl. Abschn. 4.1.1, Tafel 4.1).

Beispiel 3

Aufgabenstellung wie Beispiel 1, die Bewehrung soll jedoch umlaufend ausgebildet werden.

Bemessungsschnittgrößen

$N_{Ed} = -1215$ kN; $M_{Ed} = 263$ kNm

Bemessung

$d_1/h = d_2/h = 5/50 = 0{,}10$; BSt 500 $\Rightarrow$ Tafel 5.7b

$$\left.\begin{array}{l} \nu_{Ed} = -0{,}714 \\ \mu_{Ed} = 0{,}309 \end{array}\right\} \Rightarrow \omega_{tot} = 0{,}82$$

$$A_{s,tot} = \omega_{tot} \cdot b \cdot h \,/\, (f_{yd}/f_{cd})$$
$$= 0{,}82 \cdot 0{,}30 \cdot 0{,}50 \,/(435/11{,}3) = 32{,}0 \cdot 10^{-4}\ \text{m}^2 = 32{,}0\ \text{cm}^2$$

16 ⌀16 — 50 — 30

Beispiel 4

Für die im Beispiel 1 dargestellte Stütze wird eine analoge Untersuchung mit Kreisquerschnitt durchgeführt. Gesucht ist wie im Beispiel 1 die Bemessung am Stützenfuß.

Baustoffe C20/25
BSt 500

Belastungen $G_{k,v} = 900$ kN
$Q_{k,h} = 100$ kN

Bemessungsschnittgrößen

Wegen $\lambda = 2 \cdot 1{,}75\,/\,(0{,}25 \cdot 0{,}60) = 23{,}3 < 25$ kann auf eine Untersuchung am verformten System verzichtet werden; d. h., es gelten die Bemessungsschnittgrößen nach Theorie I. Ordnung (s. hierzu Abschn. 5.5).

$N_{Ed} = \gamma_G \cdot G_{k,v} = \mathbf{1{,}00} \cdot (-900) = -900$ kN Annahme: EG ist günstig*)

$M_{Ed} = \gamma_Q \cdot Q_{k,h} \cdot l = 1{,}50 \cdot 100 \cdot 1{,}75 = 263$ kNm

Bemessung

$d_1/h = d_2/h = 5/60 = 0{,}083 \approx 0{,}10$; BSt 500 $\Rightarrow$ Tafel 5.7c

$$\left.\begin{array}{l} \nu_{Ed} = N_{Ed}/(A_c \cdot f_{cd}) = -0{,}900\,/(\pi \cdot 0{,}30^2 \cdot 11{,}3) = -0{,}281^{*)} \\ \mu_{Ed} = M_{Ed}/(A_c \cdot h \cdot f_{cd}) = 0{,}263\,/(\pi \cdot 0{,}30^2 \cdot 0{,}60 \cdot 11{,}3) = 0{,}137 \end{array}\right\} \Rightarrow \omega_{tot} = 0{,}22$$

$$A_{s,tot} = \omega_{tot} \cdot A_c\,/\,(f_{yd}/f_{cd}) = 0{,}22 \cdot \pi \cdot 0{,}30^2/(435/11{,}3) = 16{,}2 \cdot 10^{-4}\ \text{m}^2 = 16{,}2\ \text{cm}^2$$

---

*) Der Eingangswert bzw. die Ablesung im Interaktionsdiagramm bestätigt die Annahme, dass die Eigenlast günstig wirkt; eine „größere“ Eigenlast (bzw. eine mit $\gamma_G = 1{,}35$ multiplizierte Längskraft inf. G_k) würde zu einer geringeren statisch erforderlichen Bewehrung führen. Dies ist direkt am sog. „balance point“ (Punkt der größten Momententragfähigkeit) erkennbar, der im vorliegenden Fall bei ca. 0,45 liegt, je nach Bewehrungsgrad aber auch deutlich tiefer liegen kann.

Tafel 5.7a Interaktionsdiagramm für den symmetrisch bewehrten Rechteckquerschnitt, Bewehrungsanordnung nach Skizze; C12/15 bis C50/60, BSt 500 mit $\gamma_s = 1{,}15$
(aus [Schmitz/Goris – 01])

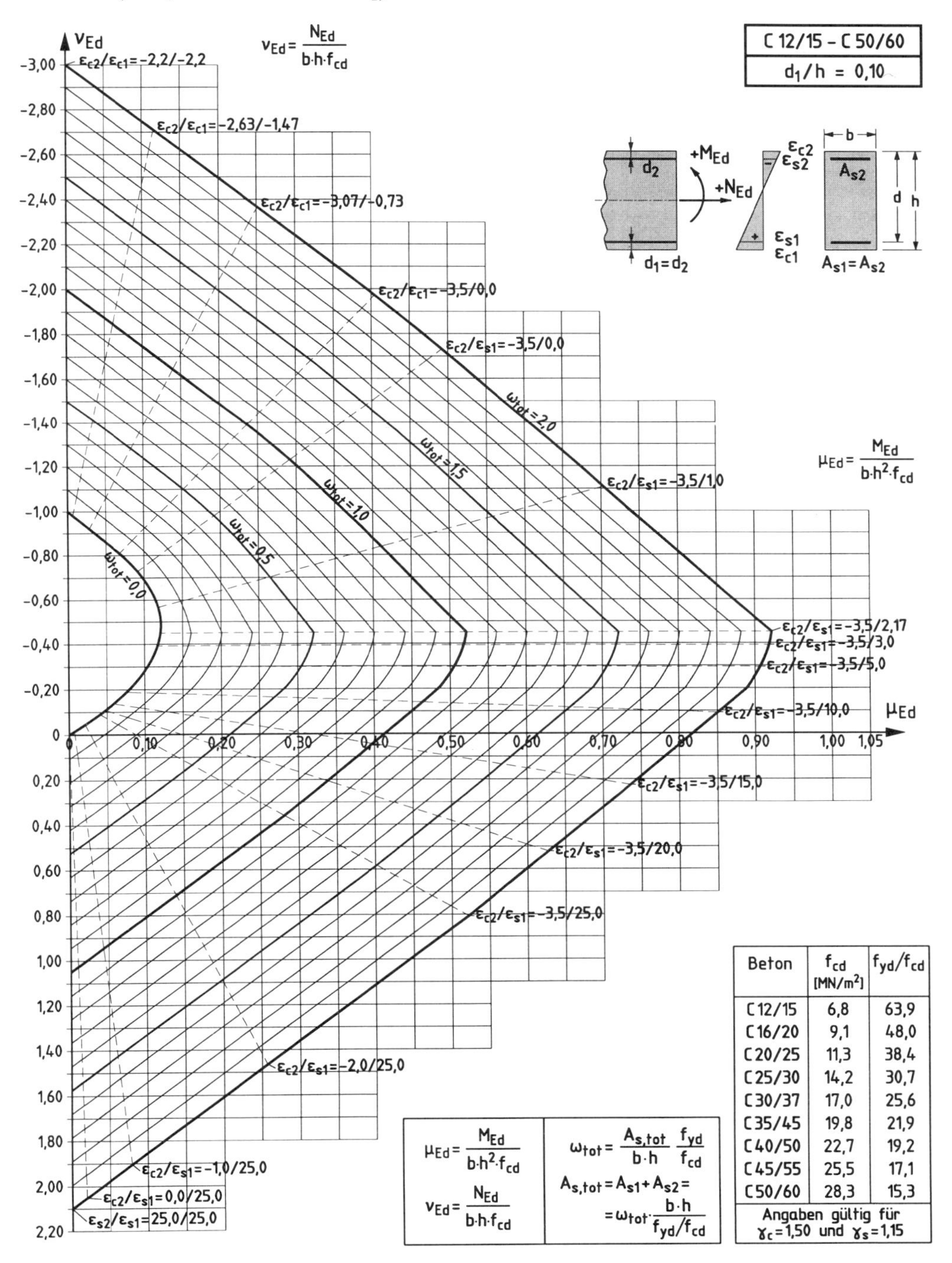

Beton	f_{cd} [MN/m²]	f_{yd}/f_{cd}
C12/15	6,8	63,9
C16/20	9,1	48,0
C20/25	11,3	38,4
C25/30	14,2	30,7
C30/37	17,0	25,6
C35/45	19,8	21,9
C40/50	22,7	19,2
C45/55	25,5	17,1
C50/60	28,3	15,3
Angaben gültig für $\gamma_c = 1{,}50$ und $\gamma_s = 1{,}15$		

Tafel 5.7b Interaktionsdiagramm für den symmetrisch bewehrten Rechteckquerschnitt, Bewehrungsanordnung nach Skizze; C12/15 bis C50/60, BSt 500 mit $\gamma_s = 1{,}15$ (aus [Schmitz/Goris – 01])

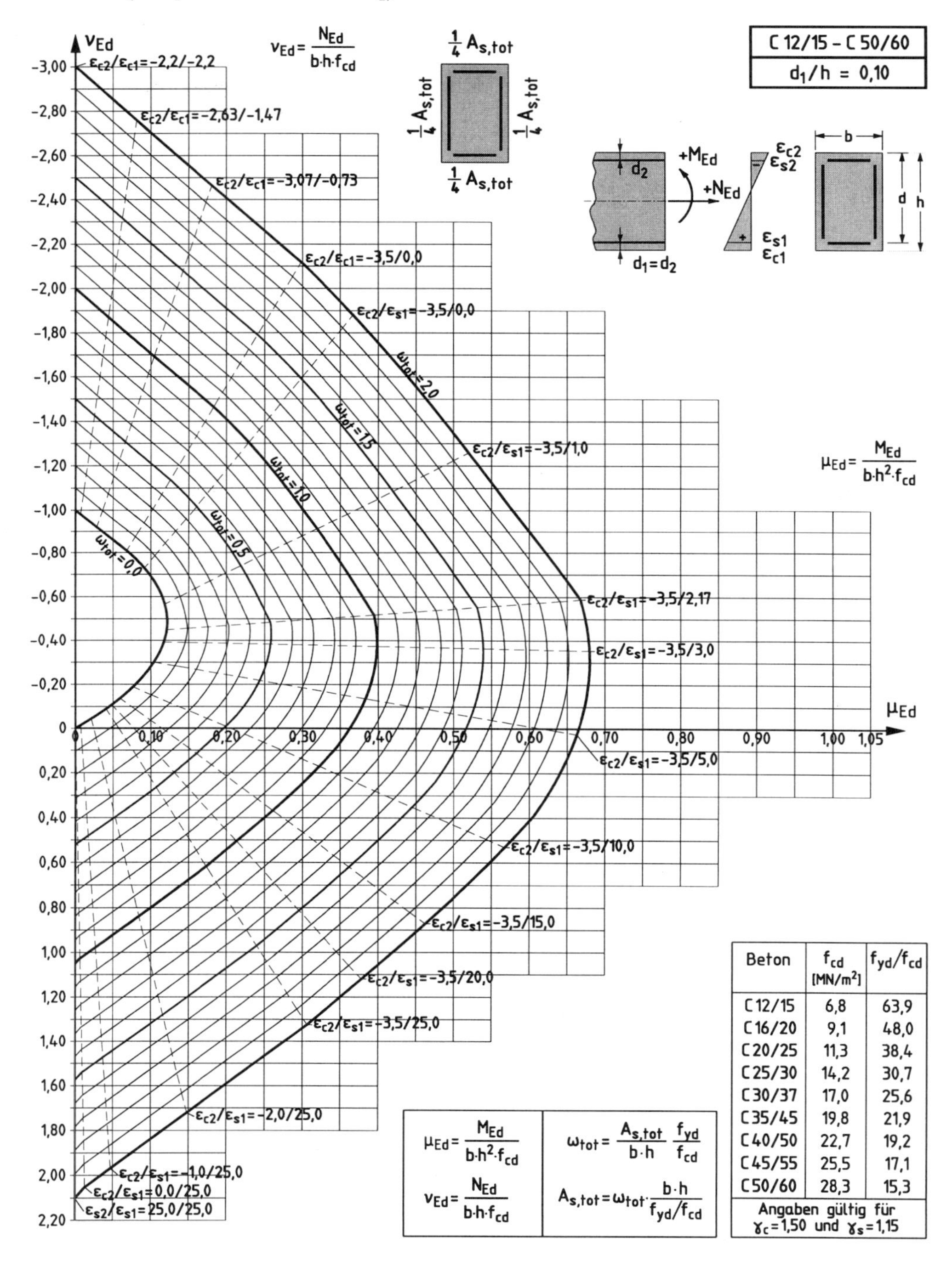

Beton	f_{cd} [MN/m²]	f_{yd}/f_{cd}
C 12/15	6,8	63,9
C 16/20	9,1	48,0
C 20/25	11,3	38,4
C 25/30	14,2	30,7
C 30/37	17,0	25,6
C 35/45	19,8	21,9
C 40/50	22,7	19,2
C 45/55	25,5	17,1
C 50/60	28,3	15,3
Angaben gültig für $\gamma_c = 1{,}50$ und $\gamma_s = 1{,}15$		

Tafel 5.7c Interaktionsdiagramm für den symmetrisch bewehrten Kreisquerschnitt mit Bewehrungsanordnung nach Skizze; C12/15 bis C50/60, BSt 500 mit $\gamma_s = 1{,}15$ (aus [Schmitz/Goris – 01])

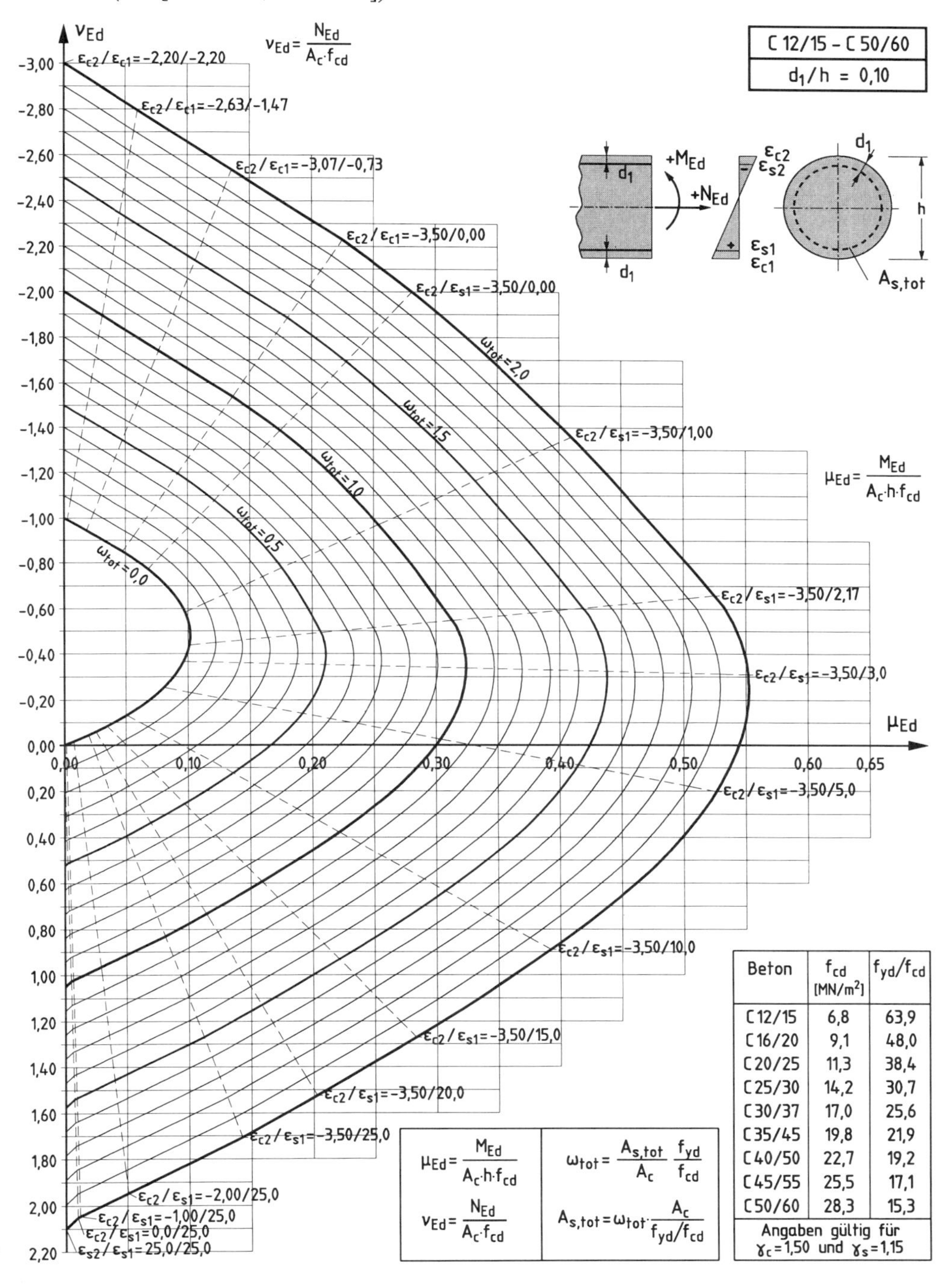

Beton	f_{cd} [MN/m²]	f_{yd}/f_{cd}
C12/15	6,8	63,9
C16/20	9,1	48,0
C20/25	11,3	38,4
C25/30	14,2	30,7
C30/37	17,0	25,6
C35/45	19,8	21,9
C40/50	22,7	19,2
C45/55	25,5	17,1
C50/60	28,3	15,3

5.1.6 Zweiachsige Biegung

Bei vom Rechteck abweichende Querschnittsformen (z. B. Kreis- und Kreisringquerschnitte, Trapezquerschnitte; s. vorher) dürfen „übliche" Bemessungshilfen nicht mehr angewendet werden. Das gilt ebenso für Rechteckquerschnitte unter zweiachsiger Biegung, bei denen je nach Beanspruchung eine 3-, 4- oder 5eckige Druckzone entsteht (s. Abb. 5.13). Für einigen Sonderfällen existieren jedoch Bemessungshilfen; hierzu gehören beispielsweise

– Rechteckquerschnitte bei zweiachsiger Biegung (s. Tafel 5.8a und 5.8b)

Eine größere Auswahl von Bemessungsdiagrammen findet sich in [Schmitz/Goris – 01].

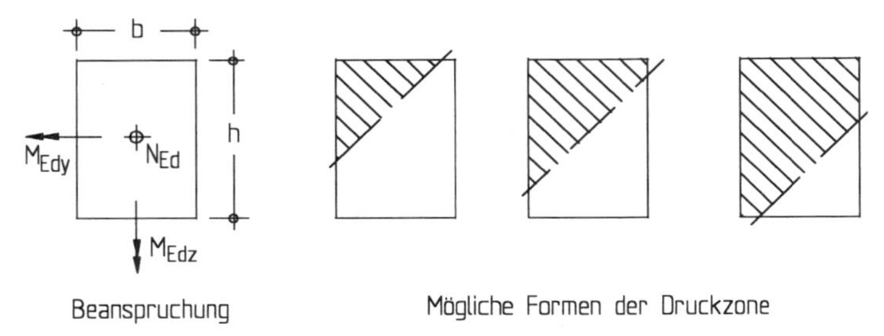

Abb. 5.13 Druckzonenform bei zweiachsiger Biegung

Beispiel

Schilderbrücke nach Abbildung mit Eigenlast g_k = 6,13 kN/m, Nutzlast q_k = 5,0 kN/m und Windlast w_k = ± 3,0 kN/m; im Rahmen der Aufgabenstellung soll angenommen werden, dass die vertikal gerichtete Nutzlast und die horizontal wirkende Windlast mittig wirken, so dass keine Torsionsmomente auftreten. Beide veränderliche Lasten sollen in voller Größe angenommen werden, d. h., Kombinationsfaktoren ψ_0 sind nicht zu berücksichtigen.

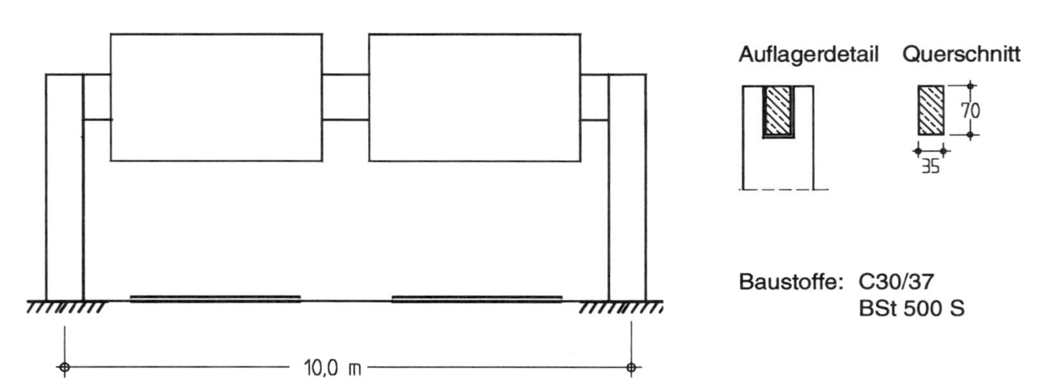

gesucht

Biegebemessung in Feldmitte

Schnittgrößen M_{Edy} und M_{Edz}

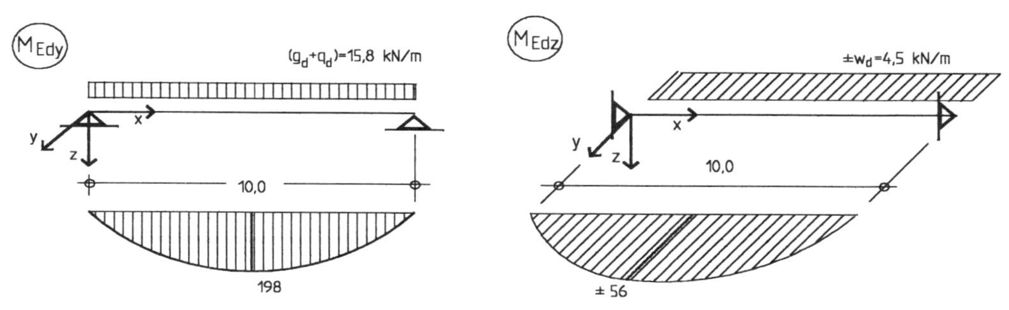

Bemessung

Es soll für eine gleichmäßig um den Umfang verteilte Bewehrung (jeweils $A_s/4$ pro Seite) bemessen werden. Weiterhin gilt (s. nebenstehende Abb.):

$d_1/h = 5 / 70 = 0{,}07$
$b_1/b = 5 / 35 = 0{,}14$

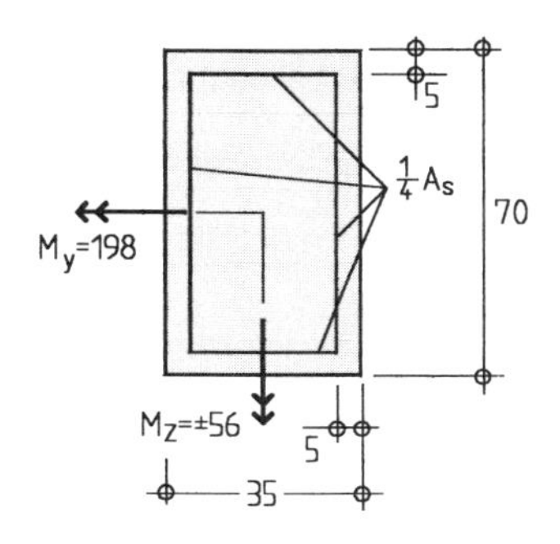

Die Bemessung erfolgt näherungsweise für $d_1/h = b_1/b = 0{,}10$ (s. Tafel 5.8a); die Bewehrung an den Seitenflächen ist dann reichlich zu wählen.

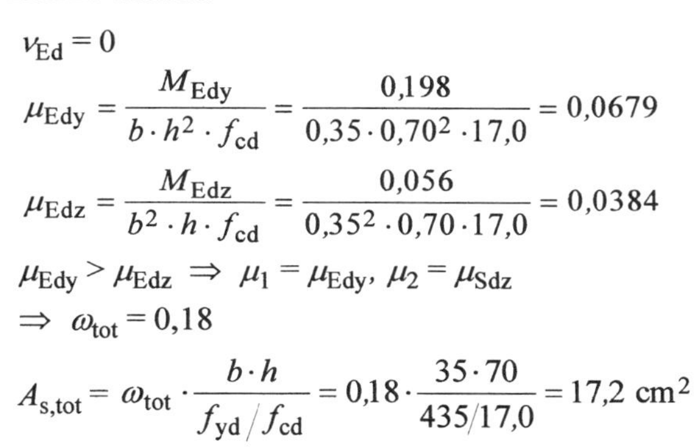

$$\nu_{Ed} = 0$$

$$\mu_{Edy} = \frac{M_{Edy}}{b \cdot h^2 \cdot f_{cd}} = \frac{0{,}198}{0{,}35 \cdot 0{,}70^2 \cdot 17{,}0} = 0{,}0679$$

$$\mu_{Edz} = \frac{M_{Edz}}{b^2 \cdot h \cdot f_{cd}} = \frac{0{,}056}{0{,}35^2 \cdot 0{,}70 \cdot 17{,}0} = 0{,}0384$$

$$\mu_{Edy} > \mu_{Edz} \;\Rightarrow\; \mu_1 = \mu_{Edy},\; \mu_2 = \mu_{Sdz}$$

$$\Rightarrow\; \omega_{tot} = 0{,}18$$

$$A_{s,tot} = \omega_{tot} \cdot \frac{b \cdot h}{f_{yd}/f_{cd}} = 0{,}18 \cdot \frac{35 \cdot 70}{435/17{,}0} = 17{,}2 \text{ cm}^2$$

gew.: 4 ∅ 14 je Seite mit $A_{s,vorh} = 16 \cdot 1{,}54 = 24{,}6$ cm²

Bewehrungsskizze

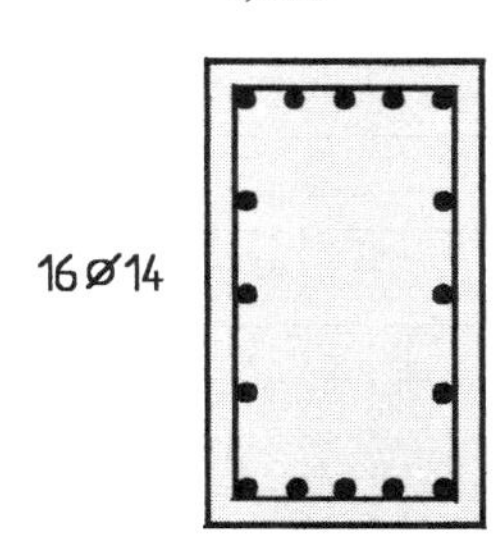

Tafel 5.8a Interaktionsdiagramm für schiefe Biegung mit Längsdruckkraft; Querschnitt und Bewehrungsanordnung nach Skizze; C12/15 bis C50/60, BSt 500 mit $\gamma_s = 1{,}15$ (aus [Schmitz/Goris – 01])

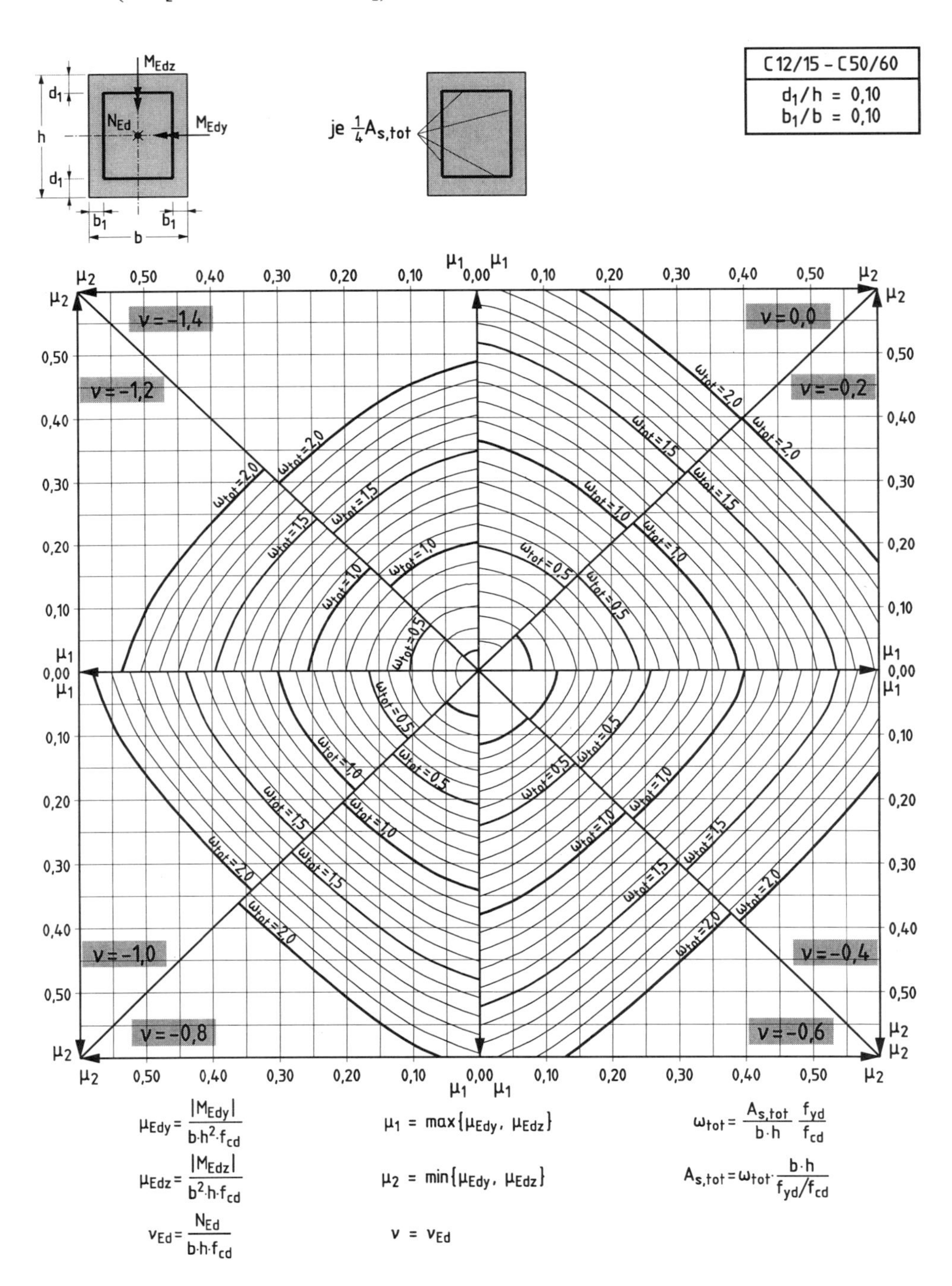

$$\mu_{Edy} = \frac{|M_{Edy}|}{b \cdot h^2 \cdot f_{cd}} \qquad \mu_1 = \max\{\mu_{Edy},\ \mu_{Edz}\} \qquad \omega_{tot} = \frac{A_{s,tot}}{b \cdot h}\,\frac{f_{yd}}{f_{cd}}$$

$$\mu_{Edz} = \frac{|M_{Edz}|}{b^2 \cdot h \cdot f_{cd}} \qquad \mu_2 = \min\{\mu_{Edy},\ \mu_{Edz}\} \qquad A_{s,tot} = \omega_{tot} \cdot \frac{b \cdot h}{f_{yd}/f_{cd}}$$

$$\nu_{Ed} = \frac{N_{Ed}}{b \cdot h \cdot f_{cd}} \qquad \nu = \nu_{Ed}$$

Tafel 5.8b Interaktionsdiagramm für schiefe Biegung mit Längsdruckkraft; Querschnitt und Bewehrungsanordnung nach Skizze; C12/15 bis C50/60, BSt 500 mit $\gamma_s = 1{,}15$ (aus [Schmitz/Goris – 01])

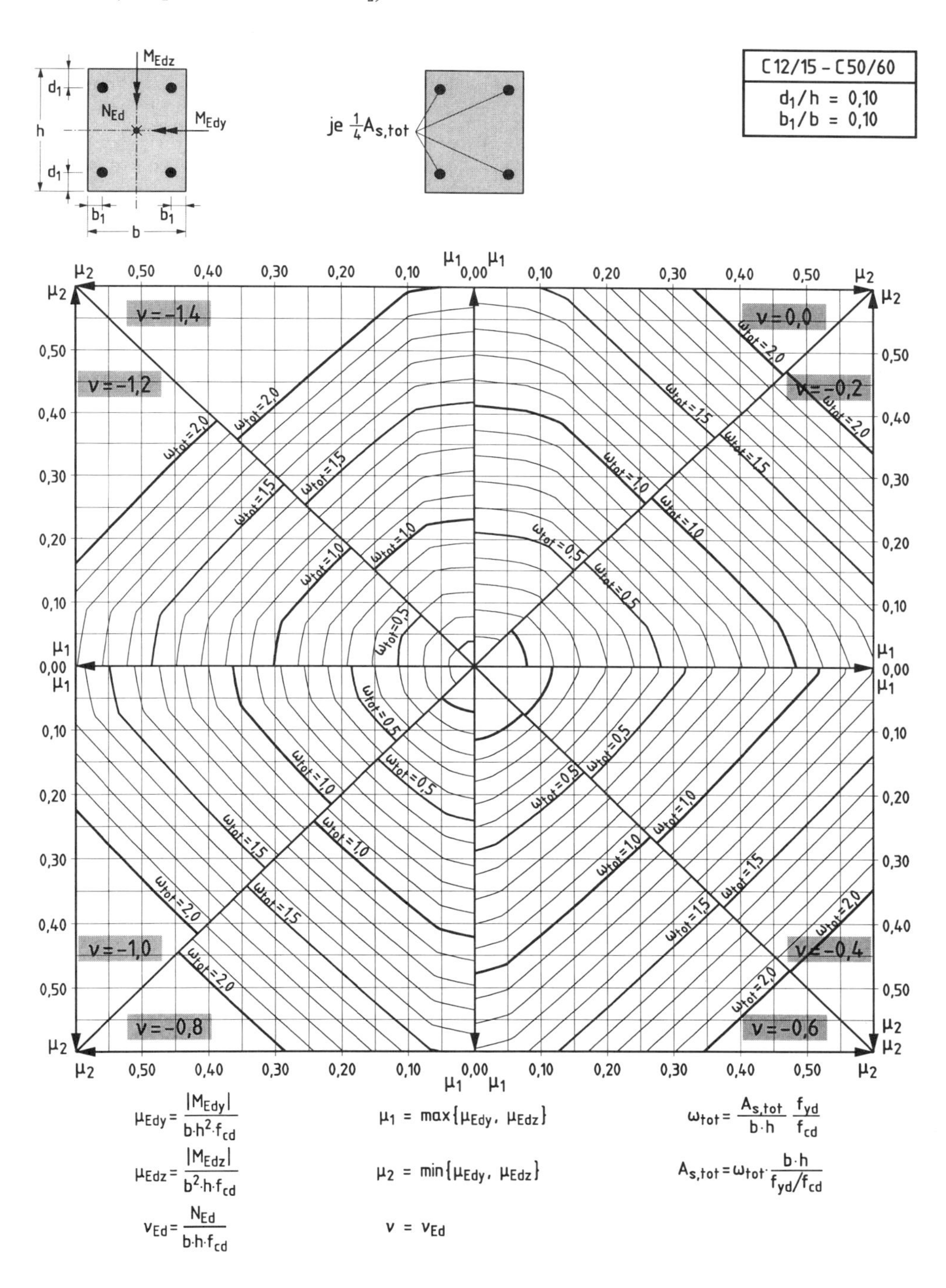

5.1.7 Unbewehrte Betonquerschnitte

Voraussetzungen und Annahmen

Wegen der geringeren Verformungsfähigkeit von unbewehrtem Beton müssen die Teilsicherheitsbeiwerte γ_c (s. Tafel 4.3) etwa um 20 % heraufgesetzt werden. Man erhält dann

– in der Grundkombination: $\gamma_c = 1{,}80$
– in der außergewöhnlichen Bemessungssituation: $\gamma_c = 1{,}55$

Für die Bestimmung der Grenztragfähigkeit unbewehrter Betonquerschnitte darf die Zugfestigkeit des Betons nicht in Rechnung gestellt werden. Die höchstzulässige Ausmitte einer Längskraft im Querschnitt ist im Grenzzustand der Tragfähigkeit auf $e_d/h \le 0{,}4$ zu begrenzen. Diese Forderung nach DIN 1045-1, 5.4.2 gilt für Rechteckquerschnitte, Angaben für den allgemeinen Querschnitt fehlen.

Nachweisprinzip

Der Bemessungswert der einwirkenden Längskraft N_{Ed} darf den der aufnehmbaren Längskraft N_{Rd} nicht überschreiten.

$$\mathbf{N_{Ed} \le N_{Rd}} \tag{5.25}$$

Bei Rechteckquerschnitten unter einachsiger Ausmitte ergibt sich N_{Rd} zu

$$N_{Rd} = -f_{cd} \cdot k \cdot A_c \tag{5.26}$$

mit f_{cd} als Bemessungswert der Betondruckfestigkeit und A_c als Fläche des Betonquerschnitts; der Faktor k berücksichtigt die parabelförmige Spannungsverteilung in der Druckzone und ein Klaffen der Fuge bei exzentrischem Kraftangriff. Der Abminderungsfaktor k kann in Abhängigkeit von der bezogenen Lastausmitte e_d/h Tafel 5.9 entnommen werden. Zusätzlich ist die Höhe des Restquerschnitts h_{eff} als auf die Gesamthöhe h bezogene Größe angegeben (zu den Bezeichnungen s. a. Abb. 5.14).

Die wirksame Querschnittsfläche für Rechtecke ergibt sich bei einachsige Lastausmitte:

$$A_{c,eff} = b \cdot h_{eff} \quad \text{bzw.} \tag{5.27}$$

$$A_{c,eff} = b \cdot h \cdot (h_{eff}/h) \tag{5.28}$$

Bei der Ermittlung der Ausmitten von N_{Ed} sind ggf. auch Einflüsse nach Theorie II. Ordnung und von geometrischen Imperfektionen zu erfassen (s. hierzu Abschn. 5.5).

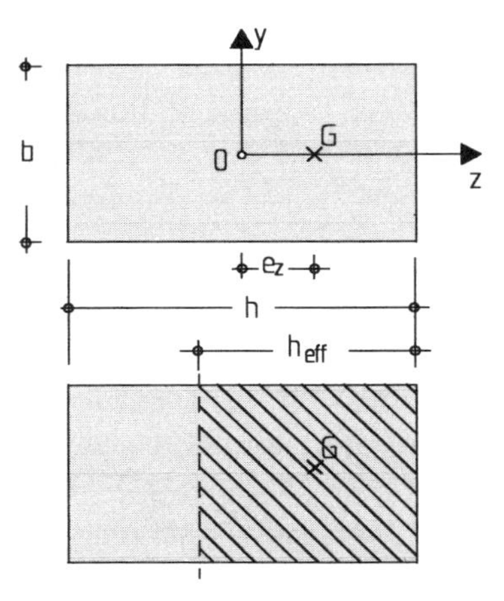

Abb. 5.14 Wirksame Querschnittsfläche

Tafel 5.9 Faktor k und Werte h_{eff}/h in Abhängigkeit von der bezogenen Lastausmitte e_d/h (vgl. Gl. (5.26) und Abb. 5.14)

e_d/h	0,0	0,084	0,10	0,20	0,292	0,30	0,40
k	1,0	0,810	0,778	0,584	0,405	0,389	0,195
h_{eff}/h	1,0	1,0	0,962	0,721	0,500	0,481	0,240

5.2 Bemessung für Querkraft

(Grenzzustand der Tragfähigkeit)

5.2.1 Allgemeine Erläuterungen zum Tragverhalten

Querkraftbeanspruchungen treten in der Regel in Kombination mit Biegebeanspruchungen auf. Unter dieser kombinierten Beanspruchung entstehen im Zustand I über die Querschnittshöhe schiefe Hauptzug- σ_1 und Hauptdruckspannungen σ_2 (s. Abb. 5.15), die nach der Festigkeitslehre in die Spannungskomponenten σ_x (ggf. σ_y) und τ_{xz} zerlegt werden.

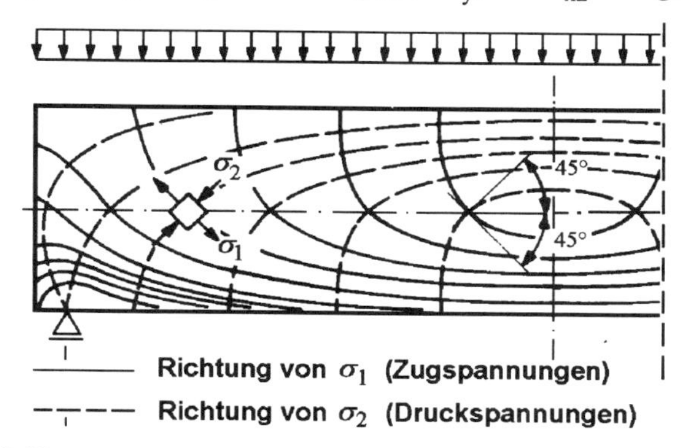

Abb. 5.15 Schiefe Hauptspannungen im Zustand I für den Rechteckquerschnitt

Überschreiten die Hauptzugspannungen σ_1 die Zugfestigkeit des Betons, dann entstehen Risse rechtwinklig zur Zugrichtung (Übergang in den Zustand II). Beim Entstehen von Rissen im Beton lagern sich die Hauptzug- und Hauptdruckspannungen um; eine wirklichkeitsnahe Berechnung dieser Druck- und Zugspannungen im Zustand II ist sehr schwierig und kommt für eine praktische Berechnung nicht in Betracht. Das Tragverhalten wird daher durch einfachere Modelle beschrieben, die die Wirklichkeit hinreichend genau abbilden.

Bei *Platten ohne Querkraftbewehrung* entstehen zunächst auch im Querkraftbereich Biegerisse. Der geneigte Druckgurt und die Kornverzahnung im Riss übernehmen die Querkraft. Mit Laststeigerung öffnen sich die Risse, so dass die Kornverzahnungskräfte nachlassen. Kurz vor dem Bruch stellt sich eine Bogen-Zugband-Wirkung ein, wie sie vereinfachend in Abb. 5.16 (s. a. Abb. 5.23) dargestellt ist. Für Platten ohne Querkraftbewehrung sollte daher das „Zugband" möglichst wenig geschwächt und gut an den Auflagern verankert werden (nach DIN 1045-1 muss mindestens die Hälfte der Feldbewehrung über die Auflager geführt und verankert werden). Weitere Hinweise zur Querkrafttragfähigkeit von Platten s. Abschn. 5.2.4 (vgl. a. [Leonhardt-T1 – 73], [Zilch – 01] u. a).

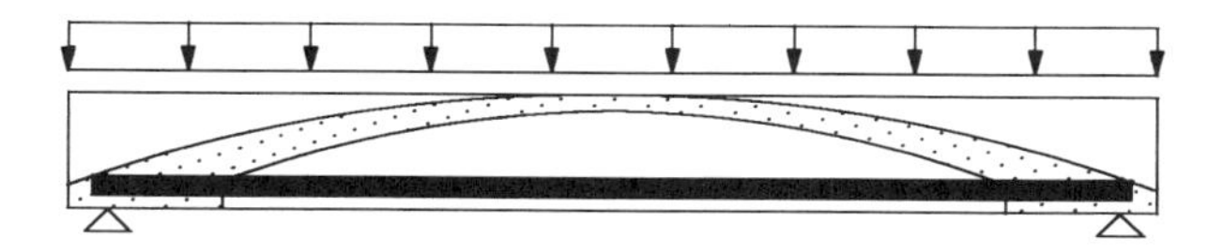

Abb. 5.16 Bogen-Zugband-Modell zur Erläuterung des Tragverhaltens von Platten ohne Querkraftbewehrung

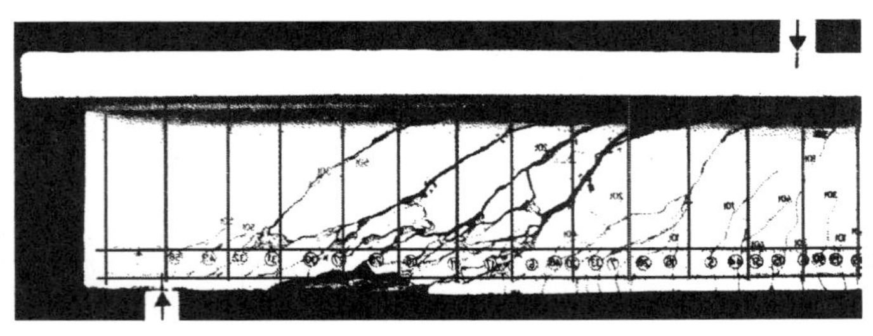

(aus [Leonhardt-T1 – 73])

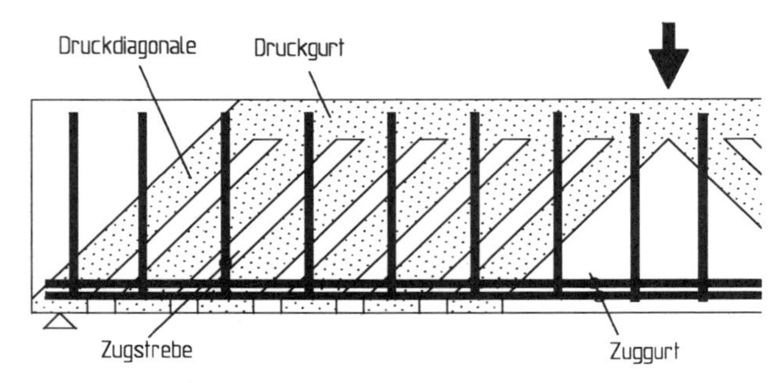

Abb. 5.17 Rissbild eines Plattenbalkens mit Querkraftbewehrung und vereinfachendes Fachwerkmodell

Über die *Querkrafttragfähigkeit von Balken* gibt es grundsätzliche Untersuchungen mit unterschiedlichen Modellvorstellungen. Für die Bemessung hat sich jedoch das Modell eines Fachwerks durchgesetzt mit der Betondruckzone als Druckgurt und der Biegezugzone bzw. der Längsbewehrung als Zuggurt; Druck- und Zuggurt sind verbunden durch von der Betontragfähigkeit bestimmte Druckdiagonalen und durch Zugstreben, für die Querkraftbewehrung in Form von Bügeln und/oder Schrägaufbiegungen erforderlich ist (Abb. 5.17).

Grundlage für die Berechnung ist die von *Mörsch* entwickelte „klassische Fachwerkanalogie", die ausgeht von

- parallelen Druck- und Zuggurten
- Druckdiagonalen unter $\vartheta = 45°$
- Zugstreben unter einem beliebigen Winkel α.

Wie jedoch Versuche und theoretische Untersusuchungen zeigen, sind insbesondere bei geringerer Querkraftbeanspruchung auch Modelle mit Druckstrebenneigungen $\vartheta < 45°$ möglich. Dadurch werden die Kräfte in diesem Fachwerk entscheidend beeinflusst. Insbesondere wird bei einem flachen Winkel ϑ die Querkraftbewehrung zum Teil erheblich vermindert, gleichzeitig jedoch auch die Beanspruchung in der Druckstrebe erhöht. Die Neigung der Druckstrebe ist daher durch die aufnehmbare Betondruckkraft begrenzt. Auf der anderen Seite darf der Winkel außerdem zur Erfüllung von Verträglichkeiten in der Querkraftzone nicht beliebig flach gewählt werden (s. hierzu Abschn. 5.2.5).

In der Querkraftbemessung ist für ein Modell mit Strebenneigungen unter einem Winkel ϑ die Betontragfähigkeit der Druckstrebe und die Zugstrebe (Bewehrung) nachzuweisen. Außerdem sind aber auch die Gurtkräfte, die bereits nach der Biegetheorie bemessen wurden, zu korrigieren; die Zuggurtkräfte eines Netzfachwerks sind nämlich um

$$\Delta F_{sd} = 0{,}5 \cdot |V_{Ed}| \cdot (\cot \vartheta - \cot \alpha) \qquad (5.29)$$

größer als die im Rahmen der Biegebemessung ermittelten; im gleichen Maße sind die Druckgurtkräfte kleiner (vgl. hierzu auch Abb. 5.25). Diese Vergrößerung der Zuggurtkräfte wird in der Praxis im Allg. bei einer Zugkraftdeckung graphisch durch horizontales Verschieben der $(M_{Eds}/z+N_{Ed})$-Linie um das Versatzmaß a_l berücksichtigt (sog. Versatzmaßregel). Weitergehende Erläuterungen sind im Abschnitt 5.2.5 enthalten.

5.2.2 Grundsätzliche Nachweisform

Der Nachweis einer ausreichenden Tragfähigkeit ist in der Weise zu führen, dass sichergestellt ist, dass der Bemessungswert der einwirkenden Querkraft V_{Ed} den Bemessungswert des Widerstandes V_{Rd} nicht überschreitet.

$$\boxed{V_{Ed} \leq V_{Rd}} \qquad (5.30)$$

Die *aufzunehmende Querkraft* wird zunächst als Grundwert $V_{Ed,0}$ im Rahmen einer Schnittkraftermittlung in der Grundkombination, ggf. für die außergewöhnliche Kombination, bestimmt (vgl. Abschn. 4.1.1). Die Wirkung einer direkten Lasteinleitung in Auflagernähe, von geneigten Druck- und Zuggurten etc. wird durch Bestimmung des Bemessungswerts V_{Ed} berücksichtigt (s. Abschn. 5.2.3), wobei ggf. zu unterscheiden ist, ob die Tragfähigkeit der Druckstrebe nachzuweisen ist oder die Querkraftbewehrung bestimmt werden soll.

Der *Bemessungswert der aufnehmbaren Querkraft* V_{Rd} kann durch einen der drei nachfolgenden Werte bestimmt sein (s. a. Abschn. 5.2.4 und 5.2.5):

- $V_{Rd,ct}$ Aufnehmbare Bemessungsquerkraft eines Bauteils ohne Querkraftbewehrung
- $V_{Rd,sy}$ Bemessungswert der aufnehmbaren Querkraft eines Bauteils mit Querkraftbewehrung, d. h. Querkraft, die ohne Versagen der „Zugstrebe" aufgenommen werden kann
- $V_{Rd,max}$ Bemessungswert der Querkraft, die ohne Versagen des Balkenstegs bzw. der „Betondruckstrebe" aufnehmbar ist.

5.2.3 Bemessungswert V_{Ed}

Als maßgebende Querkraft V_{Ed} im Auflagerbereich gilt für Balken und Platten im Allgemeinen die größte Querkraft am Auflagerrand. In den nachfolgend genannten Fällen darf jedoch für die Ermittlung der Querkraftbewehrung die Querkraft abgemindert werden.

Es ist zu unterscheiden, ob eine unmittelbare (direkte) Stützung oder eine mittelbare (indirekte) Stützung eines Bauteils vorliegt. Eine direkte Lagerung liegt dann vor, wenn die Auflagerkraft normal zum unteren Balkenrand mit Druckspannungen eingetragen wird, d. h. bei direkt auf Wänden, Stützen etc. aufgelagerten Bauteilen. Eine unmittelbare Stützung wird jedoch im Allgemeinen auch bei der Einbindung eines Nebenträgers in einen Hauptträger angenommen, wenn der Nebenträger mit seiner gesamten Bauhöhe oberhalb der Schwerlinie des Hauptträgers einbindet (s. Abb. 5.18). In anderen Fällen ist eine indirekte Lagerung anzunehmen.

Indirekte Lagerung Direkte Lagerung

Abb. 5.18 Indirekte und direkte Stützung

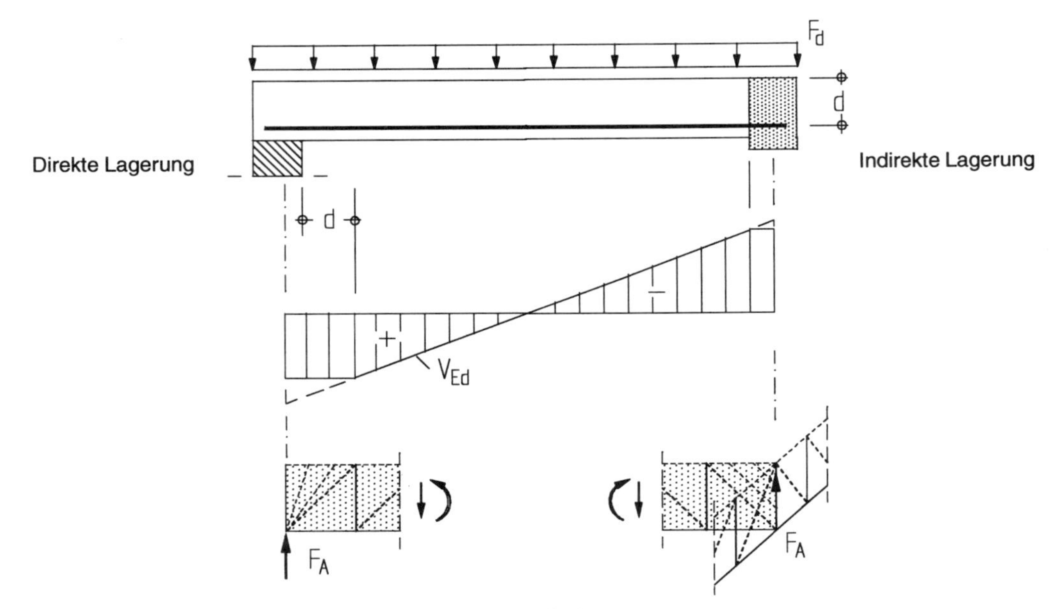

Abb. 5.19 Bemessungsquerkraft bei direkter und indirekter Stützung

Als Bemessungsquerkraft V_{Ed} für die Ermittlung der Querkraftbewehrung darf bei Balken und Platten unter gleichmäßig verteilter Belastung und bei direkter Stützung die Querkraft im Abstand d vom Auflagerrand gewählt werden (s. Abb. 5.19). In diesem Bereich stützt sich die Belastung über einen Druckstrebenfächer unmittelbar auf das Auflager ab, so dass für diesen Anteil keine Querkraftbewehrung erforderlich ist. Bei einer indirekten Auflagerung kann sich dagegen diese Lastabtragung nicht einstellen, so dass sämtliche Nachweise am Auflagerrand zu führen sind. Aus einem einfachen Fachwerkmodell ist zudem zu ersehen, dass die gesamte Auflagerkraft des Nebenträgers über eine Aufhängebewehrung an die Bauteiloberseite zu führen ist (s. Abb. 5.19). Die Querkraftabminderung bei direkter Lagerung gilt nur für die Ermittlung der Querkraftbewehrung, nicht jedoch für den Nachweis der Druckstrebentragfähigkeit $V_{Rd,max}$, da hierfür die gesamte Lastabtragung in das Auflager nachzuweisen ist.

Bei **auflagernahen Einzellasten** stellt sich ein Sprengwerk ein, bei dem sich die Einzellast ganz oder teilweise direkt auf das Auflager abstützt (direkte Lagerung vorausgesetzt). Hierfür ist dann keine bzw. nur eine reduzierte Querkraftbewehrung erforderlich (s. Abb. 5.20). Nach DIN 1045-1 darf daher für Einzellasten im Abstand $x \leq 2{,}5\,d$ vom Auflagerrand der Querkraftanteil einer auflagernahen Einzellast mit dem Beiwert

$$\beta = x/(2{,}5 \cdot d) \tag{5.31}$$

reduziert werden. Die Verminderung gilt jedoch nur für die Ermittlung der Querkraftbewehrung (berechnet mit $V_{Ed,w}$), beim Nachweis von $V_{Rd,max}$ darf sie nicht vorgenommen werden

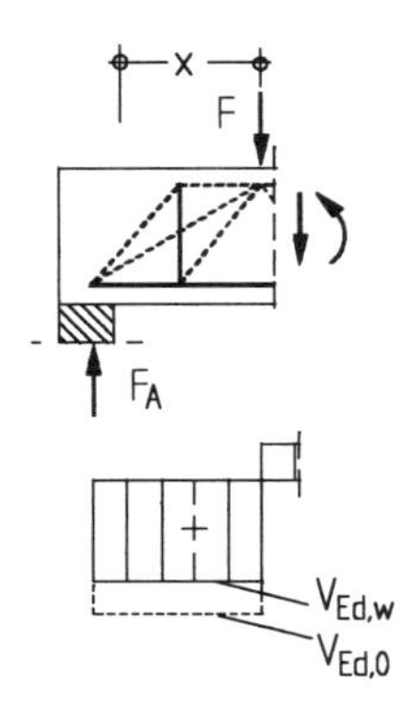

Abb. 5.20 Auflagernahe Einzellast

(DIN 1045-1, 10.3.2), d. h., der Druckstrebennachweis ist mit $V_{Ed,0}$ zu führen. Jenseits der auflagernahen Einzellast, zum „Feld" hin, ist für $\beta = 1$ zu bemessen. Die größte dabei ermittelte Querkraftbewehrung sollte im ganzen Bereich zwischen Einzellast und Auflager angeordnet werden. Die Biegezugbewehrung ist am Auflager besonders sorgfältig zu verankern (vgl. auch [Grasser/Kupfer – 96]).

In Bauteilen mit **veränderlicher Bauhöhe** ergibt sich der Bemessungswert der Querkraft V_{Ed} unter Berücksichtigung der Querkraftkomponente der geneigten Gurtkräfte V_{ccd} und V_{td} (s. Abb. 5.21; es ist der Fall der Querkraftverminderung bei positiven Schnittgrößen dargestellt):

$$V_{Ed} = V_{Ed,0} - V_{ccd} - V_{td} \tag{5.32}$$

$V_{Ed,0}$ Bemessungswert (Grundwert) der Querkraft im Querschnitt

V_{ccd} Querkraftkomponente der Betondruckkraft F_{cd} parallel zu V_{Ed}

$$V_{ccd} = (M_{Eds}/z) \cdot \tan \varphi_o \approx (M_{Eds}/d) \cdot \tan \psi_o$$

mit $M_{Eds} = M_{Ed} - N_{Ed} \cdot z_s$

V_{td} Querkraftkomponente in der Stahlzugkraft F_{sd} parallel zu V_{Ed}

$$V_{td} = (M_{Eds}/z + N_{Ed}) \cdot \tan\varphi_u$$

$$\approx (M_{Eds}/d + N_{Ed}) \cdot \tan\varphi_u$$

(M_{Eds} wie vorher)

V_{ccd} und V_{td} sind positiv, d. h., vermindern die Bemessungsquerkraft V_{Ed}, wenn sie in Richtung von $V_{Ed,0}$ weisen; das gilt, wenn in Trägerlängsrichtung mit steigendem $|M|$ auch die Nutzhöhe d zunimmt (s. a. [Grasser/Kupfer – 96]).

Die nachfolgenden Beispiele in Abb. 5.22 verdeutlichen den Zusammenhang zwischen dem Grundwert $V_{Ed,0}$ und dem Bemessungswert V_{Ed} der Querkraft. Beim Satteldachbinder reduzieren sich die Bemessungsquerkräfte V_{Ed} jeweils um den senkrechten Anteil V_{ccd} der Betondruckkraft F_{cd}, da mit wachsenden Momenten jeweils auch die Trägerhöhe zunimmt. Beim Träger mit einseitiger Neigung ergibt sich im dargestellten Fall in der linken Trägerhälfte eine Verminderung (Moment und Bauteilhöhe steigen), in der rechten Trägerhälfte jedoch eine Vergrößerung von $V_{Ed,0}$ um den jeweiligen Anteil V_{ccd}, da hier bei abnehmenden Momenten die Trägerhöhe weiter ansteigt.

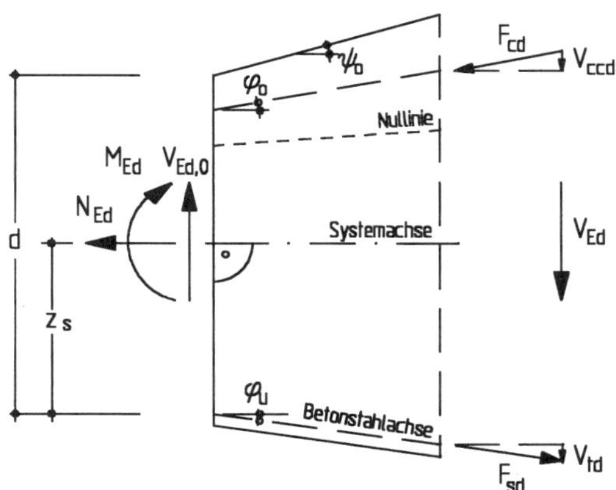

Abb. 5.21 Querkraftkomponenten von geneigten Gurtkräfte (Darstellung ohne Druckbewehrung)

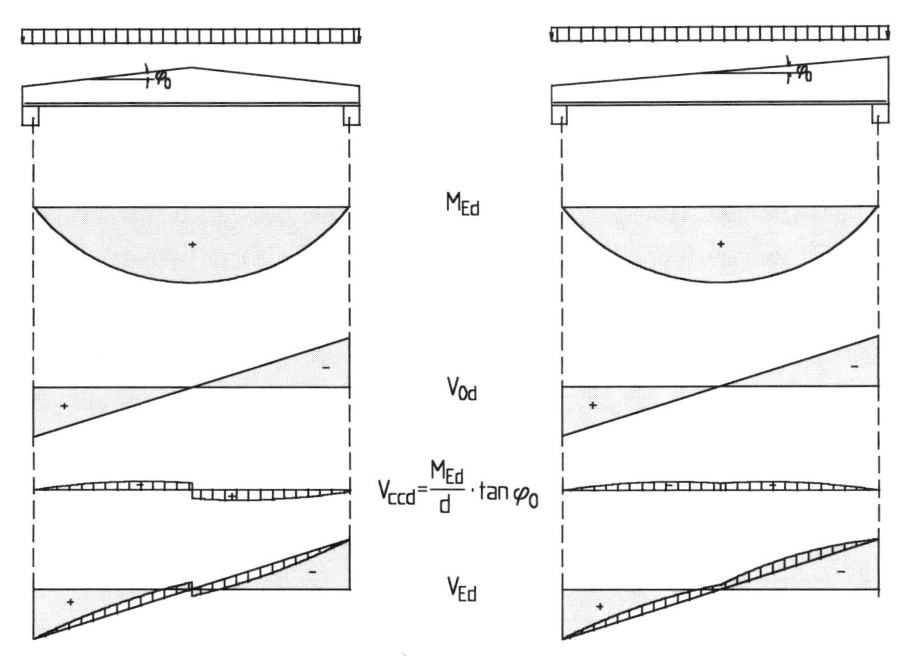

Abb. 5.22 Bemessungsquerkraft bei Bauteilen mit veränderlicher Bauhöhe

Es sei darauf hingewiesen, dass die größte Biegzugbewehrung sich dementsprechend nicht in Feldmitte ergibt, sondern – je nach Gurtneigung – etwas aus der Mitte versetzt.

5.2.4 Bauteile ohne Querkraftbewehrung

In Bauteilen ohne Querkraftbewehrung bildet sich nach Rissbildung eine kammartige Tragstruktur, wie sie in Abb. 5.23 dargestellt ist. Die Querkraftübertragung erfogt über Kornverzahnung in den Rissen, über die Dübelwirkung der Längsbewehrung und über die Einspannung der zwischen den Rissen verbleibenden Betonzähne in die Betondruckzone. Ein Versagen tritt bei Überschreitung der Betonzugfestigkeit f_{ct} in den Einspannungen der Betonzähne auf, verbunden mit einer Rissuferverschiebung bei Ausfall der Kornverzahnung.

Die Lastabtragung von Bauteilen ohne Querkraftbewerung ist an dem vereinfachenden Modell in Abb. 5.23 zu erkennen. Die Tragsicherheit wird sichergestellt durch

- die Kornverzahnung F_K zwischen den Rissen in Verbindung mit der Einspannwirkung der Betonzähne (Biegezugfestigkeit f_{ct})
- die Dübelwirkung $F_{Dü}$ der Biegezugbewehrung
- die Bogenwirkung des Druckbogens.

Auf Querkraftbewehrung darf im Allg. nur bei Platten verzichtet werden, da bei diesen keine nennenswerten Zugspannungen senkrecht zur Plattenebene z. B. aus dem Abfließen der Hydratationswärme oder dem Schwinden zu erwarten sind (vgl. [König/Tue – 98]).

Die Tragfähigkeit von Bauteilen ohne Querkraftbewehrung wird in Abhängigkeit von den genannten Einflussgrößen ermittelt. Für Platten ohne Querkraftbewehrung ist nachzuweisen, dass

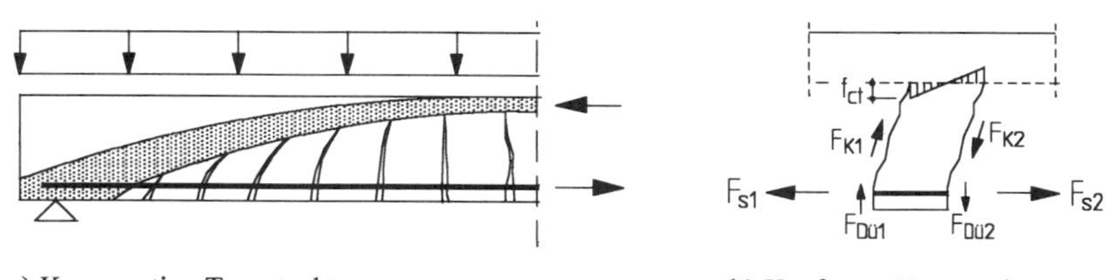

a) Kammartige Tragstruktur

b) Kräfte am Betonzahn

Abb. 5.23 Querkraftmodell für Bauteile ohne Querkraftbewehrung

die einwirkende Querkraft V_{Ed} den Bemessungswiderstand $V_{Rd,ct}$ nicht überschreitet:

$$V_{Rd,ct} = [0{,}10\,\kappa \cdot (100\rho_l \cdot f_{ck})^{1/3} - 0{,}12 \cdot \sigma_{cd}] \cdot b_w \cdot d \tag{5.33}$$

Es sind

$\kappa \;= 1 + \sqrt{200/d} \leq 2$ (d in mm)

b_w kleinste Querschnittsbreite innerhalb der Nutzhöhe d (s. a. Abschn. 5.2.5)

d Nutzhöhe

$\sigma_{cd} = N_{Ed}/A_c$ mit N_{Ed} als Längskraft infolge von Last oder Vorspannung (Druck negativ)

ρ_l Längsbewehrungsgrad $\rho_l = A_{sl}/(b_w \cdot d) \leq 0{,}02$; die Bewehrung A_{sl} muss ab der Nachweisstelle mindestens mit $(d + l_{b,net})$ verankert sein (s. hierzu Abb. 5.24).

In Gl. (5.33) werden die zuvor genannten Mechanismen beschrieben, und zwar

- die Dübelwirkung durch den Längsbewehrungsgrad $(100\rho_l)^{1/3}$
  (bzw. die in der Betondruckzone aufnehmbare Querkraft, da Druckzonenhöhe und Längsbewehrungsgrad miteinander korrespondieren)
- die Einspannung der Betonzähne und die Kornverzahnung durch die Zugfestigkeit $0{,}10 f_{ck}^{1/3}$

Wie allerdings aus Versuchen hervorgeht, ist die Maßstäblichkeit der Querkrafttragfähigkeit mit wachsender Bauhöhe nur bedingt gegeben; die Biegezugfestigkeit des Betons fällt beispielsweise umso höher aus, je niedriger die Bauteile sind. Mit wachsender Bauhöhe muss daher die Querkrafttragfähigkeit mit dem Faktor κ herabgesetzt werden (s. [Leonhardt-T1 – 73]).

Die Wirkung von Längskräften wird zusätzlich erfasst. Die Querkrafttragfähigkeit wird durch Druckkräfte wegen der geringeren Rissbildung und der größeren Druckzonenhöhe günstig beeinflusst, bei Zugkräften entsprechend ungünstig. (Der Ansatz nach Gl. (5.33) ist jedoch in erster Linie nur für die Berücksichtigung von Längsdruckkräften gedacht.)

Neben der Tragfähigkeit $V_{Rd,ct}$ als Grenzwert der aufnehmbaren Querkraft eines Bauteils ohne Querkraftbewehrung ist außerdem die maximale Druckstrebentragfähigkeit $V_{Rd,max}$ nachzuweisen. Für Platten ohne nennenswerte Längskräfte ist dieser Nachweis jedoch i. d. R. nicht maßgebend und daher entbehrlich (s. hierzu Abschn. 5.2.5).

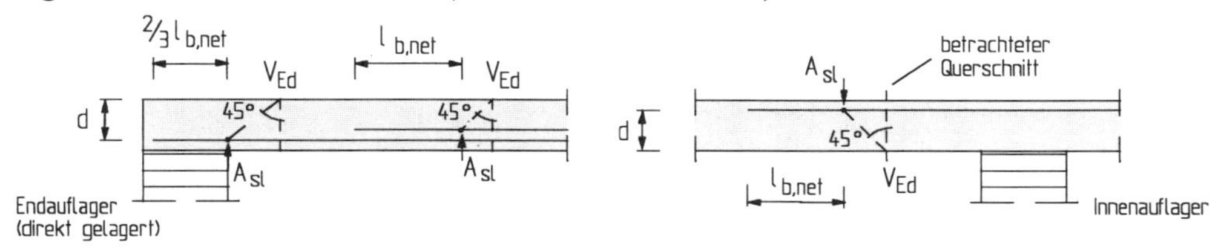

Abb. 5.24 Definition von A_{sl} nach Gl. (5.33)

Beispiel 1

Für die dargestellte einfeldrige Deckenplatte soll die Tragfähigkeit für Querkraft nachgewiesen werden. Aus einer hier nicht dargestellten Biegebemessung (s. hierzu Abschnitt 5.1) erhält man in Feldmitte A_{sl} = 5,70 cm²/m, die Bewehrung soll gestaffelt werden, so dass am Endauflager nur noch die Hälfte der maximalen Feldbewehrung vorhanden ist.

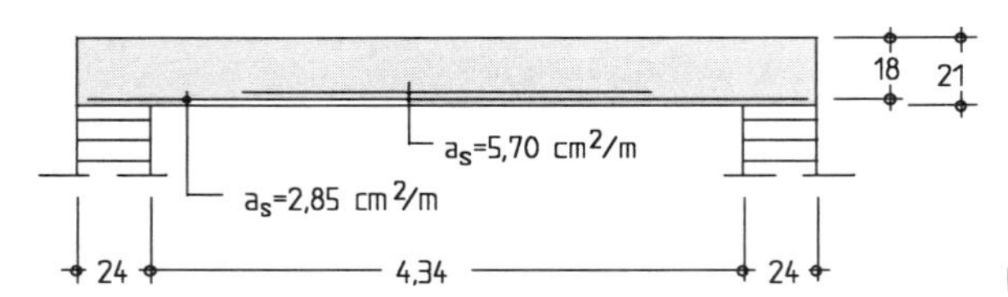

Baustoffe: C20/25; BSt 500

System und Belastung

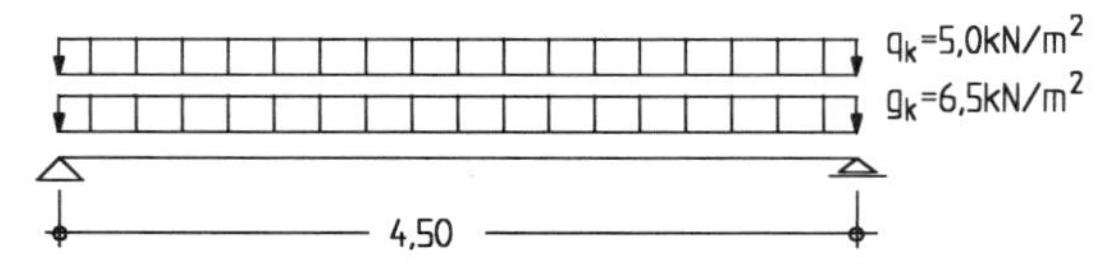

Bemessungsquerkraft

$$V_{Ed,l} = -V_{Ed,r} = 0,5 \cdot (\gamma_G \cdot g_k + \gamma_Q \cdot q_k) \cdot l = 0,5 \cdot (1,35 \cdot 6,5 + 1,5 \cdot 5,0) \cdot 4,50$$
$$= 0,5 \cdot 16,3 \cdot 4,50 = 36,6 \text{ kN}$$

Bemessung

Ohne Querkraftbewehrung aufnehmbare Querkraft

$V_{Rd,ct} = 0,10 \cdot \kappa \cdot (100\rho_l \cdot f_{ck})^{1/3} \cdot b_w \cdot d$ — vgl. Gl. (5.33) für $\sigma_{cd} = 0$

$\kappa = 2$ — für $d \leq 200$ mm

$\rho_l = 2,85 / (100 \cdot 18) = 0,0016$ — Es darf nur die am Endauflager verankerte Längsbewehrung berücksichtigt werden.

$d = 0,18$ m

$V_{Rd,ct} = 0,10 \cdot 2 \cdot (0,16 \cdot 20)^{1/3} \cdot 1 \cdot 0,18 = 0,0531 \text{ MN} = 53,1 \text{ kN}$

$V_{Rd,ct} > V_{Ed,0}$ — Nachweis näherungsweise in der theoretischen Auflagerlinie; sichere Seite.

$\Rightarrow$ keine Querkraftbewehrung erforderlich.

Der Nachweis der Druckstrebe $V_{Rd,max}$ ist bei Stahlbetonplatten im Allgemeinen entbehrlich (hier ohne Nachweis).

Beispiel 2

Für eine zweifeldrige Deckenplatte soll nachgewiesen werden, dass auf Querkraftbewehrung verzichtet werden kann. In einer Bemessung für Biegung wurde für die Innenstütze eine (obere) Biegezugbewehrung von A_{sl} = 3,85 cm²/m ermittelt (nach [Geistefeldt/Goris – 93]); weitere Angaben zur Biegzugbewehrung und zu den gewählten Baustoffen können der nachfolgenden Darstellung entnommen werden.

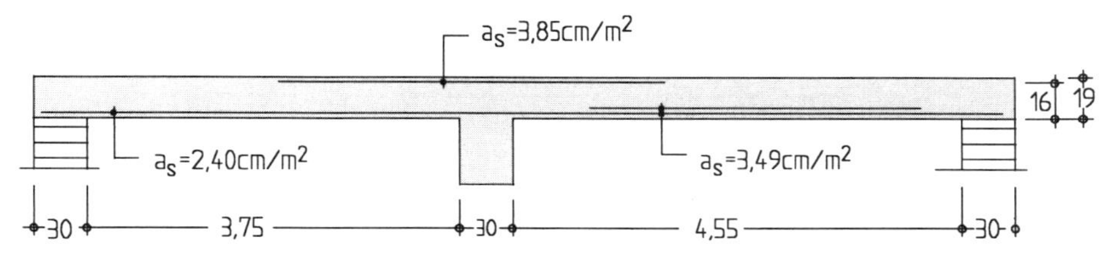

Baustoffe: C20/25; BSt 500

System und Belastung

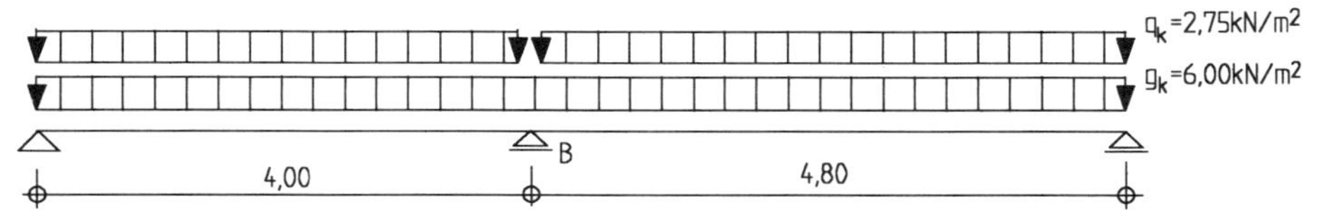

Bemessungsquerkraft

Die ungünstigste Querkraft tritt an der rechten Seite der Stütze B auf (rechnerische Ermittlung mit [Schneider – 00]).

$$V_{Ed,Br} = 0{,}729 \cdot (\gamma_G \cdot g_k + \gamma_Q \cdot q_k) \cdot l_1 = 0{,}729 \cdot (1{,}35 \cdot 6{,}0 + 1{,}5 \cdot 2{,}75) \cdot 4{,}0 = 35{,}6 \text{ kN}$$

Bemessung

Ohne Querkraftbewehrung aufnehmbare Querkraft

$V_{Rd,ct} = 0{,}10 \cdot \kappa \cdot (100\rho_l \cdot f_{ck})^{1/3} \cdot b_w \cdot d$ — vgl. Gl. (5.33) für $\sigma_{cd} = 0$

$\kappa = 2$ — für $d \leq 200$ mm

$\rho_l = 3{,}85/(100 \cdot 16) = 0{,}0024$ — Bewehrungsgrad der Biegezugbewehrung (hier: **obere** Bewehrung); die Bewehrung muss ab der Nachweisstelle mindestens noch mit $(d+l_{b,net})$ vorhanden sein.

$$V_{Rd,ct} = 0{,}1 \cdot 2{,}0 \cdot (100 \cdot 0{,}0024 \cdot 20)^{1/3} \cdot 1{,}00 \cdot 0{,}16 = 0{,}0540 \text{ MN} = 54{,}0 \text{ kN} > V_{Ed}$$

$\Rightarrow$ keine Querkraftbewehrung erforderlich.

Auf einen Nachweis der Druckstrebe $V_{Rd,max}$ wird verzichtet.

5.2.5 Bauteile mit Querkraftbewehrung

5.2.5.1 Querkraftbeanspruchung der Balkenstege

Bei Bauteilen mit Querkraftbewehrung erfolgt die Lastabtragung über ein Stabwerk, bestehend aus dem Ober- und Untergurt der Biegedruckzone und -zugzone sowie aus geneigten Betondruckstreben und vertikalen oder geneigten Zugstreben, die Ober- und Untergurt miteinander verbinden. Bei der Querkraftbemessung werden die Betondruckstrebe und die Querkraftbewehrung zur Aufnahme der Zugstrebenkräfte nachgewiesen.

Die Gleichungen der Querkraftbemessung sollen an einem Fachwerkmodell gemäß Abb. 5.25 zunächst für den Sonderfall eines Balkens mit lotrechter Querkraftbewehrung gezeigt werden. Bei einer Beanspruchung infolge einer mittig angreifenden Einzellast ergeben sich die für den Knoten 1 und 2 dargestellten Druck- und Zugstrebenkräfte. Für die Betonspannungen σ_{cd} der Druckstrebe und Stahlspannung σ_{sd} der Zugstrebe erhält man (s. a. [Geistefeldt/Goris – 93]):

$$\sigma_{cd} = \frac{V_{Ed}}{\sin\vartheta} \cdot \frac{1}{z \cdot \sin\vartheta \cdot \cot\vartheta} \cdot \frac{1}{b_w} = \frac{V_{Ed}}{b_w \cdot z} \cdot \frac{1+\cot^2\vartheta}{\cot\vartheta} \leq \alpha_c f_{cd} \tag{5.34}$$

$$\sigma_{sd} = V_{Ed} \cdot \frac{1}{z \cdot \cot\vartheta} \cdot \frac{1}{A_{sw}/s_w} = \frac{V_{Ed}}{(A_{sw}/s_w) \cdot z} \cdot \frac{1}{\cot\vartheta} \leq f_{yd} \tag{5.35}$$

Die maximale Tragfähigkeit ergibt sich bei Erreichen der Materialfestigkeiten, der Streckgrenze f_{yd} der Querkraftbewehrung auf der einen Seite und der zulässigen Druckfestigkeit $\alpha_c f_{cd}$ in der Betondruckstrebe auf der anderen Seite.

Die maximal von der Druckstrebe aufnehmbare Querkraft $V_{Rd,max}$ beträgt mit $V_{Ed} = V_{Rd,max}$

$$V_{Rd,max} = \alpha_c \cdot f_{cd} \cdot b_w \cdot z \cdot \frac{1}{(\tan\vartheta + \cot\vartheta)} \tag{5.36}$$

Ebenso erhält man die größte von der Querkraftbewehrung aufnehmbare Querkraft $V_{Rd,sy}$

$$V_{Rd,sy} = (A_{sw}/s_w) \cdot f_{yd} \cdot z \cdot \cot\vartheta \tag{5.37}$$

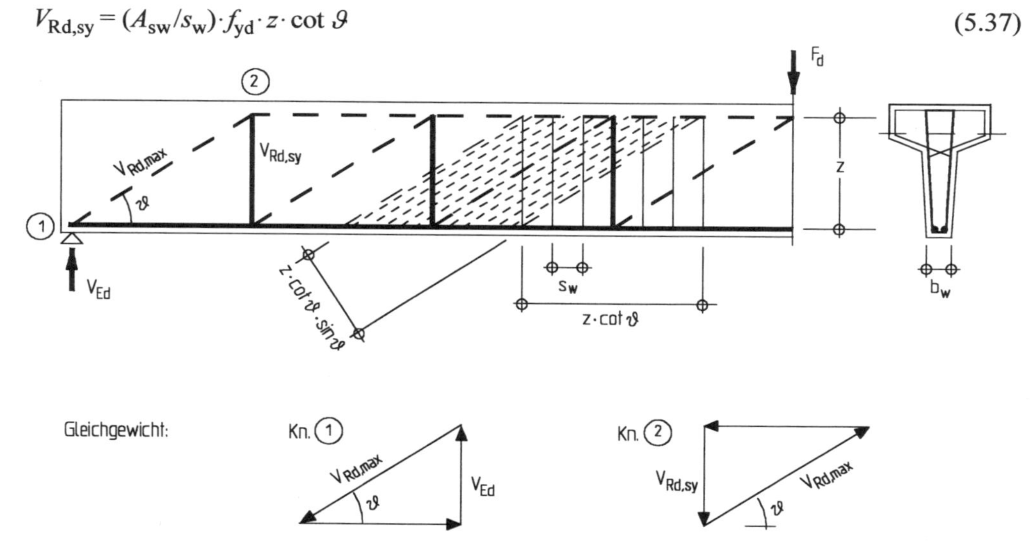

Abb. 5.25 Fachwerkmodell für Bauteile mit lotrechter Querkraftbewehrung

Wie zu sehen ist, hat der Neigungswinkel ϑ der Druckstrebe einen maßgeblichen Einfluss auf die Bauteilwiderstände. In der klassischen Fachwerkanalogie nach *Mörsch* ist $\vartheta = 45°$. Bei geringer Querkraftbeanspruchung können sich jedoch deutlich flachere Winkel einstellen, die zu einer starken Reduzierung der Querkraftbewehrung führen. Erst bei hoher Querkraftbeanspruchung stellt sich zur Sicherstellung der Druckstrebentragfähigkeit ein Winkel von etwa 45° ein.

Die aus Gleichgewichtsgründen möglichen Winkel ϑ können jedoch nicht ohne weiteres zugrunde gelegt werden, da auch die Verträglichkeit der Verzerrungen infolge von Bügeldehnung, Längsdehnung der Gurte und Strebenstauchung (vgl. [Reineck – 01]) zu beachten ist.

In DIN 1045-1 ist die Querkrafttragfähigkeit wie folgt festgelegt:

- Bauteile mit ***lotrechter Querkraftbewehrung***
  - Bemessungswiderstand $V_{Rd,max}$

$$V_{Rd,max} = \alpha_c \cdot f_{cd} \cdot b_w \cdot z \cdot \frac{1}{(\tan\vartheta + \cot\vartheta)} \qquad (5.38)$$

$\alpha_c = 0{,}75$ (für Leichtbeton muss α_c modifiziert werden)
$f_{cd} = \alpha f_{ck} / \gamma_c$ (α Dauerlastfaktor; s. S. 44)
b_w kleinste Stegbreite; bei Stegen mit Spanngliedern s. DIN 1045-1
ϑ Neigungswinkel der Druckstrebe (s. u.)

  - Bemessungswert $V_{Rd,sy}$

$$V_{Rd,sy} = a_{sw} \cdot f_{yd} \cdot z \cdot \cot\vartheta \qquad (5.39)$$

a_{sw} Querschnitt der Querkraftbewehrung je Längeneinheit ($a_{sw} = A_{sw} / s_w$)
f_{yd} Bemessungswert der Stahlfestigkeit der Querkraftbewehrung
z innerer Hebelarm (im Allg.: $z \approx 0{,}9 \cdot d$, jedoch nicht größer als $z = (d - 2c_{nom})$ mit c_{nom} der Längsbewehrung in der Druckzone)
ϑ Neigungswinkel der Druckstrebe:

$$\cot\vartheta = \frac{(1{,}2 - 1{,}4\ \sigma_{cd} / f_{cd})}{(1 - V_{Rd,c} / V_{Ed})} \quad \begin{cases} \geq 0{,}58 \\ \leq 3{,}0 \text{ (für Leichtbeton gilt 2,0 als Grenze)} \end{cases}$$

$$V_{Rd,c} = 2{,}4\ \eta_1 \cdot 0{,}1 f_{ck}^{1/3} \cdot (1 + 1{,}2 \cdot \frac{\sigma_{cd}}{f_{cd}}) \cdot b_w \cdot z$$

$\sigma_{cd} = N_{Ed} / A_c$ ($N_{Ed} < 0$ für Längsdruck)
$\eta_1 = 1{,}0$ für Normalbeton (für Leichtbeton gilt ein modifizierter η_1-Wert)

Näherungsweise darf gesetzt werden

$\cot\vartheta = 1{,}2$ für reine Biegung und für Biegung mit Längsdruckkraft
$\cot\vartheta = 1{,}0$ für Biegung und Längszugkraft

- Bauteile mit unter einem Winkel α gegen die Trägerachse ***geneigter Querkraftbewehrung***
  - Bemessungswiderstand $V_{Rd,max}$

$$V_{Rd,max} = \alpha_c \cdot f_{cd} \cdot b_w \cdot z \cdot \frac{(\cot\vartheta + \cot\alpha)}{(1 + \cot^2\vartheta)} \qquad (5.40)$$

  - Bemessungswert $V_{Rd,sy}$

$$V_{Rd,sy} = a_{sw} \cdot f_{yd} \cdot z \cdot \sin\alpha \cdot (\cot\vartheta + \cot\alpha) \qquad (5.41)$$

Außerdem ist generell eine Mindestquerkraftbewehrung zu beachten und nachzuweisen.

5.2.5.2 Anschluss von Druck- und Zuggurten

Bei Plattenbalken oder Hohlkästen müssen Platten, die als Druck- oder Zuggurt mitwirken, schubfest an den Steg angeschlossen werden. Ebenso wie in Balkenstegen ist der schubfeste Anschluss über Druck- und Zugstreben sicherzustellen.

Das Zusammenwirken der Druck- und Zugstreben in einem Druckgurt und der Anschluss dieses „Obergurt"-Fachwerks an den Steg ist an dem einfachen Modell in Abb. 5.26 zu erkennen. Im Rahmen einer Bemessung ist der Nachweis zu erbringen, dass die Druckstrebentragfähigkeit nicht überschritten wird und die Querbewehrung die Zugstrebenkraft aufnehmen kann.

Nach DIN 1045-1 ist daher der Nachweis zu erbringen, dass die einwirkende Längsschubkraft V_{Ed} die Tragfähigkeiten $V_{\text{Rd,max}}$ und $V_{\text{Rd,sy}}$ nicht überschreitet:

$$V_{\text{Ed}} \leq V_{\text{Rd,max}} \tag{5.42a}$$

$$V_{\text{Ed}} \leq V_{\text{Rd,sy}} \tag{5.42b}$$

Einwirkende Längsschubkraft

Die einwirkende Längsschubkraft V_{Ed} wird ermittelt aus

$$V_{\text{Ed}} = \Delta F_{\text{d}} \tag{5.43}$$

Dabei ist ΔF_{d} die Längskraftdifferenz, die in einem einseitigen Gurtabschnitt auf der Länge a_{v} auftritt; diese Länge ist in DIN 1045-1 als diejenige Abschnittslänge definiert, in der die Längsschubkraft als konstant angenommen werden kann. Im Allgemeinen darf die Abschnittslänge nicht größer sein als der halbe Abstand zwischen Momentennullpunkt und Momentenhöchstwert; bei nennenswerten Einzellasten sollte die Abschnittslänge nicht über die Querkraftsprünge hinausgehen.

Für die Ermittlung der Längskraftdifferenz ΔF_{d} ist zu unterscheiden, ob die Gurtkräfte ΔF_{cd} eines Druckgurts bzw. ΔF_{sd} eines Zuggurts benötigt werden (s. nachfolgend).

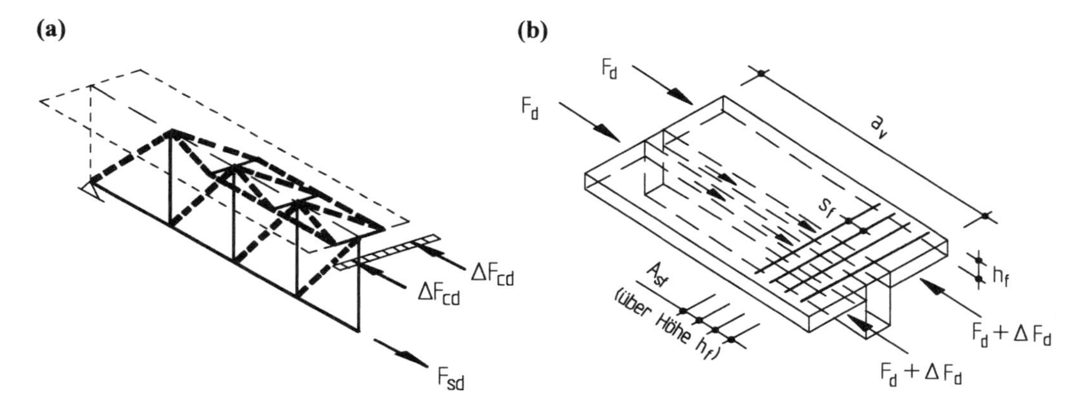

Abb. 5.26 Anschluss eines Gurtes an einem Steg
(a) Einfaches Strebenfachwerkmodell (Platte als Druckplatte)
(b) Bezeichnungen

Die *Druckgurtkraft* ΔF_{cd} des abliegenden Flansches erhält man im betrachteten Querschnitt bei reiner Biegung (ohne Längskraft) aus

$$\Delta F_{cd} = \frac{M_{Ed}}{z} \cdot \frac{F_{ca}}{F_{cd}} \quad (5.44a)$$

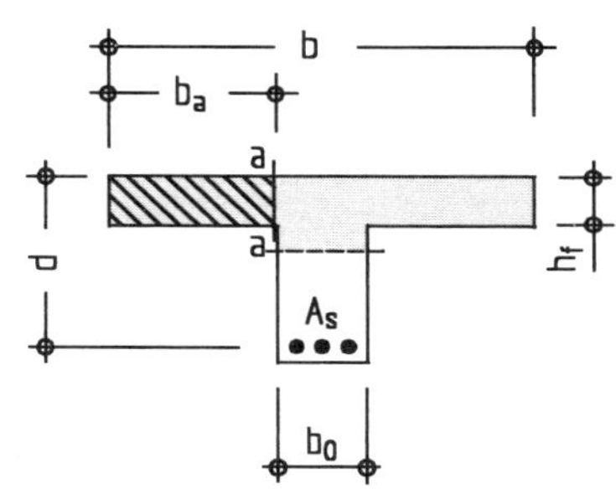

Abb. 5.27a: Bezeichnungen Druckgurt

Hierin sind (s. a. Abb. 5.27)

M_{Ed} Bemessungsmoment
z Hebelarm der inneren Kräfte
F_{ca} Betondruckkraft im abliegenden Flansch
F_{cd} gesamte Betondruckkraft

Bei Lage der Dehnungs-Nulllinie in der Platte ($x \leq h_f$) gilt

$$\Delta F_{cd} = \frac{M_{Ed}}{z} \cdot \frac{A_{ca}}{A_{cc}} = \frac{M_{Ed}}{z} \cdot \frac{b_a}{b} \quad (5.44b)$$

Die *Zugkraft* ΔF_{sd} der in den Flansch ausgelagerten Biegezugbewehrung ergibt sich bei „reiner“ Biegung zu

$$\Delta F_{sd} = \frac{M_{Ed}}{z} \cdot \frac{A_{sa}}{A_s} \quad (5.45)$$

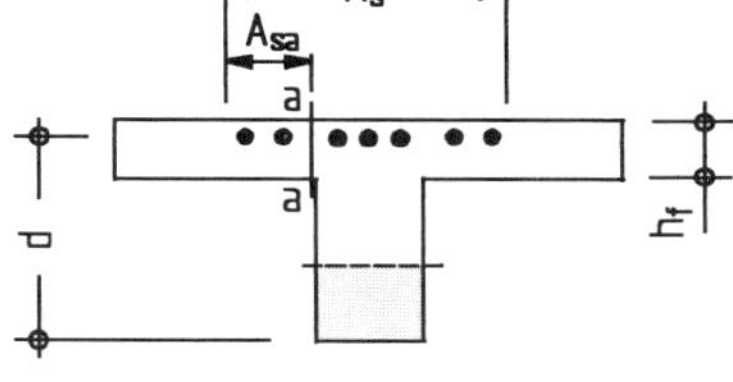

Abb. 5.27b: Bezeichnungen Zuggurt

Hierin sind

A_{sa} Fläche der im Flansch ausgelagerten Zugbewehrung des betrachteten Gurtstreifens
A_s Gesamtfläche der Zugbewehrung

Schubtragfähigkeit des Gurtanschlusses

Die Druckstreben- und Zugstrebentragfähigkeit des Gurtanschlusses wird entsprechend Abschn. 5.5 nachgewiesen. Dabei ist jedoch $b_w = h_f$ und $z = a_v$ zu setzen. Der Neigungswinkel der Druckstrebe darf dabei vereinfachend für einen Zuggurt zu cot $\vartheta = 1{,}0$ und in Druckgurten zu cot $\vartheta = 1{,}2$ gesetzt werden.

Für $\alpha = 90°$, d. h. für eine senkrecht zum Steg verlaufende Anschlussbewehrung, erhält man mit den zuvor genannten Neigungswinkeln ϑ für einen Druckgurt und einen Zuggurt die nachfolgend zusammengestellten Tragfähigkeitsgleichungen:

- Druckgurt

$$V_{Rd,max} = 0{,}492 \cdot \alpha_c \cdot f_{cd} \cdot h_f \cdot a_v \quad (5.46)$$
$$V_{Rd,sy} = a_{sf} \cdot f_{yd} \cdot a_v \cdot 1{,}2 \quad (5.47a)$$
bzw.
$$a_{sf} \geq \Delta F_d / (f_{yd} \cdot a_v \cdot 1{,}2) \quad (5.47b)$$

- Zuggurt

$$V_{Rd,max} = 0{,}5 \cdot \alpha_c \cdot f_{cd} \cdot h_f \cdot a_v \quad (5.48)$$
$$V_{Rd,sy} = a_{sf} \cdot f_{yd} \cdot a_v \cdot 1{,}0 \quad (5.49a)$$
bzw.
$$a_{sf} \geq \Delta F_d / (f_{yd} \cdot a_v) \quad (5.49b)$$

Schub und Querbiegung

Bei kombinierter Beanspruchung durch Schub zwischen Gurt und Steg und Querbiegung ist der größere erforderliche Stahlquerschnitt aus den beiden Beanspruchungsarten anzuordnen. Biegedruck- und -zugzone sind dabei getrennt zu betrachten (vgl. DIN 1045-1, 10.3.5). Nach [Zilch/Rogge – 01] ist diese Regelung jedoch nicht immer gerechtfertigt; ohne genaueren Nachweis wird daher eine Addition der Bewehrung für die beiden Beanspruchungsarten empfohlen.

Beispiele zu Abschn. 5.2.5.1 und 5.2.5.2

Beispiel 1

Der dargestellte Unterzug ist für Querkraft zu bemessen. Die Querkraftbewehrung soll aus lotrechten Bügeln bestehen.

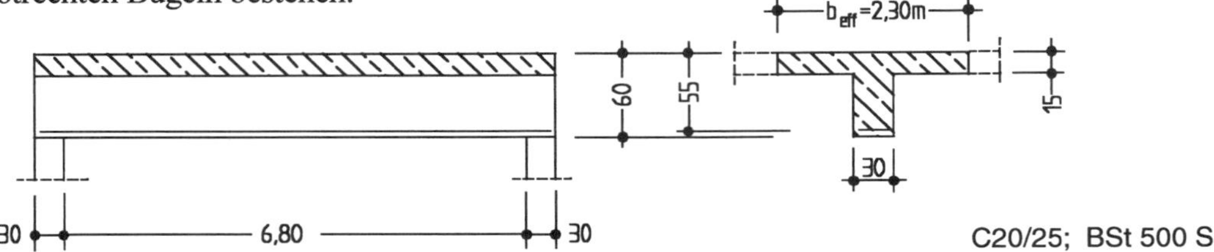

C20/25; BSt 500 S

System und Belastung

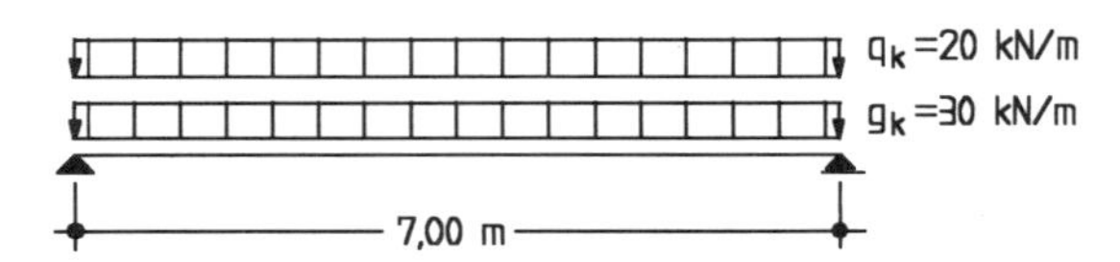

Bemessungsquerkraft

$V_{Ed,0} = V_{Ed,l} = -V_{Ed,r} = -0,5 \cdot (1,35 \cdot 30 + 1,5 \cdot 20) \cdot 7,0 = -0,5 \cdot 70,5 \cdot 7,0 = 247$ kN

$V_{Ed} = 247 - 70,5 \cdot (0,10 + 0,55) = 201$ kN (Abstand d vom Auflagerrand)

- *Bemessung der Balkensteges*

Nachweis der Druckstrebe

$V_{Rd,max} = \alpha_c \cdot f_{cd} \cdot b_w \cdot z / (\cot\vartheta + \tan\vartheta)$	Für lotr. Querkraftbewehrung; s. Gl. (5.38)
$\alpha_c \cdot f_{cd} = 0,75 \cdot 11,3 = 8,50$ MN/m²	Beton C 20/25
$b_w = 0,30$ m	Kleinste Querschnittsbreite
$z \approx 0,9 \cdot 0,55 = 0,49$ m	Entspricht ($d - 2\,c_{nom}$) bei $c_{nom} = 3$ cm.
$\cot\vartheta = 1,2 / (1 - V_{Rd,c} / V_{Ed})$	Für $\sigma_{cd} = 0$; s. Erläuterungen zu Gl. (5.39)
$V_{Rd,c} = \eta_1 \cdot \beta_{ct} \cdot 0,1 \cdot f_{ck}^{1/3} \cdot b_w \cdot z$ $= 0,24 \cdot 20^{1/3} \cdot 0,3 \cdot 0,49 = 0,096$ MN	$\beta_{ct} = 2,4$
$\cot\vartheta = 1,2 / (1 - 0,096 / 0,247) = 1,96$	Neigungswinkel $\vartheta = 27°$
$V_{Rd,max} = 8,50 \cdot 0,3 \cdot 0,49 / (0,51 + 1,96)$ $= 0,506$ MN $= 506$ kN	$V_{Rd,max}$ darf in *keinem* Querschnitt des Bauteils überschritten werden (hier: $V_{Ed,0}$)
$V_{Rd,max} > V_{Ed,0} = 247$ kN	

Nachweis der Zugstrebe (Schubbewehrung)

$V_{Rd,sy} = a_{sw} \cdot f_{yd} \cdot z \cdot \cot\vartheta$	Für lotr. Querkraftbewehrung; s. Gl. (5.39)
$a_{sw} \geq V_{Ed} / (\cot\vartheta \cdot z \cdot f_{yd})$	
$\cot\vartheta = 1,96$	$\cot\vartheta$ wie oben
$f_{yd} = 500 / 1,15 = 435$ MN/m²	
$a_{sw} \geq 0,201 / (1,96 \cdot 0,49 \cdot 435)$ $= 4,81 \cdot 10^{-4}$ m²/m $= 4,81$ cm²/m	V_{Ed} im Abstand d vom Auflagerrand

- *Schub zwischen Balkensteg und Druckgurt*

Aufzunehmender Längsschub (Bemessungswert)

$V_{Ed} = \Delta F_d$	
$\Delta F_d = F_{d,2} - F_{d,1}$	Längskraftdifferenz auf der Länge a_v
$F_{d,1} = 0$	Stelle 1: Auflagerlinie
$F_{d,2} = (M_{Ed} / z) \cdot (F_{ca} / F_{cd})$	Stelle 2: Abstand $x = 1{,}75$ m von A (s. u.)
$M_{Ed} = 324$ kNm	Moment an der Stelle 2
$(F_{ca} / F_{cd}) \approx b_a / b_{eff}$	Vgl. Gl. (5.44b)
$b_{eff} = 2{,}30$ m	
$b_a = (2{,}30 - 0{,}30) / 2 = 1{,}00$ m	
$(b_a / b_{eff}) = 1{,}00/2{,}30 = 0{,}43$	43 % der Gesamtdruckkraft ist anzuschließen
$F_{d,2} = (324 / 0{,}49) \cdot 0{,}43 = 284$ kN	
$V_{Ed} = \Delta F_d = 284 - 0 = 284$ kN	

Aufnehmbarer Längsschub (Bemessungswert)

Druckstrebennachweis

$V_{Rd,max} = \alpha_c \cdot f_{cd} \cdot h_f \cdot a_v / (\cot \vartheta + \tan \vartheta)$	Vgl. Gl. (5.46)
$\cot \vartheta = 1{,}2$	Näherung für einen Druckgurt
$a_v = 1{,}75$ m	Halber Abstand zwischen $M = 0$ und M_{max}
$V_{Rd,max} = 8{,}5 \cdot 0{,}18 \cdot 1{,}75 / (1{,}20 + 0{,}83)$	
$= 1{,}319$ MN $> V_{Ed} = 0{,}284$ MN	

Zugstrebennachweis

$V_{Rd,sy} = a_{sf} \cdot f_{yd} \cdot a_v \cdot \cot \vartheta \geq V_{Ed}$	Vgl. Gl. (5.47a) und (5.47b)
$a_{sf} \geq 0{,}284 / (435 \cdot 1{,}75 \cdot 1{,}20)$	
$= 3{,}11 \cdot 10^{-4}$ m²/m $= 3{,}11$ cm²/m	

Die erforderliche Bewehrung ist jeweils zur Hälfte auf Ober- und Unterseite zu verteilen, eine vorhandene Querbewehrung darf angerechnet werden (s. jedoch Anm. auf S. 101).

Beispiel 2

Der nachfolgend dargestellte Einfeldträger mit Kragarm (vgl. [Geistefeldt/Goris – 93]) ist für Querkraft an den Stützen A und B_l zu bemessen, Anschluss des Zug- und Druckgurts ist nachzuweisen.

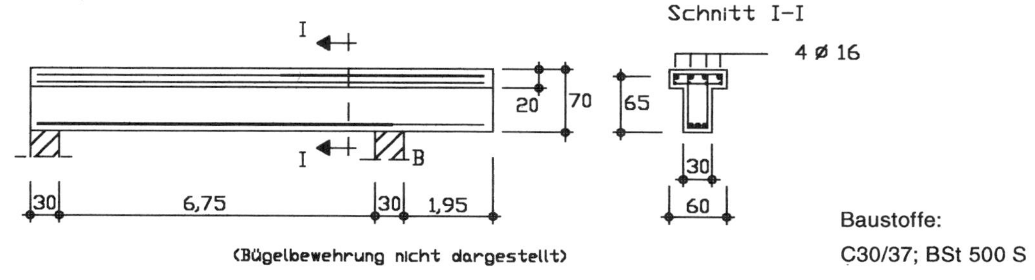

System und Belastung

q_k=25kN/m
g_k=40kN/m
A B
7,00 2,10

Bemessung am Auflager B_l

- *Querkraftbemessung für den Balkensteg*

  Aufzunehmende Querkraft V_{Ed}

  $V_{Ed,bl} = -0{,}5 \cdot (1{,}35 \cdot 40 + 1{,}5 \cdot 25) \cdot 7{,}00 - (1{,}35 \cdot 40 + 1{,}5 \cdot 25) \cdot 2{,}10^2 / (2 \cdot 7{,}0) = -349$ kN
  $|V_{Ed}| = 349 - (1{,}35 \cdot 40 + 1{,}5 \cdot 25) \cdot 0{,}80 = 276$ kN (im Abstand d vom Auflagerrand)

  Bemessungswerte der aufnehmbaren Querkraft (für lotrechte Bügel, d. h. $\alpha = 90°$).

  – Nachweis der Druckstrebe

  $V_{Rd,max} = \alpha_c \cdot f_{cd} \cdot b_w \cdot z / (\cot \vartheta + \tan \vartheta)$
  $\alpha_c f_{cd} = 0{,}75 \cdot 17{,}0 = 12{,}8$ MN/m²
  $z = 0{,}9 d = 0{,}9 \cdot 0{,}65 = 0{,}59$ m
  $\leq d - 2c_{nom} = 0{,}65 - 0{,}06 = 0{,}59$ m (für $c_{nom} = 0{,}03$ m; Annahme)
  $V_{Rd,c} = 0{,}24 \cdot f_{ck}^{1/3} \cdot b_w \cdot z = 0{,}24 \cdot 30^{1/3} \cdot 0{,}3 \cdot 0{,}59 = 0{,}132$ MN
  $\cot \vartheta = 1{,}2 / (1 - V_{Rd,c}/V_{Ed}) = 1{,}2 / (1 - 0{,}132/0{,}349) = 1{,}93$
  $V_{Rd,max} = 12{,}8 \cdot 0{,}3 \cdot 0{,}59 \cdot 10^3 / (1{,}93 + 0{,}52) = 925 \text{ kN} > V_{Ed} = 349$ kN

  – Nachweis der Querkraftbewehrung

  $V_{Rd,sy} = a_{sw} \cdot f_{yd} \cdot z \cdot \cot \vartheta$
  $a_{sw} = V_{Ed} / (f_{yd} \cdot z \cdot \cot \vartheta) = 276 / (43{,}5 \cdot 0{,}59 \cdot 1{,}93) = 5{,}57$ cm²/m

- *Schub zwischen Balkensteg und Zuggurt*

  Aufzunehmender Längsschub V_{Ed}

  $V_{Ed} = \Delta F_d$
  $\Delta F_d = (M_{Ed}/z) \cdot (A_{sa}/A_s)$
  $(M_{Ed}/z) = 202/(0{,}9 \cdot 0{,}65) = 345$ kN ($|M_{Ed,b}| = (1{,}35 \cdot 40 + 1{,}5 \cdot 25) \cdot 2{,}10^2/2 = 202$ kNm)
  $(A_{sa}/A_s) = {}^1/_4$ (je 1⌀16 ist ausgelagert; s. Skizze S. 103)
  $V_{Ed} = \Delta F_d = 345 \cdot ({}^1/_4) = 86{,}3$ kN

  Aufnehmbarer Längsschub

  – Druckstrebennachweis

  $V_{Rd,max} = \alpha_c \cdot f_{cd} \cdot h_f \cdot a_v / (\cot \vartheta + \tan \vartheta)$
  $\cot \vartheta = 1{,}0$ (Näherung für Zuggurt)
  $a_v = 0{,}63$ m (Abstand zwischen $M = 0$ und $M = M_b$) *)

---

*) Abweichend von DIN 1045-1, wonach für a_v der halbe Abstand zwischen $M = 0$ und $M = M_b$ einzusetzen ist. Theoretisch müsste eine Abschnittslänge von $a_v = 0{,}63/2 = 0{,}32$ m untersucht werden und ΔF_d aus der Längskraft (Zuggurtkraft) an den Abschnittsenden berechnet werden. Im Rahmen dieses Beispiels wird auf diese „genauere" Untersuchung verzichtet. Momenten-Nullpunkt aus Nebenrechung.

$V_{Rd,max} = 12{,}8 \cdot 0{,}2 \cdot 0{,}63 / (1{,}0 + 1{,}0) = 0{,}806\ MN >> V_{Ed}$

– Zugstrebennachweis

$V_{Rd,sy} = a_{sf} \cdot f_{yd} \cdot a_v \cdot \cot \vartheta \geq V_{Ed}$

$a_{sf} \quad \geq 0{,}0863 / (435 \cdot 0{,}63 \cdot 1{,}0) = 3{,}15 \cdot 10^{-4}\ m^2/m\ = 3{,}15\ cm^2/m$

Die Bewehrung wird gleichmäßig auf Ober- und Unterseite verteilt; zusätzlich ist die Mindestbewehrung zu überprüfen.

Bemessung am Auflager A

- *Querkraftbemessung für den Balkensteg*

Bemessungswert der Querkraft V_{Ed}

$V_{Ed,a} = +0{,}5 \cdot (1{,}35 \cdot 40 + 1{,}5 \cdot 25) \cdot 7{,}00 - 1{,}35 \cdot 40 \cdot 2{,}10^2 / (2 \cdot 7{,}00)\ = 303\ kN$

$V_{Ed}\ = 303 - (1{,}35 \cdot 40 + 1{,}5 \cdot 25) \cdot 0{,}75 = 234\ kN$ (im Abstand d vom Auflagerrand)

Bemessungswerte der aufnehmbaren Querkraft (für lotrechte Bügel, d. h. $\alpha = 90°$).

– Nachweis der Druckstrebe

$V_{Rd,max} = \alpha_c \cdot f_{cd} \cdot b_w \cdot z / (\cot \vartheta + \tan \vartheta)$

$\cot \vartheta = 1{,}2 / (1 - 0{,}132 / 0{,}303) = 2{,}13 < 3$ (vgl. S. 104)

$V_{Rd,max} = 12{,}8 \cdot 0{,}3 \cdot 0{,}59 \cdot 10^3 / (2{,}13 + 0{,}47) = 871\ kN > V_{Ed,a} = 303\ kN$

– Nachweis der Querkraftbewehrung

$a_{sw} = V_{Ed} / (f_{yd} \cdot z \cdot \cot \vartheta) = 234 / (43{,}5 \cdot 0{,}59 \cdot 2{,}13) = 4{,}28\ cm^2/m$

- *Schub zwischen Balkensteg und Zuggurt*

Aufzunehmender Längsschub V_{Ed}

$V_{Ed}\ = \Delta F_d$

$\Delta F_d = F_{d,2} - F_{d,1}$

Es ist die Längskraftdifferenz zwischen dem Auflager A (Stelle 1) und dem halben Abstand bis zum Momentenmaximum (Stelle 2) zu bestimmen. In einer hier nicht dargestellten Nebenrechnung wurde das Momentmaximum an der Stelle $x = 3{,}32$ m ermittelt, die Stelle 2 liegt somit im Abstand $x = 1{,}66$ m vom Auflager A. Das Moment an dieser Stelle beträgt:

$M_{Ed,x=1,66} = 303 \cdot 1{,}66 - (1{,}35 \cdot 40 + 1{,}5 \cdot 25) \cdot 1{,}66^2/2 = 376{,}9\ kNm$

$F_{d,x=1,66} = (M_{Ed}/z) \cdot (F_{ca}/F_{cd})$ | $(M_{Ed}/z) \approx 376{,}9/(0{,}9 \cdot 0{,}65) = 644\ kN$

$= 644 \cdot 0{,}25 = 161\ kN$ | $(F_{ca}/F_{cd}) \approx 0{,}15/0{,}60 = 0{,}25$

$F_{d,x=0}\ = 0$

$V_{Ed} = \Delta F_d\ = 161 - 0 = 161\ kN$

Aufnehmbarer Längsschub

– Druckstrebennachweis

$V_{Rd,max} = \alpha_c \cdot f_{cd} \cdot h_f \cdot a_v / (\cot \vartheta + \tan \vartheta)$

$\cot \vartheta = 1{,}2$ | Näherung für Druckgurt

$a_v = 1{,}66$ m | halber Abstand zwischen $M = 0$ und $M = M_{max}$

$V_{Rd,max} = 12{,}8 \cdot 0{,}20 \cdot 1{,}66 / (1{,}2 + 0{,}83) = 2{,}093\ MN > V_{Ed} = 0{,}161\ MN$

- Zugstrebennachweis

  $a_{sf} \geq 0{,}161 / (435 \cdot 1{,}66 \cdot 1{,}2) = 1{,}86 \cdot 10^{-4}$ m²/m $= 1{,}86$ cm²/m

  Bewehrung gleichmäßig auf Ober- und Unterseite verteilen, eine Mindestbewehrung ist zu beachten.

Beispiel 3

Belastung eines Unterzugs durch eine große Einzellast, das Eigengewicht des Trägers sei vernachlässigbar klein. Die Querkraftbewehrung soll aus lotrechten Bügeln ($\alpha = 90°$) bestehen.

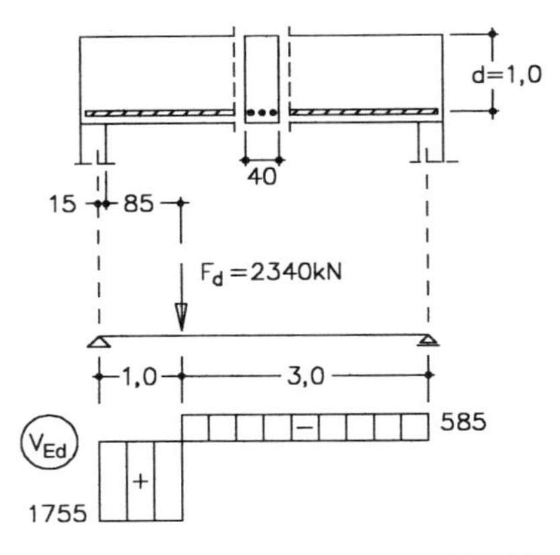

Baustoffe: C35/45; BSt 500

Nachweis der Druckstrebe

$V_{Rd,max} = \alpha_c \cdot f_{cd} \cdot b_w \cdot z / (\cot\vartheta + \tan\vartheta)$

$\alpha_c \cdot f_{cd} = 0{,}75 \cdot (0{,}85 \cdot 35/1{,}5) = 14{,}9$ MN/m²

$b_w = 0{,}40$ m

$z = 0{,}87 \cdot 1{,}0 = 0{,}87$ m (*z* wurde der – hier nicht dargestellten – Biegebemessung entnommen)

$\cot\vartheta = 1{,}2 / (1 - V_{Rd,c} / V_{Ed})$

$V_{Rd,c} = 0{,}24 \cdot 35^{1/3} \cdot 0{,}4 \cdot 0{,}87 = 0{,}273$ MN

$\cot\vartheta = 1{,}2/(1 - 0{,}273/1{,}755) = 1{,}42 < 3{,}0$

$V_{Rd,max} = 14{,}9 \cdot 0{,}4 \cdot 0{,}87 / (1{,}42 + 0{,}70) = 2{,}446$ MN $> V_{Ed,l} = 1{,}755$ MN

Nachweis der Querkraftbewehrung

$V_{Rd,sy} = a_{sw} \cdot f_{yd} \cdot z \cdot \cot\vartheta$ (für $\alpha = 90°$)

$a_{sw} \geq V_{Ed} / (\cot\vartheta \cdot z \cdot f_{yd})$

$V_{Ed,w} = \beta \cdot V_{Ed,0}$

$\beta = x / (2{,}5d) = 0{,}85 / (2{,}5 \cdot 1) = 0{,}34$ (*x* Abstand der Einzellast vom Auflagerrand)

$V_{Ed,w} = 0{,}34 \cdot 1755 = 597$ kN

$a_{sw} \geq 0{,}597 / (1{,}42 \cdot 0{,}87 \cdot 435) = 11{,}1 \cdot 10^{-4}$ m²/m $= 11{,}1$ cm²/m

Hinweis: Die abgeminderte Querkraft entspricht in etwa der Querkraft rechts von der Einzellast, die nicht abgemindert werden darf. Die ermittelte Querkraftbewehrung wird daher auf der gesamten Trägerlänge angeordnet. Die Biegezugbewehrung ist am Endauflager besonders sorgfältig zu verankern.

5.2.6 Schubfugen

Schubfugen übertragen Schubkräfte zwischen nebeneinander liegenden Fertigteilen oder zwischen Ortbeton und einem vorgefertigten Bauteil. Bezüglich der Fugenrauigkeit wird unterschieden (nach EC 2 T 1-5; in DIN 1045-1 sind konkretere Hinweise für das DAfStb-Heft 525 angekündigt):

- sehr glatte Fuge, die dann vorliegt, wenn gegen Stahl- oder glatte Holzschalungen betoniert wurde
- glatte Fuge, die abgezogen oder im Extruderverfahren hergestellt wird oder die nach dem Verdichten ohne weitere Behandlung bleibt.
- raue Fuge, bei denen die Oberfläche nach dem Betonieren mit einem Rechen aufgeraut wird (Oberflächenrauigkeit ≥ 3 mm bei einem Abstand der Zinken von 40 mm) oder bei denen die Zugschlagstoffe herausragen
- verzahnte Fugen, die eine Verzahnung nach Abb. 5.28 ausweisen.

Nachweis nach DIN 1045-1

Die aufzunehmende Bemessungsschubkraft v_{Ed} darf die aufnehmbare v_{Rd} nicht überschreiten:

$$v_{Ed} \leq v_{Rd} \tag{5.50}$$

Der Bemessungswert der aufzunehmenden Schubkraft je Längeneinheit v_{Sd} ergibt sich zu

$$v_{Ed} = \beta_1 \cdot \frac{V_{Ed}}{z} \tag{5.51}$$

mit β_1 als Quotient aus der Längskraft im Aufbeton und der Gesamtlängskraft (Gesamtlängskraft infolge Biegung: M_{Ed}/z), V_{Ed} als Bemessungswert der Querkraft, z als Hebelarm der inneren Kräfte.

Die aufnehmbare Bemessungsschubkraft ohne Anordnung einer Verbundbewehrung ergibt sich zu (DIN 1045-1, 10.3.6):

$$v_{Rd,ct} = [\eta_1 \cdot 0{,}42 \cdot \beta_{ct} \cdot 0{,}10 f_{ck}^{1/3} - \mu \cdot \sigma_{Nd}] \cdot b \tag{5.52}$$

b Breite der Kontaktfuge zwischen Ortbeton und Fertigteil (s. z. B. Abb. 5.29)

f_{ck} charakteristischer Wert der Betonfestigkeit f_{ck} (in N/mm²) des Ortbetons oder des Fertigteils; der kleinere Wert ist maßgebend

σ_{Nd} „Normal“spannung senkrecht zur Fuge (Druck negativ) mit $|\sigma_{Nd}| \leq 0{,}6 \cdot f_{cd}$

β_{ct} Beiwert nach nebenstehender Tafel

η_1 = 1,0 für Normalbeton (für Leichtbeton muss η_1 modifiziert werden)

μ Beiwert der Schubreibung nach nebenstehender Tafel

Oberfläche	β_{ct}	μ
verzahnt	2,4	1,0
rau	2,0 a)	0,7
glatt	1,4 a)	0,6
sehr glatt	0	0,5

a) Falls die Fuge senkrecht zur Fuge unter Zug steht, ist $\beta_{ct} = 0$ zu setzen.

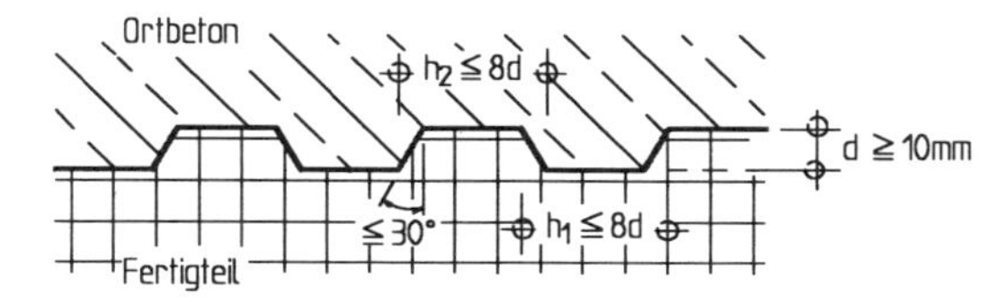

Abb. 5.28 Fugenausbilung mit Verzahnung

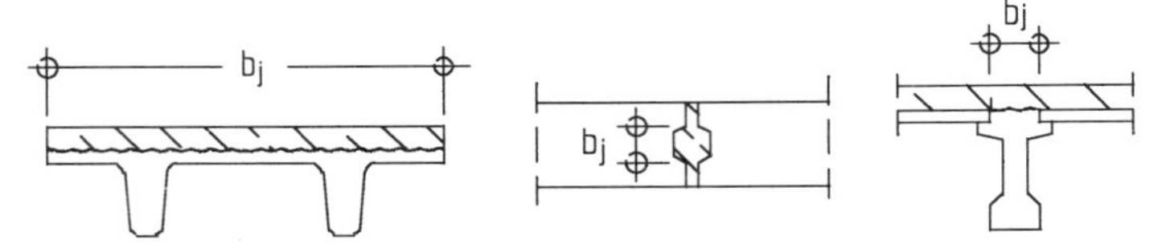

Abb. 5.29 Breite $b = b_j$ der Kontaktfuge

In Fugen mit Verbundbewehrung beträgt der Bemessungswert der aufnehmbaren Schubkraft (vgl. DIN 1045-1, 10.3.6):

$$v_{Rd,sy} = a_s \cdot f_{yd} \cdot (\cot \vartheta + \cot \alpha) \cdot \sin \alpha - \mu \cdot \sigma_{Nd} \cdot b \tag{5.53}$$

a_s Querschnitt der die Fuge kreuzenden Bewehrung je Längeneinheit

α Neigung der Bewehrung gegen die Kontaktfläche Ortbeton/Fertigteil mit $45° \leq \alpha \leq 90°$

ϑ Neigung der Druckstrebe; sie ist analog zu Abschn. 5.2.5 zu ermitteln, jedoch gilt für cot ϑ

$$\cot \vartheta \leq \frac{1{,}2\,\mu - 1{,}4 \cdot \sigma_{cd} / f_{cd}}{1 - v_{Rd,ct} / v_{Ed}} \begin{cases} \geq 1{,}00 \\ \leq 3{,}00 \text{ (für Normalbeton)} \end{cases}$$

Die Verbundbewehrung ist kraftschlüssig nach beiden Seiten der Kontaktfläche zu verankern. Die Bewehrung darf abgestuft verteilt werden.

Falls rechnerisch keine Verbundbewehrung erforderlich ist, sind konstruktive Maßnahmen zu beachten (DIN 1045-1, 13.4.3; s. a. [DAfStb-H.400 – 88]). Forderungen einer Zulassung, des Brandschutzes etc. sind zu berücksichtigen.

Die aufnehmbare Querkraft von *ausbetonierten Fugen in Scheiben* aus Platten- oder Wandbauteilen kann analog ermittelt werden. Die Bemessungsschubkraft sollte jedoch für die mittlere Scheibenkraft v_{Rd} zwischen Platten ohne verzahnte Fugen auf $b \cdot 0{,}15$ N/mm² begrenzt werden.

Beispiel

Für den dargestellten Plattenbalken soll die Querkraft an der maßgebenden Stelle am Auflagerrand nachgewiesen werden. Der Nachweis wird im Rahmen des Beispiels nur für den Endzustand geführt.

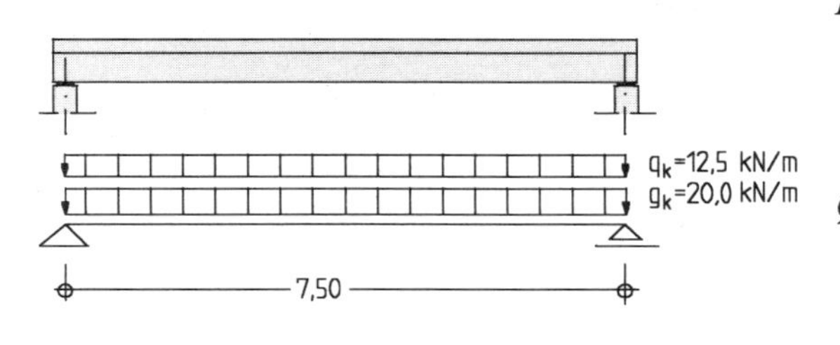

Baustoffe:

Beton:	C20/25 (Ortbeton)
	C30/37 (Fertigteile)
Betonstahl:	BSt 500 S

Querkraft V_{Ed}

$V_{Ed,0} = 172$ kN (theor. Auflagerlinie)

$V_{Ed} \approx 150$ kN (Abstand d vom Rand)

Die Schubbemessung bzw. der Nachweis der Verbundfuge soll für folgende Fälle durchgeführt werden:

a) für den monolithisch hergestellten Träger

b) für eine Fertigteillösung mit schmaler Verbundfuge

a) Bemessung für den monolithischen Träger

Es gilt der nebenstehend dargestellte Querschnitt mit einer Stegbreite $b_w = 38$ cm und einer Nutzhöhe $d = 40$ cm.

Druckstrebe $V_{Rd,max}$

$$V_{Rd,max} = \alpha_c \cdot f_{cd} \cdot b_w \cdot z / (\tan \vartheta + \cot \vartheta)$$

$$\cot \vartheta = 1{,}2 / (1 - V_{Rd,c} / V_{Ed}) \qquad \text{(für } \sigma_{cd} = 0\text{)}$$

$$V_{Rd,c} = 0{,}24 \cdot f_{ck}^{1/3} \cdot b_w \cdot z$$

$$z = 0{,}9 \cdot d \leq (d - 2c_{nom})$$

$$= 0{,}9 \cdot 0{,}40 = 0{,}36 \text{ m} > 0{,}40 - 2 \cdot 0{,}03 = 0{,}34 \text{ m (Annahme: } c_{nom} = 3{,}0 \text{ cm)}$$

$$V_{Rd,c} = 0{,}24 \cdot 20^{1/3} \cdot 0{,}38 \cdot 0{,}34 = 0{,}0842 \text{ MN}$$

$$\cot \vartheta = 1{,}2 / (1 - 0{,}0842/0{,}172) = 2{,}35 \ (< 3{,}0)$$

$$V_{Rd,max} = 0{,}75 \cdot (0{,}85 \cdot 20/1{,}5) \cdot 0{,}38 \cdot 0{,}34 / (0{,}43 + 2{,}35) = 0{,}395 \text{ MN} > V_{Ed,0} = 0{,}172 \text{ MN}$$

Zugstrebe $V_{Rd,sy}$ *bzw. Querkraftbewehrung* a_{sw}

$$a_{sw} \geq V_{Ed} / (f_{yd} \cdot z \cdot \cot \vartheta) = 0{,}150 / (435 \cdot 0{,}34 \cdot 2{,}35) = 4{,}31 \cdot 10^{-4} \text{ m}^2/\text{m} = 4{,}31 \text{ cm}^2/\text{m}$$

b) Bemessung für den Fertigteilträger mit Ortbetonergänzung

Die Ortbetonplatte ist über eine „schmale" Fuge mit einer Breite $b = 38$ cm mit dem Fertigbalken verbunden. Die Abmessungen entsprechen Fall a), es wird die Verbundfuge nachgewiesen. Die Verbundfuge soll rau ausgeführt werden.

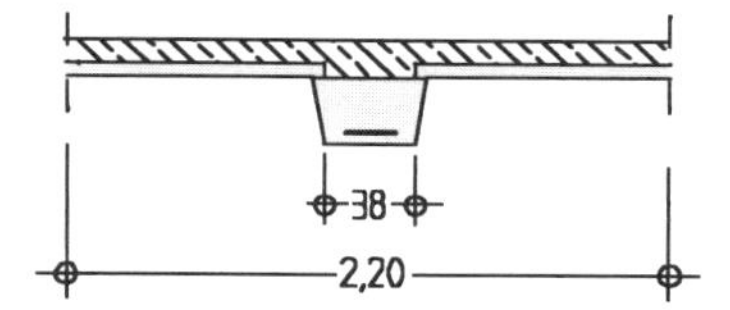

Aufzunehmende Bemessungsschubkraft

$$v_{Ed} = V_{Ed} / z = 0{,}150 / 0{,}34 = 0{,}441 \text{ MN/m}$$

Aufnehmbare Schubkraft (bei Anordnung von Verbundbewehrung)

$$v_{Rd,sy} = a_s \cdot f_{yd} \cdot (\cot \vartheta + \cot \alpha) \cdot \sin \alpha - \mu \cdot \sigma_{Nd} \cdot b$$

$$\cot \vartheta = 1{,}2 \cdot \mu / (1 - v_{Rd,ct} / v_{Ed})$$

$\mu = 0{,}7$ (raue Fuge)

$\alpha = 90°$ (Neigung der Verbundbewehrung gegen die Bauteilachse)

$$v_{Rd,ct} = 0{,}42 \cdot \beta_{ct} \cdot 0{,}10 \cdot f_{ck}^{1/3} \cdot b$$

$\beta_{ct} = 2{,}0$ (raue Fuge)

$$v_{Rd,ct} = 0{,}42 \cdot 2{,}0 \cdot 0{,}10 \cdot 20^{1/3} \cdot 0{,}38 = 0{,}087 \text{ MN/m}$$

$$\cot \vartheta = 1{,}2 \cdot 0{,}7 / (1 - 0{,}087/0{,}441) = 1{,}05$$

$$\sigma_{Nd} \approx 0$$

$$a_s = v_{Ed} / (f_{yd} \cdot \cot \vartheta) = 0{,}441 / (435 \cdot 1{,}05) = 9{,}65 \cdot 10^{-4} \text{ m}^2/\text{m} = 9{,}65 \text{ cm}^2/\text{m}$$

Bei einer Ausführung als verzahnte Fuge erhält man

$$v_{Rd,ct} = 0{,}42 \cdot 2{,}4 \cdot 0{,}10 \cdot 20^{1/3} \cdot 0{,}38 = 0{,}104 \text{ MN/m}$$

$$\cot \vartheta = 1{,}2 \cdot 1{,}0 / (1 - 0{,}104/0{,}441) = 1{,}57$$

$$a_s = 0{,}441 / (435 \cdot 1{,}57) = 6{,}45 \cdot 10^{-4} \text{ m}^2/\text{m} = 6{,}45 \text{ cm}^2/\text{m}$$

5.3 Bemessung für Torsion

5.3.1 Grundsätzliches

Ein rechnerischer Nachweis der Torsionsbeanspruchung ist im Allgemeinen nur erforderlich, wenn das statische Gleichgewicht von der Torsionstragfähigkeit abhängt („Gleichgewichtstorsion“). Wenn in statisch unbestimmten Systemen Torsion nur aus Einhaltung von Verträglichkeitsbedingungen auftritt („Verträglichkeitstorsion“), darf auf eine Berücksichtigung der Torsionssteifigkeit bei der Schnittgrößenermittlung verzichtet werden. Es ist jedoch eine konstruktive Torsionsbewehrung in Form von Bügeln und Längsbewehrung vorzusehen, um eine übermäßige Rissbildung zu vermeiden (s. DIN 1045-1, 10.4.1). Die Anforderungen einer Rissbreitenbegrenzung und der Konstruktionsregeln für Torsionsbewehrung nach DIN 1045-1, 13.2.4 sind jedoch zu beachten.

Die inneren Tragsysteme bei Torsions- und bei Querkraftbeanspruchung unterscheiden sich nicht grundsätzlich. Bei reiner oder überwiegender Torsion sind die Betondruckstreben jedoch wendelartig gerichtet. Die – theoretisch – ebenfalls wendelartig gerichteten Zugstrebenkräfte werden aus baupraktischen Gründen üblicherweise durch eine senkrecht und längs zur Bauteilachse angeordnete Bewehrung abgedeckt, also durch Bügel und durch eine über den Umfang verteilte oder in den Ecken konzentrierte Längsbewehrung. Eine wendelartige Bewehrung empfiehlt sich schon wegen einer möglichen Verwechslungsgefahr nicht (eine „falsch“ orientierte Wendel ist wirkungslos!). In Abb. 5.30 ist ein entsprechendes Fachwerkmodell dargestellt (vgl. [Leonhardt-T1 – 73]); die wendelartig verlaufenden Betondruckstreben stehen in den Knotenpunkten mit der orthogonalen Bügelbewehrung und mit in den Ecken konzentrierten Längsstäben im Gleichgewicht.

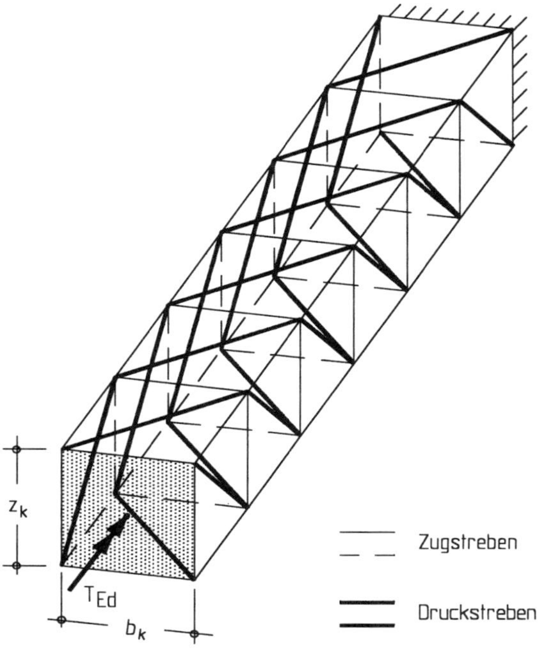

Abb. 5.30 Fachwerkmodell für reine Torsion bei einer parallel und senkrecht zur Bauteilachse angeordneten Bewehrung

Die Torsionstragfähigkeit wird nach DIN 1045-1 unter Annahme eines dünnwandigen, geschlossenen Querschnitts bestimmt. Vollquerschnitte werden durch gleichwertige dünnwandige Querschnitte ersetzt; auch bei Vollquerschnitten bildet sich im Zustand II ein inneres Tragsystem aus, bei dem die Torsionsbeanspruchung im Wesentlichen nur durch die äußere Betonschale in Verbindung mit der Bügelbewehrung und der Längsbewehrung aufgenommen wird.

Querschnitte von komplexerer Form (z. B. T-Querschnitte), können in dünnwandige Teilquerschnitte aufgeteilt werden. Die Gesamttorsionstragfähigkeit berechnet sich dann als Summe der Tragfähigkeiten der Einzelelemente. Die Aufteilung des angreifenden Torsionsmomentes T_{Ed} auf die einzelnen Querschnittsteile darf i. Allg. im Verhältnis der Steifigkeiten der ungerissenen Teilquerschnitte erfolgen:

$$M_{Ti} = M_T \cdot (I_{Ti} / \Sigma I_{Ti}).$$

Angaben zu den Steifigkeitswerten (Zustand I) können Tafel 5.10 entnommen werden.

5.3.2 Nachweis bei reiner Torsion

Die Schubkraft $V_{Ed,T}$ inf. des Torsionsmomentes T_{Ed} in einer Ersatzwand wird berechnet aus

$$V_{Ed,T} = T_{Ed} \cdot z / (2 \cdot A_k) \tag{5.54}$$

Dabei ist A_k die Fläche, die durch die Mittellinie u_k des (Ersatz-)Hohlquerschnitts eingeschlossen ist und z die Höhe einer Wand, die durch den Abstand der Schnittpunkte mit den angrenzenden Wänden definiert ist (s. Abb. 5.31). Die Mittellinie verläuft durch die Mitten der Längsstäbe in den Ecken.

Die Wanddicke $t_{eff,i}$ des Hohlkastens bzw. des Ersatzhohlkastens ist nach DIN 1045-1 gleich dem doppelten Abstand von der Mittellinie bis zur Außenfläche (s. hierzu Abb. 5.31), bei Hohlkästen jedoch nicht größer als die tatsächliche Wanddicke

$$t_{eff,i} = 2\, d_1 \leq \text{vorhandene Wanddicke} \tag{5.55}$$

mit d_1 Schwerpunktabstand der Längsstäbe in den Ecken vom Rand der Außenfläche

Tafel 5.10 Torsionsflächenmoment I_T und Widerstandsmoment W_T

Querschnittsform	I_T	W_T
Kreis (d)	$0{,}0982 d^4$	$0{,}1963\, d^3$
Rechteck (h > b)	$\alpha b^3 h$	$\beta b^2 h$
Hohlkasten (h, b, t_1, t_2, t_3, t_4)	$\dfrac{4 \cdot b \cdot h}{\dfrac{1}{b}\left(\dfrac{1}{t_1}+\dfrac{1}{t_2}\right)+\dfrac{1}{h}\left(\dfrac{1}{t_3}+\dfrac{1}{t_4}\right)}$	$2 \cdot b\, h \cdot t_{min}$

Beiwerte für Rechteck:

d/h	1,00	1,50	2,00	3,00	5,00	10,0	∞
α	0,140	0,196	0,229	0,263	0,291	0,313	0,333
β	0,208	0,231	0,246	0,267	0,291	0,313	0,333

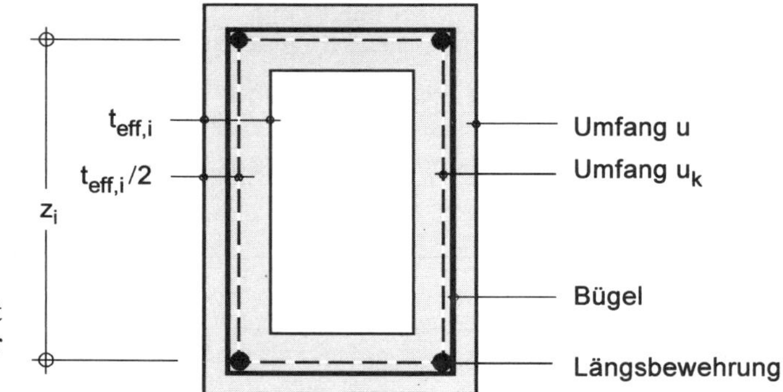

Abb. 5.31 Hohlkastenquerschnitt zur Bestimmung der Torsionstragfähigkeit

Tragfähigkeitsnachweise bei reiner Torsion

Das aufzunehmende Torsionsmoment T_{Ed} muss folgende Bedingungen erfüllen:

$$T_{Ed} \leq T_{Rd,max} \tag{5.56}$$

$$T_{Ed} \leq T_{Rd,sy} \tag{5.57}$$

Es sind:

$T_{Rd,max}$ Bemessungswert des durch die Betondruckstrebe aufnehmbaren Torsionsmomentes

$T_{Rd,sy}$ Bemessungswert des durch die Bewehrung (Längsbewehrung und Bügel) aufnehmbaren Torsionsmomentes

Tragfähigkeit der Druckstrebe $T_{Rd,max}$

Die maximale Tragfähigkeit der Druckstrebe $T_{Rd,max}$ erhält man nach DIN 1045-1:

$$T_{Rd,max} = \alpha_{c,red} \cdot f_{cd} \cdot 2A_k \cdot t_{eff} / (\cot \vartheta + \tan \vartheta) \tag{5.58}$$

Dabei ist ϑ der Neigungswinkel der Druckstrebe (s. nachfolgend); die aufnehmbare Betondruckfestigkeit $\alpha_{c,red} \cdot f_{cd}$ ergibt sich zu (vgl. auch Abschn. 5.2.5):

$\alpha_{c,red} = 0{,}7 \cdot \alpha_c$ allgemein

$\alpha_{c,red} = 1{,}0 \cdot \alpha_c$ bei Kastenquerschnitten mit Bewehrung an der Innen- und Außenseite

Der Neigungswinkel ϑ der Druckstrebe sollte bei reiner Torsion oder bei überwiegender Torsion entsprechend dem tatsächlichen Tragverhalten zu 45° gewählt werden (s. a. Abschn. 5.3.3).

Nachweis der Zugstrebe $T_{Rd,sy}$

Wie bereits erläutert und aus dem Fachwerkmodell nach Abb. 5.30 hervorgeht, sind als Torsionsbewehrung geschlossene Bügel und über den Querschnittsumfang verteilte Längsstäbe notwendig. Das aufnehmbare Torsionsmoment $T_{Rd,sy}$ ergibt sich daher aus zwei Anteilen, nämlich (s. hierzu DIN 1045-1, 10.4.2):

– Bügelbewehrung:

$$T_{Rd,sy(b)} = (A_{sw} / s_w) \cdot f_{yd} \cdot 2A_k \cdot \cot \vartheta \tag{5.59}$$

– Längsbewehrung:

$$T_{Rd,sy(l)} = (A_{sl} / u_k) \cdot f_{yd} \cdot 2A_k \cdot \tan \vartheta \tag{5.60}$$

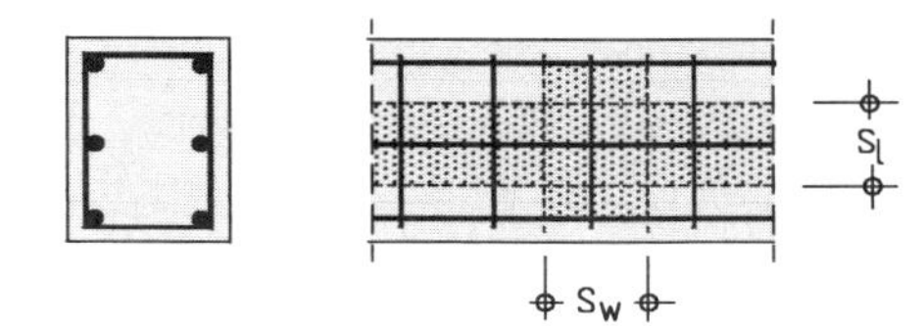

Abb. 5.32 Torsionsbewehrung als Bügel- und Längsbewehrung

Mit $T_{Ed} = T_{Rd,sy}$ lässt sich aus Gl. (5.59) und (5.60) auch unmittelbar die erforderliche Bügel- und Längsbewehrung bestimmen:

– Bügelbewehrung

$$\frac{A_{sw}}{s_w} \geq \frac{T_{Ed}}{2 \cdot A_k \cdot f_{yd} \cdot \cot \vartheta} \tag{5.61}$$

– Längsbewehrung

$$\frac{A_{sl}}{u_k} \geq \frac{T_{Ed}}{2 \cdot A_k \cdot f_{yd} \cdot \tan \vartheta} \quad \text{oder} \quad \Sigma A_{sl} \geq \frac{T_{Ed} \cdot u_k}{2 \cdot A_k \cdot f_{yd} \cdot \tan \vartheta} \tag{5.62}$$

Es sind (s. a. Abb. 5.32)

A_{sw} / s_w Querschnitt der Bügelbewehrung bezogen auf den Abstand in Trägerlängsrichtung
A_{sl} / u_k Querschnitt der Torsionslängsbewehrung bezogen auf den Umfang der Fläche A_k
f_{yd} Bemessungswert der Streckgrenze für die Bügel- bzw. Längsbewehrung

Die Bügel müssen geschlossen sein (ggf. mit Übergreifung l_s gestoßen werden). Die Längsbewehrung sollte gleichmäßig über den Umfang verteilt werden, mindestens aber sollte ein Längsstab in jeder Ecke des vorhandenen Querschnitts angeordnet werden. Die Forderungen bzgl. einer Mindestbewehrung, zur Bewehrungsanordnung und gegebenenfalls zur Rissbreitenbegrenzung sind zusätzlich zu beachten.

5.3.3 Kombinierte Beanspruchung

Tragwerke mit reiner Torsionsbeanspruchung kommen in der Praxis kaum vor. Die Torsionsbeanspruchung wird im Allgemeinen überlagert mit einer gleichzeitigen Biege- und Querkraftbeanspruchung. In vielen baupraktischen Fällen wird man dennoch das Tragverhalten nicht genauer erfassen müssen. Man kann sich vielmehr mit vereinfachenden Regeln begnügen, die darauf beruhen, dass die Beanspruchungsarten getrennt betrachtet werden; die gegenseitige Beeinflussung wird dann über vereinfachende Interaktionsregeln berücksichtigt.

Biegung und/oder Längskraft mit Torsion

Bei großen Biegemomenten – insbesondere bei Hohlkästen – ist ein Nachweis der Hauptdruckspannung erforderlich; die Hauptdruckspannungen werden aus dem mittleren Längsbiegedruck und der Schubspannung bestimmt.

Für die *Längsbewehrung* erfolgt eine getrennte Ermittlung der Bewehrung aus Biegung und/oder Längskraft und Torsion; die ermittelten Anteile sind zu addieren. In der Biegedruckzone kann die Torsionslängsbewehrung entsprechend den vorhandenen Längsdruckkräften bzw. -spannungen abgemindert werden, in Zuggurten ist die Torsionslängsbewehrung infolge Torsion zu der übrigen Bewehrung zu addieren.

Querkraft und Torsion

Die *Druckstrebentragfähigkeit* unter der kombinierten Beanspruchung aus Torsion T_{Ed} und Querkraft V_{Ed} wird nach DIN 1045-1, Abschn.10.4.2 nachgewiesen über

– für Kompaktquerschnitte

$$\left(\frac{T_{Ed}}{T_{Rd,max}}\right)^2 + \left(\frac{V_{Ed}}{V_{Rd,max}}\right)^2 \leq 1 \tag{5.63}$$

– für Kastenquerschnitte

$$\left(\frac{T_{Ed}}{T_{Rd,max}}\right) + \left(\frac{V_{Ed}}{V_{Rd,max}}\right) \leq 1 \tag{5.64}$$

Die günstigere Interaktionsregel nach Gl. (5.63) für Kompaktquerschnitte resultiert daher, dass die Schubspannungen aus Querkraft und Torsion nicht am gleichen inneren Tragsystem ermittelt werden (für Querkraft steht die gesamte Stegbreite, für Torsion nur der Randbereich zur Verfügung). Im Falle von Kastenquerschnitten ist dies jedoch nicht der Fall, da sich die Druckstrebenbeanspruchungen aus Querkraft und Torsion im stärker beanspruchten Steg addieren.

Die *Bügelbewehrung* wird zunächst getrennt für Querkraft und Torsion ermittelt; die so ermittelten Anteile sind dann zu addieren.

Der *Druckstrebenneigungswinkel* kann für den Anteil infolge Torsion mit einem Druckstrebenneigungswinkel $\vartheta = 45°$ ermittelt werden, wenn die Neigung nicht genauer ermittelt wird (DIN 1045-1, 10.4.2). In dem Fall ist der Druckstrebenwinkel ϑ für die kombinierte Beanspruchung aus Querkraft und Torsion nach den Regelungen des Abschn. 5.2.5 für den Schubfluss $V_{Ed,T+V}$ jedes Teilquerschnitts entsprechend Gl. (5.65) zu bestimmen. Mit dem so ermittelten bzw. gewählten Winkel ϑ ist der Nachweis sowohl für Querkraft als auch für Torsion zu führen.

Die Schubkraft $V_{Ed,T+V}$ in den (Ersatz-)Wänden ergibt sich wie folgt

$$V_{Ed,T+V} = V_{Ed,T} + \frac{V_{Ed} \cdot t_{eff}}{b_w} \tag{5.65}$$

Hinzuweisen ist noch darauf, dass für den Neigungswinkel ϑ bei überwiegender Torsion etwa 45° gewählt werden sollte (s. a. Abschn. 5.3.2). Für die Torsionsbewehrung führt ein flacher Winkel ϑ auch nicht unbedingt zu einer geringeren Bewehrung, da sich für $\vartheta < 45°$ zwar eine geringere Bügelbewehrung, gleichzeitig jedoch eine erhöhte Längsbewehrung ergibt.

Verzicht auf einen Nachweis

Bei näherungsweise rechteckförmigen Vollquerschnitten und bei kleiner Schubbeanspruchung kann auf einen rechnerischen Nachweis der Bewehrung verzichtet werden, falls

$$T_{Ed} \leq \frac{V_{Ed} \cdot b_w}{4{,}5} \tag{5.66}$$

$$V_{Ed} + \frac{4{,}5 \cdot T_{Ed}}{b_w} \leq V_{Rd,ct} \tag{5.67}$$

eingehalten sind (DIN 1045-1, 10.4.1(6)). Es ist jedoch immer die Mindestschubbewehrung zu beachten.

Beispiel 1

Der dargestellte Kragarm wird durch eine exzentrisch angreifende Einzellast (Bemessungslast) beansprucht. Das Beispiel ist in modifizierter und verkürzter Form in [Schneider – 01] enthalten.

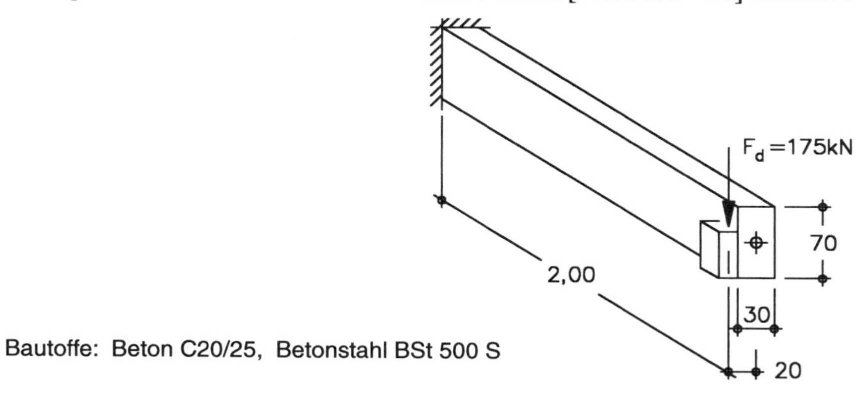

Schnittgrößen
(Eigenlast sei vernachlässigt)

$M_{Ed} = -175 \cdot 2{,}00 = -350$ kNm
$V_{Ed} = -175$ kN
$T_{Ed} = 175 \cdot 0{,}20 = 35$ kNm

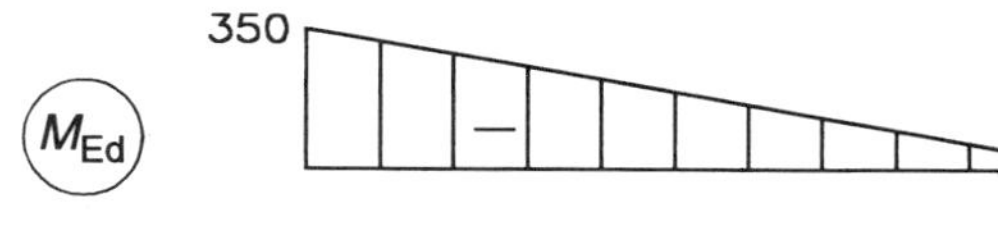

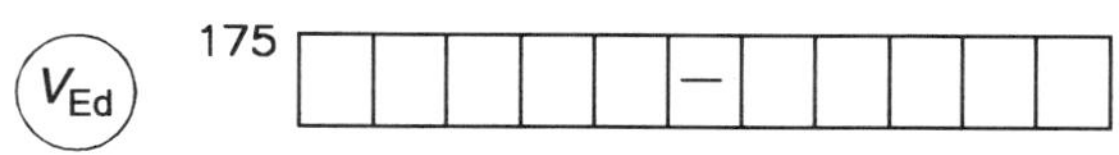

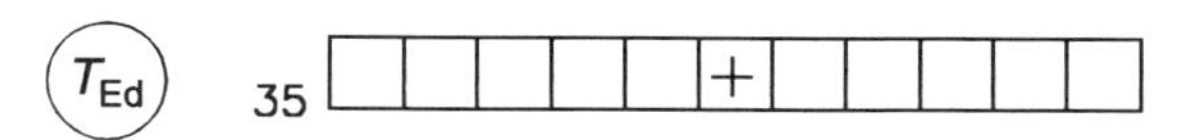

Bemessung

- **Biegebemessung**

  Die Biegebemessung erfolgt für eine angenommene Nutzhöhe von $d = 65$ cm

  $M_{Eds} = M_{Ed} = 350$ kNm (wegen $N_{Ed} = 0$)

  $$k_d = \frac{d}{\sqrt{M_{Eds}/b}} = \frac{65{,}0}{\sqrt{350/0{,}30}} = 1{,}90 \rightarrow k_s = 2{,}72;\ \zeta = 0{,}85$$

  $A_s = k_s \cdot M_{Eds}/d + N_{Ed} / 43{,}5 = 2{,}72 \cdot 350 / 65{,}0 = 14{,}6\,\text{cm}^2$

- **Bemessung für Querkraft, Torsion (und Biegung)**

  Nachweis der Druckstrebe

  – Querkraft (V_{Ed})

  $V_{Rd,max} = \alpha_{c,red} \cdot f_{cd} \cdot b_w \cdot z / (\cot\vartheta + \tan\vartheta)$
  $\alpha_{c,red} \cdot f_{cd} = 0{,}7 \cdot 0{,}75 \cdot 11{,}3 = 5{,}95$ MN/m^2
  $b_w = 0{,}30$ m; $z \approx 0{,}85 \cdot 0{,}65 = 0{,}55$ m (aus Biegebemessung; s. o.)
  $\cot\vartheta = 1{,}2$ (Näherung nach Abschn. 2.5; genauerer Berechnung s. Beispiel 2)

  $V_{Rd,max} = 5{,}95 \cdot 0{,}30 \cdot 0{,}55 / (1{,}20 + 0{,}83) = 0{,}484$ MN $> V_{Ed} = 0{,}175$ MN

– Torsion (T_{Ed})

$T_{Rd,max} = \alpha_{c,red} \cdot f_{cd} \cdot 2A_k \cdot t_{eff} / (\cot\vartheta + \tan\vartheta)$

$t_{eff} = 0{,}10$ m (der Schwerpunktabstand der Längsbewehrung vom Rand wird mit 5 cm angenommen; s. Abb. 5.31)

$A_k = (0{,}7-0{,}1)\cdot(0{,}3-0{,}1) = 0{,}60\cdot 0{,}20 = 0{,}12$ m²

$\cot\vartheta = 1{,}0$ (Näherung nach Abschn. 5.2.3; genauerer Nachweis s. Bsp. 2)

$T_{Rd,max} = 5{,}95\cdot 0{,}12\cdot 2\cdot 0{,}10/(1{,}0+1{,}0) = 0{,}071 \text{ MNm} > T_{Ed} = 0{,}035 \text{ MNm}$

– Querkraft und Torsion ($V_{Ed} + T_{Ed}$)

$(V_{Ed}/V_{Rd,max})^2 + (T_{Ed}/T_{Rd,max})^2 = (175/484)^2 + (35/71)^2 = 0{,}37 < 1$

Die Druckstrebentragfähigkeit unter der Beanspruchung aus Querkraft und Torsion ist gegeben.

– Biegung und Torsion

Der Nachweis der schiefen Hauptdruckspannungen ist bei üblichen Vollquerschnitten im Allgemeinen entbehrlich.

Nachweis der Bewehrung

– Querkraft

$a_{sw} \geq (V_{Ed}/z) / (\cot\vartheta \cdot f_{yd}) = (0{,}175/0{,}55)\cdot 10^4/(1{,}20\cdot 435) = 6{,}10 \text{ cm}^2/\text{m}$

– Torsion

Bügelbewehrung: $a_{sw} \geq (T_{Ed}/2A_k)/(\cot\vartheta \cdot f_{yd})$
$= (0{,}035/2\cdot 0{,}12)\cdot 10^4/(1{,}0\cdot 435) = 3{,}35 \text{ cm}^2/\text{m}$

Längsbewehrung: $a_{sl} \geq (T_{Ed}/2A_k)/(\tan\vartheta \cdot f_{yd})$
$= (0{,}035/2\cdot 0{,}12)\cdot 10^4/(1{,}0\cdot 435) = 3{,}35 \text{ cm}^2/\text{m}$

(a_{sl} ist auf den Umfang $u_k = 2\cdot(0{,}60+0{,}20) = 1{,}60$ m zu verteilen)

Bewehrungswahl und Bewehrungsskizze

Querkraft und Torsion

$a_{sw} = 6{,}10 + 2\cdot 3{,}35 = 12{,}8 \text{ cm}^2/\text{m}$ (bezogene auf einen 2schnittigen Bügel; für Torsion liegt ein 1schnittiger Bügel vor!)

gew.: $d_{s,bü} = 12$ mm, $s_{bü} = 18$ cm (= 12,6 cm²/m)

Biegung und Torsion

oben: $A_{sl} = 14{,}6 + 3{,}35\cdot 0{,}20 = 15{,}3 \text{ cm}^2$
gew.: 4 ∅ 20 + 2 ∅ 16

seitlich: $A_{sl} = 3{,}35\cdot 0{,}60 = 2{,}01 \text{ cm}^2$
gew. 2 ∅ 10 (zzgl. anteilige Reserve aus den Eckstäben)

unten: $A_{sl} = 3{,}35\cdot 0{,}20 = 0{,}67 \text{ cm}^2$
gew.: 2 ∅ 16

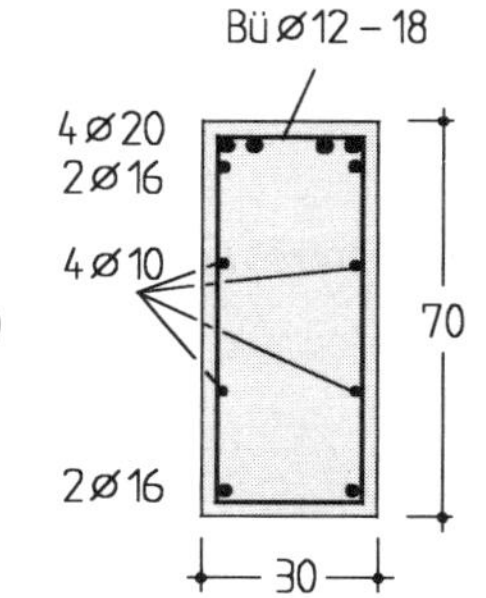

Beispiel 2

Es gilt die Aufgabenstellung nach Beispiel 1; abweichend von der dort dargestellten Lösung soll jedoch als *alternative* Lösung der Druckstrebenneigungswinkel genauer ermittelt werden.

Druckstrebennachweis

– Querkraft (V_{Ed})

$$V_{Rd,max} = \alpha_{c,red} \cdot f_{cd} \cdot b_w \cdot z / (\cot\vartheta + \tan\vartheta)$$

$\alpha_{c,red} \cdot f_{cd} = 0{,}7 \cdot 0{,}75 \cdot (0{,}85 \cdot 20 / 1{,}5) = 5{,}95$ MN/m²
$b_w = 0{,}30$ m; $z \approx 0{,}55$ m
$\cot\vartheta = 1{,}2 / (1 - V_{Rd,c} / V_{Ed,T+V})$ (für $\sigma_{cd} = 0$)

$V_{Rd,c} = \eta_1 \cdot \beta_{ct} \cdot 0{,}1 \cdot f_{ck}^{1/3} \cdot t_{eff} \cdot z = 0{,}24 \cdot 20^{1/3} \cdot 0{,}10 \cdot 0{,}55 = 0{,}036$ MN
$V_{Ed,T} = T_{Ed} \cdot z / (2 A_k) = 0{,}035 \cdot 0{,}60 / (2 \cdot 0{,}12) = 0{,}088$ MN (s. Gl. (5.54))
$V_{Ed,V} = 0{,}175 \cdot 0{,}10 / 0{,}30 = 0{,}058$ MN (Querkraftanteil, der auf einer Wand des gedachten Hohlquerschnitts wirkt)

$\cot\vartheta = 1{,}2/(1 - 0{,}036/0{,}146) = 1{,}59$

$$V_{Rd,max} = 5{,}95 \cdot 0{,}3 \cdot 0{,}55 / (1{,}59 + 0{,}63) = 0{,}442 \text{ MN} = 442 \text{ kN} > V_{Ed} = 175 \text{ kN}$$

– Torsion (T_{Ed})

$$T_{Rd,max} = \alpha_{c,red} \cdot f_{cd} \cdot 2A_k \cdot t_{eff} / (\cot\vartheta + \tan\vartheta)$$

$t_{eff} = 0{,}10$ m; $A_k = 0{,}12$ m² (wie Beispiel 1)
$\cot\vartheta = 1{,}59$ (wie oben)

$$T_{Rd,max} = 5{,}95 \cdot 0{,}12 \cdot 2 \cdot 0{,}10 / (1{,}59 + 0{,}63) = 0{,}064 \text{ MNm} > T_{Ed} = 0{,}035 \text{ MNm}$$

– Querkraft und Torsion ($V_{Ed} + T_{Ed}$)

$$(V_{Ed}/V_{Rd,max})^2 + (T_{Ed}/T_{Rd,max})^2 = (175/442)^2 + (35/64)^2 = 0{,}46 < 1$$

Nachweis der Bewehrung

– Querkraft

$$a_{sw} \geq (V_{Ed}/z) / (\cot\vartheta \cdot f_{yd}) = (0{,}175/0{,}55) \cdot 10^4 / (1{,}59 \cdot 435) = 4{,}60 \text{ cm}^2/\text{m}$$

– Torsion

$$a_{sw} \geq (T_{Ed}/2A_k) / (\cot\vartheta \cdot f_{yd}) = (0{,}035 / 2 \cdot 0{,}12) \cdot 10^4 / (1{,}59 \cdot 435) = 2{,}11 \text{ cm}^2/\text{m}$$
$$a_{sl} \geq (T_{Ed}/2A_k) / (\tan\vartheta \cdot f_{yd}) = (0{,}035 / 2 \cdot 0{,}12) \cdot 10^4 / (0{,}63 \cdot 435) = 5{,}32 \text{ cm}^2/\text{m}$$

(verteilt auf $u_k = 2 \cdot (0{,}60 + 0{,}20) = 1{,}60$ m)

Bewehrungswahl und Bewehrungsskizze

Querkraft und Torsion

$a_{sw} = 4{,}60 + 2 \cdot 2{,}11 = 8{,}82$ cm²/m
gew.: $d_{s,bü} = 10$ mm, $s_{bü} = 18$ cm (= 8,73 cm²/m)

Biegung und Torsion

oben: $A_{sl} = 14{,}6 + 5{,}32 \cdot 0{,}20 = 15{,}7$ cm²
gew.: 4 ⌀ 20 + 2 ⌀ 20

seitlich: $A_{sl} = 5{,}32 \cdot 0{,}60 = 3{,}19$ cm²
gew. 2 ⌀ 12 (zzgl. anteilige Reserve aus den Eckstäben)

unten: $A_{sl} = 5{,}32 \cdot 0{,}20 = 1{,}06$ cm²
gew.: 2 ⌀ 16

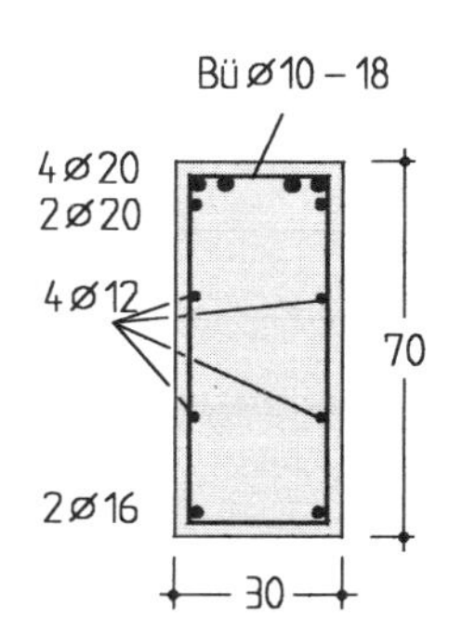

5.4 Nachweis auf Durchstanzen

5.4.1 Allgemeines

Beim Durchstanzen handelt es sich um einen Sonderfall der Querkraftbeanspruchung von plattenartigen Bauteilen, bei dem ein Betonkegel im hochbelasteten Stützenbereich gegenüber den übrigen Plattenbauteilen heraus„gestanzt" wird. Aus Versuchen geht hervor, dass der Durchstanzkegel im Allgemeinen eine Neigung von 30° bis 35° aufweist (bei gedrungenen Fundamenten ggf. auch steiler bis zu Neigungen von ca. 45°; vgl. z. B. [DAfStb-H.371 – 86], [DAfStb-H.387 – 87]).

Bei punktgestützten Platten erfolgt die Lastabtragung von Querkräften und Biegemomenten zunächst und bei geringen Beanspruchungen radial und in gleicher Richtung; über den Stützen entstehen dabei radial verlaufende Biegerisse. Diese Rissbildung führt zu einer Veränderung der Steifigkeit und zu einer Umlagerung der Biegemomente in tangentialer Richtung. Bei weiterer Laststeigerung entstehen daher zusätzliche tangential bzw. ringförmig um die Stütze verlaufende Risse, aus denen im äußeren Bereich sich etwa unter 30° bis 35° geneigte Schubrisse entwickeln (s. Abb. 5.33). Dies führt zu einer starken Einschnürung der Druckzone am Stützenrand. Bei Platten ohne Schubbewehrung wird die Querkraft dann im Wesentlichen von der eingeschnürten Druckzone und dem dabei gebildeten Druckring aufgenommen. Die Tragfähigkeit wird mit Versagen des Druckrings überschritten, es kommt zum typischen Abschervorgang. (Weitere Erläuterungen und Hintergründe s. z. B. [Andrä/Avak – 99].)

Nach DIN 1045-1 gelten für das Durchstanzen die Grundsätze des Tragfähigkeitsnachweises für Querkraft, jedoch mit Ergänzungen. Grundsätzlich ist nachzuweisen, dass die einwirkende Querkraft v_{Ed} den Widerstand v_{Rd} nicht überschreitet:

$$v_{Ed} \leq v_{Rd} \tag{5.68}$$

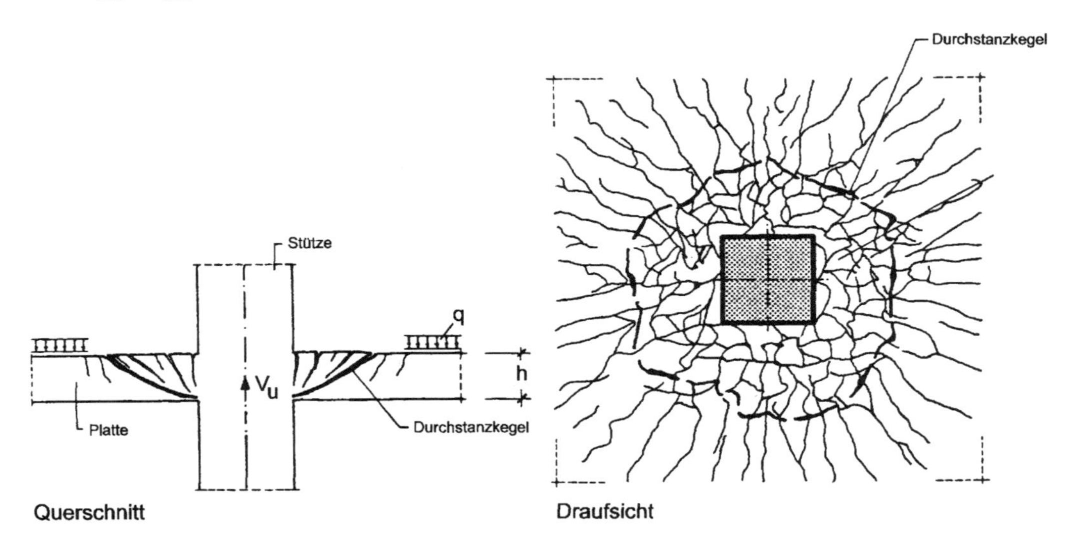

Abb. 5.33 Rissbild beim Durchstanzen über eine Innenstütze im Versagenszustand

Ein Bemessungsmodell für den Nachweis gegen Durchstanzen ist in Abb. 5.34 dargestellt. Der Nachweis der aufnehmbaren Querkraft erfolgt längs festgelegter Rundschnitte, außerhalb der Rundschnitte gelten die Regelungen für Querkraft (s. Abschn. 5.2).

Hinweis:

Im Rahmen dieses Beitrags werden nur Platten und Fundamente mit konstanter Dicke behandelt. Die hierfür dargestellten Zusammenhänge gelten für Platten mit Stützenkopfverstärkungen sinngemäß (s. hierzu jedoch die Ergänzungen in DIN 1045-1, Abschn. 10.5.2).

5.4.2 Lasteinleitungsfläche und Nachweisstellen

Die Festlegungen für das Durchstanzen mit den kritischen Rundschnitten gelten für folgende Formen von Lasteinleitungsflächen A_{load}:

- kreisförmige mit einem Durchmesser $\leq 3{,}5d$
- rechteckige mit einem Umfang $\leq 11\,d$ und mit einem Verhältnis Länge zu Breite ≤ 2
- beliebige andere Formen, die sinngemäß wie oben genannt begrenzt werden

(d mittlere Nutzhöhe der Platte).

Die Lasteinleitungsfläche darf sich nicht im Bereich anderweitig verursachter Querkräfte und nicht in der Nähe von anderen konzentrierten Lasten befinden, so dass sich die kritischen Rundschnitte überschneiden.

Der kritische Rundschnitt für runde oder rechteckige Lasteinleitungsflächen ist als Schnitt im Abstand $1{,}5d$ vom Rand der Lasteinleitungsfläche festgelegt (s. Abb. 5.35a). Die kritische Fläche A_{crit} ist die Fläche innerhalb des kritischen Rundschnitts u_{crit}. Weitere Rundschnitte innerhalb und außerhalb der kritischen Fläche sind affin zum kritischen Rundschnitt anzunehmen.

Wenn die oben genannten Bedingungen bezüglich der Form der Lastaufstandsfläche bei Auflagerungen auf Wänden oder Stützen mit Rechteckquerschnitt nicht erfüllt sind, dürfen nur die in Abb. 5.35b dargestellten reduzierten kritischen Rundschnitte in Ansatz gebracht werden.

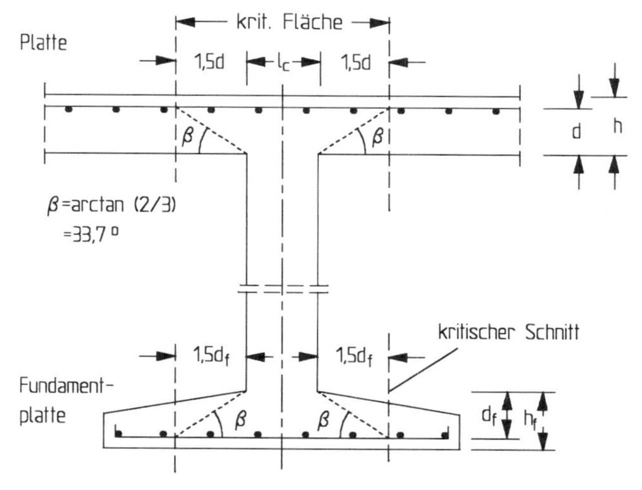

Abb. 5.34 Bemessungsmodell für den Nachweis der Sicherheit gegen Durchstanzen

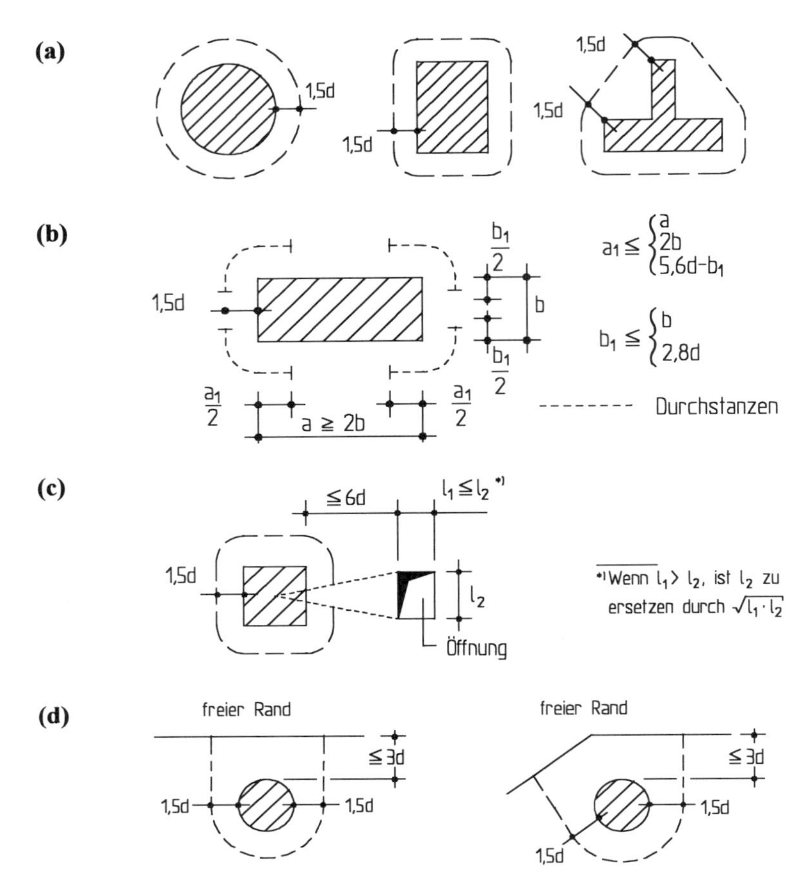

Abb. 5.35 Kritische Rundschnitte für „Regel"fälle (a), bei breiten Stützen mit $a/b > 2$ (b), in der Nähe von Öffnungen (c) sowie für Rand- und Eckstützen (d)

In der Nähe von Öffnungen, bei denen die kürzeste Entfernung zwischen dem Rand der Lasteinleitungsfläche und dem Rand der Öffnung $6d$ nicht überschreitet, ist ein Teil des maßgebenden Rundschnitts als unwirksam zu betrachten (s. reduzierte kritische Rundschnitte in Abb. 5.35c).

Bei Lasteinleitungsflächen in der Nähe eines freien Randes gilt der in Abb. 5.35d dargestellte kritische Rundschnitt, der jedoch nicht größer als der „planmäßige" Rundschnitt gemäß Abb. 5.35a sein darf. Bei einem Randabstand $\geq 3d$ ist der „Normal"-bereich maßgebend, der Lasterhöhungsfaktor β für eine Rand- oder Eckstütze nach Abschn. 5.4.3 ist jedoch zu beachten. Wenn der Randabstand weniger als d beträgt, ist eine besondere Randbewehrung vorzusehen.

5.4.3 Nachweisverfahren

Einwirkenden Querkraft v_{Ed}

Die auf einen kritischen Schnitt bezogene Bemessungsquerkraft wird ermittelt aus

$$v_{Ed} = V_{Ed} \cdot \beta / u \tag{5.69}$$

V_{Ed} Bemessungswert der gesamten aufzunehmenden Querkraft

β Beiwert zur Berücksichtigung der Auswirkung von Momenten in der Lasteinleitungsfläche. Wenn keine Lastausmitte möglich ist, gilt $\beta = 1{,}00$. Anderfalls gilt ohne genaueren Nachweis für *unverschiebliche Systeme* näherungsweise:

$\beta = 1{,}05$ bei Innenstützen
$\beta = 1{,}40$ bei Randstützen
$\beta = 1{,}50$ bei Eckstützen.

Bei *verschieblichen Systemen* sind genauere Untersuchungen erforderlich.

u Umfang des betrachteten Rundschnitts

d mittlere Nutzhöhe $=(d_x + d_y)/2$ mit d_x und d_y als Nutzhöhe der Platte in x- und y-Richtung.

Eine Reduzierung der Querkraft infolge auflagernaher Einzellasten entsprechend Abschn. 5.2.3 ist nicht zulässig. Bei Fundamentplatten darf jedoch V_{Ed} um die Bodenpressung innerhalb der kritischen Fläche reduziert werden. Die Resultierende aus den Bodenpressungen darf nach DIN 1045-1, 10.5.3 nur zu 50 % angesetzt werden; dadurch wird der steilere Durchstanzkegel mit einer entsprechend reduzierten kritischen Fläche erfasst, der insbesondere bei gedrungenen Fundamenten zu beobachten ist. In [DAfStb-H.425 – 92] wird für Fundamentplatten außerdem empfohlen, den Abzugswert nur aus dem Mittelwert der auf die gesamte Fundamentfläche bezogenen Bodenpressung zu bestimmen und nicht etwa aus den ggf. deutlich höheren Bodenpressungen, die sich im Bereich der Stütze bzw. der kritischen Fläche einstellen können.

Bemessungswert des Widerstands v_{Rd}

Der Bemessungswiderstand v_{Rd} wird durch einen der nachfolgenden Werte bestimmt:

- $v_{Rd,ct}$ Bemessungswert der Querkrafttragfähigkeit längs des *kritischen* Rundschnitts einer Platte ohne Durchstanzbewehrung
- $v_{Rd,max}$ Bemessungswert der maximalen Querkrafttragfähigkeit längs des *kritischen* Schnitts einer Platte mit Schubbewehrung
- $v_{Rd,sy}$ Bemessungswert der Querkrafttragfähigkeit mit Durchstanzbewehrung längs *innerer* Nachweisschnitte
- $v_{Rd,ct,a}$ Bemessungswert der Querkrafttragfähigkeit längs des *äußeren* Rundschnitts außerhalb des durchstanzbewehrten Bereichs. Der Bemessungswert $v_{Rd,ct,a}$ beschreibt den Übergang von Durchstanzwiderstand ohne Querkraftbewehrung $v_{Rd,ct}$ zum Querkraftwiderstand nach Abschn. 5.2.4.

Übersicht über die erforderlichen Nachweise

Im Einzelnen sind folgende Nachweise zu führen:

- Platten ohne Durchstanzbewehrung
  Es ist nachzuweisen, dass im kritischen Rundschnitt gilt: $v_{Ed} \leq v_{Rd,ct}$ (5.70)
- Platten mit Durchstanzbewehrung
  Es ist nachzuweisen, dass folgende Bedingungen eingehalten sind
  - im kritischen Rundschnitt: $v_{Ed} \leq v_{Rd,max}$ (5.71a)
  - in (mehreren) inneren Rundschnitten: $v_{Ed} \leq v_{Rd,sy}$ (5.71b)
  - im äußeren Rundschnitt: $v_{Ed} \leq v_{Rd,ct,a}$ (5.71c)

5.4.4 Punktförmig gestützte Platten und Fundamente ohne Durchstanzbewehrung

Die Durchstanztragfähigkeit von Platten ohne Querkraftbewehrung wird analog zu dem entsprechenden Nachweis für Querkaft (Bauteile ohne Schubbewehrung nach Abschn. 5.2.4) geführt. Allerdings kann aufgrund des mehrachsigen Spannungszustands im Durchstanzbereich der Vorfaktor von 0,10 auf 0,14 heraufgesetzt werden.

Damit erhält man den Bemessungswiderstand $v_{Rd,ct}$ zu (s. DIN 1045-1, 10.5.4):

$$v_{Rd,ct} = [0{,}14 \cdot \eta_1 \cdot \kappa \cdot (100\rho_l \cdot f_{ck})^{1/3} - 0{,}12\,\sigma_{cd}] \cdot d \tag{5.72}$$

Hierin sind

$\eta_1 = 1{,}0$ für Normalbeton (für Leichtbeton muss η_1 modifiziert werden)

$\kappa = 1 + \sqrt{200/d} \leq 2$ (mit d in mm)

$d = (d_x + d_y)/2$ (mittlere Nutzhöhe)

$\rho_l = \sqrt{\rho_{lx} \cdot \rho_{ly}} \leq 0{,}02$
$\leq 0{,}40 \cdot f_{cd}/f_{yd}$

ρ_{lx}, ρ_{ly} Bewehrungsgrad, jeweils auf die Zugbewehrung in x- und y-Richtung bezogen, die innerhalb des betrachteten Rundschnitts im Verbund liegt und außerhalb des betrachteten Rundschnitts verankert ist

$\sigma_{cd} = (\sigma_{cd,x} + \sigma_{cd,y})/2$ Betonnormalspannung innerhalb des kritischen Rundschnitts

$\sigma_{cd,x} = N_{Ed,x}/A_{c,x}$
$\sigma_{cd,y} = N_{Ed,y}/A_{c,y}$ | $N_{Ed,x}$ und $N_{Ed,y}$ als mittlere Längskraft infolge Last oder Vorspannung (als Druckkraft negativ)

In [Kordina – 01] wird darauf hingewiesen, dass die Spannung σ_{cd} nur bei einer annähernd rotationssymmetrischen Längsdruckspannung berücksichtigt werden sollte.

Wenn die Tragfähigkeit $v_{Rd,ct}$ überschritten wird, ist eine Durchstanzbewehrung anzuordnen.

Beispiel

Mittig belastetes Einzelfundament nach Abbildung. Das Beispiel ist für eine Bemessung nach EC 2 in [Geistefeldt/Goris – 93] dargestellt, es wird hier die Berechnung nach DIN 1045-1, 10.5 gezeigt. Die dargestellte Bewehrung ergibt sich aus einer – hier nicht gezeigten – Biegebemessung.

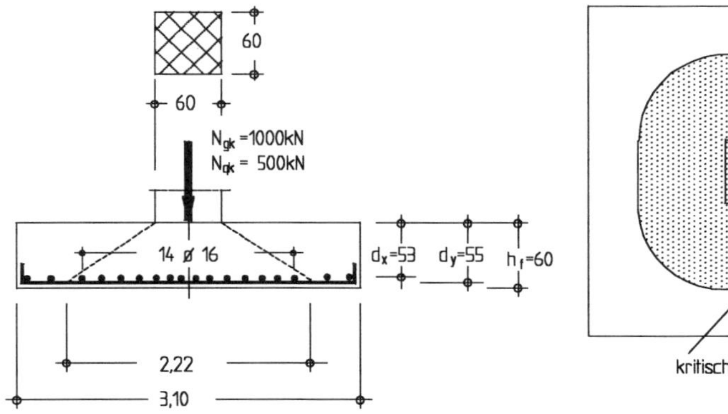

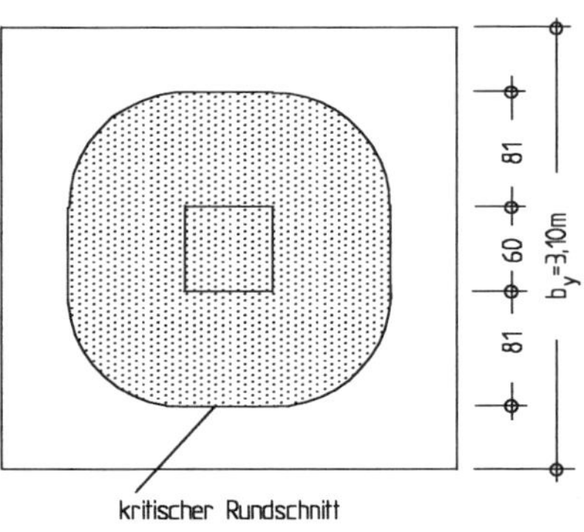

Baustoffe: C30/37; BSt 500

Einwirkung v_{Ed}

$V_{Ed} = N_{Ed} - 0{,}5 \cdot \sigma_0 \cdot A_\sigma$

$N_{Ed} = 1{,}35 \cdot 1000 + 1{,}50 \cdot 500 = 2100\,\text{kN}$

$\sigma_0 = 2{,}10 / (3{,}1 \cdot 3{,}1) = 0{,}219\,\text{MN/m}^2$

$A_\sigma = 0{,}6^2 + 4 \cdot (0{,}6 \cdot 0{,}81) + \pi \cdot 0{,}81^2 = 4{,}37\,\text{m}^2$

$V_{Ed} = 2{,}10 - 0{,}5 \cdot 0{,}219 \cdot 4{,}37 = 1{,}62\,\text{MN}$

V_{Ed} darf um die Resultierende der Bodenpressungen innerhalb der kritischen Fläche abgemindert werden; der Abzugswert darf jedoch nur zu 50 % berücksichtigt werden.

$v_{Ed} = V_{Ed} \cdot \beta / u$

$\beta = 1{,}05$

$u = 2 \cdot (0{,}6 + 0{,}6) + 2 \cdot \pi \cdot 0{,}81 = 7{,}49\,\text{m}$

$v_{Ed} = 1{,}62 \cdot 1{,}05 / 7{,}49 = 0{,}227\,\text{MN/m}$

Wegen des monolithischen Anschlusses der Stütze wird eine Lastausmitte nicht ausgeschlossen.

Bemessungswiderstand

$v_{Rd,ct} = [0{,}14\,\kappa \cdot (100 \cdot \rho_l \cdot f_{ck})^{1/3} - 0{,}12\,\sigma_{cd}] \cdot d$

$\kappa = 1 + (200/540)^{0,5} = 1{,}61$

$d = 0{,}54\,\text{m}$ — Mittelwert der Nutzhöhen

$\sigma_{cd} = 0$

$\rho_l = (\rho_{lx} \cdot \rho_{ly})^{0,5}$

$\rho_{lx} = 28{,}1/(222 \cdot 53) = 0{,}0024$

$\rho_{ly} = 28{,}1/(222 \cdot 55) = 0{,}0023$

$\rho_l = (0{,}0024 \cdot 0{,}0023)^{0,5} = 0{,}0024$

Längsbewehrung im Bereich der kritischen Fläche jeweils 14 ∅ 16 bzw. 28,1 cm².

$v_{Rd,ct} = 0{,}14 \cdot 1{,}61 \cdot (0{,}24 \cdot 30)^{1/3} \cdot 0{,}54 = 0{,}235\,\text{MN/m}$

Nachweis

$v_{Ed} = 0{,}227\,\text{MN/m} < v_{Rd,ct} = 0{,}235\,\text{MN/m} \Rightarrow$ Nachweis erfüllt.

5.4.5 Platten mit Durchstanzbewehrung

Wenn eine Durchstanzbewehrung erforderlich wird, ist längs mehrerer Rundschnitte zu bemessen. Grundsätzlich ist jedoch zunächst nachzuweisen, dass der Bemessungswert v_{Ed} längs des *kritischen* Rundschnitts den 1,5fachen $v_{Rd,ct}$-Wert nicht überschreitet:

$$v_{Ed} \leq v_{Rd,max} = 1{,}5 \cdot v_{Rd,ct} \tag{5.73}$$

Für die aufzunehmende Querkraft v_{Ed} längs des *äußeren* Rundschnitts – Abstand (l_w+1,5d) vom Stützenrand (s. Abb. 5.36) – ist der Wert $v_{Rd,ct,a}$ nachzuweisen

$$v_{Ed} \leq v_{Rd,ct,a} = \kappa_a \cdot v_{Rd,ct} \tag{5.74}$$

mit $v_{Rd,ct}$ nach Gl. (5.72) (es gilt der Längsbewehrungsgrad ρ für den äußeren Rundschnitt)

$\kappa_a = 1 - 0{,}29 \cdot l_w / (3{,}5\,d) \geq 0{,}71$ Beiwert für den Übergang vom Durchstanz- zum Querkraftwiderstand

l_w Breite des Bereichs mit Durchstanzbewehrung außerhalb der Lasteinleitungsfläche (l_w wird im Allg. am einfachsten iterativ bestimmt).

Mit der Breite l_w liegt der Bereich fest, in dem Durchstanzbewehrung anzuordnen ist. Der Nachweis der erforderlichen Durchstanzbewehrung erfolgt dann für jede Bewehrungsreihe getrennt.

Querschnitt

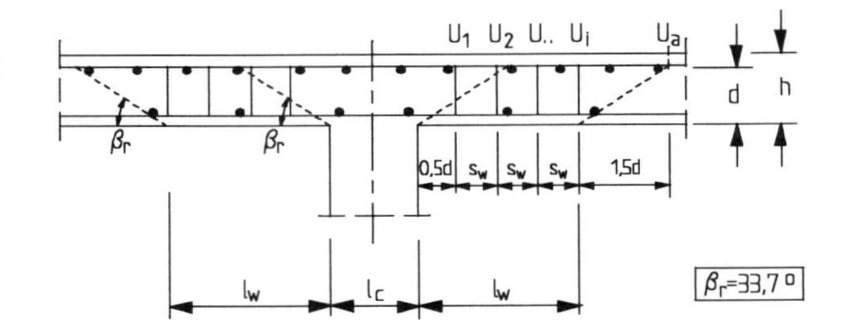

Aufsicht

äußerer Rundschnitt
Ua
Ui
U..
U2
U1
Lasteinleitungs-fläche
innere Rundschnitte

Abb. 5.36 Äußerer Rundschnitt und innere Rundschnitte zur Bemessung der Durchstanzbewehrung bei lotrechter Anordnung

Bei einer *rechtwinklig zur Plattenebene* angeordneten Durchstanzbewehung ist für die jeweils betrachtete Bewehrungsreihe nachzuweisen:

– für die erste Bewehrungsreihe im Abstand $0{,}5d$ vom Stützenrand

$$v_{\mathrm{Rd,sy}} = v_{\mathrm{Rd,ct}} + \kappa_{\mathrm{s}} \cdot A_{\mathrm{sw}} \cdot f_{\mathrm{yd}} \,/ u \qquad (5.75a)$$

– für die weiteren Reihen im Abstand $s_{\mathrm{w}} \leq 0{,}75d$

$$v_{\mathrm{Rd,sy}} = v_{\mathrm{Rd,ct}} + \kappa_{\mathrm{s}} \cdot A_{\mathrm{sw}} \cdot f_{\mathrm{yd}} \cdot d \,/ (u \cdot s_{\mathrm{w}}) \qquad (5.75b)$$

mit κ_{s} Beiwert für die Bauteilhöhe d (in mm)

$0{,}7 \leq \kappa_{\mathrm{s}} = 0{,}7 + 0{,}3 \cdot (d - 400)/400 \leq 1{,}0$

$A_{\mathrm{sw}} f_{\mathrm{yd}}$ Bemessungskraft der Durchstanzbewehrung in Richtung der aufzunehmenden Querkraft für jede Bewehrungsreihe der inneren Rundschnitte

u Umfang des Nachweisschnitts

s_{w} Wirksame Breite einer Bewehrungsreihe mit $s_{\mathrm{w}} \leq 0{,}75d$

Die Lage der bei der Bemessung zur berücksichtigenden Rundschnitte ist in Abb. 5.36 für lotrechte Bügel angegeben.

Das dargestellte Verfahren entspricht prinzipiell einer Schubkraftdeckung, wie es in Abb. 5.37 dargestellt ist; die aufzunehmenden Kräfte sind jeweils grau schattiert dargestellt. Der ersten Reihe wird eine Breite $s_{\mathrm{w}} = d$ zugewiesen, den nachfolgenden Reihen jeweils $s_{\mathrm{w}} \leq 0{,}75d$.

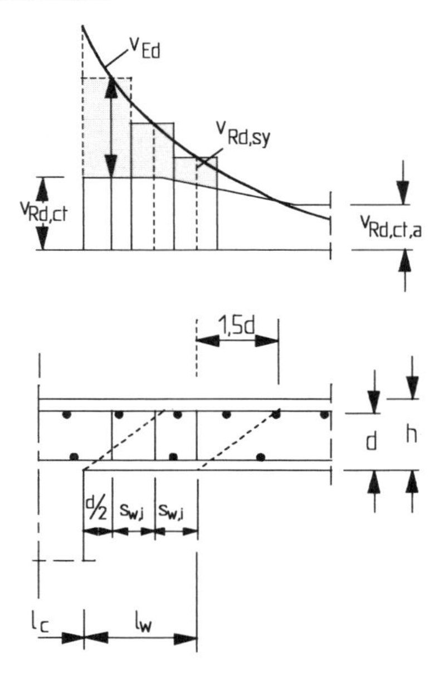

Abb. 5.37 „Schubkraftdeckungslinie" der Durchstanzbewehrung

Querschnitt

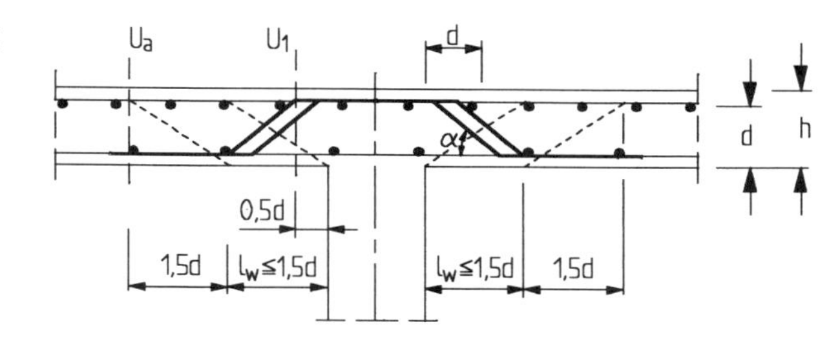

Aufsicht

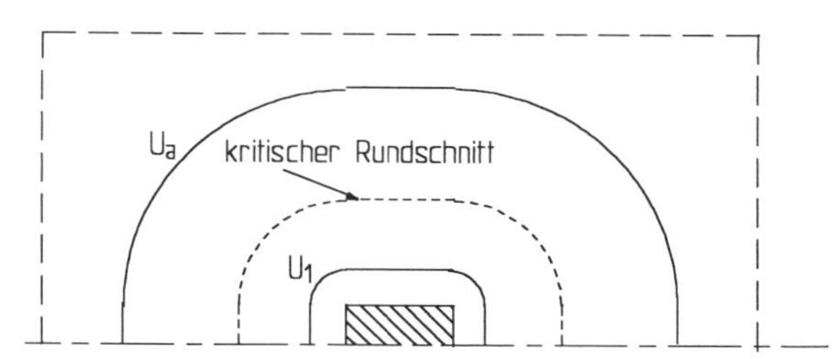

Abb. 5.38 Äußerer und innerer Rundschnitt zur Bemessung der Durchstanzbewehrung bei geneigter Anordnung

Schrägstäbe müssen zwischen $45° \leq \alpha \leq 60°$ gegen die Horizontale geneigt sein. Werden ausschließlich Schrägstäbe eingesetzt, dürfen sie nur im Bereich von $1{,}5d$ um die Stütze angeordnet werden. Die erforderliche Bewehrung ist in einem Abstand $0{,}5d$ vom Stützenrand nachzuweisen

$$v_{\mathrm{Rd,sy}} = v_{\mathrm{Rd,ct}} + 1{,}3 \cdot A_{\mathrm{s}} \cdot \sin \alpha \cdot f_{\mathrm{yd}} / u \tag{5.76}$$

Dabei ist $1{,}3 \cdot A_{\mathrm{s}} \cdot \sin \alpha \cdot f_{\mathrm{yd}}$ die Bemessungskraft der Durchstanzbewehurng in Richtung der aufzunehmenden Querkraft.

Die erforderliche Durchstanzbewehrung der inneren Rundschnitte darf folgende Werte nicht unterschreiten (Mindestschubbewehrung):

– bei lotrechter Durchstanzbewehrung

  $$\rho_{\mathrm{w}} = A_{\mathrm{sw}} / (s_{\mathrm{w}} \cdot u) \geq \rho_{\mathrm{w,min}} \tag{5.77a}$$

  mit $\rho_{\mathrm{w,min}}$ nach DIN 1045-1, 13.2.3(5) (s. auch DIN 1045-1, 13.3.3(7)).

– bei lotrechter Durchstanzbewehrung

  $$\rho_{\mathrm{w}} = A_{\mathrm{sw}} \cdot \sin \alpha / (s_{\mathrm{w}} \cdot u) \geq \rho_{\mathrm{w,min}} \tag{5.77b}$$

  bei geneigter Durchstanzbewehrung mit $s_{\mathrm{w}} = d$ und $\rho_{\mathrm{w,min}}$ nach DIN 1045-1, 13.2.3(5).

5.4.6 Mindestmomente für Platten-Stützen-Verbindungen

Zur Sicherstellung einer ausreichenden Querkrafttragfähigkeit, d. h. um sicherzustellen, dass sich die zuvor dargestellten Tragfähigkeiten einstellen, ist die Platte in *x*- und *y*-Richtung für folgende Mindestmomente je Längeneinheit zu bemessen:

$$\begin{aligned} m_{\mathrm{Edx}} &\geq \eta \cdot V_{\mathrm{Ed}} \\ m_{\mathrm{Edy}} &\geq \eta \cdot V_{\mathrm{Ed}} \end{aligned} \tag{5.78}$$

V_{Ed} aufzunehmende Querkraft

η Beiwert nach Tafel 5.11

Diese Mindestmomente sollten jeweils in einem Bereich entsprechend Abb. 5.39 bzw. Tafel 5.11 angesetzt werden.

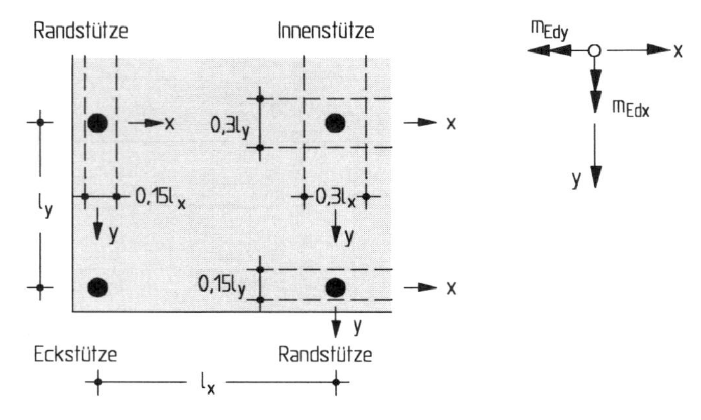

Abb. 5.39 Biegemomente m_{Edx} und m_{Edy} in Platten-Stützen-Verbindungen bei ausmittiger Belastung und mitwirkender Plattenbreite

Tafel 5.11 Momentenbeiwerte η für die Ermittlung von Mindestbiegemomenten

Lage der Stütze	η_x für m_{Edx}			η_y für m_{Edy}		
	Zug an Platten-oberseite [a]	Zug an Platten-unterseite	anzusetzende Plattenbreite	Zug an Platten-oberseite [a]	Zug an Platten-unterseite	anzusetzende Plattenbreite
Innenstütze	0,125	0	$0{,}30 \cdot l_y$	0,125	0	$0{,}30 \cdot l_x$
Randstütze, Plattenrand parallel zu x	0,25	0	$0{,}15 \cdot l_y$	0,125	0,125	je m Breite
Randstütze, Plattenrand parallel zu y	0,125	0,125	je m Breite	0,25	0	$0{,}15 \cdot l_x$
Eckstütze	0,50	0,50	je m Breite	0,50	0,50	je m Breite

[a] Plattenoberseite bezeichnet die der Lasteinleitungsfläche gegenüberliegende Seite der Platte (Plattenunterseite entsprechend die auf der Lasteinleitungsfläche liegende)

Beispiele zu den Abschnitten 5.4.5 und 5.4.6

Beispiel 1

Für das Innenfeld einer Flachdecke wurde die dargestellte statisch erforderliche Biegezugbewehrung ermittelt. Die Stützen haben quadratischen Querschnitt mit $h/b = 30/30$ cm. Für eine Stützkraft bzw. aufzunehmende Querkraft $V_{Ed} = 550$ kN soll der Durchstanznachweis geführt werden.

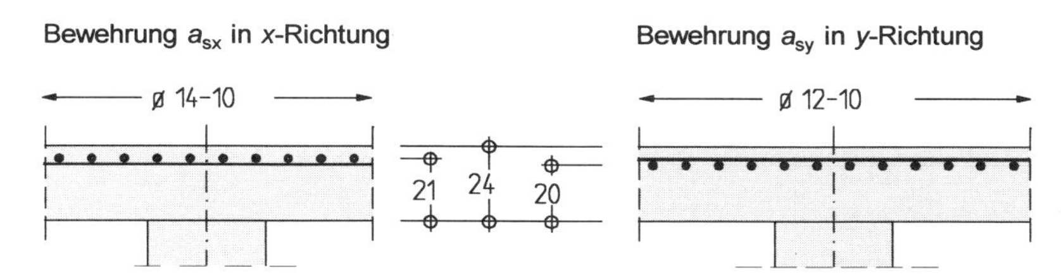

Baustoffe: C20/25; BSt 500
(Feldbewehrung und Durchstanzbewehrung nicht dargestellt)

Mindestmomente

– Bewehrung

Biegebewehrungsgrad der zwei Richtungen x und y

x-Richtung: $\rho_{crit} = a_{sx}/d_x = 15{,}39/21 = 0{,}73$ % ($a_{sx} = 15{,}39$ cm²/m bei ∅ 14 – 10)
y-Richtung: $\rho_{crit} = a_{sy}/d_y = 11{,}31/20 = 0{,}57$ % ($a_{sy} = 11{,}31$ cm²/m bei ∅ 12 – 10)

– Mindestmomente (Nachweis nur für die – hier ungünstigere – y-Richtung)

$m_{Edy} \geq \eta \cdot V_{Ed} = 0{,}125 \cdot 550 = 68{,}8$ kNm/m ($\eta = 0{,}125$ für Innenstütze; Zug auf der Plattenoberseite)

$\mu_{Eds} = \mu_{Eds} / (b \cdot d^2 \cdot f_{cd}) = 0{,}0688 / (1{,}00 \cdot 0{,}20^2 \cdot 11{,}33) = 0{,}152$
$\Rightarrow \omega = 0{,}166$ (s. S. 62, Tafel 5.3a)
$\min a_{sy} = \omega \cdot b \cdot d \cdot (f_{cd}/\sigma_{sd}) = 0{,}166 \cdot 100 \cdot 20 \cdot (11{,}33/435) = 8{,}65$ cm²/m

Die Mindestbewehrung ist auf einer Breite $b_x = 0{,}3 \cdot l_x$ zu überprüfen. Die vorhandene Biegezugbewehrung (∅ 12 – 10 = 11,31 cm²/m) ist ausreichend.

Nachweis der Tragfähigkeit auf Durchstanzen

– Bemessungsquerkraft v_{Ed}

$v_{Ed} = V_{Ed} \cdot \beta / u$

$u = 4 \cdot 0{,}30 + 2 \cdot 1{,}5 \cdot 0{,}205 \cdot \pi = 3{,}13$ m
(ermittelt mit einer mittleren Nutzhöhe $d_m = 0{,}5 \cdot (21{,}0 + 20{,}0) = 20{,}5$ cm; weitere Abmessungen s. nebenstehende Abb. und Eingangsbemerkung)

$v_{Ed} = 0{,}550 \cdot 1{,}05 / 3{,}13 = 0{,}185$ MN/m

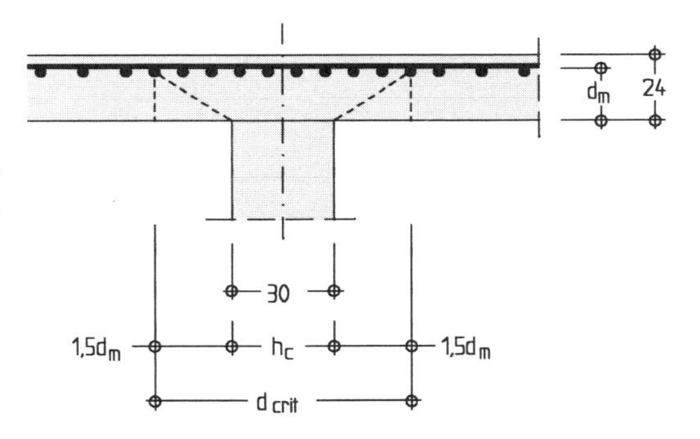

- Bemessungswiderstand:

  $v_{Rd,ct} = [0{,}14 \cdot \eta_1 \cdot \kappa \cdot (100 \cdot \rho_l \cdot f_{ck})^{1/3}] \cdot d$ (für $\sigma_{cd} = 0$)

  $\eta_1 = 1$ (Normalbeton)

  $\kappa = 1{,}99$ (für $d = d_m = 20{,}5$ cm)

  $\rho_l = \sqrt{\rho_{lx} \cdot \rho_{ly}} = \sqrt{0{,}0073 \cdot 0{,}0057} = 0{,}0065 < 0{,}4 f_{cd}/f_{yd} = 0{,}4 \cdot 11{,}33/435 = 0{,}0104$

  $v_{Rd,ct} = 0{,}14 \cdot 1 \cdot 1{,}99 \cdot (100 \cdot 0{,}0065 \cdot 20)^{1/3} \cdot 0{,}205 = 0{,}134$ MN/m $< v_{Ed} = 0{,}185$ MN/m

  ⇒ Ausführung ohne Durchstanzbewehrung nicht zulässig.

- Größter Durchstanzwiderstand bei Anordnung von Schubbewehrung:

  $v_{Rd,max} = 1{,}5 \cdot v_{Rd,ct} = 1{,}5 \cdot 0{,}134 = 0{,}201$ MN/m $> v_{Ed} = 0{,}185$ MN/m

  ⇒ Ausführung mit Durchstanzbewehrung zulässig.

- Ermittlung der erforderlichen Durchstanzbewehrung:

  Es ist zunächst die Breite l_w festzulegen, auf der Durchstanzbewehrung benötigt wird. In einer Berechnung „von Hand" geschieht dies zweckmäßiger Weise iterativ (s. nachfolgende Tabelle).

l_w	$u = 4\,h_c + (3d + 2l_w)\pi$	$v_{Ed} = \beta \cdot V_{Ed}/u$	$\kappa_a = 1 - (0{,}29 l_w/3{,}5d)$	$v_{Rd,cta} = v_{Rd,ct} \cdot \kappa_a$
0,20	4,39	0,132	0,919	0,123
0,28	4,89	0,118	0,887	0,119
0,30	5,02	0,115	0,879	0,118

Im Abstand $(l_w + 1{,}5d) = 0{,}28 + 0{,}31 = 0{,}59$ m vom Stützenrand ist der Nachweis $v_{Ed} \leq v_{Rd,ct,a}$ erfüllt, so dass dort keine Durchstanzbewehrung mehr erforderlich ist. Auf der Breite l_w ist Durchstanzbewehrung anzuordnen.

Erste Bügelreihe

$A_{sw} \geq (v_{Ed} - v_{Rd,ct}) \cdot u_1 \,/\, (\kappa_s \cdot f_{yd})$

$u_1 = 4 \cdot 0{,}30 + 2\pi \cdot (0{,}5 \cdot 0{,}205) = 1{,}84$ m (erste Nachweisstelle $0{,}5d$ vom Stützenrand)

$v_{Ed} = 1{,}05 \cdot 0{,}550 \,/\, 1{,}84 = 0{,}314$ MN/m (Schubkraft an der Nachweisstelle)

$\kappa_s = 0{,}7$ ($\kappa_s = 0{,}7$ für $d \leq 400$ mm)

$A_{sw} = (0{,}314 - 0{,}134) \cdot 1{,}84 / (0{,}7 \cdot 435) = 10{,}9 \cdot 10^{-4}$ m² $= 10{,}9$ cm²

$a_{sw} = A_{sw}/u_1 = 10{,}9 \,/\, 1{,}84 = 5{,}92$ cm²/m

gew.: ∅ 10 – 12,5 (1schnittig mit vorh $a_{sw} = 6{,}28$ cm²/m)

Zweite Bügelreihe

$A_{sw} \geq (v_{Ed} - v_{Rd,ct}) \cdot u_2 \cdot s_w \,/\, (\kappa_s \cdot f_{yd} \cdot d)$

$s_w = 0{,}75\, d = 0{,}154$ m ($s_w \leq 0{,}75\, d$)

$u_2 = 4 \cdot 0{,}30 + 2\pi \cdot (1{,}25 \cdot 0{,}205) = 2{,}81$ m (2. Nachweisstelle $1{,}25d$ vom Stützenrand)

$v_{Ed} = 1{,}05 \cdot 0{,}550 \,/\, 2{,}81 = 0{,}206$ MN/m (Schubkraft an der Nachweisstelle)

$\kappa_s = 0{,}7$ ($\kappa_s = 0{,}7$ für $d \leq 400$ mm)

$A_{sw} = (0{,}206 - 0{,}134) \cdot 2{,}81 \cdot 0{,}154 / (0{,}7 \cdot 435 \cdot 0{,}205) = 4{,}99 \cdot 10^{-4}$ m² $= 4{,}99$ cm²

$a_{sw} = A_{sw}/u_2 = 4{,}99 \,/\, 2{,}81 = 1{,}78$ cm²/m

gew.: ∅ 8 – 12,5 (1schnittig mit vorh $a_{sw} = 4{,}02$ cm²/m)

Dritte Bügelreihe

Es ist rechnerisch nur noch auf einer Breite $s_w = l_w - 1{,}25d = 0{,}28 - 1{,}25 \cdot 0{,}205 = 0{,}02$ m Durchstanzbewehrung erforderlich; die Bewehrung wird konstruktiv gewählt.

Mindestbewehrung und Regelungen zur baulichen Durchbildung

Als Mindestdurchstanzbewehrung ergibt sich gemäß DIN 1045-1, 13.2.3(5) z. B. für die zweite Bügelreihe mit $s_w = 0{,}75d$ (min $\rho_w = 0{,}7$ ‰)

$$A_{sw} \geq \rho_w \cdot s_w \cdot u_2 = 0{,}00070 \cdot (0{,}75 \cdot 0{,}205) \cdot (4 \cdot 0{,}30 + 2 \cdot \pi \cdot 0{,}256) \cdot 10^4 = 3{,}02 \text{ cm}^2 < 4{,}99 \text{ cm}^2$$

Die Mindestbewehrung wird nicht maßgebend. Die erforderliche Durchstanzbewehrung ist mit einem Abstand der vertikalen Bügelschenkel von maximal $1{,}5d = 0{,}31$ m zu verlegen. Als Durchmesser ist $d_s \leq 0{,}05 \cdot d = 0{,}05 \cdot 205 = 10{,}3$ mm einzuhalten.

Auf weitere Nachweise zur baulichen Durchbildung wird im Rahmen des Beispiels verzichtet; es wird auf DIN 1045-1, 13.3.3 verwiesen.

Beispiel 2

Es gelten die im Beispiel 1 dargestellten Voraussetzungen. Abweichend von dem dort gezeigten Rechengang soll die Durchstanzbewehrung als Schrägaufbiegung ausgeführt werden.

Breite l_w des Bereichs mit Durchstanzbewehrung

$l_w = 0{,}28 \text{ m} < 1{,}5d = 1{,}5 \cdot 0{,}205 = 0{,}31$ m

$\Rightarrow$ Ausführung ausschließlich mit Schrägstäben zulässig.

Erforderliche Durchstanzbewehrung

$v_{Rd,sy} = v_{Rd,ct} + 1{,}3 \cdot A_s \cdot \sin\alpha \cdot f_{yd} / u \leq v_{Ed}$ (vgl. Gl.(5.76))

$A_s = (v_{Ed} - v_{Rd,ct}) \cdot u / (1{,}3 \cdot \sin\alpha \cdot f_{yd})$

$u = 4 \cdot 0{,}30 + 2\pi \cdot (0{,}5 \cdot 0{,}205) = 1{,}84$ m (Die erforderliche Bewehrung ist in einem Schnitt $0{,}5d$ vom Stützenrand nachzuweisen)

$v_{Rd,ct} = 0{,}134$ MN/m (wie Beispiel 1)

$v_{Ed} = 1{,}05 \cdot 0{,}550 / 1{,}84 = 0{,}314$ MN/m (Die Schubkraft im Nachweisschnitt)

$\sin\alpha = 0{,}707$ (Schrägstäbe mit 45° Neigung)

$A_s = (0{,}314 - 0{,}134) \cdot 1{,}84 / (1{,}3 \cdot 0{,}707 \cdot 435)$
$= 8{,}28 \cdot 10^{-4} \text{ m}^2 = 8{,}28 \text{ cm}^2$

gew.: 5 ∅ 8 je Richtung
(vorh $A_s = 2 \times 5 \cdot 2 \cdot 0{,}503 = 10{,}1 \text{ cm}^2$)

Auf einen Nachweis der Mindestschubbewehrung wird an dieser Stelle verzichtet.

Nebenstehende Skizze zeigt die gewählte Anordnung der Durchstanzbewehrung (in der linken Bildhälfte sind die gewählten Maße, in der rechten die Mindestanforderungen nach DIN 1045-1 dargestellt).

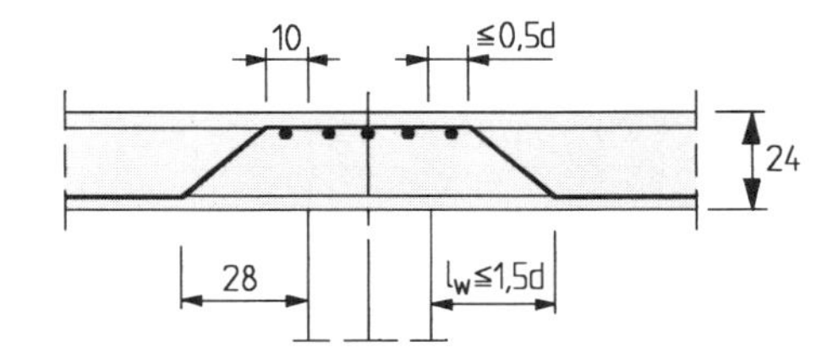

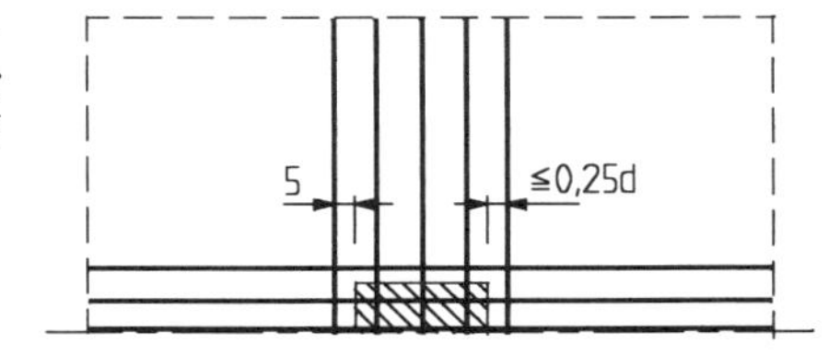

5.5 Verformungsbeeinflusste Grenzzustände der Tragfähigkeit (Knicksicherheitsnachweise)

5.5.1 Unverschieblichkleit und Verschieblichkeit von Tragwerken

Der Gleichgewichtszustand von Tragwerken und von Bauteilen unter Längsdruck muss unter Berücksichtigung der Auswirkungen von Bauteilverformungen nachgewiesen werden. Die gegenseitigen Verschiebungen von Stabenden sind nach DIN 1045-1, 8.6.1 ohne Bedeutung und dürfen vernachlässigt werden, wenn die Auswirkungen der Bauteilverformungen die Tragfähigkeit um nicht mehr als 10 % verringern.

Tragwerke gelten als unverschieblich, wenn sie hinreichend ausgesteift sind. In ausreichend ausgesteiften Tragwerke müssen die aussteifenden Bauteile eine große Steifigkeit haben, um alle Horizontallasten aufzunehmen, die auf das Tragwerk wirken, und in die Fundamente weiterzuleiten, so dass die Tragfähigkeit der auszusteifenden Tragwerksteile sichergestellt wird.

Sofern kein genauerer Nachweis geführt wird, dürfen Tragwerke, die durch lotrechte Bauteile ausgesteift sind, als unverschieblich angesehen werden, wenn

- die lotrechten aussteifenden Bauteile annähernd symmetrisch angeordnet sind und nur kleine vernachlässigbare Verdrehungen um die Bauteilachse zulassen
- die Bedingungen nach Gl. (5.79) erfüllt sind (die „Labilitätszahl" muss für jede der beiden Gebäudehauptachsen y und z erfüllt sein):

$$\frac{1}{h_{\text{ges}}} \cdot \sqrt{\frac{E_{\text{cm}} \cdot I_{\text{c}}}{F_{\text{Ed}}}} \geq \begin{cases} 1/(0{,}2 + 0{,}1\, m) & \text{für } m \leq 3 \\ 1/0{,}6 & \text{für } m \geq 4 \end{cases} \qquad (5.79)$$

Es sind:

h_{ges} Gesamthöhe des Tragwerks über OK Fundament bzw. Einspannebene in m

m Anzahl der Geschosse

F_{Ed} Summe der Vertikallasten im Gebrauchszustand (d. h. $\gamma_{\text{F}} = 1$), die auf die aussteifenden und auf die nicht aussteifenden Bauteile wirken

$E_{\text{cm}}I_{\text{c}}$ Summe der Nennbiegesteifigkeiten (im Zustand I) aller vertikalen aussteifenden Bauteile, die in der betrachteten Richtung wirken. In den aussteifenden Bauteilen sollte die Betonzugspannung unter der maßgebenden Lastkombination des Gebrauchszustands den Wert f_{ctm} nicht überschreiten (E_{cm} und f_{ctm} s. Abschn. 4.2).

Wenn die lotrechten Bauteile nicht annähernd symmetrisch angeordnet sind oder nicht vernachlässigbare Verdrehungen zulassen, muss zusätzlich die Verdrehungssteifigkeit nachgewiesen werden; es wird auf DIN 1045-1, 8.6.2 (5) und Gl. (26) verwiesen.

Für die weitere Nachweisführung werden Bauteile als Einzeldruckglieder mit der Ersatzlänge l_0 betrachtet. Dies können sein

- einzelne Druckglieder (z. B. einzeln stehende Kragstützen)
- Druckglieder als Teile eines Tragwerks, die jedoch für die Nachweisführung als Einzeldruckglieder betrachtet werden können (z. B. Druckglieder als Teil eines Gesamttragwerks).

5.5.2 Ersatzlänge l_0

Die *Ersatzlänge* l_0 von Einzeldruckgliedern ergibt sich aus $l_0 = \beta \cdot l_{col}$, wobei mit l_{col} die Stützenlänge zwischen den idealisierten Einspannstellen bezeichnet wird. Die Ersatzlänge ist von der Steifigkeit der Einspannung an den Enden des Einzeldruckgliedes und von der Verschieblichkeit der Enden des Druckglieds abhängig (s. nachfolgend).

Der Beiwert β ist für Regelfälle (sog. „Eulerfälle") in Abb. 5.40 dargestellt, für Stützen mit elastischer Endeinspannung kann er mit dem Diagramm in Abb. 5.41 ermittelt werden (vgl. [DAfStb-H220 – 79]). Hierbei wird die Steifigkeit der Einspannungen k_A und k_B bestimmt aus

$$k_A \text{ (oder } k_B) = \frac{\Sigma E_{cm} \cdot I_{col} / l_{col}}{\Sigma E_{cm} \cdot \alpha \cdot I_b / l_{eff}} \tag{5.80}$$

E_{cm} Elastizitätsmodul des Betons
I_{col}, I_b Flächenmoment 2. Grades der Stütze (I_{col}) bzw. des Balkens (I_b)
$l_{col}; l_{eff}$ wirksame Stützenlänge (l_{col}) bzw. Stützweite des Balkens (l_{eff})
α Beiwert zur Berücksichtigung der Einspannung am *abliegenden Ende* des Balkens
$\alpha = 1{,}0$ bei elastischer oder starrer Einspannung
$\alpha = 0{,}5$ bei frei drehbarer Lagerung
$\alpha = 0$ bei Kragbalken

Wegen Nachgiebigkeiten von Gründungen, einspannenden Bauteilen etc. ist eine starre Einspannung kaum realisierbar; Einspanngrade k_A bzw. k_B kleiner als 0,4 werden daher nicht für die Anwendung empfohlen.

Eine Ermittlung der Ersatzlänge mit Hilfe von Abb. 5.41 ist in erster Linie nur für unverschiebliche Tragwerke gedacht. Für verschiebliche Rahmen sind die vereinfachten Verfahren nur bei regelmäßigen Rahmen mit geringen mittleren Schlankheiten zulässig; es wird auf [DAfStb-H.220 – 79] (s. a. [ENV 1992-1-1 – 92], A 3.5) verwiesen.

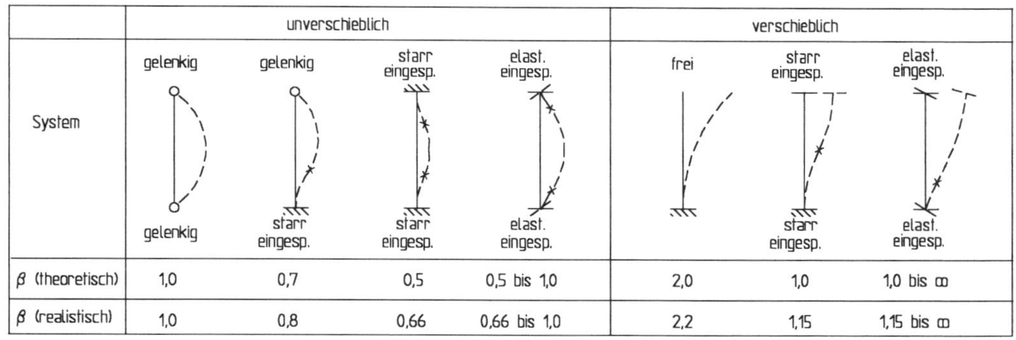

	unverschieblich				verschieblich		
System	gelenkig / gelenkig	gelenkig / starr eingesp.	starr eingesp. / starr eingesp.	elast. eingesp. / elast. eingesp.	frei	starr eingesp. / starr eingesp.	elast. eingesp. / elast. eingesp.
β (theoretisch)	1,0	0,7	0,5	0,5 bis 1,0	2,0	1,0	1,0 bis ∞
β (realistisch)	1,0	0,8	0,66	0,66 bis 1,0	2,2	1,15	1,15 bis ∞

(x = Wendepunkte)

Abb 5.40 Ersatzlänge für Regelfälle

Beispiel (qualitativ; Zahlenbeispiel s. Abschn. 5.5.3)

Die besondere Bedeutung der Unverschieblichkeit und Verschieblichkeit der Stützenenden soll zunächst an einigen einfachen Beispielen erläutert werden. Betrachtet wird jeweils ein einfeldriger Zweigelenk-Rahmen, der einmal unverschieblich ausgebildet wird, zum anderen in Höhe des Rahmenriegels verschieblich ist.

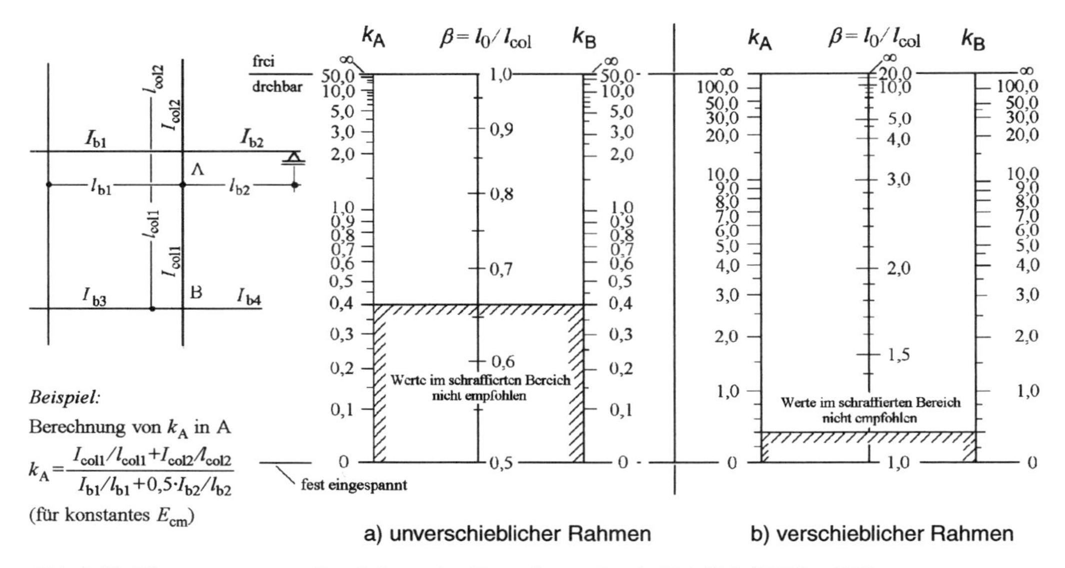

Abb 5.41 Nomogramm zur Ermittlung der Ersatzlänge (nach [DAfStb-H220 – 79])

Wenn die Riegelsteifigkeit I_b sehr viel größer als die Stützensteifigkeit I_{col} ist, sind die Stützen an ihren oberen Ende praktisch starr eingespannt. Es ergeben sich die dargestellten Ersatzlängen. Wie zu sehen ist, ist die Ersatzlänge des verschieblichen Rahmens etwa dreimal so groß wie die des unverschieblichen.

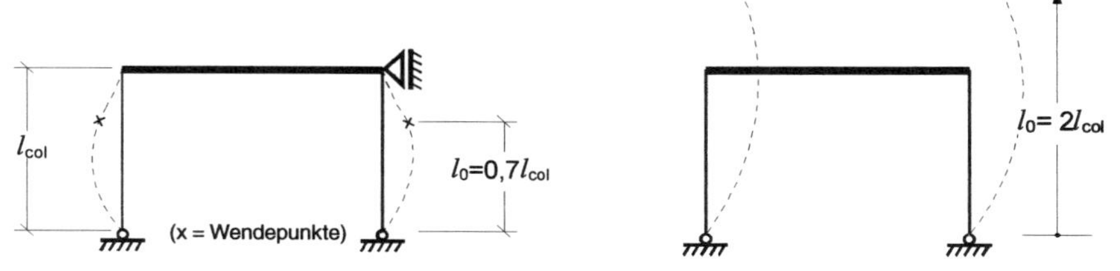

Ersatzlänge bei sehr großer Einspannung durch den Rahmenriegel

Bei einer im Verhältnis zur Stützensteifigkeit I_{col} sehr geringen Riegelsteifigkeit I_b, liegt für die Stützen an ihren oberen Enden als Grenzfall eine gelenkige Lagerung vor. Dafür erhält man die nachfolgend dargestellten „Knickfiguren" bzw. Ersatzlängen. Die Stützen des unverschieblichen Rahmens sind dann als Pendelstützen mit der Ersatzlänge $l_0 = l_{col}$ zu betrachten; der verschiebliche Zweigelenkrahmen wird dagegegen instabil, wenn die einspannende Wirkung des Rahmenriegels vernachlässigbar klein wird.

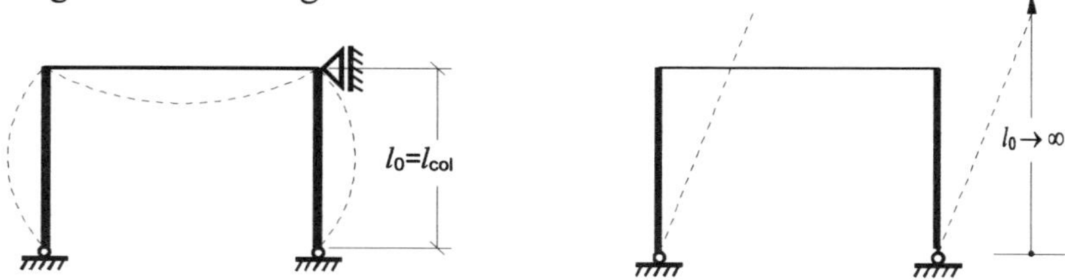

Ersatzlänge bei sehr geringer Einspannung durch den Rahmenriegel

5.5.3 Schlankheit λ und Grenzschlankheit λ_{lim}

Die Schlankheit λ dient als Maß für den Einfluss von Verformungen auf die Tragfähigkeit eines Druckglieds. Die Schlankheit wird ermittelt aus

$$\lambda = l_0 / i \tag{5.81}$$

$i = \sqrt{I/A}$ Flächenträgheitsradius
$l_0 = \beta \cdot l_{\text{col}}$ Ersatzlänge (auch „Knick"-Länge); s. Abschn. 5.5.2
β Verhältnis der Ersatzlänge l_0 zur Stützenlänge l_{col}

Auf eine Untersuchung am verformten System darf verzichtet werden, falls der Einfluss der Zusatzmomente gering ist. Hiervon kann ausgegangen werden, wenn *eine* der folgenden Bedingungen erfüllt ist (s. Abb. 5.42):

$$\lambda \leq \lambda_{\text{lim}} = 25 \tag{5.82a}$$

$$\lambda \leq \lambda_{\text{lim}} = 16 / \sqrt{|\nu_{\text{Ed}}|} \quad \text{mit } \nu_{\text{Ed}} = N_{\text{Ed}} / (A_c \cdot f_{\text{cd}}) \tag{5.82b}$$

Für Stützen in unverschieblichen Tragwerken, die zwischen den Stützenenden nicht durch Querlasten beansprucht werden, gilt außerdem (s. Abb. 5.43)

$$\lambda \leq \lambda_{\text{lim}} \leq 25 \cdot (2 - e_{01}/e_{02}) \tag{5.83}$$

mit $|e_{01}| \leq |e_{02}|$. Die Stützenenden müssen dann jedoch die Mindestschnittgrößen $N_{\text{Rd}} = N_{\text{Ed}}$ und $M_{\text{Rd}} \geq N_{\text{Ed}} \cdot h/20$ aufnehmen können (h Stützenabmessung in der betrachteten Richtung).

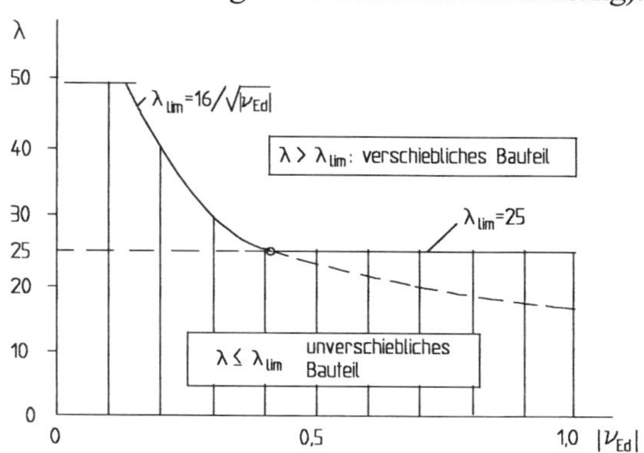

Abb. 5.42 Grenzschlankheit nach Gln. (5.82)

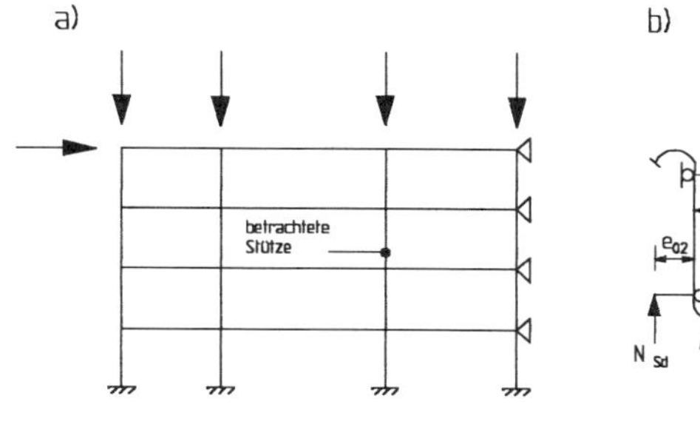

statisches Gesamtsystem   idealisierte Stütze   Grenzschlankheit λ_{crit}

Abb. 5.43 Grenzschlankheit von elastisch eingespannten Einzelstützen in unverschieblichen Tragwerken

Beispiel

Randstützen eines unverschieblichen Rahmens nach Abbildung; Horizontallasten werden jeweils nur in Riegelhöhe eingeleitet, so dass keine Querlasten innerhalb der freien Stützenlängen vorhanden sind. Es soll festgestellt werden, ob hierfür eine Berechnung nach Theorie II. Ordnung erforderlich ist; eine Knickgefahr soll nur in der dargestellten Ebene bestehen.

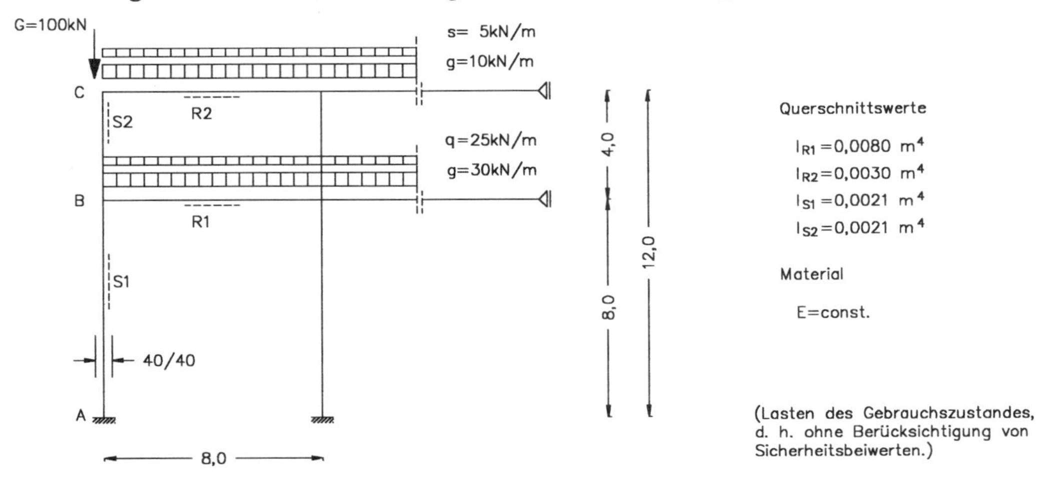

In einer nicht dargestellten Berechnung wurden die nachfolgend dargestellten Bemessungschnittgrößen (γ-fach) nach Theorie I. Ordnung (ohne Verformungseinfluss) ermittelt.

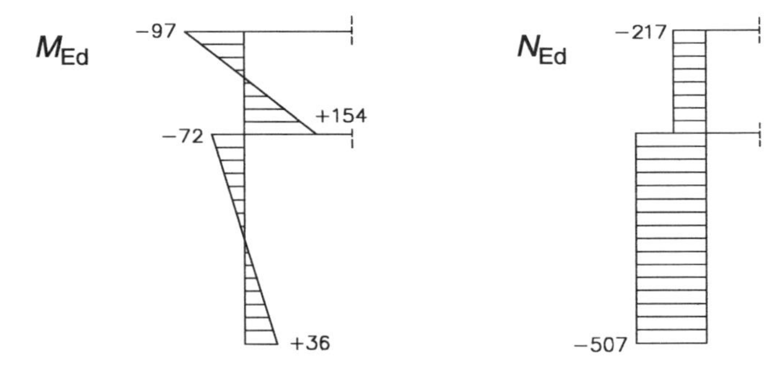

Randstütze unten

– Ersatzlänge l_0

$$k_A = 0{,}40 \text{ (gewählt; theoretisch: } k_A = 0)$$

$$k_B = \frac{\Sigma\, EI_{col} / l_{col}}{\Sigma\, EI_b / l_b} = \frac{0{,}0021/8{,}0 + 0{,}0021/4{,}0}{0{,}0080/8{,}0} = 0{,}79 \qquad \beta = 0{,}70$$

$$l_0 = \beta \cdot s = 0{,}70 \cdot 8{,}0 = 5{,}60 \text{ m}$$

– Schlankheit λ

$$\lambda = l_0 / i = 5{,}60 / (0{,}289 \cdot 0{,}40) = 48$$

$$\lambda_{lim} = 50 - 25 \cdot 36 / (-72) = 63 > 48 \Rightarrow \text{Regelbemessung}$$

Randstütze oben

– Ersatzlänge l_0 und Schlankheit λ

$k_B = 0{,}79$ (s. vorher)

$k_C = (0{,}0021 / 4{,}0) / (0{,}0030 / 8{,}0) = 1{,}40$ $\Big\}$ $\beta = 0{,}78$

$l_0 = \beta \cdot l_{col} = 0{,}78 \cdot 4{,}00 = 3{,}12$ m

$\lambda = l_0 / i = 3{,}12/(0{,}289 \cdot 0{,}40) = 27$

$\lambda_{lim} = 50 - 25 \cdot (-97) / 154 = 66 > 27 \Rightarrow$ Regelbemessung

Bemessungsschnittgrößen

Wegen $\lambda \leq \lambda_{lim}$ gelten dieSchnittgrößennach Theorie I. Ordnung. Mindestmomente werden mit $M_{Ed} = N_{Ed} \cdot h/20 = 507 \cdot 0{,}4/20 = 10{,}1$ kNm (ungünstigster Fall) nicht maßgebend.

5.5.4 Vereinfachtes Bemessungsverfahren für Einzeldruckglieder (Modellstützenverfahren)

In DIN 1045-1, 8.6.5 wird ein Bemessungsverfahren genannt, das für den Hochbau verwendet werden kann. Hierbei wird die Stütze als Einzeldruckglied mit einer vereinfachten Verformungsfigur betrachtet; die zusätzliche Ausmitte wird als Funktion der Schlankheit berücksichtigt. Das als *Modellstützenverfahren* bezeichnete Bemessungsverfahren gilt für folgende Druckglieder:

- rechteck- oder kreisförmige Querschnitte, die über die Stützenhöhe konstant sind (Beton- und Bewehrungsquerschnitt)
- planmäßige Lastausmitten $e_0 \geq 0{,}1 \cdot h$

Bei planmäßigen Lastausmitten $e_0 < 0{,}1 \cdot h$ liegt das Modellstützenverfahren auf der sicheren Seite; hierfür sind daher andere Verfahren geeigneter.

Die Modellstütze ist eine Kragstütze unter der Wirkung von Längskraft und Moment, wobei am Stützenfuß das maximale Moment auftritt. Die zu berücksichtigende Gesamtausmitte im Schnitt A beträgt (s. Abb. 5.44):

$$e_{tot} = e_0 + e_a + e_2 \; (+ e_c) \qquad (5.84)$$

mit

e_0 Lastausmitte nach Theorie I. Ordnung; es ist $e_0 = M_{Ed}/N_{Ed}$ (s. Gln. (5.85a) bis (5.85c))

e_a ungewollte Zusatzausmitte nach Gl. (5.86)

e_2 Lastausmitte nach Theorie II. Ordnung; s. Gl. (5.87)

e_c Kriechausmitte (s. hierzu auch folgende Seite)

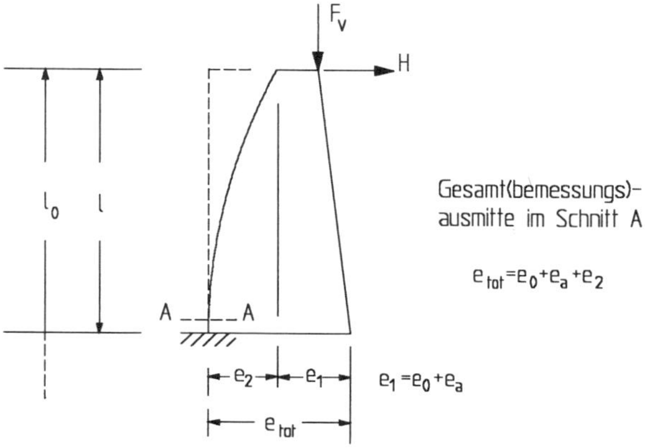

Abb. 5.44 Modellstütze

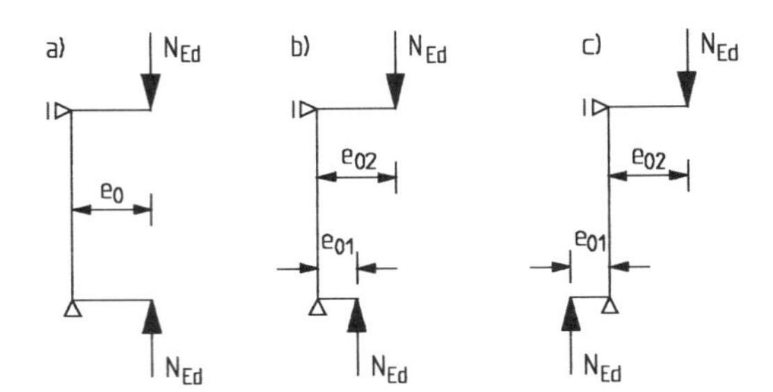

Abb. 5.45 Lastausmitte elastisch eingespannter, unverschieblicher Stützen

Kriechverformungen dürfen vernachlässigt werden, wenn die Stützen an den beiden Enden monolithisch mit lastabtragenden Bauteilen verbunden sind, bei verschieblichen Tragwerken, wenn die Schlankheit $\lambda < 50$ und gleichzeitig die bezogenen Lastausmitte $e_0/h > 2$ ist.

Lastausmitte e_0

Die Lastausmitte e_0 im maßgebenden Bemessungsschnitt wird allgemein ermittelt aus:

$$e_0 = M_{Ed} / N_{Ed} \qquad (5.85a)$$

Für unverschieblich gehaltene, elastisch eingespannte Stützen ohne Querlasten (d. h. bei linearem Momentenverlauf) kann die planmäßige Lastausmitte e_0 im maßgebenden Schnitt mit Hilfe nachfolgender Gln. (5.85b) und (5.85c) ermittelt werden (s.hierzu Abb. 5.45):

– an beiden Enden gleiche Lastausmitten

$$e_0 = e_{01} = e_{02} \qquad (5.85b)$$

– an beiden Enden unterschiedliche Lastausmitten

$$e_0 \geq 0{,}6\, e_{02} + 0{,}4\, e_{01}$$
$$\geq 0{,}4\, e_{02} \qquad (5.85c)$$

Für Gl. (5.85c) gilt, dass $|e_{01}| \leq |e_{02}|$, die Ausmitten e_{01} und e_{02} sind mit Vorzeichen einzusetzen.

Imperfektionen e_a

Für Einzeldruckglieder dürfen Maßungenauigkeiten und Unsicherheiten bezüglich der Lage und Richtung von Längskräften durch eine Zusatzausmitte e_a, die in ungünstigster Richtung wirkt, erfasst werden. Als zusätzliche Lastausmitte gilt

$$e_a = \alpha_{a1} \cdot l_0 / 2 \qquad (5.86)$$

mit $\alpha_{a1} = 1/(100 \cdot \sqrt{l}) \leq 1/200$ als Schiefstellung und $l = l_{col}$ (in m); s. auch DIN 1045-1, 8.6.4.

Lastausmitte e_2

Die maximale Ausmitte nach Theorie II. Ordnung kann ermittelt werden aus

$$e_2 = K_1 \cdot 0{,}1 \cdot l_0^2 \cdot (1/r) \qquad (5.87)$$

In Gl. (5.87) sind:

$K_1 = (\lambda/10) - 2{,}5$ für $25 \leq \lambda \leq 35$
$K_1 = 1$ für $\lambda > 35$
$(1/r)$ Stabkrümmung im maßgebenden Schnitt; näherungsweise gilt:

$$(1/r) = 2 \cdot K_2 \cdot \varepsilon_{yd} / (0{,}9 \cdot d) \qquad (5.88)$$

(s. hierzu die nachfolgenden Erläuterungen)

K_2 Beiwert zur Berücksichtigung der Krümmungsabnahme mit steigendem Längsdruck
$K_2 = (N_{ud} - N_{Ed})/(N_{ud} - N_{bal}) \leq 1$
N_{Ed} Bemessungswert der einwirkenden Längskraft (als Druckkraft negativ)
N_{ud} Bemessungswert der widerstehenden Längskraft für $M_{Ed} = 0$
$N_{ud} = -f_{cd} \cdot A_c - f_{yd} \cdot A_s$
N_{bal} Aufnehmbare Längsdruckkraft bei größter Momententragfähigkeit des Querschnitts. Für symmetrisch bewehrte Rechteckquerschnitte näherungsweise
$N_{bal} \approx -0{,}40 \cdot f_{cd} \cdot A_c$
ε_{yd} Bemessungswert der Stahldehnung an der Streckgrenze: $\varepsilon_{yd} = f_{yd}/E_s$

Der in Gl. (5.88) enthaltene Ansatz zur Ermittlung der Zusatzausmitte nach Theorie II. Ordnung ergibt sich aus (vgl. Abb. 5.46):

$$e_2 = \int \overline{M}(x) \cdot [(1/r)(x)] \cdot \mathrm{d}\,x \tag{5.89}$$

Das Moment $\overline{M}(x)$ beträgt an der Einspannstelle $\overline{1} \cdot l$, der Verlauf ist dreieckförmig. Die Krümmung hat den Größtwert $(1/r)$ und zeigt längs der Stützenhöhe als Grenzfall einen dreieckförmigen oder einen rechteckförmigen Verlauf. Damit ergibt sich für die Ausmitte e_2

$$e_2 \begin{array}{l} \geq (^1/_3) \cdot l \cdot (1/r) \cdot l = (^1/_{12}) \cdot (1/r) \cdot l_0^2 \\ \leq (^1/_2) \cdot l \cdot (1/r) \cdot l = (^1/_8) \cdot (1/r) \cdot l_0^2 \end{array} \tag{5.90}$$

bzw. im Mittel

$$e_2 \approx (^1/_{10}) \cdot (1/r) \cdot l_0^2 \tag{5.91}$$

Diese Gleichung ist identisch mit Gl. (5.87), wenn man zusätzlich einen Faktor K_1 einführt, der den Übergang von nicht verformungsempfindlichen zu den stabilitätsgefährdeten Stützen berücksichtigt. Dieser Übergangsbereich ist bis $\lambda = 35$ definiert.

Der Krümmung gemäß Gl. (5.88) liegt der in Abb. 5.47 skizzierte Dehnungszustand mit maximaler Krümmung zugrunde, der durch gleichzeitiges Erreichen der Dehnungen an der Bemessungsstreckgrenze $\varepsilon_{yd,1} = -\varepsilon_{yd,2} = |\varepsilon_{yd}|$ auf der Druck- und Zugseite gekennzeichnet ist. Bei einem gegenseitigen Abstand der Bewehrung von ca. $0{,}9\,d$ erhält man

$$(1/r)_{max} = 2\ \varepsilon_{yd}/(0{,}9\,d) \tag{5.92}$$

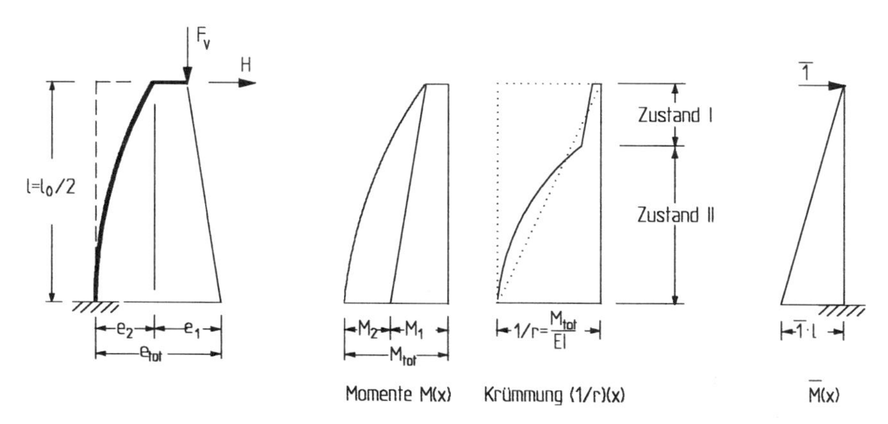

Abb. 5.46 Modellstütze und Ansätze zur Ermittlung der Verformungen

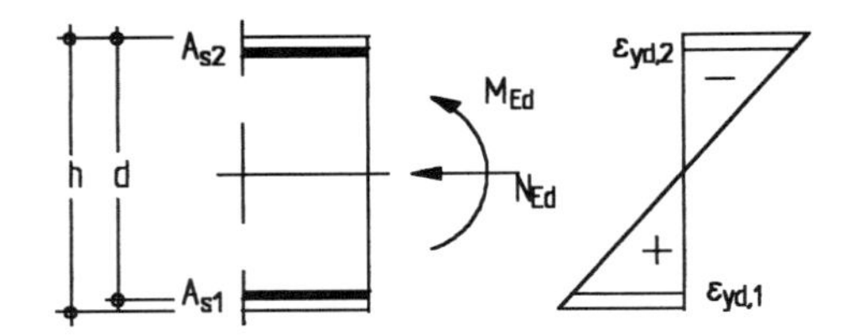

Abb. 5.47 Bemessungsmodell für die Ermittlung der Krümmung

Die rechnerisch größte Krümmung ist durch die Stelle im Interaktionsdiagramm gekennzeichnet, an der das Biegemoment seinen Größtwert erreicht. Dieser Punkt wird bei Rechteckquerschnitten mit symmetrischer Bewehrung bei einer Längskraft N_{bal} erreicht, die ca. 40 % der maximal vom Betonquerschnitt aufnehmbaren Druckkraft entspricht. Mit zunehmender Längsdruckkraft N_{Ed} nimmt die Krümmung ab. Die Abnahme der Krümmung $(1/r)$ bei größeren Längsdruckkräften wird durch den Korrekturfaktor K_2 (s. Erläuterungen zu Gl. (5.88)) erfasst, der eine geradlinige Annäherung der tatsächlichen Krümmungsbeziehung darstellt (s. Abb. 5.48).

Die Ermittlung des Beiwerts K_2 ist i. Allg. nur iterativ möglich, da K_2 bzw. der in der Ermittlung von K_2 enthaltene Wert N_{ud} von der – zunächst noch gesuchten – Bewehrung A_s abhängt. Eine geschlossene Lösung auf der Grundlage der genannten Ansätze ist jedoch mit Hilfe von Bemessungstafeln möglich ([Kordina/Quast – 01], [Schmitz/Goris – 01] u. a.).

Beispielhaft ist in Tafel 5.12 ein Diagramm aus [Schmitz/Goris – 01] wiedergegeben. Eingangswert ist neben der bezogenen Längs(druck)kraft ν_{Ed} das bezogene Biegemoment $\mu_{Ed,1}$ nach Theorie I. Ordnung (zuzüglich der Zusatzmomente aus der ungewollten Ausmitte und – soweit relevant – aus der Kriechverformung). Für eine einfache Handhabung bzw. Ablesung – es wurde die Darstellungsweise der Interaktionsdiagramme beibehalten – musste für jede Schlankheit λ jeweils ein eigenes Diagramm aufgestellt werden; eine Interpolation zwischen zwei Diagrammen mit unterschiedlicher Schlankheit ist jedoch häufig nicht erforderlich, genügend genau kann der Ablesewert für die größere Schlankheit verwendet werden (weitere Hinweise s. [Schmitz/Goris – 01]).

Die Anwendung der Bemessungshilfen wird in den nachfolgenden Beispielen (S. 139 und 142) ausführlich erläutert.

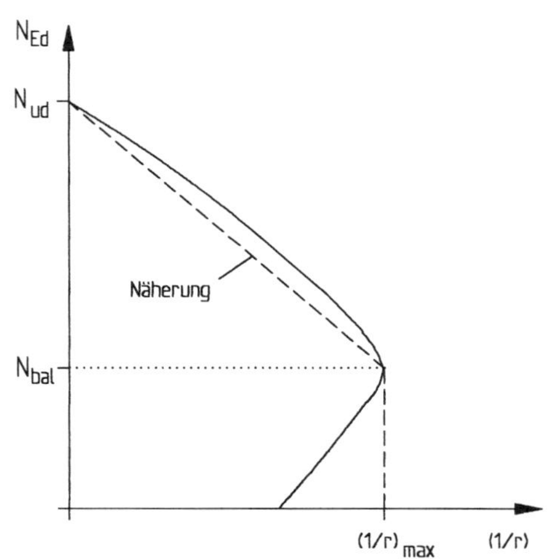

Abb. 5.48 Prinzipieller Krümmungsverlauf in Abhängigkeit von der Längskraft N_{Ed}

Beispiele

Die dargestellte, unverschieblich gehaltene Stütze ist zu bemessen. Es wird „einachsiges Knicken" unterstellt, ein Ausweichen senkrecht zur dargestellten Ebene wird ausgeschlossen. Es wird die Bemessung „Von-Hand" gezeigt (Beispiele 1 und 2) und die Anwendung von Bemessungshilfen erläutert (Beispiel 3).

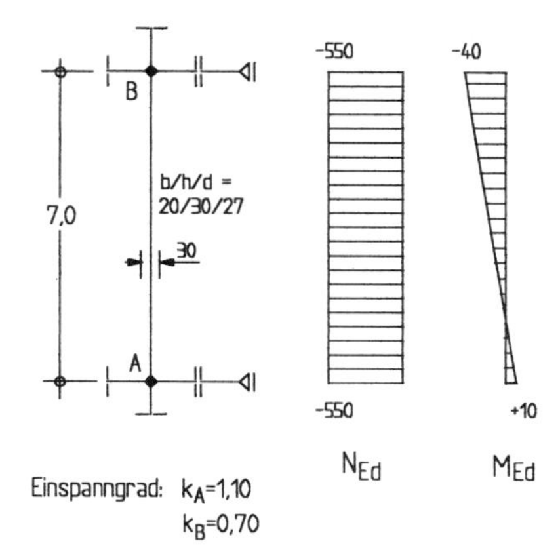

$l_0 = \beta \cdot l_{col} = 0{,}76 \cdot 7{,}0 = 5{,}32$ m

$\beta = 0{,}76$ aus Abb. 5.41 (mit $k_A = 1{,}1$ und $k_B = 0{,}7$)

eff $\lambda = l_0 / i = 532 / (0{,}289 \cdot 30) = 61$

$\lambda_{lim} = 50 - 25 \cdot 10 / (-40) = 56 < 61$

→ KSNW erforderlich

Beispiel 1

Gesamtausmitte im kritischen Schnitt

$e_{tot} = e_0 + e_a + e_2$

$e_0 = 0{,}60 \cdot e_{02} + 0{,}4 \cdot e_{01} \geq 0{,}4 \cdot e_{02}$ — Gl. (5.85c)

$= (-0{,}60 \cdot 40 + 0{,}40 \cdot 10) / (-550) = 0{,}036 \text{ m} \geq (-0{,}4 \cdot 40) / (-550)$

$e_a = \alpha_{a1} \cdot l_0/2 \qquad \alpha_{a1} = 1/(100 \cdot \sqrt{l_{col}})$ — Gl. (5.86) und Erläuterungen

$= 1/(100 \cdot \sqrt{7{,}00}) = 0{,}0038 < 0{,}005$

$e_a = \alpha_{a1} \cdot l_0/2 = 0{,}0038 \cdot (5{,}32/2) = 0{,}010$ m

$e_2 = K_1 \cdot 0{,}1 \cdot l_0^2 \cdot (2 \cdot K_2 \cdot \varepsilon_{yd} / 0{,}9d)$ — Gl. (5.87) für $\lambda > 35$

$K_1 = 1{,}0$

$K_2 \leq 1{,}0$ — K_2 darf zu 1,0 angenommen werden (sichere Seite); genauere Ermittlung s. Beispiel 2

$\varepsilon_{yd} = \varepsilon_{yk}/\gamma_s = 0{,}0025/1{,}15 = 0{,}0022$

$$e_2 = 1 \cdot 0{,}1 \cdot 5{,}32^2 \cdot \frac{2 \cdot 1{,}0 \cdot 0{,}0022}{0{,}9 \cdot 0{,}27} = 0{,}051 \text{ m}$$

$e_{tot} = 0{,}036 + 0{,}010 + 0{,}051 = 0{,}097$ m

Bemessungsschnittgrößen

am Kopf:	$N_{Ed} = -550$ kN; $M_{Ed} = 40{,}0$ kNm
am Fuß:	$N_{Ed} = -550$ kN; $M_{Ed} = 10{,}0$ kNm
im kritischen Schnitt:	$N_{Ed} = -550$ kN; $M_{Ed} = 0{,}097 \cdot 550 = 53{,}4$ kNm

Es ist zusätzlich zu überprüfen, ob die Schnittgrößen am Kopf und Fuß ohne Einfluss von Verformungen ungünstiger sind

Bemessung

C20/25, BSt 500, $d_1/h = 0{,}10$

$f_{cd} = 11{,}33$ MN/m²; $f_{yd} = 435$ MN/m²

$\nu_{Ed} = N_{Ed} / (b \cdot h \cdot f_{cd}) = -0{,}550 / (0{,}20 \cdot 0{,}30 \cdot 11{,}33) = -0{,}809$

$\mu_{Ed} = M_{Ed} / (b \cdot h^2 \cdot f_{cd}) = 0{,}0534 / (0{,}20 \cdot 0{,}30^2 \cdot 11{,}33) = 0{,}262$

→ $\omega_{tot} = 0{,}55$ — Ablesung in Tafel 5.7a (S. 81)

$A_{s,tot} = \omega_{tot} \cdot b \cdot h / (f_{yd} / f_{cd}) = 0{,}55 \cdot 20 \cdot 30 / (435 / 11{,}33) = 8{,}60 \text{ cm}^2$

$A_{s1} = A_{s2} = 4{,}30 \text{ cm}^2$

Beispiel 2

Gesamtausmitte im kritischen Schnitt

$e_{tot} = e_0 + e_a + e_2$

$e_0 = 0{,}036$ m; $e_a = 0{,}010$ m

$e_2 = K_1 \cdot 0{,}1 \cdot l_0^2 \cdot (2 \cdot K_2 \cdot \varepsilon_{yd} / 0{,}9d)$

$$K_2 = \frac{N_{ud} - N_{Ed}}{N_{ud} - N_{bal}} \leq 1$$

Annahme: $A_s = 6{,}3$ cm²

$N_{ud} = -f_{cd} \cdot A_c - f_{yd} \cdot A_s = -11{,}33 \cdot 0{,}2 \cdot 0{,}3 - 435 \cdot 0{,}0063 = -0{,}950$ MN

$N_{bal} \approx -0{,}40 \cdot f_{cd} \cdot A_c = -0{,}40 \cdot 11{,}33 \cdot 0{,}20 \cdot 0{,}30 = -0{,}272$ MN

$N_{Ed} = -0{,}550$ MN

$$K_2 = \frac{-0{,}950 + 0{,}550}{-0{,}950 + 0{,}272} = 0{,}59$$

$$e_2 = 1 \cdot 0{,}1 \cdot 5{,}32^2 \cdot \frac{2 \cdot 0{,}59 \cdot 0{,}0022}{0{,}9 \cdot 0{,}27} = 0{,}030 \text{ m}$$

$e_{tot} = 0{,}036 + 0{,}010 + 0{,}030 = 0{,}076$ m

wie Beispiel 1

K_2 soll genauer bestimmt werden; die Bewehrung muss zunächst geschätzt werden; Annahme: $A_s = 6{,}3$ cm²

Bemessung im kritischen Schnitt

$N_{Ed} = -550$ kN; $M_{Ed} = 0{,}076 \cdot 550 = 41{,}8$ kNm

$\nu_{Ed} = N_{Ed} / (b \cdot h \cdot f_{cd}) = -0{,}550 / (0{,}20 \cdot 0{,}30 \cdot 11{,}33) = -0{,}809$

$\mu_{Ed} = M_{Ed} / (b \cdot h^2 \cdot f_{cd}) = 0{,}0418 / (0{,}20 \cdot 0{,}30^2 \cdot 11{,}33) = 0{,}205$

$\rightarrow \omega_{tot} = 0{,}40$

$A_{s,tot} = \omega_{tot} \cdot b \cdot h / (f_{yd} / f_{cd}) = 0{,}40 \cdot 20 \cdot 30 / (435 / 11{,}33) = 6{,}25$ cm²

für die Bemessung maßgebend; vgl. Beispiel 1

Ablesung in Tafel 5.7a (S. 81)

Bewehrung wurde richtig geschätzt

Beispiel 3: Direkte Bemessung einer Stütze mit Diagramm

Schnittgrößen nach Theorie I. Ordnung

$N_{Ed} = -550$ kN

$M_{Ed,1} = |N_{Ed}| \cdot (e_0 + e_a) = -550 \cdot (0{,}036 + 0{,}010) = 25{,}3$ kNm

Einschließlich ungewollter Ausmitte e_a (ggf. Kriechausmitte)

Bemessung

$\nu_{Ed} = N_{Ed} / (A_c \cdot f_{cd}) = -0{,}550 / (0{,}20 \cdot 0{,}30 \cdot 11{,}33) = -0{,}809$

$\mu_{Ed,1} = M_{Ed,1} / (A_c \cdot h \cdot f_{cd}) = 0{,}0253 / (0{,}20 \cdot 0{,}30^2 \cdot 11{,}33) = 0{,}124$

$\lambda = 61 \approx 60$

$\rightarrow \omega_{tot} = 0{,}40$

$A_{s,tot} = \omega_{tot} \cdot b \cdot h / (f_{yd} / f_{cd}) = 0{,}40 \cdot 20 \cdot 30 / (435 / 11{,}33) = 6{,}25$ cm²

Das vom Querschnitt aufnehmbare Gesamtmoment kann mit $\nu_{Ed} = -0{,}809$ und $\omega_{tot} = 0{,}40$ im Diagramm für $\lambda \leq 25$ abgelesen werden

$\rightarrow \mu_{Ed,2} = 0{,}21$

$\rightarrow M_{Ed,2} = 0{,}21 \cdot 0{,}20 \cdot 0{,}30^2 \cdot 11{,}33 \cdot 10^3 = 42{,}7$ kNm

Das Moment $M_{Ed,2}$ ist größer als das Moment am Stützenkopf und damit für die Bemessung der Stütze maßgebend.

***Im Weiteren** sind noch die Mindestbewehrung und konstruktive Regelungen zur baulichen Durchbildung zu beachten (hier ohne Nachweis).*

5.5.5 Stützen, die nach zwei Richtungen ausweichen können

Für Stützen, die nach zwei Richtungen ausweichen können, ist im Allgemeinen ein Nachweis für schiefe Biegung mit Längsdruck zu führen. Für einige Fälle liefern jedoch Näherungslösungen, die prinzipiell auf eine getrennte Untersuchung der beiden Hauptrichtungen beruhen, ausreichend sichere Ergebnisse. Hierzu gehört insbesondere der nachfolgende Sonderfall der überwiegenden Lastausmitte in eine der beiden Richtungen.

Für Druckglieder mit Rechteckquerschnitt sind nach DIN 1045-1 getrennte Nachweise in Richtung der beiden Hauptachsen y und z zulässig, wenn das Verhältnis der bezogenen Lastausmitten e_{0y}/b und e_{0z}/h eine der nachfolgenden Bedingungen erfüllt:

$$(e_{0z}/h) \,/\, (e_{0y}/b) \leq 0{,}2 \quad \textit{oder} \qquad (5.93a)$$

$$(e_{0y}/b) \,/\, (e_{0z}/h) \leq 0{,}2 \qquad (5.93b)$$

e_{0y}, e_{0z} Lastausmitten in y- bzw. z-Richtung (ohne ungewollte Ausmitten e_a)

Der Lastangriff der resultierenden Längskraft N_{Ed} liegt bei Einhaltung der Bedingungen nach Gl. (5.93a) oder (5.93b) innerhalb des schraffierten Bereichs in Abb. 5.49a.

Getrennte Nachweise nach den zuvor genannten Bedingungen sind im Falle $e_{0z} > 0{,}2\,h$ allerdings nur dann zulässig, wenn der Nachweis in Richtung der schwächeren Achse y mit einer reduzierten Breite h_{red} geführt wird. Der Wert h_{red} darf unter der Annahme einer linearen Spannungsverteilung nach Zustand I bestimmt werden und ergibt sich für Rechtecke zu:

$$h_{red} = 0{,}5 \cdot h + h^2 / (12 \cdot e) \leq h \qquad (5.94)$$

mit e als Ausmitte $e = e_{0z} + e_{az}$
- e_{0z} planmäßige Lastausmitte in z-Richtung
- e_{az} ungewollte Lastausmitte in z-Richtung

Gl. (5.94) gilt für Rechteckquerschnitte unter Biegung mit Längsdruck, wenn e_{0z} und e_{az} als Absolutwert eingesetzt werden. Die Bedingungen für getrennte Nachweise mit reduzierter Breite h_{red} sind in Abb. 5.49b dargestellt.

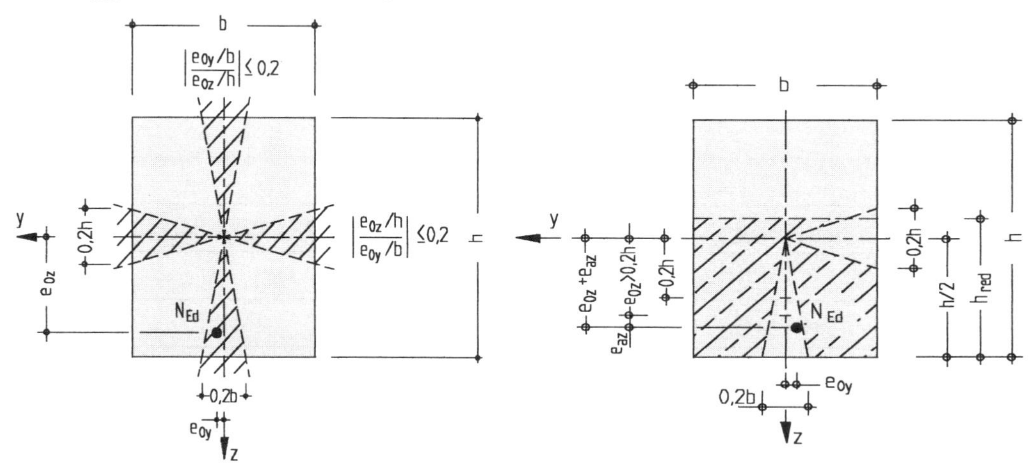

Abb. 5.49a Lage von N_{Ed} bei getrennten Nachweisen für beide Hauptachsen

Abb. 5.49b Getrennte Nachweise in y-Richtung bei $e_{0z} > 0{,}2h$

Beispiel

Die dargestellte Fertigteilstütze wird durch eine Horizontallast aus Wind W_k und durch exzentrisch angreifende Längskräfte infolge Eigenlasten N_{gk} und Nutzlasten N_{qk} beansprucht; eine Lastexzentrizität ist nur in z-Richtung vorhanden (s. untenstehendes Bild). Die Stütze kann in Richtung beider Hauptachsen ausweichen. Gesucht ist der Nachweis der Knicksicherheit (vgl. auch [Schneider – 00]).

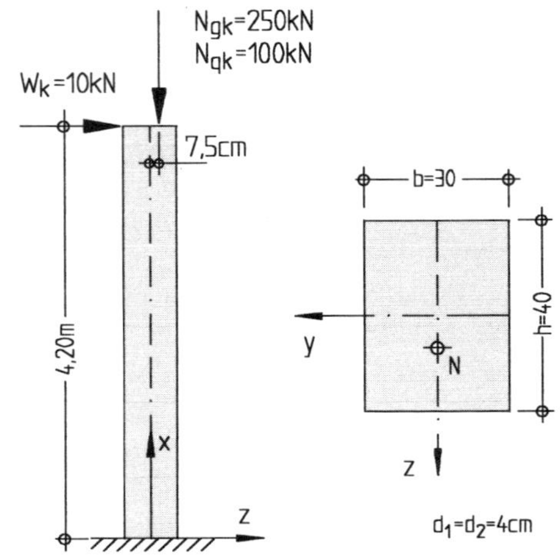

Baustoffe:

Beton C 35/45 ⇒ $f_{ck} = 35{,}0$ MN/m²
$f_{cd} = 19{,}8$ MN/m²

Betonstahl BSt 500 ⇒ $f_{yk} = 500$ MN/m²
$f_{yd} = 435$ MN/m²

Schnittgrößen nach Theorie I. Ordnung

Unter Berücksichtigung der Kombinationsfaktoren $\psi_0 = 0{,}6$ (Wind) und $\psi_0 = 0{,}7$ (Nutzlast in Verkaufräumen) müssen die nachfolgenden drei Kombinationen untersucht werden (Biegemomente jeweils um y-Achse; Längskräfte absolut dargestellt):

Komb. 1: $N_{Ed} = 1{,}35 \cdot 250 + 1{,}50 \cdot 100 + 1{,}50 \cdot 0{,}6 \cdot 0 = 487{,}5$ kN
$M_{Ed} = 1{,}35 \cdot 250 \cdot 0{,}075 + 1{,}50 \cdot 100 \cdot 0{,}075 + 1{,}5 \cdot 0{,}6 \cdot 10 \cdot 4{,}2 = 74{,}4$ kNm

Komb. 2: $N_{Ed} = 1{,}35 \cdot 250 + 1{,}50 \cdot 0 + 1{,}50 \cdot 0{,}7 \cdot 100 = 442{,}5$ kN
$M_{Ed} = 1{,}35 \cdot 250 \cdot 0{,}075 + 1{,}5 \cdot 10 \cdot 4{,}20 + 1{,}5 \cdot 0{,}7 \cdot 100 \cdot 0{,}075 = 96{,}2$ kNm

Falls die Längskräfte aus Eigen- und Nutzlasten günstig wirken, ist außerdem zu untersuchen:

Komb. 3: $N_{Ed} = 1{,}00 \cdot 250 + 1{,}50 \cdot 0 + 0 \cdot 0{,}7 \cdot 100 = 250{,}0$ kN
$M_{Ed} = 1{,}00 \cdot 250 \cdot 0{,}075 + 1{,}50 \cdot 10 \cdot 4{,}20 + 0 \cdot 0{,}7 \cdot 100 \cdot 0{,}075 = 81{,}8$ kNm

Der weitere Berechnungsablauf – Nachweis nach Theorie II. Ordung – wird im Rahmen dieses Beispiels nur für die Kombination 2 gezeigt.

Der Nachweis darf getrennt für beide Richtungen geführt werden, da

$$(e_{0y}/b)/(e_{0z}/h) = 0 < 0{,}2$$

Die Lastausmitte $e_{0z} = M_{Ed}/N_{Ed} = 96{,}2/442{,}5 = 0{,}217$ m (Komb. 2; s. o.) ist jedoch größer als $0{,}2h = 0{,}2 \cdot 0{,}40 = 0{,}08$ m; d. h., dass beim Nachweis in Richtung der schwächeren Achse die (Druckzonen-)Breite reduziert werden muss (s. hierzu nachfolgende Berechnung für die y-Richtung).

Knicken in z-Richtung

Ungewollte Ausmitte e_a; Kriechausmitte e_c

$e_a = \alpha_{a1} \cdot l_0 / 2$

$\alpha_{a1} = 1/(100 \cdot \sqrt{4{,}2}) = 0{,}0049$

$e_a = 0{,}0049 \cdot (2 \cdot 4{,}2/2) = 0{,}020$ m

$e_c = 0{,}011$ m (Die Kriechausmitte e_c kann nach [DAfStb-H220 – 79] ermittelt werde; ohne Darstellung des Rechengangs.)

Schnittgrößen nach Theorie I. Ordnung

$N_{Ed} = -442{,}5$ kN

$M_{Ed,1} = M_{Ed,0} + (e_a + e_c) \cdot N_{Ed}$
$= 96{,}2 + (0{,}020 + 0{,}011) \cdot 442{,}5$
$= 109{,}9$ kNm

Wirksame Breite

Eine Reduzierung der Breite b ist nur für den Nachweis um die schwächere Hauptachse (s. rechts) erforderlich.

$b = 0{,}30$ m

Bemessung

$d_1/h = 0{,}04/0{,}40 = 0{,}10$

$\lambda = l_0/i = 2 \cdot 4{,}20/(0{,}289 \cdot 0{,}40) = 73$

$\nu_{Ed} = -0{,}4425/(0{,}30 \cdot 0{,}40 \cdot 19{,}8) = -0{,}186$

$\mu_{Ed,1} = 0{,}1099/(0{,}30 \cdot 0{,}40^2 \cdot 19{,}8) = 0{,}116$

$\rightarrow$ $\omega_{tot} = 0{,}22$ (s. S. 145; „grob" interpoliert zwischen Tafel für $\lambda = 70$ und $\lambda = 80$)

$A_{s,tot} = 0{,}22 \cdot 40 \cdot 30/(435/19{,}8) = 12{,}0$ cm²

Das vom Querschnitt aufnehmbare Gesamtmoment*) wird bei $\nu_{Ed} = -0{,}186$ u. $\omega_{tot} = 0{,}22$ im Diagramm für $\lambda \leq 25$ abgelesen

$\rightarrow$ $\mu_{Ed,2} = 0{,}16$

$M_{Ed,2} = 0{,}16 \cdot 0{,}30 \cdot 0{,}40^2 \cdot 19{,}8 \cdot 10^3$
$= 152$ kNm

Knicken in y-Richtung

Ungewollte Ausmitte e_a; Kriechausmitte e_c

$e_a = 0{,}020$ m (wie links)

$e_c = 0{,}004$ m (ohne Darstellung des Rechengangs)

Schnittgrößen nach Theorie I. Ordnung

$N_{Ed} = -442{,}5$ kN

$M_{Ed,1} = M_{Ed,0} + (e_a + e_c) \cdot N_{Ed}$
$= 0 + (0{,}020 + 0{,}004) \cdot 442{,}5$
$= 10{,}6$ kNm

Wirksame Breite

Reduzierung der (Druckzonen-) Breite h auf h_{red} unter der Ausmitte $e = e_{0z} + e_{az} + e_{cz}$:

$e = 0{,}217 + 0{,}020 + 0{,}011 = 0{,}248$ m

$h_{red} = 0{,}5\, h + h^2/(12 \cdot e)$
$= 0{,}5 \cdot 0{,}4 + 0{,}4^2/(12 \cdot 0{,}248) = 0{,}254$ m

Bemessung

$b_1/b = 0{,}04/0{,}30 = 0{,}133$

$\lambda = l_0/i = 2 \cdot 4{,}20/(0{,}289 \cdot 0{,}30) = 97$

$\nu_{Ed} = -0{,}4425/(0{,}254 \cdot 0{,}30 \cdot 19{,}8) = -0{,}293$

$\mu_{Ed,1} = 0{,}0106/(0{,}254 \cdot 0{,}30^2 \cdot 19{,}8) = 0{,}023$

$\rightarrow$ $\omega_{tot} = 0{,}15$ (Ablesung für $b_1/b = 0{,}15$ und $\lambda \approx 100$; Tafel hier nicht abgedruckt)

$A_{s,tot} = 0{,}15 \cdot 25{,}4 \cdot 30/(435/19{,}8) = 5{,}3$ cm²

Das vom Querschnitt aufnehmbare Gesamtmoment*) wird mit $\nu_{Ed} = -0{,}293$ u. $\omega_{tot} = 0{,}15$ im Diagramm für $\lambda \leq 25$ abgelesen

$\rightarrow$ $\mu_{Ed,2} = 0{,}15$

$M_{Ed,2} = 0{,}15 \cdot 0{,}254 \cdot 0{,}30^2 \cdot 19{,}8 \cdot 10^3$
$= 68$ kNm

Bewehrungsskizze

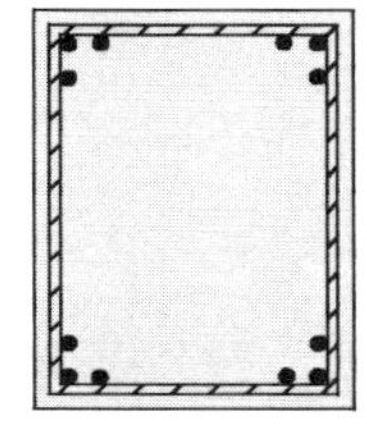

*) Die anschießenden Bauteile – hier: Fundament – sind für die Gesamtmomente $M_{Ed,2}$ (einschließlich der Zusatzmomente nach Theorie 2. Ordnung) zu bemessen.

Tafel 5.12 Bemessungsdiagramme nach dem Modellstützenverfahren; Querschnitt und Bewehrungsanordnung nach Skizze; C12/15 bis C50/60, BSt 500 mit $\gamma_s = 1,15$ (aus Schmitz/Goris – 01])

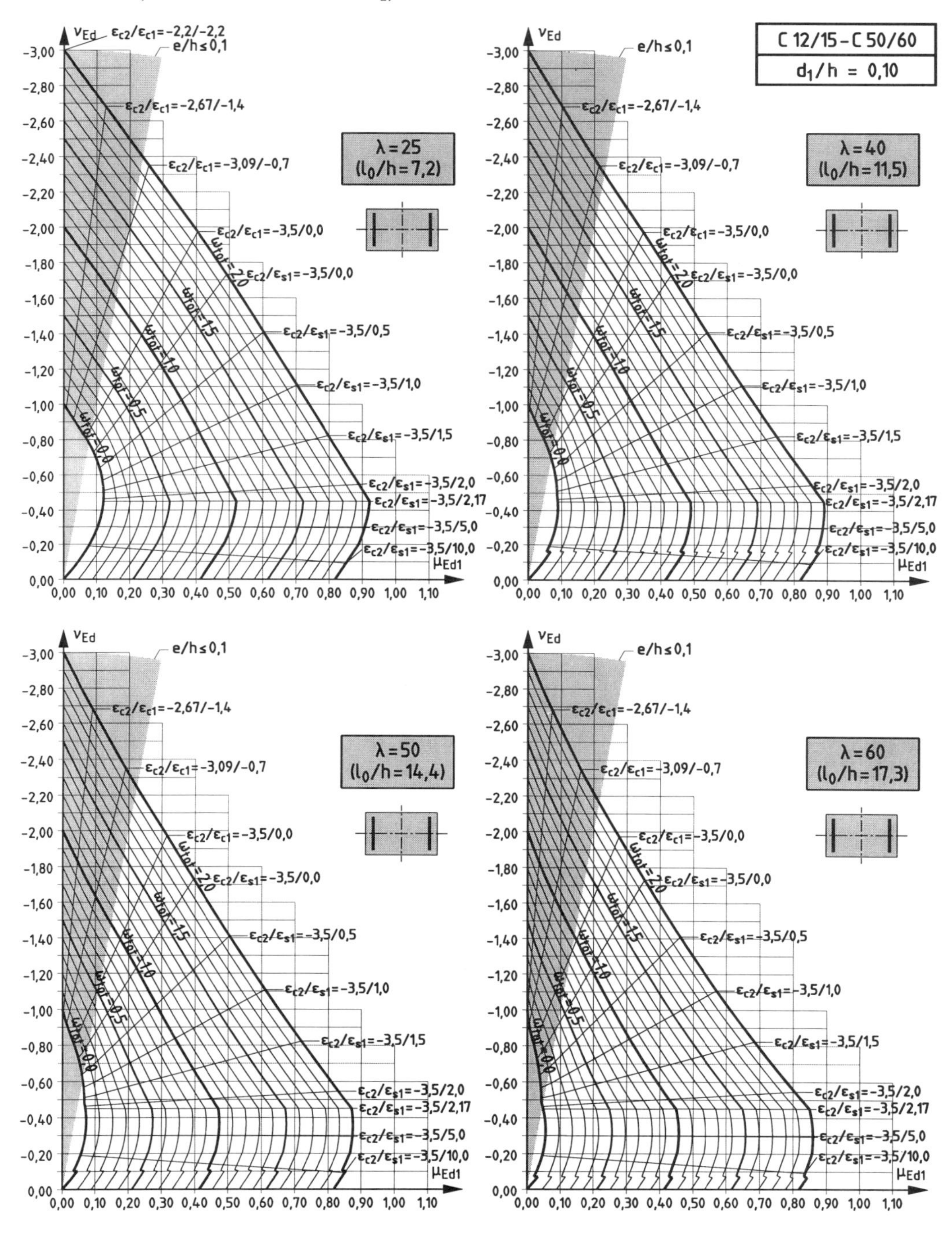

Tafel 5.12 (Fortsetzung)

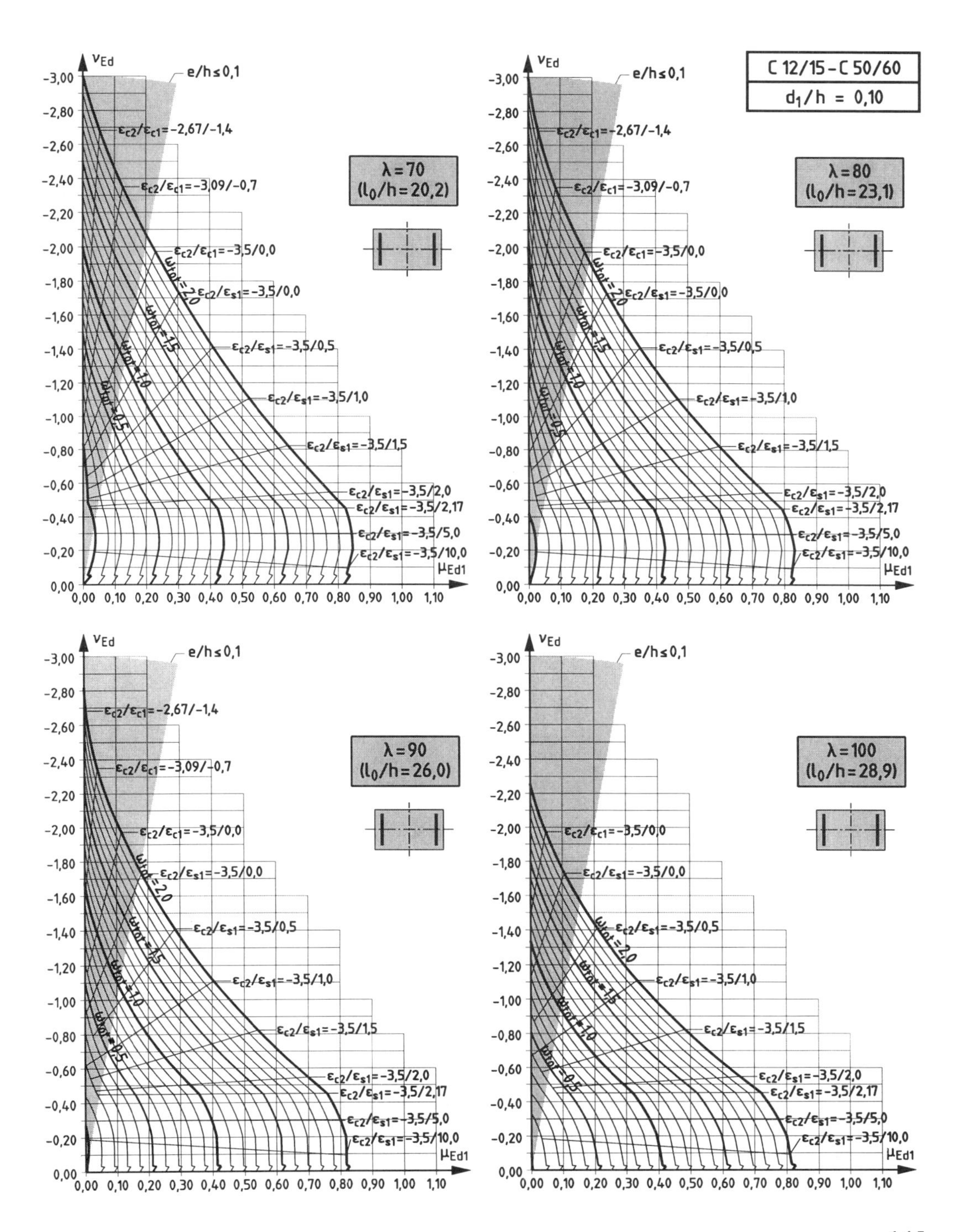

Tafel 5.12 (Fortsetzung)

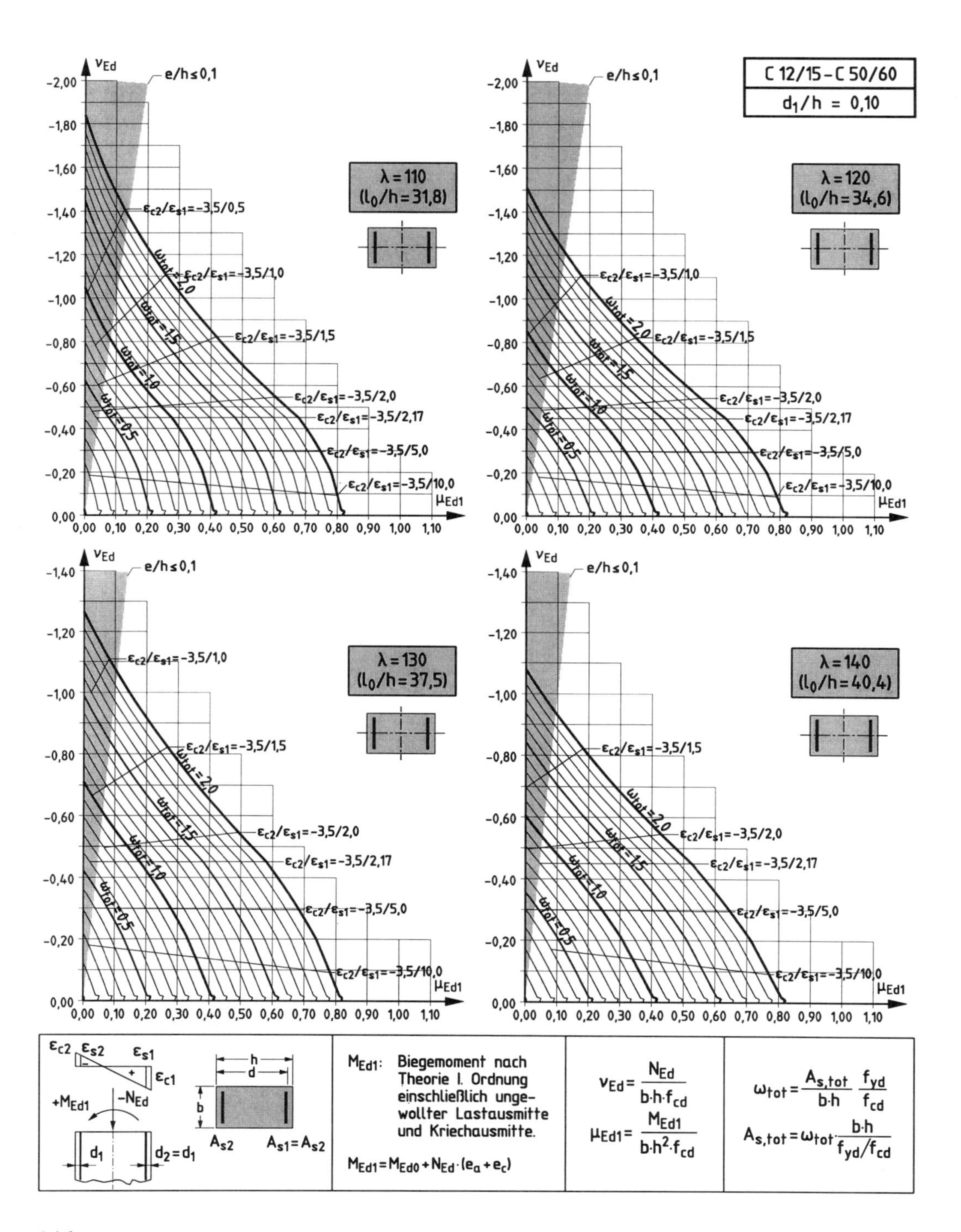

M_{Ed1}: Biegemoment nach Theorie I. Ordnung einschließlich ungewollter Lastausmitte und Kriechausmitte.

$M_{Ed1} = M_{Ed0} + N_{Ed} \cdot (e_a + e_c)$

$$\nu_{Ed} = \frac{N_{Ed}}{b \cdot h \cdot f_{cd}} \qquad \mu_{Ed1} = \frac{M_{Ed1}}{b \cdot h^2 \cdot f_{cd}}$$

$$\omega_{tot} = \frac{A_{s,tot}}{b \cdot h} \frac{f_{yd}}{f_{cd}} \qquad A_{s,tot} = \omega_{tot} \cdot \frac{b \cdot h}{f_{yd}/f_{cd}}$$

5.5.6 Kippen schlanker Träger

Die Sicherheit gegen seitliches Ausweichen schlanker Stahlbeton- und Spannbetonträger darf nach DIN 1045-1, 8.6.8 als ausreichend angenommen werden, wenn folgende Voraussetzung erfüllt ist:

$$b \geq \sqrt[4]{\left(\frac{l_{0t}}{50}\right)^3 \cdot h} \tag{5.95}$$

Dabei ist

b Breite des Druckgurtes
h Höhe des Trägers
l_{0t} Länge des Druckgurts zwischen den seitlichen Abstützungen

In DIN 1045-1 ist außerdem noch die Forderung enthalten, dass die Auflagerung so zu bemessen ist, dass sie mindestens ein Moment von

$$T_{Ed} = V_{Ed} \cdot l_{eff}/300 \tag{5.96}$$

aufnehmen kann; V_{Ed} ist dabei der Bemessungswert der senkrechten Auflagerkraft und l_{eff} die wirksame Stützweite des Trägers.

Soweit die Bedinung nach Gl. (5.95) nicht erfüllt ist, ist ein genauerer Nachweis der Kippsicherheit zu führen.

5.5.7 Druckglieder aus unbewehrtem Beton

Unbewehrte Wände und (Rechteck-)Stützen sind nur bis zu einer Schlankheit von $\lambda \leq 85$ bzw. bei Pendelstützen oder zweiseitig gehaltenen Wänden bis zum Verhältnis $l_w/h_w \leq 25$ zulässig (l_w, h_w s. nachfolgend). Sie sind stets als schlanke Bauteile zu betrachten, verformungsbedingte Zusatzmomente sind also generell zu berücksichtigen. Lediglich bei Schlankheiten $\lambda \leq 8{,}5$ darf der Einfluss nach Theorie II. Ordnung vernachlässigt werden (DIN 1045-1, 8.6.7).

Die Ersatzlänge l_0 einer Wand oder eines Einzeldruckglieds ergibt sich aus

$$l_0 = \beta \cdot l_w \tag{5.97}$$

mit l_w als Länge des Druckglieds und β als von den Lagerungsbedingungen abhängiger Beiwert. Der Beiwert β kann wie folgt angenommen werden:

- (Pendel)-Stütze: $\beta = 1$
- Kragstützen und -wände: $\beta = 2$
- bei zwei-, drei- und vierseitig gehaltenen Wänden: β nach Tafel 5.13 *).

*)Die Angaben in Tafel 5.11 stammen aus Eurocode 2 Teil 1-6; Angaben für DIN 1045-1 soll Heft 525 des DAfStb (z. Zt. noch nicht erschienen) enthalten.

Tafel 5.13 Beiwerte β *) zur Ermittlung der Ersatzlänge l_0 von zwei-, drei- und vierseitig gehaltenen Wänden

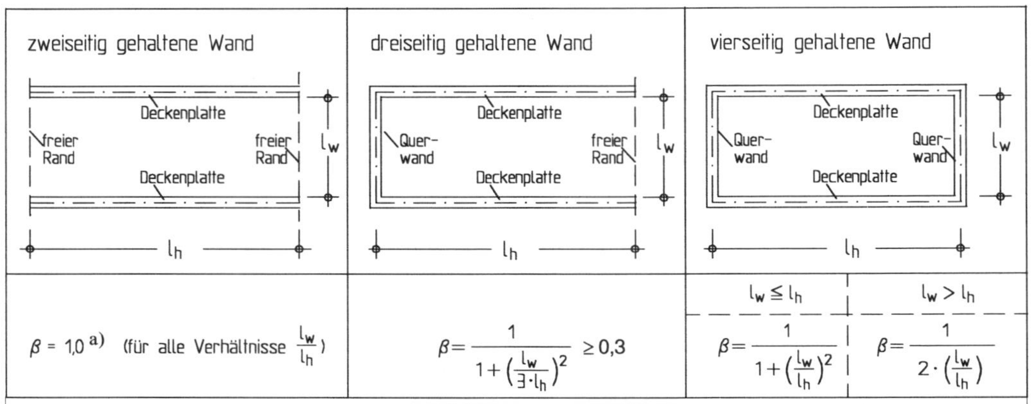

a) Der Beiwert darf bei zweiseitig gehaltenen Wänden auf β = 0,85 vermindert werden, die am Kopf- und Fußende durch Ortbeton und Bewehrung biegesteif angeschlossen sind, so dass die Randmomente vollständig aufgenommen werden können.

Für Tafel 5.13 gelten folgende Voraussetzungen

- Die Wand darf keine Öffnungen aufweisen, deren Höhe $^1/_3$ der lichten Wandhöhe oder deren Fläche $^1/_{10}$ der Wandfläche überschreitet. Andernfalls sind bei drei- und vierseitig gehaltenen Wänden die zwischen den Öffnungen liegenden Teile als zweiseitig gehalten anzusehen.
- Die Quertragfähigkeit darf durch Schlitze oder Aussparungen nicht beeinträchtigt werden.
- Die aussteifenden Querwände müssen mindestens aufweisen
  - eine Dicke von 50 % der Dicke h_w der ausgesteiften Wand,
  - die gleiche Höhe l_w wie die ausgesteifte Wand,
  - eine Länge l_{ht} von mindestens $l/5$ der lichten Höhe der ausgesteiften Wand (auf der Länge l_{ht} dürfen keine Öffnungen vorhanden sein).

Vereinfachtes Bemessungsverfahren für Wände und Einzeldruckglieder

Die aufnehmbare Längskraft $N_{Rd,\lambda}$ von schlanken Stützen oder Wänden wird ermittelt aus

$$N_{Rd,\lambda} = -b \cdot h_w \cdot f_{cd} \cdot \Phi \qquad (5.98)$$

$$\Phi = 1{,}14 \cdot (1 - 2e_{tot}/h_w) - 0{,}020 \cdot l_0/h_w$$

$$\text{mit } 0 \leq \Phi \leq 1 - 2e_{tot}/h_w$$

$$e_{tot} = e_0 + e_a + e_\varphi$$

b Breite des Querschnitts

h_w Dicke des Querschnitts

Φ Traglastfunktion zur Berücksichtigung der Auswirkungen nach Theorie II. Ordnung auf die Tragfähigkeit von Druckgliedern unverschieblicher Tragwerke (s. Tafel 5.14)

e_0 Lastausmitte nach Theorie I. Ordnung unter Berücksichtigung von Momenten infolge einer Einspannung in anschließende Decken, infolge von Wind etc.

*) Nach Eurocode 2 Teil 1-6; Angaben für DIN 1045-1 sind für Heft 525 des DAfStb vorgesehen.

Tafel 5.14 Traglastfunktion Φ nach Gl. (5.98)

(Die ungewollte Ausmitte e_a ist von $\lambda = 0$ bis $\lambda = 86$ mit $e_a = l_0/400$ berücksichtigt.)

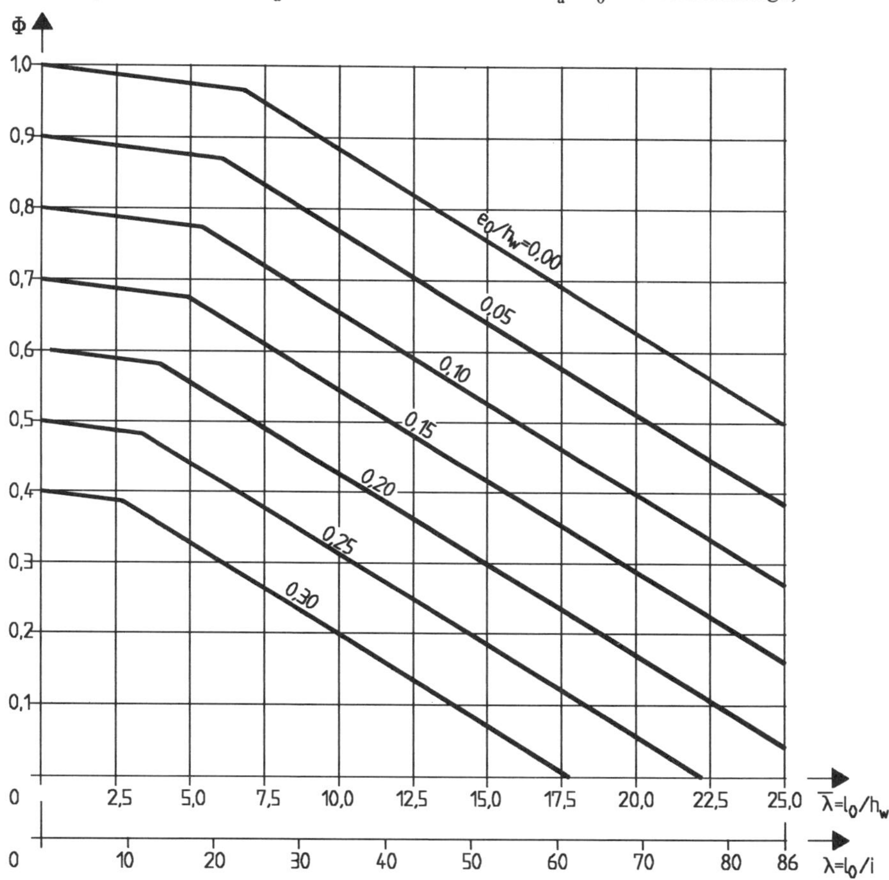

e_a ungewollte Lastausmitte; näherungsweise darf hierfür angenommen werden $e_a = l_0/400$
e_φ Ausmitte infolge Kriechens; sie darf in der Regel vernachlässigt werden.
$f_{cd} = \alpha \cdot f_{ck}/\gamma_c$ (mit $\gamma_c = 1{,}8$ in der Grundkombination)

6 Grenzzustände der Gebrauchstauglichkeit

6.1 Grundsätzliches

In den Grenzzuständen der Gebrauchstauglichkeit sind nachzuweisen bzw. auszuschließen (s. DIN 1045-1, Abschn. 11):

- Übermäßige Mikrorissbildung im Beton sowie nichtelastische Verformungen von Beton- und Spannstahl
- Risse im Beton, die das Aussehen, die Dauerhaftigkeit oder die ordnungsgemäße Nutzung beeinträchtigen können
- Verformungen und Durchbiegungen, die für das Erscheinungsbild oder die planmäßige Nutzung eines Bauteils selbst oder angrenzender Bauteile (leichte Trennwände, Verglasung, Außenwandverkleidung, haustechnische Anlagen) schädlich sind.

Der Nachweis, dass ein Tragwerk oder Tragwerksteil diese Anforderungen erfüllt, erfolgt durch

- Begrenzung von Spannungen (s. Abschn. 6.2)
- Rissbreitenbegrenzungen (s. Abschn. 6.3)
- Verformungsbegrenzungen (s. Abschn. 6.4).

Diese Nachweise werden – von Ausnahmen abgesehen – rechnerisch nur für eine Beanspruchung aus Biegung und/oder Längskraft geführt, während für die Beanspruchungsarten Querkraft, Torsion, Durchstanzen diese durch konstruktive Regelungen erfüllt werden (beispielsweise über eine zweckmäßige Ausbildung und Abstände der Bügelbewehrung). Der Nachweis erfolgt jeweils für Gebrauchslasten, und zwar je nach Nachweisbedingung für die seltene, häufige oder quasi-ständige Lastkombination (s. hierzu Abschn. 4.1.2).

Häufig werden nur die Stahlspannungen der Biegezugbewehrung benötigt (insbesondere beispielsweise beim Nachweis zur Begrenzung der Rissbreite). Wenn keine allzu große Genauigkeit gefordert ist, können die Stahlspannungen im gerissenen Zustand genügend genau mit dem Hebelarm z der inneren Kräfte aus dem Tragfähigkeitsnachweis ermittelt werden (diese Abschätzung liegt allerdings im Allgemeinen auf der unsicheren Seite). Es gilt:

$$\sigma_{s1} \approx \left(\frac{M_s}{z} + N \right) \cdot \frac{1}{A_{s1}} \tag{6.1}$$

wobei M_s und N die auf die Biegezugbewehrung A_{s1} bezogenen Schnittgrößen in der maßgebenden Belastungskombination sind.

Für eine genauere Berechnung der Längsspannungen im Zustand II geht man von dem in Abb. 6.1 dargestellten Dehnungs- bzw. Spannungsverlauf aus. Da bei Beton im Gebrauchszustand i. Allg. Stauchungen von etwa 0,3 bis 0,5 ‰ hervorgerufen werden, ist es genügend genau und gerechtfertigt, einen linearen Verlauf der Betonspannungen anzunehmen. Hierfür kann man in vielen praxisrelevanten Fällen direkte Lösungen für die Druckzonenhöhe, die Randspannung, den Hebelarm der inneren Kräfte etc. angeben, die bei den rechnerischen Nachweisen im Einzelnen benötigt werden. Mit den in Abb. 6.1 dargestellten Bezeichnungen erhält man für den Rechteckquerschnitt

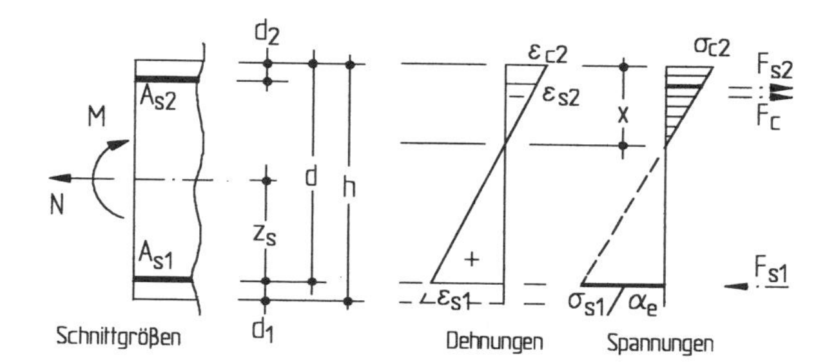

Abb. 6.1 Spannungs- und Dehnungsverlauf im Gebrauchszustand

$$N = -|F_c| - |F_{s2}| + F_{s1} \tag{6.2a}$$

$$M_s = |F_c| \cdot (d - x/3) + |F_{s2}| \cdot (d - d_2) \tag{6.2b}$$

mit $M_s = M - N \cdot z_s$

Die „inneren" Kräfte lassen sich mit den Beton- und Stahlspannungen σ_c und σ_s bestimmen. Die Stahlspannungen σ_{s1} und σ_{s2} können jedoch auch über die Betondruckspannung σ_c ausgedrückt werden. Wegen der Linearität der Dehnungsverteilung und mit dem Hookeschen Gesetz folgt

$$\varepsilon_{s1} = |\varepsilon_{c2}| \cdot (d/x - 1)$$

$$\rightarrow \sigma_{s1} = |\sigma_{c2}| \cdot (d/x - 1) \cdot (E_s/E_c) \tag{6.3}$$

Ebenso erhält man die Stahlspannung σ_{s2} in Abhängigkeit von der Betonrandspannung σ_{c2}. Mit $\alpha_e = E_s/E_c$ als Verhältnis der Elastizitätsmoduln von Stahl und Beton erhält man somit die „inneren" Kräfte

$$F_c = 0{,}5 \cdot x \cdot b \cdot \sigma_{c2} \tag{6.4a}$$

$$F_{s2} = A_{s2} \cdot \sigma_{s2} = A_{s2} \cdot [(\alpha_e - 1) \cdot \sigma_{c2} \cdot (1 - d_2/x)] \tag{6.4b}$$

$$F_{s1} = A_{s1} \cdot \sigma_{s1} = A_{s1} \cdot [\alpha_e \cdot |\sigma_{c2}| \cdot (d/x - 1)] \tag{6.4c}$$

Für den häufigen Sonderfall der „reinen" Biegung (ohne Längskraft) und des Querschnitts ohne Druckbewehrung vereinfachen sich die Gleichungen entsprechend, und man erhält aus $\Sigma H = 0$ nach Gl. (6.2a)

$$0 = -0{,}5 \cdot x \cdot b \cdot |\sigma_{c2}| + A_{s1} \cdot [\alpha_e \cdot |\sigma_{c2}| \cdot (d/x - 1)]$$

$$\rightarrow 0{,}5 \cdot x^2 \cdot b - A_{s1} \cdot [\alpha_e \cdot (d - x)] = 0$$

und aufgelöst nach der Druckzonenhöhe x

$$x = \frac{\alpha_e \cdot A_{s1}}{b} \cdot \left(-1 + \sqrt{1 + \frac{2bd}{\alpha_e \cdot A_{s1}}} \right) \tag{6.5}$$

Mit der bekannten Druckzonenhöhe lassen sich dann die weiteren gesuchten Größen – Betonrandspannung, Stahlspannung etc. – bestimmen. In gleicher Weise ist bei Rechteckquerschnitten mit Druckbewehrung zu verfahren. Man erhält dann für reine Biegung die in Tafel 6.1 zusammengestellten Gleichungen, wobei die Druckzonenhöhe x nach Gl. (6.5) jedoch als bezogene Größe ξ dargestellt ist.

Hilfsmittel zur einfachen Ermittlung der bezogenen Größen ξ und κ und der Hilfsgrößen μ_c und μ_s für die Ermittlung der Betonrandspannung und der Stahlzugspannung sind in den Tafeln 6.3 und 6.4 zusammengestellt. Eingangswert ist jeweils der im Verhältnis der E-Moduln

Tafel 6.1 Zusammenstellung geometrischer Größen und Gleichungen für die Ermittlung der Stahl- und Betonspannung σ_{s1} und σ_{c2} des Zustands II für Rechteckquerschnitte unter reiner Biegung im Gebrauchszustand

	Rechteckquerschnitt *ohne* Druckbewehrung	Rechteckquerschnitt *mit* Druckbewehrung
1a	$\xi = -\alpha_e \cdot \rho + \sqrt{(\alpha_e \cdot \rho)^2 + 2 \cdot \alpha_e \cdot \rho}$	$\xi = -\alpha_e \cdot \rho \cdot \left(1 + \frac{A_{s2}}{A_{s1}}\right) + \sqrt{\left[\alpha_e \cdot \rho \cdot \left(1 + \frac{A_{s2}}{A_{s1}}\right)\right]^2 + 2 \cdot \alpha_e \cdot \rho \cdot \left(1 + \frac{A_{s2} \cdot d_2}{A_{s1} \cdot d}\right)}$
1b	$\kappa = 4 \cdot \xi^3 + 12 \cdot \alpha_e \cdot \rho \cdot (1-\xi)^2$	$\kappa = 4 \cdot \xi^3 + 12 \cdot \alpha_e \cdot \rho \cdot (1-\xi)^2 + 12 \cdot \alpha_e \cdot \rho \cdot \frac{A_{s2}}{A_{s1}} \cdot \left(\xi - \frac{d_2}{d}\right)^2$
2a	$x = \xi \cdot d$	$x = \xi \cdot d$
2b	$z = d - x/3$	
3a	$\lvert\sigma_{c2}\rvert = \frac{2M}{b \cdot x \cdot z}$	$\lvert\sigma_{c2}\rvert = \frac{6 \cdot M}{b \cdot x \cdot (3d - x) + 6 \cdot \alpha_e \cdot A_{s2} \cdot (d - d_2) \cdot (1 - d_2/x)}$
3b	$\sigma_{s1} = \frac{M}{z \cdot A_{s1}} = \lvert\sigma_{c2}\rvert \cdot \frac{\alpha_e \cdot (d-x)}{x}$	$\sigma_{s1} = \lvert\sigma_{c2}\rvert \cdot \frac{\alpha_e \cdot (d-x)}{x}$
4a	$I = \kappa \cdot b \cdot d^3/12$	$I = \kappa \cdot b \cdot d^3/12$
4b	$S = A_{s1} \cdot (d - x)$	$S = A_{s1} \cdot (d - x) - A_{s2} \cdot (x - d_2)$

ξ auf die Nutzhöhe d bezogene Druckzonenhöhe x; $x = x / d$
κ Hilfswert zur Ermittlung des Flächenmoments 2. Grades
ρ auf die Nutzhöhe d und Querschnittsbreite b bezogener Bewehrungsgrad; $\rho = A_{s1}/(b \cdot d)$
σ_{c2} größte Betonrandspannung des Gebrauchszustands
σ_{s1} Stahlzugspannung des Gebrauchszustands
I Flächenmoment 2. Grades (Trägheitsmoment) im Gebrauchszustand
S Flächenmoment 1. Grades (statisches Moment) der Bewehrung, bezogen auf die Schwerachse des gerissenen Querschnitts

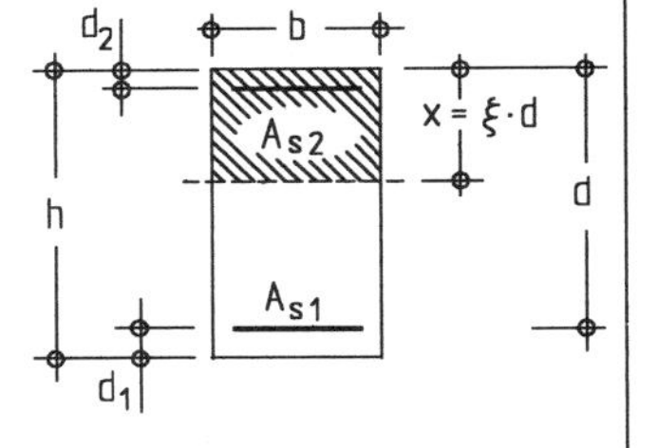

Tafel 6.2 *E*-Moduln von Beton und Verhältnis $\alpha_e = E_s/E_{cm}$

f_{ck} in N/mm²	12	16	20	25	30	35	40	45	50
E_{cm}[1] in N/mm²	25800	27400	28800	30500	31900	33300	34500	35700	36800
α_e[1]	7,8	7,2	6,9	6,6	6,3	6,0	5,8	5,6	5,4

[1] Die angegebenen *E*-Moduln gelten für Normalbeton. Das Kriechen des Betons kann für Verformungsberechungen durch Berücksichtigung eines effektiven *E*-Moduls $E_{c,eff} = E_{cm} / (1+\varphi)$ abgeschätzt werden (φ Kriechbeiwert; s. Abschn. 4.2.1). Der angegebene α_e-Wert ist dann mit $(1+\varphi)$ zu multiplizieren.

vervielfachte Bewehrungsgrad $\alpha_e \rho$ (Verhältniswert $\alpha_e = E_s/E_{cm}$; s. Tafel 6.2). Mit den Hilfswerten ξ und κ bzw. μ_c und μ_s können dann die weiteren gesuchten Größen einfach berechnet werden. Tafel 6.3 gilt für den Querschnitt ohne Druckbewehrung, in Tafel 6.4 wurde angenommen, dass die Druckbewehrung 50 % der Zugbewehrung beträgt (weitere Tafeln s. [Schmitz/Goris – 2001]).

Für die Berechung der Spannungen sind ggf. Langzeiteinflüsse zu berücksichtigen. Unter der Annahme eines linearen Kriechverhaltens kann das Kriechen auch durch Abminderung des Elastizitätsmoduls für den Beton erfasst werden. Der wirksame E-Modul ergibt sich dann zu

$$E_{c,eff} = E_{cm} / (1+\varphi) \tag{6.6}$$

Zu beachten ist, dass für den Nachweis von Betondruck- und Stahlzugspannungen im Gebrauchszustand (s. nachfolgenden Abschnitt 6.2) in der Regel unterschiedliche Zeitpunkte maßgebend sind. Während für die Betondruckspannungen in der Regel der Zeitpunkt $t=0$ maßgebend ist (d. h. $\alpha_e = E_s/E_{cm}$), gilt für den Nachweis der Stahlzugspannungen häufig der Zeitpunkt $t = \infty$, so dass $\alpha_e = E_s/E_{eff}$ zu setzen ist; im letzteren Falle genügt häufig auch eine Abschätzung mit $\alpha_e \approx 15$.

Spannungsnachweis bei Biegung mit Längskraft

Ein geschlossener Ansatz führt zu einer kubischen Gleichung. Zur Vereinfachung wird deshalb eine Iteration empfohlen. In den Gleichungen nach Tafel 6.1 wird A_{s1} durch den vom Biegemoment M_s allein verursachten Bewehrungsanteil A_{sM} (s. Gl. (6.6)) und M durch das auf die Zugbewehrung bezogene Moment M_s ersetzt.

$$A_{sM} = A_{s1} - (N/\sigma_{s1}) \tag{6.7}$$

Die noch unbekannte Stahlspannung σ_{s1} muss zunächst geschätzt werden und wird so lange iterativ verbessert, bis eine ausreichende Übereinstimmung erreicht ist.

Beispiel

Es wird zunächst die Berechnung mit Hilfe der Gleichungen in Tafel 6.1 dargestellt. Die Anwendung von Tafel 6.3 und 6.4 wird im Abschnitt 6.2 gezeigt.

Gegeben ist ein Rechteckquerschnitt ($b/h/d = 30/60/55$ cm) aus C30/37 mit einer Biegezugbewehrung von $A_{s1} = 22{,}0\ \text{cm}^2$. Für die Schnittgrößen $M = 300$ kNm und $N = -100$ kN (Druck) des Gebrauchszustands sollen die Stahlzugspannungen mit $\alpha_e = 15$ ermittelt werden.

Stahlspannung σ_{s1} — $\sigma_{s1} = 275\ \text{MN/m}^2 = 27{,}5\ \text{kN/cm}^2$
(Die gesuchte Stahlspannung muss zunächst geschätzt werden)

Bewehrungsanteil A_{sM} — $A_{sM} = A_{s1} - (N/\sigma_{s1}) = 22{,}0 - (-100/27{,}5) = 25{,}6\ \text{cm}^2$

Moment M_s — $M_s = M - N \cdot z_s = 300 - (-100) \cdot 0{,}25 = 325$ kNm

Druckzonenhöhe x — $x = 15 \cdot \frac{25{,}6}{30{,}0} \cdot \left[-1 + \sqrt{1 + 2 \cdot 30 \cdot 55 / (15 \cdot 25{,}6)}\right] = 26{,}8\text{cm}$

Hebelarm z — $z = d - (x/3) = 55 - 26{,}8/3 = 46{,}1$ cm

Stahlspannung σ_{s1} — $\sigma_{s1} = M_s/(A_{sM} \cdot z) = 325/(25{,}6 \cdot 0{,}461) = 27{,}5\ \text{kN/cm}^2$

(*alternativ:* $\sigma_{s1} = M_s/(A_{s1} \cdot z) + N/A_{s1} = 325/(22 \cdot 0{,}461) - 100/22 = 27{,}5\ \text{kN/cm}^2$)
(die gesuchte Stahlspannung σ_{s1} wurde also richtig geschätzt; s. o.).

Tafel 6.3 Hilfswerte zur Ermittlung der Druckzonenhöhe x und des Flächenmomentes 2. Grades I sowie der Beton- und Betonstahlspannungen
(Rechteckquerschnitte ohne Druckbewehrung im Zustand II unter reiner Biegung)

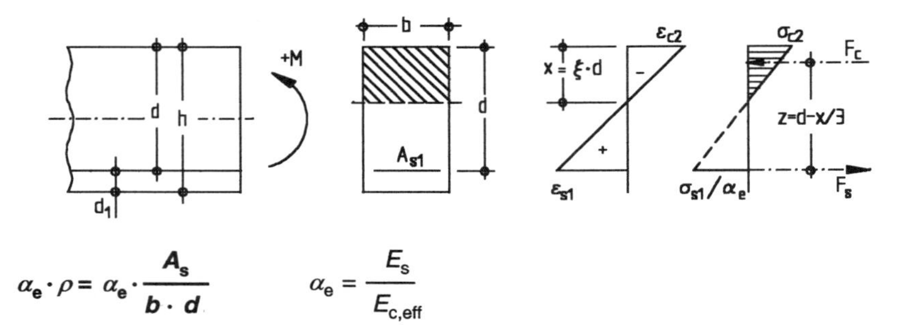

$$\alpha_e \cdot \rho = \alpha_e \cdot \frac{A_s}{b \cdot d} \qquad \alpha_e = \frac{E_s}{E_{c,eff}}$$

$\alpha_e \cdot \rho$	ξ	κ	μ_c	μ_s
0,01	0,132	0,100	0,063	0,010
0,02	0,181	0,185	0,085	0,019
0,03	0,217	0,262	0,101	0,028
0,04	0,246	0,332	0,113	0,037
0,05	0,270	0,398	0,123	0,045
0,06	0,292	0,460	0,132	0,054
0,07	0,311	0,519	0,139	0,063
0,08	0,328	0,575	0,146	0,071
0,09	0,344	0,628	0,152	0,080
0,10	0,358	0,678	0,158	0,088
0,11	0,372	0,727	0,163	0,096
0,12	0,384	0,773	0,168	0,105
0,13	0,396	0,818	0,172	0,113
0,14	0,407	0,860	0,176	0,121
0,15	0,418	0,902	0,180	0,129
0,16	0,428	0,942	0,183	0,137
0,17	0,437	0,980	0,187	0,145
0,18	0,446	1,018	0,190	0,153
0,19	0,455	1,054	0,193	0,161
0,20	0,463	1,089	0,196	0,169
0,21	0,471	1,123	0,199	0,177
0,22	0,479	1,156	0,201	0,185
0,23	0,486	1,188	0,204	0,193
0,24	0,493	1,220	0,206	0,201
0,25	0,500	1,250	0,208	0,208
0,26	0,507	1,280	0,211	0,216
0,27	0,513	1,308	0,213	0,224
0,28	0,519	1,337	0,215	0,232
0,29	0,525	1,364	0,217	0,239
0,30	0,531	1,391	0,218	0,247

$\alpha_e \cdot \rho$	ξ	κ	μ_c	μ_s
0,31	0,536	1,417	0,220	0,255
0,32	0,542	1,442	0,222	0,262
0,33	0,547	1,467	0,224	0,270
0,34	0,552	1,492	0,225	0,277
0,35	0,557	1,515	0,227	0,285
0,36	0,562	1,539	0,228	0,293
0,37	0,566	1,562	0,230	0,300
0,38	0,571	1,584	0,231	0,308
0,39	0,575	1,606	0,233	0,315
0,40	0,580	1,627	0,234	0,323
0,41	0,584	1,648	0,235	0,330
0,42	0,588	1,669	0,236	0,338
0,43	0,592	1,689	0,238	0,345
0,44	0,596	1,709	0,239	0,353
0,45	0,600	1,728	0,240	0,360
0,46	0,604	1,747	0,241	0,367
0,47	0,607	1,766	0,242	0,375
0,48	0,611	1,784	0,243	0,382
0,49	0,615	1,802	0,244	0,390
0,50	0,618	1,820	0,245	0,397
0,51	0,621	1,837	0,246	0,404
0,52	0,625	1,854	0,247	0,412
0,53	0,628	1,871	0,248	0,419
0,54	0,631	1,887	0,249	0,426
0,55	0,634	1,903	0,250	0,434
0,56	0,637	1,919	0,251	0,441
0,57	0,640	1,935	0,252	0,448
0,58	0,643	1,950	0,253	0,456
0,59	0,646	1,966	0,253	0,463
0,60	0,649	1,980	0,254	0,470

$$x = \xi \cdot d$$
$$I = \kappa \cdot b \cdot d^3 / 12$$

$$\sigma_{c2} = \frac{M}{b \cdot d^2 \cdot \mu_c} \qquad \sigma_{s1} = \frac{\alpha_e \cdot M}{b \cdot d^2 \cdot \mu_s}$$

Tafel 6.4 Hilfswerte zur Ermittlung der Druckzonenhöhe x und des Flächenmomentes 2. Grades I sowie der Beton- und Betonstahlspannungen
(Rechteck mit Druckbewehrung – $A_{s2}/A_{s1} = 0{,}5$ – im Zustand II unter reiner Biegung)

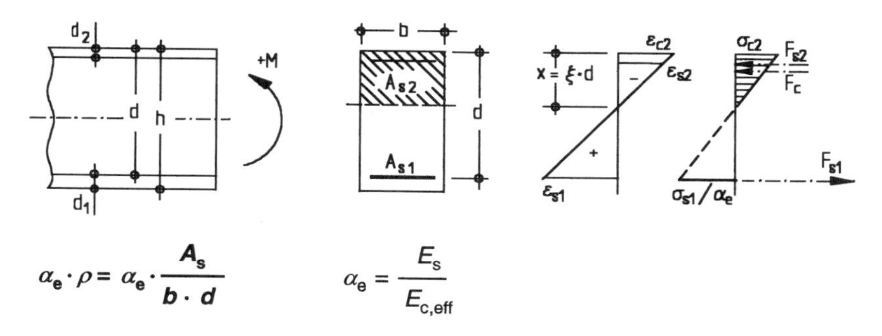

$$\alpha_e \cdot \rho = \alpha_e \cdot \frac{A_s}{b \cdot d} \qquad \alpha_e = \frac{E_s}{E_{c,eff}}$$

$A_{s2}/A_{s1} = 0{,}50$

$\alpha_e \cdot \rho$	$d_2/d = 0{,}05$				$d_2/d = 0{,}10$				$d_2/d = 0{,}15$			
	ξ	κ	μ_c	μ_s	ξ	κ	μ_c	μ_s	ξ	κ	μ_c	μ_s
0,02	0,175	0,187	0,089	0,019	0,177	0,185	0,087	0,019	0,180	0,185	0,086	0,019
0,04	0,233	0,341	0,122	0,037	0,236	0,337	0,119	0,037	0,239	0,334	0,116	0,037
0,06	0,272	0,480	0,147	0,055	0,276	0,473	0,143	0,054	0,280	0,467	0,139	0,054
0,08	0,302	0,608	0,168	0,073	0,307	0,597	0,162	0,072	0,312	0,588	0,157	0,071
0,10	0,327	0,729	0,186	0,090	0,332	0,714	0,179	0,089	0,337	0,702	0,173	0,088
0,12	0,348	0,845	0,202	0,108	0,353	0,825	0,195	0,106	0,359	0,808	0,188	0,105
0,14	0,365	0,955	0,218	0,125	0,371	0,931	0,209	0,123	0,377	0,910	0,201	0,122
0,16	0,381	1,062	0,232	0,143	0,387	1,032	0,222	0,140	0,394	1,007	0,213	0,138
0,18	0,395	1,166	0,246	0,160	0,401	1,131	0,235	0,157	0,408	1,101	0,225	0,155
0,20	0,407	1,267	0,259	0,178	0,414	1,226	0,247	0,174	0,421	1,191	0,236	0,171
0,22	0,418	1,365	0,272	0,196	0,426	1,319	0,258	0,191	0,433	1,279	0,246	0,188
0,24	0,428	1,462	0,284	0,213	0,436	1,410	0,270	0,208	0,443	1,365	0,256	0,204
0,26	0,438	1,556	0,296	0,231	0,446	1,499	0,280	0,225	0,453	1,449	0,266	0,221
0,28	0,446	1,650	0,308	0,248	0,454	1,587	0,291	0,242	0,462	1,531	0,276	0,237
0,30	0,454	1,741	0,320	0,266	0,462	1,672	0,301	0,259	0,471	1,611	0,285	0,254
0,32	0,461	1,832	0,331	0,283	0,470	1,757	0,312	0,276	0,478	1,690	0,294	0,270
0,34	0,468	1,921	0,342	0,301	0,477	1,840	0,321	0,293	0,486	1,767	0,303	0,286
0,36	0,475	2,010	0,353	0,319	0,484	1,922	0,331	0,310	0,492	1,844	0,312	0,303
0,38	0,481	2,097	0,364	0,336	0,490	2,003	0,341	0,327	0,499	1,919	0,321	0,319
0,40	0,486	2,184	0,374	0,354	0,495	2,084	0,350	0,344	0,505	1,994	0,329	0,335
0,42	0,492	2,269	0,385	0,372	0,501	2,163	0,360	0,361	0,510	2,067	0,338	0,352
0,44	0,497	2,354	0,395	0,390	0,506	2,242	0,369	0,378	0,515	2,140	0,346	0,368
0,46	0,501	2,439	0,405	0,408	0,511	2,320	0,378	0,395	0,520	2,212	0,354	0,384
0,48	0,506	2,523	0,416	0,425	0,515	2,397	0,388	0,412	0,525	2,283	0,362	0,401
0,50	0,510	2,606	0,426	0,443	0,520	2,474	0,397	0,429	0,530	2,354	0,370	0,417
0,52	0,514	2,689	0,436	0,461	0,524	2,550	0,406	0,446	0,534	2,424	0,378	0,433
0,54	0,518	2,771	0,446	0,479	0,528	2,626	0,414	0,464	0,538	2,494	0,386	0,450
0,56	0,521	2,853	0,456	0,497	0,532	2,701	0,423	0,481	0,542	2,563	0,394	0,466
0,58	0,525	2,934	0,466	0,515	0,535	2,776	0,432	0,498	0,546	2,631	0,402	0,483
0,60	0,528	3,015	0,476	0,533	0,539	2,850	0,441	0,515	0,549	2,699	0,410	0,499

$$x = \xi \cdot d \qquad \sigma_{s1} = \frac{\alpha_e \cdot M}{b \cdot d^2 \cdot \mu_s} \qquad \sigma_{c2} = \frac{M}{b \cdot d^2 \cdot \mu_c}$$

$$I = \kappa \cdot b \cdot d^3 / 12$$

6.2 Spannungsbegrenzung im Gebrauchszustand

Durch große Betondruckspannungen und Stahlspannungen im Gebrauchszustand wird die Gebrauchstauglichkeit und Dauerhaftigkeit nachteilig beeinflusst. In DIN 1045-1, 11.1 werden daher unter bestimmten Voraussetzungen die Nachweise von Spannungen verlangt:

- im Beton

  unter der seltenen Einwirkungskombination in den Expositionsklassen XD 1 bis 3, XF 1 bis 4 und XS 1 bis 3:

  $$\sigma_c \leq 0{,}60\, f_{ck} \qquad (6.8a)$$

  für die quasi-ständige Kombination:

  $$\sigma_c \leq 0{,}45\, f_{ck} \qquad (6.8b)$$

- im Betonstahl

  unter der seltenen Kombination bei Lasteinwirkung

  $$\sigma_s \leq 0{,}80\, f_{yk} \qquad (6.9a)$$

  für reine Zwangeinwirkungen

  $$\sigma_s \leq 1{,}00\, f_{yk} \qquad (6.9b)$$

Durch die Begrenzung der Betondruckspannungen nach Gl. (6.8a) sollen übermäßige Querzugspannungen in der Betondruckzone verhindert werden, die zu Längsrissen führen können. Die Einhaltung der Betondruckspannungen nach Gl. (6.8b) soll einer erhöhten und überproportionalen Kriechverformung begegnen.

Stahlspannungen unter Gebrauchslasten oberhalb der Streckgrenze – Gln. (6.9a) und (6.9b) – führen im Allgemeinen zu großen und ständig offenen Rissen im Beton. Die Dauerhaftigkeit wird dadurch nachteilig beeinflusst.

Die Spannungsermittlung erfolgt im Allgemeinen im gerissenen Zustand (s. Abschn. 6.1). Ein ungerissener Zustand kann nur angenommen werden, wenn die berechneten Zugspannungen unter den seltenen Einwirkungen (ggf. unter Berücksichtigung von Zwangeinwirkungen) die Betonzugfestigkeit nicht überschreiten (nach EC 2 T. 1 gilt hierfür der Mittelwert f_{ctm} der Betonzugfestigkeit). Langzeiteinflüsse müssen ggf. zusätzlich berücksichtigt werden.

Ein rechnerischer Nachweis der Spannungen ist dennoch in vielen Fällen nicht erforderlich, da diese Gesichtspunkte bereits weitestgehend im Bemessungskonzept von DIN 1045-1 enthalten sind. Die Nachweise dürfen daher für nicht vorgespannte Tragwerke des üblichen Hochbaus entfallen, falls die nachfolgend angegebenen Bemessungs- und Konstruktionsregeln eingehalten werden:

- Die Bemessung für den Grenzzustand der Tragfähigkeit erfolgt nach DIN 1045-1, 10.
- Die bauliche Durchbildung erfolgt nach DIN 1045-1, Abschn. 13 (insbesondere die Festlegung für die Mindestbewehrung).
- Die linear-elastisch ermittelten Schnittgrößen werden im Grenzzustand der Tragfähigkeit um nicht mehr als 15 % umgelagert.

Beispiel

Kragarm mit Belastung aus Eigenlast g_k, Schneelast s_k und angehängter veränderlicher Einzellast Q_k; an der Einspannstelle sollen die Betondruckspannungen gemäß Gl. (6.8a) und (6.8b) sowie die Stahlzugspannungen nach Gl. (6.9a) nachgewiesen werden.

Es liegen zwei unabhängige veränderliche Lasten vor; hierfür gelten als Kombinationsfaktoren

– für Schnee (Ort bis NN +1000 m) $\psi_0 / \psi_1 / \psi_2 = 0{,}5 / 0{,}2 / 0{,}0$
– für eine sonstige veränderliche Einwirkung: $\psi_0 / \psi_1 / \psi_2 = 0{,}8 / 0{,}7 / 0{,}5$

Biegebemessung im Grenzzustand der Tragfähigkeit

Es ist zunächst eine Biegebemessung im Grenzzustand der Tragfähigkeit durchzuführen; maßgebenden Lastfallkombination (vgl. Abschn. 4.1.1.1, Beispiel 2, S. 33):

$M_{Ed} = -1{,}35 \cdot 8{,}0 \cdot 4{,}0^2/2 - 1{,}50 \cdot 5{,}0 \cdot 4{,}0^2/2 - 1{,}50 \cdot 0{,}8 \cdot 10 \cdot 4{,}0 = -194{,}4$ kNm

$M_{Eds} = M_{Ed}$ (wegen $N_{Ed} = 0$)

$$k_d = \frac{d}{\sqrt{M_{Eds}/b}} = \frac{44{,}0}{\sqrt{194{,}4/0{,}30}} = 1{,}73 \quad \rightarrow \quad k_s = 2{,}60 \qquad \text{(Tafel 5.4a, S. 65)}$$

$A_s = k_s \cdot M_{Eds}/d + N_{Ed}/43{,}5 = 2{,}60 \cdot 194{,}4 / 44{,}0 + 0 = 11{,}5$ cm²

gew.: 4 ∅ 20 (= 12,6 cm²)

Nachweis der Betondruckspannungen im Gebrauchszustand (Zeitpunkt $t = 0$)

– Seltene Kombination (vgl. Abschn. 4.1.2, Beispiel, S. 36f)

$M_{E,rare} = -8{,}0 \cdot 4{,}0^2/2 - 5{,}0 \cdot 4{,}0^2/2 - 0{,}8 \cdot 10 \cdot 4{,}0 = -136{,}0$ kNm

$\sigma_{c2} = M_{E,rare} / (b \cdot d^2 \cdot \mu_c)$

$\alpha_e = 6{,}3$ (s. Tafel 6.2)

$\alpha_e \cdot \rho = 6{,}3 \cdot (12{,}6/(30 \cdot 44)) = 0{,}060 \rightarrow \mu_c = 0{,}132$ (s. Tafel 6.3)

$\sigma_{c2} = 0{,}136 / (0{,}30 \cdot 0{,}44^2 \cdot 0{,}132) = 17{,}7 \text{ MN/m}^2 < 0{,}6 \cdot 30 = 18{,}0 \text{ MN/m}^2$

– Quasi-ständige Kombination (vgl. Beispiel, S. 36f)

$M_{E,perm} = -8{,}0 \cdot 4{,}0^2/2 - 0 - 0{,}5 \cdot 10 \cdot 4{,}0 = -84{,}0$ kNm

$\alpha_e \cdot \rho = 0{,}060 \rightarrow \mu_c = 0{,}132$ (s. o.)

$\sigma_{c2} = 0{,}084 / (0{,}30 \cdot 0{,}44^2 \cdot 0{,}132) = 11{,}0 \text{ MN/m}^2 < 0{,}45 \cdot 30 = 13{,}5 \text{ MN/m}^2$

Nachweis der Stahlzugspannungen im Gebrauchszustand (Zeitpunkt $t = \infty$)

– Seltene Kombination

$M_{E,rare} = -136{,}0$ kNm (wie vorher)

$\sigma_{s1} = \alpha_e M_{E,rare} / (b \cdot d^2 \cdot \mu_s)$

$\alpha_e = 15$ (Abschätzung; s. Text)

$\alpha_e \cdot \rho = 15 \cdot (12{,}6/(30 \cdot 44)) = 0{,}143 \rightarrow \mu_s = 0{,}123$ (s. Tafel 6.3)

$\sigma_{s1} = 15 \cdot 0{,}136 / (0{,}30 \cdot 0{,}44^2 \cdot 0{,}123) = 286 \text{ MN/m}^2 < 0{,}8 \cdot 500 = 400 \text{ MN/m}^2$

6.3 Begrenzung der Rissbreiten

Die Rissbildung ist so zu begrenzen, dass die ordnungsgemäße Nutzung des Tragwerks, die Dauerhaftigkeit und das Erscheinungsbild nicht beeinträchtigt werden. Die Anforderung an die Dauerhaftigkeit und an das Erscheinungsbild gelten für *Stahlbetonbauteile* als erfüllt, wenn die Anforderungen nach Tafel 6.5 eingehalten werden. Für besondere Bauteile (z. B. Wasserbehälter) können strengere Begrenzungen erforderlich sein. Andererseits darf bei biegebeanspruchten Platten ohne wesentlichen zentrischen Zug der Umgebungsklassen XC 1 auf einen Nachweis verzichtet werden, falls $h \leq 20$ cm und die konstruktive Durchbildung nach DIN 1045, 13.3 eingehalten sind.

Die Begrenzung der Rissbreite auf zulässige Werte wird erreicht durch

- eine im Verbund liegende *Mindestbewehrung*, die ein Fließen der Bewehrung verhindert
- eine geeignete Wahl von *Durchmessern* und *Abständen* der Bewehrung.

6.3.1 Mindestbewehrung

Eine Mindestbewehrung muss i. Allg. die bei Rissbildung in der Betonzugzone frei werdende Kraft aufnehmen können. Die Mindestbewehrung kann vermindert werden oder entfallen, wenn die Zwangschnittgröße die Rissschnittgröße nicht erreicht oder Zwangschnittgrößen nicht auftreten können. Die Mindestbewehrung muss dann für die nachgewiesene Zwangschnittgröße angeordnet werden.

Sofern nicht eine genauere Berechnung zeigt, dass eine geringere Bewehrung ausreichend ist, wird die erforderliche Mindestbewehrung nach folgender Gleichung bestimmt (s. Abb. 6.2):

$$A_s = k_c \cdot f_{ct,eff} \cdot A_{ct} / \sigma_s \qquad (6.10)$$

wobei der Faktor k_c die Spannungsverteilung berücksichtigt. In Gl. (6.10) ist eine lineare Spannungsverteilung vorausgesetzt; eine Nichtlinearität wird durch einen Faktor k erfasst, so dass sich mit DIN 1045-1, 11.2.2 ergibt:

$$\mathbf{A_s = k_c \cdot k \cdot f_{ct,eff} \cdot A_{ct} / \sigma_s} \qquad (6.11)$$

Hierin sind

A_{ct} Betonzugzone unmittelbar vor der Rissbildung

σ_s Spannung in der Bewehrung unmittelbar nach der Rissbildung; σ_s wird in Abhängigkeit vom gewählten Durchmesser für die Mindestbewehrung nach Tafel 6.6a ermittelt

Tafel 6.5 Anforderung an die Rissbreitenbegrenzung für Stahlbetonbauteile

Expositionsklasse	Rechenwert der Rissbreite w_k
XC 1	0,4 mm
XC 2 – XC 4 XD 1 – XD 3 [a)] XS 1 – XS 3	0,3 mm

a) bei XD 3 sind ggf. zusätzliche besondere Maßnahmen erforderlich

$f_{ct,eff}$ wirksame Zugfestigkeit des Betons zum betrachteten Zeitpunkt. Für $f_{ct,eff}$ gilt für diesen Nachweis die mittlere Betonzugfestigkeit f_{ctm} beim Auftreten der Risse. Bei Zwang im frühen Betonalter (z.B. aus dem Abfließen der Hydratationswärme) darf ohne genaueren Nachweis für $f_{ct,eff}$ 50 % der mittleren 28-Tage-Zugfestigkeit gewählt werden. Wenn Rissbildung nicht mit Sicherheit in den ersten 28 Tagen erfolgt, gilt für f_{ctm} als Mindestwert 3,0 N/mm² (bei Normalbeton).

k_c*) Faktor zur Erfassung der Spannungsverteilung vor Erstrissbildung und Änderung des inneren Hebelarms beim Übergang in den Zustand II:
– bei reinem Zug $k_c = 1{,}0$
– bei reiner Biegung $k_c = 0{,}4$

k Faktor zur Berücksichtigung einer nichtlinearen Spannungsverteilung
– bei äußerem Zwang (z. B. Setzung) $k = 1{,}0$
– bei innerem Zwang: Rechteckquerschnitt: $h \leq 30$ cm: $k = 0{,}8$
$h \geq 80$ cm: $k = 0{,}5$

---

*) Der in DIN 1045-1 enthaltene Ansatz gestattet die generelle Berücksichtigung von Längskräften; es ist

$$k_c = 0{,}4 \cdot \left[1 + \frac{\sigma_c}{k_1 \cdot f_{ct,eff}} \right] \leq 1$$

Hierin sind

σ_c Betonspannung in Höhe der Schwerlinie des Querschnitts oder Teilquerschnitts im ungerissen Zustand unter der Einwirkungskombination, die am Gesamtquerschnitt zur Erstrissbildung führt (negativ für Druck)
k_1 $= 1{,}5 \cdot h/h'$ für Drucklängskräfte
k_1 $= 0{,}67$ für Zuglängskräfte
h' $= h$ für $h < 1$ m
h' $= 1$ m für $h \geq 1$ m
h Höhe des (Teil-)Querschnitts

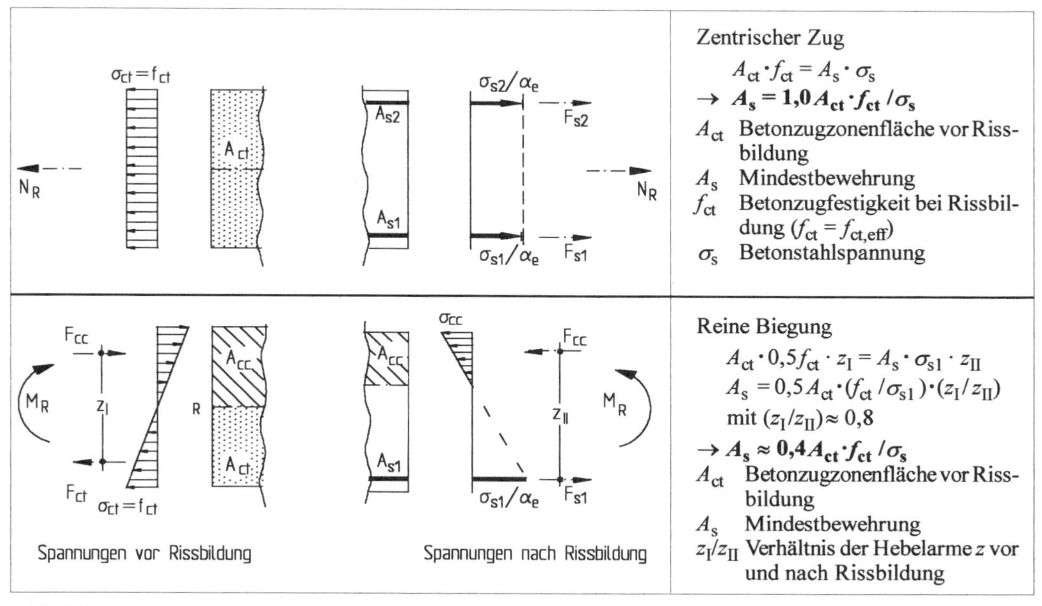

Abb.6.2 Herleitung der Bemessungsgleichungen für die Mindestbewehrung von Stahlbetonquerschnitten (vgl. Gl. (6.11))

Bei profilierten Querschnitten (Hohlkästen, Plattenbalken) sollte die Mindestbewehrung für jeden Teilquerschnitt (Gurte, Stege) einzeln nachgewiesen werden. Bei hohen Balkenstegen u. a. ist ein angemessener Teil der Bewehrung so über die Zugzone zu verteilen, dass die Bildung von breiten Sammelrissen vermieden wird.

6.3.2 Rissbreitenbegrenzung

Konstruktionsregeln

Ist eine Mindestbewehrung entsprechend Abschn. 6.3.1 vorhanden, werden die Rissbreiten auf zulässige Werte entsprechend Tafel 6.5 begrenzt, wenn die nachfolgend wiedergegebenen Konstruktionsregeln eingehalten werden. Es wird jedoch darauf hingewiesen, dass entsprechend der Definition der Rechenwerte gelegentlich Risse mit größerer Breite auftreten können.

Bei einer Rissbreitenbeschränkung ohne direkte Berechnung werden in Abhängigkeit von der Stahlspannung die Durchmesser der Bewehrung oder die Stababstände begrenzt. Im Allg. werden die zulässigen Rissbreiten nicht überschritten, wenn

- bei einer Rissbildung infolge überwiegenden Zwangs die Gl. (6.12),
- bei einer Rissbildung infolge überwiegender Lastbeanspruchung entweder Gl. (6.13a) *oder* (6.13b) eingehalten werden.

Eingangswerte für die Ermittlung des Grenzdurchmessers aus Tafel 6.6a und des Grenzabstandes aus Tafel 6.6b sind die Stahlspannungen des Zustands II (gerissener Querschnitt); bei Stahlbetonbauteilen unter Zwangbeanspruchung gilt die in Gl. (6.11) gewählte Stahlspannung, bei Lastbeanspruchung ist die Stahlspannung für die quasi-ständige Einwirkungskombination zu ermitteln.

Der so ermittelte Grenzdurchmesser der Bewehrungsstäbe nach Tafel 6.6a bzw. nach Gl. (6.12) und (6.13a) darf in Abhängigkeit von der Bauteildicke bzw. vom Randabstand der Bewehrung modifiziert werden.

Der Tafel 6.6a liegt eine Betonzugfestigkeit f_{ct0} = 3,0 N/mm² zugrunde; bei Betonzugfestigkeiten $f_{ct,eff} < f_{ct0}$ muss daher der Durchmesser d_s* nach Gl. (6.12) und (6.13a) herabgesetzt werden. Eine Erhöhung des Grenzdurchmessers bei $f_{ct,eff} > f_{ct0}$ sollte jedoch nur bei einem genaueren Nachweis über die Rissgleichung erfolgen (vgl. hierzu [DAfStb-H.425 – 92] für eine Bemessung nach EC 2).

Werden in einem Querschnitt Stäbe mit unterschiedlichen Durchmessern verwendet, darf ein mittlerer Stabdurchmesser $d_{sm} = \Sigma d_{s,i}^2 / \Sigma d_{s,i}$ angesetzt werden. Bei Betonstahlmatten mit Doppelstäben genügt der Nachweis des Einzelstabdurchmessers.

In [Zilch/Rogge – 01] wird darauf hingewiesen, dass der Nachweis nach Gl. (6.13b) – Tafel 6.6b (Stababstandstabelle) – nur bei Platten mit einlagiger Bewehrung angewendet werden sollte. Bei Balken und bei mehrlagiger Bewehrung liegen die der Tafel 6.6b zugrunde liegenden Annahmen auf der unsicheren Seite. Für diese Bauteile sollte der vereinfachte Nachweis daher über den zulässigen Stabdurchmesser nach Gl. (6.13a) erfolgen.

Tafel 6.6a Grenzdurchmesser d_s* in mm bei Betonrippenstählen für Stahlbetonbauteile

Stahlspannung σ_s in N/mm²		160	200	240	280	320	360	400	450
Grenzdurchmesser d_s* in mm	bei w_k = 0,4 mm	56	36	25	18	14	11	9	7
	bei w_k = 0,3 mm	42	28	19	14	11	8	7	5
	bei w_k = 0,2 mm	28	18	13	9	7	6	5	4

Tafel 6.6b Grenzstababstände $s_{l,lim}$ in mm bei Betonrippenstählen für Stahlbetonbauteile

Stahlspannung σ_s in N/mm²		160	200	240	280	320	360
Grenzabstand $s_{l,lim}$ in mm	bei w_k = 0,4 mm	300	300	250	200	150	100
	bei w_k = 0,3 mm	300	250	200	150	100	50
	bei w_k = 0,2 mm	200	150	100	50	–	–

Der Nachweis wird für Stahlbetonbauteile wie folgt erbracht:

– bei *Zwang*beanspruchung (Mindestbewehrung)

$$d_s \leq d_{s,lim} = d_s^* \cdot \frac{k_c \cdot k \cdot h_t}{4 \cdot (h-d)} \cdot \frac{f_{ct,eff}}{f_{ct0}} \geq d_s^* \cdot \frac{f_{ct,eff}}{f_{ct0}} \qquad (6.12)$$

– bei *Last*beanspruchung

$$d_s \leq d_{s,lim} = d_s^* \cdot \frac{\sigma_s \cdot A_s}{4 \cdot (h-d) \cdot b \cdot f_{ct0}} \geq d_s^* \cdot \frac{f_{ct,eff}}{f_{ct0}} \qquad (6.13a)$$

oder

$$s_l \leq s_{l,lim} \qquad (6.13b)$$

In Gln. (6.12), (6.13a) und (6.13b) sind

$d_{s,lim}$ modifizierter Grenzdurchmesser
d_s* Grenzdurchmesser nach Tafel 6.6a
$s_{l,lim}$ Grenzstababstand nach Tafel 6.6b
h Bauteildicke
d statische Nutzhöhe
b Breite der Zugzone
h_t Höhe der Zugzone vor Rissbildung
$f_{ct,eff}$ wirksame Zugfestigkeit; s. Abschn. 6.3.1
k_c; k Beiwerte nach Abschn. 6.3.1
f_{ct0} = 3,0 N/mm²

Berechnung der Rissbreite

Die Begrenzung der Rissbreite darf auch durch eine direkte Berechnung nachgewiesen werden. Generell gilt für die Rissbreite

$$w_k = s_{r,max} \cdot (\varepsilon_{sm} - \varepsilon_{cm})$$

mit $s_{r,max}$ als maximaler Rissabstand sowie ε_{sm} und ε_{cm} als mittlere Dehnung der Bewehrung und des Betons. Weitere Einzelheiten s. DIN 1045-1, 11.2.4.

Beispiel 1

Für die Wand einer Winkelstützmauer soll der Nachweis der Rissbreitenbegrenzung geführt werden. Es gelten die nachfolgend gemachten Angaben.

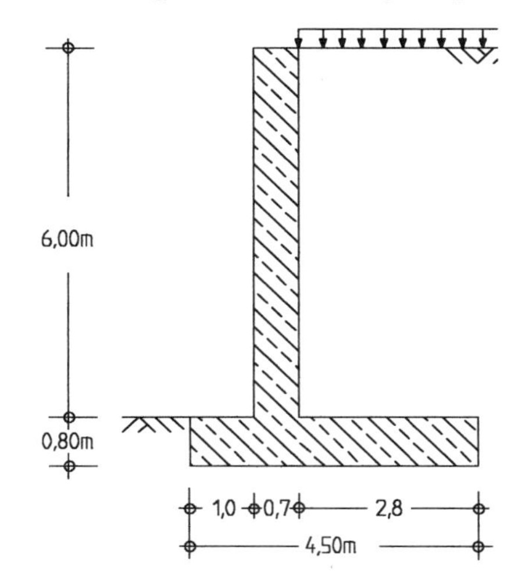

Schnittgrößen (am Wandfuß)

$N_{E,Gk} = -105$ kN/m (Eigenlast der Wand)
$M_{E,Ek} = 232$ kNm/m (ständiger Erddruck)
$M_{E,Qk} = 102$ kNm/m (veränderliche Last)

Baustoffe

C30/37, BSt 500 S

Betondeckung und Nutzhöhe

nom c = 5,5 cm
$d_H \approx 63$ cm (horizontale Bewehrung)
$d_V \approx 62$ cm (vertikale Bewehrung)

Biegebemessung im Grenzzustand der Tragfähigkeit

Es wird zunächst eine Biegebemessung im Grenzzustand der Tragfähigkeit durchgeführt.

$N_{Ed} = -1{,}00 \cdot 105 = -105$ kN (Eigenlast wirkt günstig!)
$M_{Ed} = 1{,}35 \cdot 232 + 1{,}50 \cdot 102 = 466$ kNm
$M_{Eds} = M_{Ed} - N_{Ed} \cdot z_s = 466 + 105 \cdot 0{,}27 = 495$ kNm/m
$\mu_{Eds} = M_{Eds} / (b \cdot d^2 \cdot f_{cd}) = 0{,}495 / (1{,}0 \cdot 0{,}62^2 \cdot 17{,}0) = 0{,}076$
$\rightarrow \omega = 0{,}079$; $\sigma_{sd} = f_{yd} = 435$ MN/m² (s. Tafel 5.3a; S. 62)
$A_s = (\omega \cdot b \cdot d \cdot f_{cd} + N_{Ed}) / \sigma_{sd} = (0{,}079 \cdot 1{,}0 \cdot 0{,}62 \cdot 17 - 0{,}105) / 435 \cdot 10^4 = 16{,}7$ cm²/m
gew.: ∅ 20 – 15 (= 20,9 cm²/m)

Rissbreitenbegrenzung im Grenzzustand der Gebrauchstauglichkeit

- *Horizontale Mindestbewehrung*

  Die Stützwand wird im frühen Betonalter durch das verformungsbehindernde Fundament (Arbeitsfuge) auf Zwang infolge Abfließen der Hydratationswärme beansprucht.

  $A_s = k_c \cdot k \cdot f_{ct,eff} \cdot A_{ct} / \sigma_s$

  $k_c = 1{,}0$ (zentrischer Zwang)
  $k = 0{,}56$ („innerer" Zwang; es wird interpoliert zwischen $k = 0{,}8$ für $h = 30$ cm und $k = 0{,}5$ für $h = 80$ cm)
  $f_{ct,eff} = 0{,}50 \cdot 2{,}9 = 1{,}45$ MN/m² (Zugfestigkeit des Betons beim Auftreten der Risse. Bei Zwang infolge Abfließen der Hydratationswärme darf näherungsweise 50 % der mittleren Betonzugfestigkeit angenommen werden (DIN 1045-1, 11.2.2).)
  $A_{ct} = 0{,}70 \cdot 1{,}00 = 0{,}70$ m²/m (Zugzonenfläche vor Rissbildung)
  $\sigma_s = 210$ MN/m² (gewählt)

$A_s = 1{,}0 \cdot 0{,}56 \cdot 1{,}44 \cdot 0{,}70 / 210 = 26{,}9 \cdot 10^{-4}\ \text{m}^2/\text{m} = 26{,}9\ \text{cm}^2/\text{m}$

<u>gew.:</u> 2 ∅ 16 – 15 (= 26,8 cm²/m)

Nachweis des gewählten Durchmessers

$$d_s \le d_{s,\text{lim}} = d_s^* \cdot \frac{k_c \cdot k \cdot h_t}{4 \cdot (h-d)} \cdot \frac{f_{ct,\text{eff}}}{f_{ct0}} \ge d_s^* \cdot \frac{f_{ct,\text{eff}}}{f_{ct0}}$$

$d_s^* = 26$ mm (Stahlbeton für $w_k = 0{,}3$ mm und $\sigma_s = 210$ MN/m²)

$f_{ct,\text{eff}} = 1{,}45$ MN/m²

$$d_{s,\text{lim}} = 26 \cdot \frac{1{,}0 \cdot 0{,}56 \cdot 0{,}70}{4 \cdot (0{,}70 - 0{,}63)} \cdot \frac{1{,}45}{3{,}0} = 17{,}6 \text{ mm } \left(> 26 \cdot \frac{1{,}45}{3{,}0} = 12{,}6 \text{ mm}\right)$$

$d_s = 16$ mm $< d_{s,\text{lim}} = 17{,}6$ mm → Nachweis erfüllt.

- *Vertikale Bewehrung für die Lastbeanspruchung*

Nachweis für die quasi-ständige Last, als Kombinationsfaktor wird $\psi_2 = 0{,}5$ („alle anderen Einwirkungen") angenommen.

$N_{\text{perm}} = -105$ kN/m
$M_{\text{perm}} = 232 + 0{,}5 \cdot 102 = 283$ kNm/m
$M_{s,\text{perm}} = 283 + 105 \cdot 0{,}27 = 311$ kNm/m

Die Stahlspannung σ_s unter der quasi-ständige Last wird näherungsweise mit dem Hebelarm $z = \zeta \cdot d = 0{,}9 \cdot 0{,}62 = 0{,}56$ m bestimmt. Es ist

$\sigma_s = (M_{s,\text{perm}} / z + N_{\text{perm}})/A_s = (0{,}311/0{,}56 - 0{,}105)/(20{,}9 \cdot 10^{-4}) = 215$ MN/m²

Nachweis des gewählten Durchmessers d_s

$$d_s \le d_{s,\text{lim}} = d_s^* \cdot \frac{\sigma_s \cdot A_s}{4 \cdot (h-d) \cdot b \cdot f_{ct0}} \ge d_s^* \cdot \frac{f_{ct,\text{eff}}}{f_{ct0}}$$

$d_s^* = 25$ mm (für $\sigma_s = 215$ MN/m²)

$f_{ct,\text{eff}} = 2{,}9$ MN/m² (Rissbildung aus der Lastbeanspruchung sei erst nach Erreichen der 28-Tage-Festigkeit zu erwarten)

$$d_{s,\text{lim}} = 25 \cdot \frac{215 \cdot 0{,}00209}{4 \cdot (0{,}70 - 0{,}62) \cdot 1{,}00 \cdot 3{,}0} = 12 < 25 \cdot \frac{2{,}9}{3{,}0} = 24 \text{ mm}$$

$d_s = 20$ mm $< d_{s,\text{lim}} = 24$ mm → Nachweis erfüllt.

- *Bewehrungsskizze*

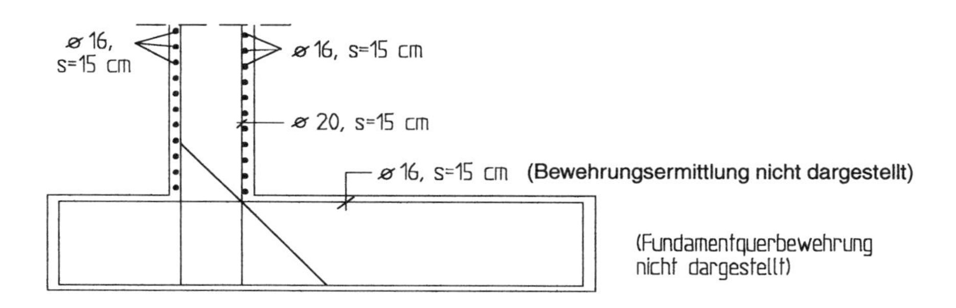

Beispiel 2

Kragarm mit Belastung aus Eigenlast g_k, Schneelast s_k und angehängter veränderlicher Einzellast Q_k; an der Einspannstelle soll die Rissbreitenbegrenzung für die Lastbeanspruchung nachgewiesen werden.

Im Grenzzustand der Tragfähigkeit wurde als Biegezugbewehrung 4 ∅ 20 (= 12,6 cm²) ermittelt bzw. gewählt (s. Abschn. 6.2, Beispiel).

Nachweis der Rissbreitenbegrenzung für die Lastbeanspruchung
(Quasi-ständige Kombination, vgl. Abschn. 6.2, Beispiel, S. 157)

$$M_{E,perm} = -8,0 \cdot 4,0^2/2 - 0 - 0,5 \cdot 10 \cdot 4,0 = -84,0 \text{ kNm}$$

$$\alpha_e \cdot \rho = 15 \cdot (12,6/(30 \cdot 44)) = 0,143 \rightarrow \mu_s = 0,123 \qquad \text{(s. Abschn. 6.2, Beispiel)}$$

$$\sigma_{s1} = 15 \cdot 0,084/(0,30 \cdot 0,44^2 \cdot 0,123) = 176 \text{ MN/m}^2 \text{ *)}$$

$$d_s \le d_{s,lim} = d_s^* \cdot \frac{\sigma_s \cdot A_s}{4 \cdot (h-d) \cdot b \cdot f_{ct0}} \ge d_s^* \cdot \frac{f_{ct,eff}}{f_{ct0}}$$

$$d_s^* = 36 \text{ mm} \qquad \text{(s. Tafel 6.6a)}$$

$$f_{ct,eff} = 2,9 \text{ MN/m}^2 \qquad \text{(Tafel 4.6; C30/37 und } f_{ct,eff} = f_{ctm})$$

$$d_{s.lim} = 36 \cdot \frac{176 \cdot 0,00126}{4 \cdot (0,50 - 0,44) \cdot 0,30 \cdot 3,0} = 37 \text{ mm}$$

$$d_s = 20 \text{ mm} < d_{s,lim} = 36 \text{ mm} \rightarrow \text{Nachweis erfüllt.}$$

---

*) Näherungsweise und im Allg. genügend genau kann die Stahlspannung auch mit dem Hebelarm der inneren Kräfte $z \approx 0,9\,d = 0,9 \cdot 0,44 = 0,40$ m abgeschätzt werden und die Stahlspannung ermittelt werden aus
$\sigma_{s1} = M_{E,perm}/(z \cdot A_s) = 0,084 / (0,40 \cdot 12,6 \cdot 10^{-4}) = 167$ N/mm² (für $N_{E,perm} = 0$)

6.4 Begrenzung der Verformungen

6.4.1 Grundsätzliches

Die Verformungen eines Tragwerkes müssen so begrenzt werden, dass die ordnungsgemäße Funktion und das Erscheinungsbild des Bauteils selbst oder angrenzender Bauteile (z. B. leichte Trennwände, Verglasungen, Außenwandverkleidungen, haustechnische Anlagen) nicht beeinträchtigt werden. In DIN 1045-1 werden nur Verfomungen von biegebeanspruchten Bauteilen in vertikaler Richtung angesprochen. Dabei wird unterschieden zwischen

- Durchhang:

  vertikale Bauteilverformung, bezogen auf die Verbindungslinie der Unterstützungspunkte
- Durchbiegung:

  vertikale Bauteilverformung, bezogen auf die Systemlinie des Bauteils (bei Schalungsüberhöhung, bezogen auf eine überhöhte Lage).

In Abhängigkeit von der Stützweite l_{eff} als Verbindungslinie der Unterstützungspunkte – für Kragträger gilt $l_{eff} = 2{,}5\, l_{Kr}$ – wird in DIN1045-1 eine Begrenzung auf folgende Grenzwerte empfohlen:

- in Hinblick auf das Erscheinungsbild und die Gebrauchstauglichkeit eines Bauteils oder Tragwerks:

  → Begrenzung des Durchhangs auf $l_{eff} / 250$
- in Hinblick auf Schäden angrenzender Bauteile (z. B. an leichten Trennwänden):

  → Begrenzung der Durchbiegung*) auf $l_{eff} / 500$

Ein rechnerischer Nachweis der Verformungen ist für die quasi-ständige Last zu führen. Überhöhungen sind zulässig, um einen Teil des Durchhangs auszugleichen; sie dürfen jedoch den Grenzwert $l_{eff}/250$ nicht überschreiten.

Der Nachweis der Verformungen kann erfolgen

- durch Einhaltung von Konstruktionsregeln (Begrenzung der Biegeschlankheit)
- durch einen rechnerischen Nachweis der Verformungen unter Berücksichtigung des nichtlinearen Materialverhaltens und des zeitabhängigen Betonverhaltens.

6.4.2 Begrenzung der Biegeschlankheit

Für Deckenplatten des üblichen Hochbaus aus Normalbeton darf der Nachweis der Verformungen entfallen, wenn die Bauteilschlankheit l_i / d folgende Grenzwerte nicht überschreitet:

$$l_i / d \leq \begin{cases} 35 & \text{allgemein} \quad (6.14a) \\ 150/l_i & \text{im Hinblick auf Schäden angrenzender Bauteile } (l_i \text{ in m}) \quad (6.14b) \end{cases}$$

*)Es gilt die nach dem Einbau dieser Bauteile auftretende Durchbiegung.

Hierin ist $l_i = \alpha \cdot l$ als Ersatzstützweite eines frei drehbar gelagerten Einfeldträgers definiert, der unter gleichmäßig verteilter Belastung die gleiche Mittendurchbiegung und Krümmung in Feldmitte besitzt wie das untersuchte Bauteil (bei Kragträgern ist die Durchbiegung am Kragende und die Krümmung am Einspannquerschnitt maßgebend).

Für häufig vorkommende Fälle kann der Beiwert α der Tafel 6.7 entnommen werden. Bei vierseitig gestützten Platten ist die kleinere Stützweite maßgebend, bei dreiseitig gestützten Platten die Stützweite parallel zum freien Rand; für Flachdecken gelten die Werte auf der Basis der größeren Stützweite. Für durchlaufende Tragwerke dürfen die Beiwerte nur verwendet werden, wenn min $l \geq 0{,}8$ max l ist. Für andere Fälle, d. h., wenn die zuvor genannten Anwendungsgrenzen nicht eingehalten werden, kann der Beiwert α mit Hilfe der Angaben in [DAfStb-H.240 – 91] ermittelt werden. Danach gilt

- Durchlaufträger mit beliebigen Stützweiten

$$\alpha = \frac{1 + 4{,}8 \cdot (m_1 + m_2)}{1 + 4 \cdot (m_1 + m_2)} \qquad (6.15)$$

Grenze: $m_1 \geq -(m_2 + 5/24)$

- Kragbalken an Durchlaufträgern

$$\alpha = 0{,}8 \left[\frac{l}{l_k} \left(4 + 3 \frac{l_k}{l} \right) - \frac{q}{q_k} \left(\frac{l}{l_k} \right)^3 (4m+1) \right] \qquad (6.16)$$

Grenze: $m \leq \frac{q_k}{q} \left(\frac{l_k}{l} \right)^2 \cdot \left(1 + \frac{3}{4} \frac{l_k}{l} \right) - \frac{1}{4}$

In Gln. (6.15) und (6.16) bedeuten (s. hierzu auch Abb. 6.6):

$m = M/ql^2$ bezogene Momente über den Stützen des betrachteten Innenfeldes (m_1, m_2 bzw. M_1, M_2) bzw. über der vom Kragarm abliegenden Stütze des anschließenden Innenfeldes (m, M); bezogene Momente mit Vorzeichen

q maßgebliche Gleichlast des untersuchten Feldes bzw. bei Kragträgern des an den Kragarm anschließenden Feldes

q_k maßgebliche Gleichlast des Kragarms

Tafel 6.7 Beiwerte α zur Bestimmung der Ersatzstützweite l_i

Statisches System	$\alpha = l_i / l$
l ; l	1,00
l ; Endfeld, min $l \geq 0{,}8$ max l ; l	0,80 [a)]
l ; Innenfelder, min $l \geq 0{,}8$ max l ; l	0,60 [a)]
l_k ; ($l = l_k$) ; l_k	2,40

a) Für Flachdecken bis zu einer Betonfestigkeitsklasse C30/37 sind die Werte um 0,1 zu erhöhen.

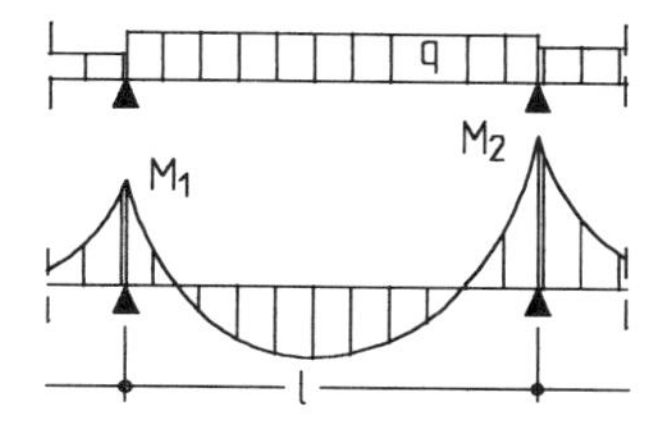

Bezeichnungen „Felder“

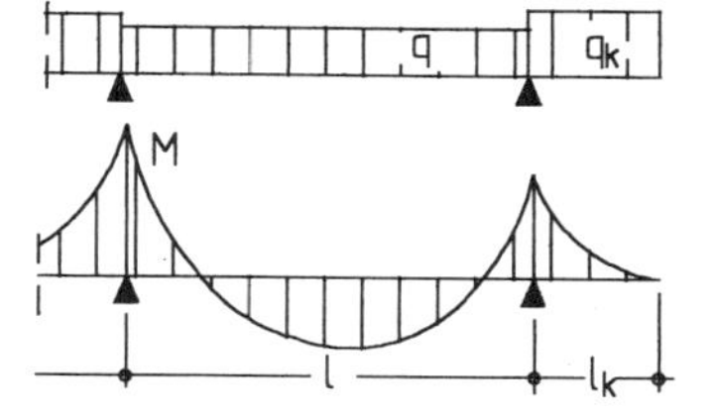

Bezeichnungen „Kragträger“

Abb. 6.3 Erläuterung der Bezeichnungen in Gln. (6.15) und (6.16)

l Stützweite des untersuchten Feldes bzw. bei Kragträgern des an den Kragarm anschließenden Feldes
l_k Kragarmlänge

Ergibt sich in Gl. (6.16) der Wert α erheblich größer als 2,4, ist von der Anwendung des vereinfachten Verfahrens abzuraten, es wird ein rechnerischer Nachweis der Verformungen empfohlen.

An dieser Stelle wird darauf hingewiesen, dass der vereinfachte Nachweis der Durchbiegungen über die Begrenzung der Biegeschlankheit nach DIN 1045-1 zu deutlich günstigeren Ergebnissen führt als z. B. der entsprechende Nachweis nach [ENV 1992-1-1 – 92]. Mit den Biegeschlankheiten nach DIN 1045-1 lassen sich außerdem nicht immer rechnerisch die geforderten Grenzwerte der Durchbiegungen (s. Abschn. 6.4.1) nachweisen. Es wird daher eine „großzügige“ Wahl der Bauteildicke bzw. ein rechnerischer Nachweis der Verformungen empfohlen – insbesondere dann, wenn Verformungen die Funktion des Bauteils selbst oder angrenzender Bauteile nennenswert beeinflussen können.

Beispiel

Dreifeldrige Platte mit Stützweiten von 4,50 m (s. Skizze) und mit einer Nutzhöhe $d = 15$ cm; es ist der Nachweis der Verformungsbegrenzung gesucht, wobei auch die erhöhten Anforderungen gemäß Gl. 6.14b einzuhalten sind.

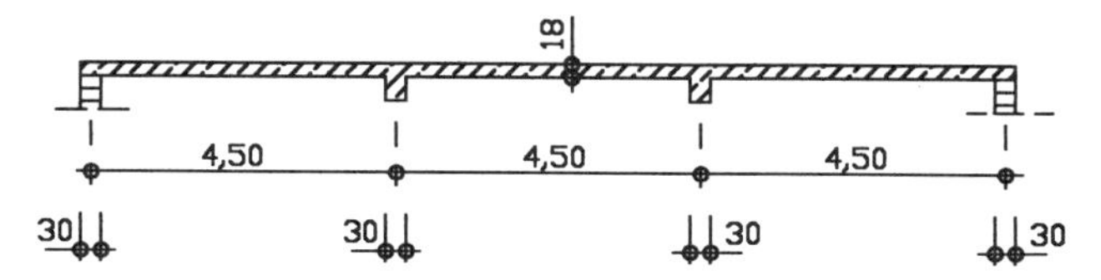

Es wird nur das ungünstigere Endfeld nachgewiesen; hierfür erhält man

$l_i = 0{,}80 \cdot l = 0{,}80 \cdot 4{,}50 = 3{,}60$ m (vgl. Tafel 6.7)

$$l_i/d = 3{,}60 / 0{,}15 = 24 \leq \begin{cases} 35 & \text{(s. Gl. (6.14a))} \\ 150/3{,}60 = 42 & \text{(s. Gl. (6.14b))} \end{cases}$$

→ Nachweis erfüllt.

6.4.3 Rechnerischer Nachweis der Verformungen

Ein rechnerischer Nachweis der Verformungen ist für die *quasi-ständige* Lastkombination zu führen. Zur Berechnungsmethode enthält DIN 1045-1 keine detaillierteren Angaben, entsprechende Hinweise sollen im DAfStb-H. 525 aufgenommen werden. Das nachfolgend wiedergegebene Berechnungsverfahren ist E DIN 1045-1 (Entwurf Februar 1997) entnommen.

Eine Durchbiegung erhält man durch numerische Integration der Krümmungen, die in mehreren Querschnitten zu berechnen ist. Als Näherung ist es jedoch auch zulässig, die Krümmung für den ungerissen Querschnitt und den vollständig gerissenen Querschnitt zu berechnen und hieraus den tatsächlichen Wert wie folgt zu bestimmen:

$$(1/r) = \zeta \cdot (1/r)_{II} + (1 - \zeta) \cdot (1/r)_{I} \qquad (6.17)$$

$(1/r)_I$ Krümmung des ungerissenen Querschnitts
$(1/r)_{II}$ Krümmung des vollständig gerissenen Querschnitts
ζ Verteilungsbeiwert; hierfür gilt:

a) $0 \leq \sigma_s \leq \sigma_{sr}$ (ungerissen)
→ $\zeta = 0$

b) $\sigma_{sr} \leq \sigma_s \leq 1{,}3\,\sigma_{sr}$ (Rissbildung)
→ $\zeta = 1 - \dfrac{\beta_t \cdot (\sigma_s - \sigma_{sr}) + (1{,}3 \cdot \sigma_{sr} - \sigma_s)}{0{,}3 \cdot \sigma_{sr}} \cdot \dfrac{\varepsilon_{sr2} - \varepsilon_{sr1}}{\varepsilon_{s2}}$

c) $1{,}3\sigma_{sr} \leq \sigma_s \leq f_{ym}$ (abgeschlossene Rissbildung)
→ $\zeta = 1 - \beta_t \cdot \dfrac{\varepsilon_{sr2} - \varepsilon_{sr1}}{\varepsilon_{s2}}$

β_t Lastbeiwert: 0,40 für Kurzzeitbelastung, 0,25 für Dauerlasten
σ_{sr} Stahlspannung unter Risslast im Zustand II
σ_s vorhandene Stahlspannung im Riss im Zustand II
ε_{sr1} Stahldehnung unter Risslast im Zustand I
ε_{sr2} Stahldehnung im Riss unter Risslast im Zustand II
ε_{s2} vorhandene Stahldehnung im Riss im Zustand II

Die Verhaltensvorhersage wird am ehesten erreicht, wenn als Betonzugfestigkeit der Mittelwert f_{ctm} angesetzt wird.

Das Kriechen kann über den effektiven *E*-Modul $E_{c,eff} = E_{cm} /(1 + \varphi)$ berücksichtigt werden (E_{cm}, φ s. Tafel 4.6 und 4.8). Die Formänderung infolge Schwindens wird ermittelt aus der Krümmung nach dem Ansatz

$$(1/r)_{cs} = \varepsilon_{cs} \cdot \alpha_e \cdot S / I \qquad (6.18)$$

mit der Schwindzahl ε_{cs}, dem Verhältnis der *E*-Moduln $\alpha_e = E_s / E_{c,eff}$, *S* als statischem Moment der Bewehrung (bez. auf die Schwerachse des Querschnitts), und *I* als Flächenmoment 2. Grades.

Für eine genaue Berechnung werden die Krümmungen längs der Bauteilachse integriert. Vereinfachend kann man jedoch vielfach obigen Ansatz direkt für die Durchbiegung anwenden:

$$f = \zeta \cdot f_{II} + (1 - \zeta) \cdot f_I \qquad (6.19)$$

mit f, f_I und f_{II} als Durchbiegungen (s. a. oben).

7 Sicherstellung eines duktilen Bauteilverhaltens; Mindest- und Höchstbewehrung

Die Konstruktionsregeln und die Durchbildung der Bauteile werden in DIN 1045-1, Abschnitt 13 behandelt. Nachfolgend wird hiervon nur die Frage der Mindest- und Höchstbewehrung angesprochen (ausführliche Darstellung der Bewehrungsführung s. Band 2).

7.1 Überwiegend biegebeanspruchte Bauteile

7.1.1 Balken und balkenartige Tragwerke

Mindestbiegezugbewehrung

Das Versagen eines Bauteils ohne Vorankündigung bei Erstrissbildung muss vermieden werden (Duktilitätskriterium). Für Stahlbetonbauteile gilt dies als erfüllt, wenn eine Mindestbewehrung nach DIN 1045-1, Abschn. 13 angeordnet wird.

Die Mindestbewehrung ist für das Rissmoment M_{cr} mit dem Mittelwert der Zugfestigkeit des Betons f_{ctm} und einer Stahlspannung $\sigma_s = f_{yk}$ zu berechnen.

$$A_{s,min} = M_{cr} / (z_{II} \cdot f_{yk}) \tag{7.1}$$

mit $M_{cr} = f_{ctm} \cdot I_I / z_{I,c1}$

z_{II} Hebelarm der inneren Kräfte nach Rissbildung (Zustand II)
I_I Flächenmoment 2. Grades (Trägheitsmoment) vor Rissbildung (Zustand I)
$z_{I,c1}$ Abstand von der Schwerachse bis zum Zugrand vor Rissbildung (Zustand I)

Die Auswertung von Gl. (7.1) für Rechteckquerschnitte zeigt Tafel 7.4.

Anordnung der Mindestbewehrung

Die Mindestbewehrung ist gleichmäßig über die Zugzonenbreite sowie anteilmäßig über die Höhe der Zugzone zu verteilen. Stöße sind für die volle Zugkraft auszubilden. Für die Bewehrungsführung gilt:

– Feldbewehrung: Die erforderliche Mindestbewehrung muss zwischen den Endauflagern durchlaufen (hochgeführte Bewehrung darf nicht berücksichtigt werden). Sie ist mit der Mindestverankerungslänge an den Auflagern zu verankern.
– Stützbewehrung: Über den Innenauflagern ist die obere Mindestbewehrung in beiden anschließenden Feldern über eine Länge von mindestens einem Viertel der Stützweite einzulegen.
– Kragarme: Bei Kragarmen muss die Mindestbewehrung über die gesamte Kraglänge durchlaufen.

Höchstbewehrung / Umschnürung der Biegedruckzone

Die *Höchstbewehrung* im Querschnitt beträgt (gilt auch im Bereich von Übergeifungsstößen)

$$A_{s,max} = 0{,}08 A_c \tag{7.2}$$

Bei *hochbewehrten* Balken bis zum C50/60 sind zur Umschnürung der Biegedruckzone mindestens Bügel mit $d_s \geq 10$ mm mit Abständen $s_l \leq 0{,}25\,h$ bzw. 20 cm und $s_q \leq h$ bzw. 60 cm erforderlich; Balken gelten als hochbewehrt, wenn die Druckzone $x/d > 0{,}45$ ist.

Zur Aufnahme einer *rechnerisch nicht berücksichtigten Einspannung* ist eine geeignete Bewehrung anzuordnen. Die Querschnitte der Endauflager sind dann für ein Stützmoment zu bemessen, das mindestens 25% des benachbarten Feldmoments entspricht. Die Bewehrung muss, vom Auflageranschnitt gemessen, mindestens über $0{,}25\,l$ des Endfeldes eingelegt werden.

Querkraftbewehrung

Für balkenartige Tragwerke ist eine *Mindestquerkraftbewehrung* vorgeschrieben; es gilt:

$$A_{sw}/s_w \geq \rho_w \cdot (b_w \cdot \sin\alpha) \qquad (7.3)$$

mit A_{sw}/s_w als Querschnitt der Querkraftbewehrung je Längeneinheit, ρ_w als Mindestbewehrungsgrad nach Tafel 7.1, b_w als maßgebende Stegbreite und α als Neigungswinkel der Querkraftbewehrung.

Schrägstäbe und Querkraftzulagen dürfen nur gleichzeitig mit Bügeln angeordent werden; mindestens 50 % der aufzunehmenden Querkraft müssen durch Bügel abgedeckt sein. Für die *Abstände* von Querkaftbewehrung in Längs- und Querrichtung gilt Tafel 7.2.

Torsionsbewehrung

Für die Ausbildung der Torsionsbewehrung sind die folgende Punkte zu beachten (vgl. DIN 1045-1, 13.2.4)

- Für die Torsionsbewehrung ist ein rechtwinkliges Bewehrungsnetz aus Bügeln und Längsstäben zu verwenden. Die Torsionsbügel sind durch Übergreifen zu schließen.
- Für die Bügelbewehrung gelten die in Tafel 7.1 angegebenen Mindestbewehrungsgrade. Die Bügelabstände sollten das Maß $u_k/8$ nicht überschreiten (u_k Umfang des Kernquerschnitts); die Abstände nach Tafel 7.2 sind zusätzlich zu beachten.
- Die Längsbewehrung sollte keinen größeren Abstand als 35 cm haben, wobei in jeder Querschnittsecke mindestens ein Stab angeordnet werden sollte.

Tafel 7.1 Mindestbewehrungsgrad min ρ_w der Querkraftbewehrung

Beton	12/15	16/20	20/25	25/30	30/37	35/45	40/50	45/55	50/60
ρ_w(‰)	0,51	0,61	0,70	0,83	0,93	1,02	1,12	2,21	1,31

Tafel 7.2 Höchstabstände der Querkraftbewehrung (Normalbeton bis C 50/60)

Schubbeanspruchung	Bügelabstände s_{max} Längsabstand	Querabstand	Schrägstäbe Längsabstand a)
$0 \leq V_{Ed}/V_{Rd,max} \leq 0{,}3$	$0{,}7\,h \leq 30$ cm	$1{,}0\,h \leq 80$ cm	$s_{max} \leq 0{,}5\,h(1+\cot\alpha)$
$0{,}3 < V_{Ed}/V_{Rd,max} \leq 0{,}6$	$0{,}5\,h \leq 30$ cm	$1{,}0\,h \leq 60$ cm	
$0{,}6 < V_{Ed}/V_{Rd,max} \leq 1{,}0$	$0{,}25\,h \leq 20$ cm	$1{,}0\,h \leq 60$ cm	a) Querabstand s. Bügel

Tafel 7.3 Mittelwert der Betonzugfestigkeit f_{ctm} (in N/mm²) für Normalbeton

f_{ck} in N/mm²	12	16	20	25	30	35	40	45	50
f_{ctm} in N/mm²	1,57	1,90	2,21	2,56	2,90	3,21	3,51	3,80	4,07

Tafel 7.4 Mindestbiegezugbewehrung[a)] von Rechteckquerschnitten für Normalbeton
(Werte 10^4fach)

f_{ck} in N/mm²		12	16	20	25	30	35	40	45	50
$\frac{A_{s,min}}{b \cdot h}$	$d/h = 0{,}95$	6,13	7,43	8,62	10,00	11,29	12,51	13,68	14,80	15,87
	$d/h = 0{,}90$	6,47	7,84	9,10	10,56	11,92	13,21	14,44	15,62	16,76
	$d/h = 0{,}85$	6,85	8,30	9,63	11,18	12,62	13,99	15,29	16,54	17,74
	$d/h = 0{,}80$	7,28	8,82	10,23	11,87	13,41	14,86	16,24	17,57	18,85
	$d/h = 0{,}75$	7,77	9,41	10,92	12,67	14,30	15,85	17,33	18,74	20,11

a) Für die in Tafel 7.4 angegebenen Werte wurde angenommen, dass der Hebelarm z der inneren Kräfte genügend genau konstant mit $z \approx 0{,}9d$ abgeschätzt werden kann (i. d. R. sichere Seite; tatsächlich ist z vom jeweiligen Bewehrungsgrad, von der Größe und Lage einer – ggf. vorhandenen – Druckbewehrung usw. abhängig).

Beispiele

Beispiel 1

Im Beispiel, S. 53 wurde die statisch erforderliche Bewehrung ermittelt. Als Ergebnis der Berechnung wurde die dargestellte Bewehrung gewählt; es soll die Mindestbewehrung überprüft werden.

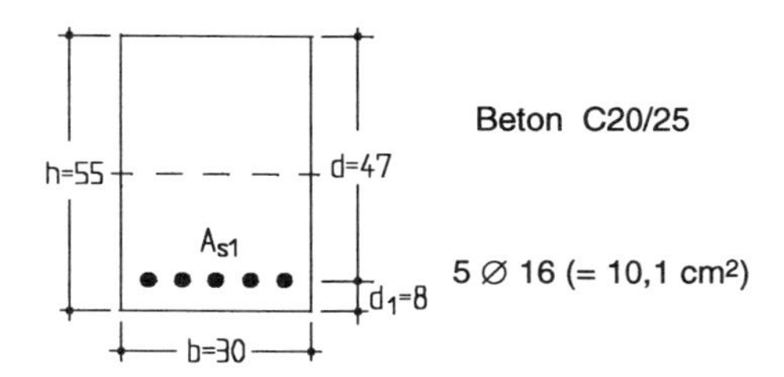

Mit $d/h = 47/55 = 0{,}85$ und einem Beton C20/25 ergibt sich mit Tafel 7.4:

$$A_{s,min} / (b \cdot h) = 9{,}63 \cdot 10^{-4}$$
$$A_{s,min} = 9{,}63 \cdot 10^{-4} \cdot 30 \cdot 55 = 1{,}59 \text{ cm}^2$$

Beispiel 2

Für den Plattenbalken gemäß Beispiel 1 (S. 102) soll die erforderliche Mindestbewehrung für Querkraft bestimmt werden (s. nebenstehende Skizze).

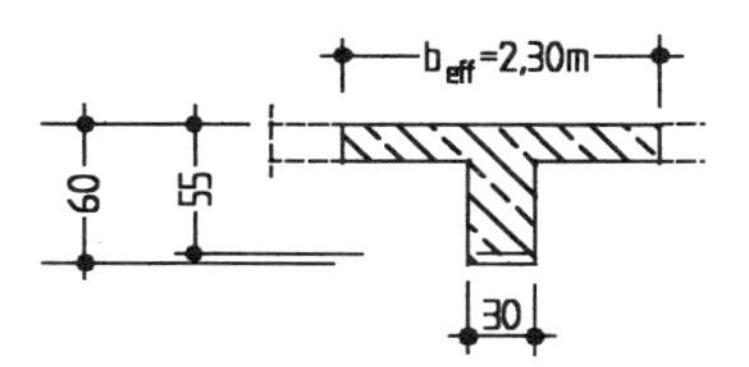

Für eine lotrechte Bügelbewehrung ergibt sich mit Gl. (7.3) und Tafel 7.2

$$A_{sw} / s_w \geq \rho_w \cdot b_w = 0{,}70 \cdot 10^{-3} \cdot 30 \cdot 100 = 2{,}10 \text{ cm}^2/\text{m}$$

7.1.2 Vollplatten

Die nachfolgenden Festlegungen beziehen sich auf einachsig und zweiachsig gespannte Ortbeton-Vollplatten mit einer Breite $b \geq 4\,h$; Bauteile mit $b < 4\,h$ gelten als Balken.

Mindestabmessungen

Die Mindestdicke von Vollplatten beträgt im Allgemeinen 7 cm; für Platten mit Querkraftbewehrung ist jedoch zur Sicherstellung der Verankerung der Bügelbewehrung eine Dicke von mindestens 16 cm, für Platten mit Durchstanzbewehrung von 20 cm erforderlich.

Biegezugbewehrung

Für die Ausbildung der *Hauptbewehrung* (Mindest- und Höchstbewehrungsgrade usw.) gilt Abschnitt 7.1.1, soweit nachfolgend nichts anderes festgelegt ist. Bei Platten ist eine *Querbewehrung* mit einem Querschnitt von mindestens 20 % der Hauptbewehrung vorzusehen; bei Betonstahlmatten muss $d_s \geq 5$mm sein.

Die *Stababstände* der Hauptbewehrung dürfen für Plattendicken $h \leq 15$ cm einen Abstand $s_l = 15$ cm und für $h \geq 25$ cm einen Abstand $s_l = 25$ cm nicht überschreiten (Zwischenwerte interpolieren); für die Querbewehrung gilt $s_q \leq 25$ cm.

Mindestens 50 % der maximalen Feldbewehrung sind über das Auflager zu führen und zu verankern. Bei einer teilweisen, rechnerisch nicht berücksichtigten Endeinspannung gilt Abschn. 7.1.1. Am freien ungestützten Rand ist eine Bewehrung anzuordnen (s. Abb.). Bei Fundamenten und innenliegenden Bauteilen des üblichen Hochbaus darf hierauf verzichtet werden.

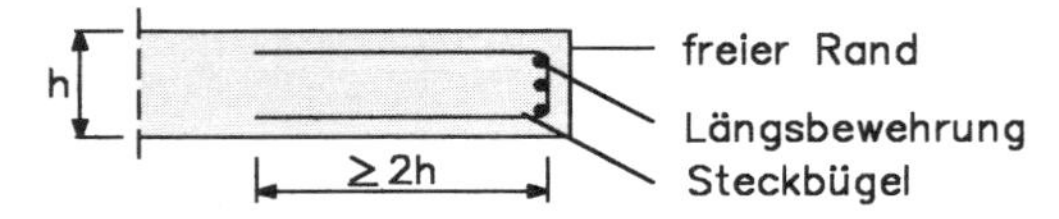

Drillbewehrung

Bei drillsteifen Platten ist für die Bemessung der Eckbewehrung das Drillmoment zu berücksichtigen, in anderen Fällen sollte sie konstruktiv angeordnet werden. Als Drillbewehrung sollte bei vierseitig gelagerten Platten unter Berücksichtigung der vorhandenen Bewehrung angeordnet werden:

- Ecken mit zwei frei aufliegenden Rändern: a_{sx} in beiden Richtungen oben und unten
- Ecken mit einem frei aufliegenden und einem eingespannten Rand: 0,5 a_{sx} rechtwinklig zum freien Rand mit $a_{sx} = \max a_{s,\text{Feld}}$

(s. hierzu nebenstehende Skizze).

Bei anderen Platten, z. B. bei dreiseitig gelagerten Platten, ist ein rechnerischer Nachweis der Drillbewehrung erforderlich.

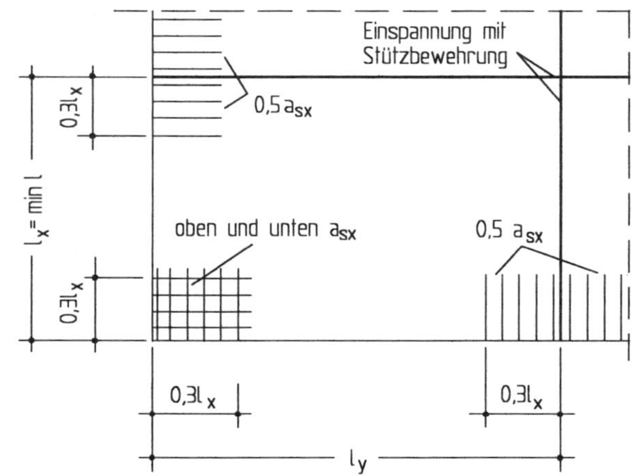

Querkraftbewehrung

Für die Querkraftbewehrung von Platten gilt Abschn. 7.1.1 mit nachfolgenden Ergänzungen:

- Bei Platten mit $b/h > 5$ darf auf Querkraftbewehrung verzichtet werden, falls rechnerisch keine Querkraftbewehrung erforderlich ist.
- Bauteile mit $b/h < 4$ sind als Balken nach Abschn. 7.1.1 zu betrachten.
- Bei Platten mit $5 \geq b/h \geq 4$ und ohne rechnerisch erforderliche Querkraftbewehrung gilt als Mindestbewehrung der 0,0fache bis 1,0fache Wert nach Tafel 7.1 (Zwischenwerte interpolieren).
- Bei Platten mit $5 \geq b/h \geq 4$ und mit rechnerisch erforderlicher Querkaftbewehrung ist der 0,6fache bis 1,0fache Wert nach Tafel 7.1 maßgebend.
- Querkraftbewehrung darf bei $V_{Ed} \leq (1/3) \cdot V_{Rd,max}$ vollständig aus Schrägstäben oder Schubzulagen bestehen, andernfalls gilt Abschn. 7.1.1
- Für den größten Längs- und Querabstand der Bügel gilt Tafel 7.2 (ohne Berücksichtigung der Absolutwerte in mm), der größte Längsabstand von Aufbiegungen beträgt $s_{max} \leq h$.

Bewehrung bei punktförmig gestützten Platten

Zur Vermeidung eines fortschreitenden Versagens ist stets ein Teil der Feldbewehrung über die Stützstreifen hinwegzuführen bzw. dort zu verankern. Die Bewehrung ist im Bereich der Lasteinleitungsfläche anzuordnen (Abminderungen von V_{Ed} sind nicht zulässig) mit einem Mindestquerschnitt von

$$A_s = V_{Ed}/f_{yk}$$

Durchstanzbewehrung

Es gelten die Regelungen für Querkraftbewehrung bei Platten mit folgenden Ergänzungen:

- Die Mindestdicke von Platten mit Durchstanzbewehrung beträgt 20 cm.
- Die Anordnung der Durchstanzbewehrung richtet sich nach untenstehender Skizze.
- Für die Stabdurchmesser der Durchstanzbewehrung gilt $d_s \leq 0{,}05\,d$ (mit d als Nutzhöhe der Platte in mm).
- Falls bei Bügeln nur eine Reihe als Durchstanzbewehrung rechnerisch erforderlich ist, so ist aus konstruktiven Gründen eine zweite Reihe mit einer Mindestbewehrung von $\rho_w = A_{sw}/(s_w \cdot u) \geq \min \rho_w$ anzu ordnen; dabei ist $s_w = 0{,}75\,d$ zu setzen (min ρ_w nach Tafel 7.1).

b) Schrägstäbe als Durchstanzbewehrung

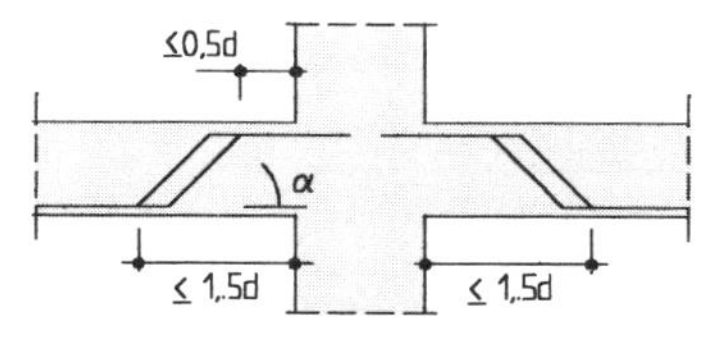

Schnitt

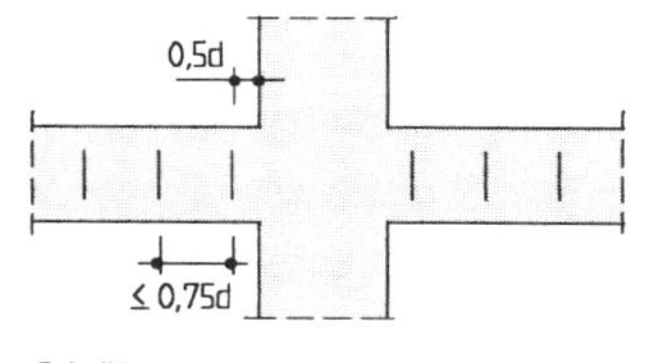

Schnitt

≤1,50d
0,5d
≤0,75d

Grundriss

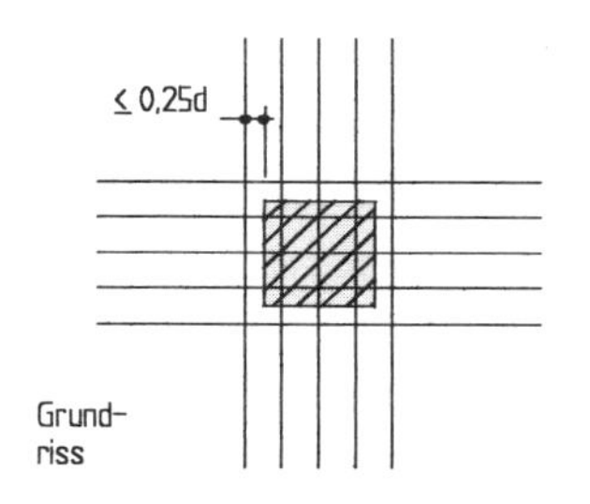

Grundriss

7.2 Überwiegend auf Druck beanspruchte Bauteile

7.2.1 Stützen

Bei Stützen ist das Verhältnis der größeren zur kleineren Querschnittsseite $b/h < 4$ (andernfalls handelt es sich um Wände).

Mindestabmessung

Für stehend hergestellte Ortbetonstützen gilt als kleinste Querschnittabmessung $h_{min} = 20$ cm, für liegend hergestellte Fertigteilstützen $h_{min} = 12$ cm.

Längsbewehrung

Der Mindestdurchmesser beträgt $d_{s,l} \geq 12$ mm. Als *Mindestbewehrung* sind gefordert

$$A_{s,min} \geq \begin{cases} 0{,}15 \cdot |N_{Ed}| / f_{yd} \\ 0{,}003 \cdot A_c \end{cases}$$

(letztere Bedinung ist nicht mehr explizit in DIN 1045-1 gefordert; s. jedoch nachfolgende Regelungen für Wände).

mit A_c als Fläche des Betonquerschnitts und N_{Ed} als Bemessungslängsdruckkraft. Als *Höchstbewehrung* gilt $A_{s,max} \leq 0{,}09 \cdot A_c$ (auch im Bereich von Stößen). In polygonalen Querschnitten ist mindestens 1 Stab je Ecke, in Kreisquerschnitten sind mindestens 6 Stäbe anzuordnen. Für den gegenseitigen Abstand der Längsstäbe gilt $s_l \leq 30$ cm (bei $b \leq 40$ cm – mit $h \leq b$ – genügt jedoch 1 Stab je Ecke).

Bügelbewehrung

Durch Bügel können max. 5 Stäbe in oder „in der Nähe der Ecke" (s. Skizze) gegen Ausknicken gesichert werden; für weitere Stäbe sind Zusatzbügel – mit höchstens doppeltem Abstand – erforderlich.

$$\text{Durchmesser } d_{sbü} \geq \begin{cases} 6 \text{ mm (Stabstahl)} \\ 5 \text{ mm (Matte)} \\ d_{sl} / 4 \end{cases}$$

$$\text{Bügelabstand}^{1)} \quad s_{bü} \leq \begin{cases} 12\, d_{sl} \\ \min h \\ 30 \text{ cm} \end{cases}$$

Für $d_{sV} > 28$ mm s. DIN 1045-1, 13.5.3.

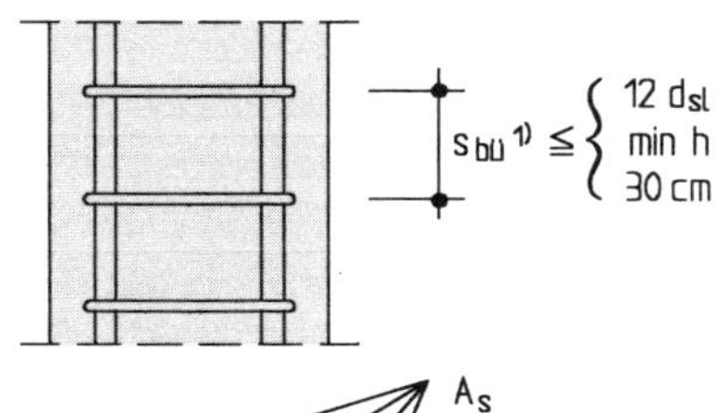

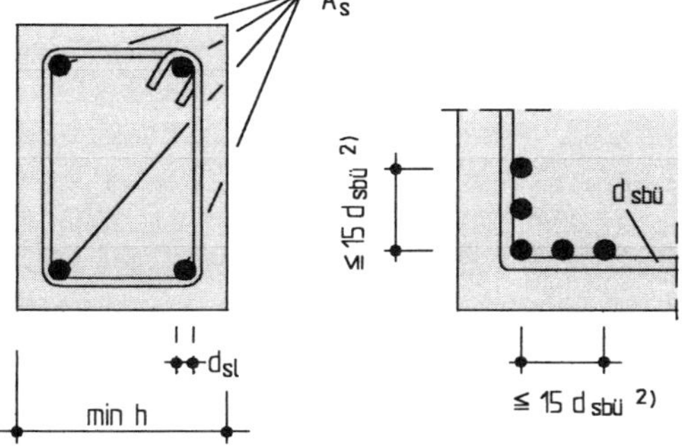

[1] Der Bügelabstand ist mit 0,6 zu multiplizieren:
- im Bereich unmittelbar unter und über Platten oder Balken auf einer Höhe gleich der größeren Stützenabmessung
- bei Übergreifungsstößen der Längsbewehrung mit $d_{sl} > 14$ mm

Bei Richtungsänderung der Längsbewehrung (z. B. Änderung der Stützenabmessung) sollte der Abstand der Querbewehrung unter Berücksichtigung der Umlenkkräfte ermittelt werden.

[2] „In der Nähe der Ecke" ist in DIN 1045 (Ausg. 88) mit dem 15fachen Bügeldurchmesser definiert.

7.2.2 Wände

Nachfolgende Angaben gelten für Stahlbetonwände; für Wände aus Halbfertigteilen sind zusätzlich die jeweiligen Zulassungen zu beachten. Bei Wänden ist die waagerechte Länge größer als die 4fache Dicke, andernfalls siehe Stützen.

Mindestwanddicken

Für die Mindestwanddicken gelten die Angaben in nachfolgender Tafel 7.5.

Lotrechte und waagerechte Bewehrung

Für die **lotrechte** Bewehrung gilt als Mindest- und Höchstbewehrung:

Mindestbewehrung	Allgemein	$A_{s,min} \geq 0{,}0015 \cdot A_c$
	bei $\lvert N_{Ed}\rvert \geq 0{,}3 f_{cd} A_c$ und bei schlanken Wänden:	$A_{s,min} \geq 0{,}0030 \cdot A_c$
Höchstbewehrung		$A_{s,max} \leq 0{,}040 \cdot A_c$

Der Bewehrungsgehalt an beiden Wandseiten sollte etwa gleich groß sein. Als zulässiger Stababstand gilt $s \leq 30$ cm und $s \leq 2\ h$ mit h als Wanddicke.

Die **waagerechte** Bewehrung muss i. Allg. 20 % der lotrechten Bewehrung, bei einer Längskraft $\lvert N_{Ed}\rvert \geq 0{,}3 f_{cd} A_c$ und bei schlanken Wänden 50 % der lotrechten Bewehrung betragen. Die Stababstände dürfen den Wert $s \leq 35$ cm nicht überschreiten. Der Stabdurchmesser muss mindestens 1/4 des Durchmessers der Längsbewehrung betragen. Die waagerechte Bewehrung ist außen (zwischen der lotrechten Bewehrung und der Wandoberfläche) anzuordnen.

S-Haken, Steckbügel, Bügel

Wenn die Querschnittsfläche der lastabtragenden lotrechten Bewehrung $0{,}02 \cdot A_c$ übersteigt, sollte sie nach Abschn. 7.2.1 verbügelt werden. Andernfalls gilt:

- Die außenliegende Bewehrung ist durch 4 S-Haken je m² zu sichern (bei dicken Wänden ggf. durch Steckbügel, die mindestens mit $0{,}5\,l_b$ im Inneren der Wand zu verankern sind).
- Bei Tragstäben mit $d_s \leq 16$ mm und bei einer Betondeckung $\geq 2d_s$ sind keine Maßnahmen erforderlich (in diesem Fall und stets bei Betonstahlmatten dürfen die druckbeanspruchten Stäbe außen liegen).
- An freien Rändern von Wänden mit $A_s \geq 0{,}003 A_c$ sind die Eckstäbe durch Steckbügel zu sichern.

Tafel 7.5 Mindestwanddicke für tragende Wände

Betonfestigkeits-klasse	Herstellung	Mindestwanddicke (in cm) für Wände aus unbewehrtem Beton: Decken über Wände nicht durchlaufend	unbewehrtem Beton: Decken über Wände durchlaufend	Stahlbeton: Decken über Wände nicht durchlaufend	Stahlbeton: Decken über Wände durchlaufend
C 12/15	Ortbeton	20	14	–	–
≥ C 16/20	Ortbeton	14	12	12	10
	Fertigteil	12	10	10	8

8 Zusammenfassende Beispiele

Vorbemerkung

Nachfolgend erfolgt in zwei Beispielen die vollständige Berechnung und Bemessung, wie sie in den vorangegangenen Kapiteln erläutert wurde. Auf detailliertere Nachweise zur Bewehrungsführung wird jedoch nicht eingegangen (s. hierzu Band 2).

8.1 Beispiel 1: Einachsig gespannte dreifeldrige Platte

8.1.1 System und Belastung

Gegeben sei die dargestellte einachsig gespannte Platte. Neben der Eigenlast der Konstruktion sind eine Zusatzeigenlast (Belag) von 1,25 kN/m² und eine veränderliche Last von 5,00 kN/m² (Nutzlast eines Verkaufsraumes) vorhanden.

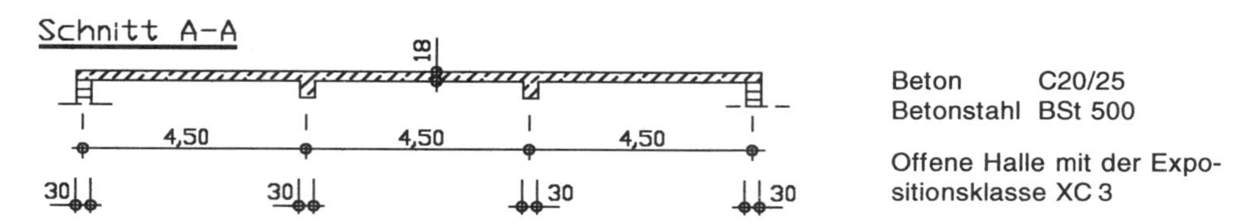

Es liegt ein Dreifeldträger mit 4,50 m Einzelstützweite vor; als Belastung (charakteristische Werte) ist vorhanden:

- für die Eigenlast: $g_k = g_{k1} + g_{k2} = 0,18 \cdot 25,0 + 1,25 = 5,75$ kN/m²
- für die veränderliche Last: $q_k = 5,00$ kN/m²

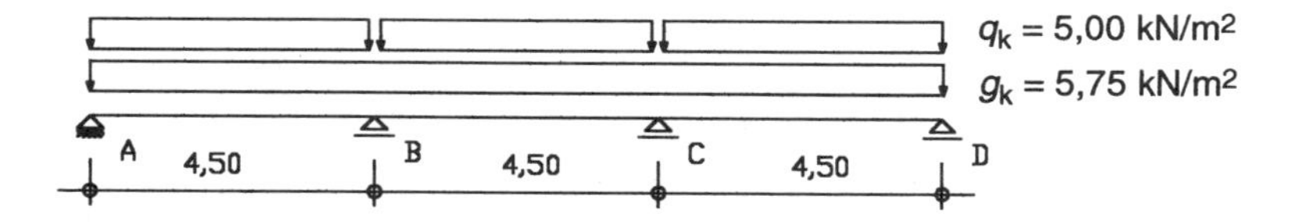

8.1.2 Schnittgrößen

Die Schnittgrößen werden in Tabellenform dargestellt; die Eigenlast wird konstant über alle Felder, die Nutzlast feldweise angesetzt. Sicherheits- und Kombinationsfaktoren werden bei der Bemessung berücksichtigt.

Lastfall		V_A kN/m	$V_{B,li}$ kN/m	$V_{B,re}$ kN/m	$V_{C,li}$ kN/m	M_B kNm/m	M_C kNm/m
1	g	10,35	–15,52	12,94	–12,94	–11,64	–11,64
2a	$q_{,Feld\ 1}$	9,75	–12,75	1,88	1,88	–6,75	1,69
2b	$q_{,Feld\ 2}$	–1,12	–1,12	11,25	–11,25	–5,06	–5,06
2c	$q_{,Feld\ 3}$	0,38	0,38	–1,87	–1,87	1,69	–6,75

8.1.3 Nachweis der Dauerhaftigkeit

Nachweis nach Abschn. 4.1.3; die Betonfestigkeitsklasse und die Betondeckung der Bewehrung muss den Anforderungen der Expositionsklasse XC 3 entsprechen.

XC 3	→	Mindestbetonfestigkeitsklasse	C20/25
		Mindestmaß der Betondeckung	c_{min} = 2,0 cm
		Vorhaltemaß	Δc = 1,5 cm

Die Anforderungen sind durch die gewählte Betonfestigleitsklasse (C20/25) erfüllt; die geforderte Betondeckung wird bei der Bemessung und konstruktiven Durchbildung berücksichtigt.

8.1.4 Grenzzustand der Tragfähigkeit

8.1.4.1 Biegebemessung

Die Bemessungswerte der Biegemomente erhält man durch Multiplikation der charakteristischen Werte mit den Teilsicherheitsbeiwerten. Die Eigenlast wird konstant über alle drei Felder angesetzt und ist mit $\gamma_G = 1{,}35$ zu multiplizieren (eine Berücksichtigung des unteren Beiwerts $\gamma_G = 1{,}00$ ist für nicht vorgespannte Durchlaufträger und -platten des üblichen Hochbaus nicht erfoderlich, wenn die Konstruktionsregeln für die Mindestbewehrung eingehalten werden; DIN 1045-1, Abschn. 8.2(4)). Die veränderliche Last ist lastfallweise und feldweise ungünstig mit $\gamma_Q = 1{,}50$ zu vervielfachen. Man erhält (Berechnung z. B. nach [Schneider – 00]):

$M_{Ed,b} = 1{,}35 \cdot (-11{,}64) + 1{,}50 \cdot (-6{,}75 - 5{,}06) = -33{,}48$ kNm/m (LF.: 1+2a+2b)

$M_{Ed,1} = V_{Ed,a}^2 / (2 \cdot (g_d + q_d))$ (LF.: 1+2a+2c)

$V_{Ed,a} = 1{,}35 \cdot 10{,}35 + 1{,}50 \cdot (9{,}75 + 0{,}38) = 29{,}17$ kN/m

$M_{Ed,1} = 29{,}17^2 / (2 \cdot (1{,}35 \cdot 5{,}75 + 1{,}50 \cdot 5{,}00)) = 27{,}85$ kNm/m

$x_1 = V_{Ed,a}/(g_d + q_d) = 29{,}17/(1{,}35 \cdot 5{,}75 + 1{,}50 \cdot 5{,}00) = 1{,}91$ m (Ort des maximalen Momentes im Feld 1

Weitere Biegemomente analog, auf eine Darstellung des Rechengangs wird verzichtet; man erhält die nachfolgend dargestellte Momentengrenzlinie.

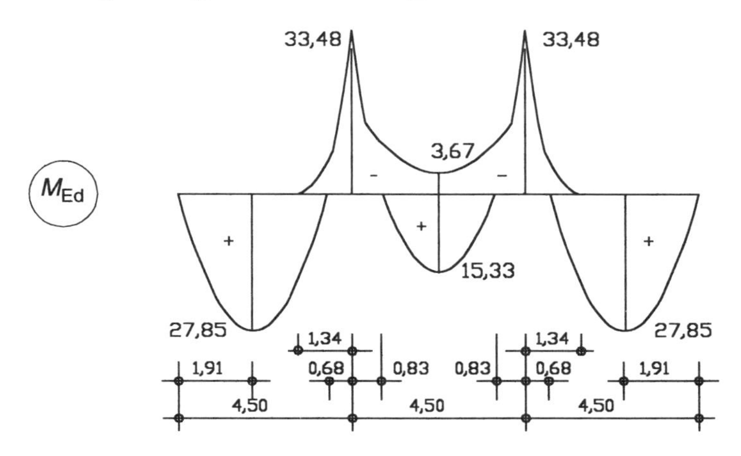

Bemessung

Nutzhöhe

$d = h - c_{nom} - d_{s,l}/2$ (für 1-lagige Bewehrung)

$c_{nom} = c_{min} + \Delta h = 2{,}0 + 1{,}5 = 3{,}5$ cm (Umgebungsklasse XC 3; s. vorher)

$d_{s,l} \leq 1{,}0$ cm (Annahmen)

$d = 18{,}0 - 3{,}5 - 1{,}0/2 = 14{,}0$ cm

Feldmoment, Randfeld

$M_{Eds} = M_{Ed} = 27{,}85$ kNm/m (wegen $N_{Ed} = 0$)

$$\mu_{Eds} = \frac{M_{Eds}}{b \cdot d^2 \cdot f_{cd}} = \frac{0{,}02785}{1{,}0 \cdot 0{,}14^2 \cdot (0.85 \cdot 20/1{,}5)} = 0{,}125$$

$\Rightarrow \omega = 0{,}134;\ \zeta = z/d = 0{,}93;\ \sigma_{sd} = 435$ MN/m²

$$A_s = \frac{1}{\sigma_{sd}} \cdot (\omega \cdot b \cdot d \cdot f_{cd} + N_{Ed}) = 0{,}132 \cdot 1{,}0 \cdot 0{,}14 \cdot \frac{(0.85 \cdot 20/1{,}5)}{435} \cdot 10^4 = 4{,}88 \text{ cm}^2/\text{m}$$

gew.: ∅ 10 – 16 cm (= 4,91 cm²/m)

Feldmoment, Innenfeld

$M_{Eds} = 15{,}33$ kNm/m

$$\mu_{Eds} = \frac{0{,}01533}{1{,}0 \cdot 0{,}14^2 \cdot (0{,}85 \cdot 20/1{,}5)} = 0{,}069$$

$\Rightarrow \omega = 0{,}072;\ \sigma_{sd} = 435$ MN/m²

$$A_s = 0{,}072 \cdot 1{,}0 \cdot 0{,}14 \cdot \frac{0{,}85 \cdot 20/1{,}5}{435} \cdot 10^4 = 2{,}63 \text{ cm}^2/\text{m}$$

gew.: ∅ 8 – 16 cm (=3,14 cm²/m)

Negative Feldmomente, Innenfeld

Die negativen Feldmomente brauchen nicht nachgewiesen zu werden, wenn die obere Bewehrung ohne Staffelung zwischen den Stützen B und C durchgeführt wird.

Stützmomente

$M_{Eds} = 33{,}48$ kNm/m *)

$$\mu_{Eds} = \frac{0{,}03348}{1{,}0 \cdot 0{,}14^2 \cdot (0{,}85 \cdot 20/1{,}5)} = 0{,}151$$

$\Rightarrow \omega = 0{,}165;\ \sigma_{sd} = 435$ MN/m²

$\zeta = z/d = 0{,}92;\ \xi = x/d = 0{,}20 < 0{,}45$ (s. Abschn. 8.2.6)

$$A_s = 0{,}165 \cdot 1{,}0 \cdot 0{,}14 \cdot \frac{0{,}85 \cdot 20/1{,}5}{435} \cdot 10^4 = 6{,}02 \text{ cm}^2/\text{m}$$

gew.: ∅ 10 – 13 cm (=6,04 cm²/m)

---

*) Wegen der biegesteifen Verbindung der Platte mit den Unterzügen darf für die Bemessung auch das Moment am Rand der Unterstützung gewählt werden. Hierbei sind allerdings zusätzlich Mindestmomente zu beachten. Auf diese Abminderung – ebenso auf eine Momentenumlagerung – wird im Rahmen des Beispiels verzichtet. Es wird auf die ausführliche Darstellung im Band 2 verwiesen.

8.1.4.2 Bemessung für Querkraft

Bei direkter Lagerung darf der Bemessungswert der Querkraft V_{Ed} im Abstand 1,0 d vom Auflagerrand zugrunde gelegt werden. Der Nachweis erfolgt nur für die größte Querkraft an der Stütze B_{li}.

Einwirkung: $|V_{Ed,bl}| = 1{,}35 \cdot 15{,}52 + 1{,}50 \cdot (12{,}75 + 1{,}12) = 41{,}76$ kN/m

$V_{Ed} = 41{,}76 - (1{,}35 \cdot 5{,}75 + 1{,}50 \cdot 5{,}00) \cdot (0{,}30/2 + 0{,}15) = 37{,}33$ kN/m

Widerstand: $V_{Rd,ct} = 0{,}10 \cdot \kappa \cdot (100\rho_l \cdot f_{ck})^{1/3} \cdot b_w \cdot d$ (vgl. Gl. (5.28) für $\sigma_{cd} = 0$)

$\kappa = 2$ (für $d \le 200$ mm)

$\rho_l = 6{,}02 / (100 \cdot 14) = 0{,}0043$ (Bewehrungsgrad der – oberen – Biegezugbewehrung)

$d = 0{,}14$ m

$V_{Rd,ct} = 0{,}10 \cdot 2 \cdot (0{,}43 \cdot 20)^{1/3} \cdot 1 \cdot 0{,}14 = 0{,}0574 \text{ MN} = 57{,}4 \text{ kN}$

Nachweis $V_{Rd,ct} > V_{Ed} \Rightarrow$ keine Schubbewehrung erforderlich.

Der Nachweis der Druckstrebe $V_{Rd,max}$ ist bei Stahlbetonplatten im Allg. entbehrlich.

8.1.5 Nachweise im Grenzzustand der Gebrauchstauglichkeit

Im Gebrauchszustand sind Spannungsbegrenzungen, die Beschränkung der Rissbreite und die Beschränkung der Durchbiegung nachzuweisen. Für die zu führenden Nachweise werden folgende Kombinationsfaktoren (S. 31, Tafel 4.2 für Verkaufsräume) benötigt:

- seltene Kombination (rare) $\psi_0 = 0{,}7$
- häufige Kombination (freq) $\psi_1 = 0{,}7$
- quasi-ständige Kombination (perm) $\psi_2 = 0{,}6$

8.1.5.1 Spannungsbegrenzung

Der Nachweis ist im vorliegenden Fall nicht erforderlich, da ein nicht vorgespanntes Tragwerk des üblichen Hochbaus vorliegt und die weiteren Bedingungen – Schnittgrößenumlagerung kleiner 15 %; bauliche Durchbildung nach DIN 1045-1 – eingehalten werden (s. DIN 1045-1, 11.1.1). Nachweise zur Demonstration!

Begrenzung der Betondruckspannungen

Die Nachweise werden beispielhaft für die Beanspruchung an der Stütze B geführt.

– unter der seltenen Last

$|M_{b,rare}| = 11{,}64 + 0{,}7 \cdot (5{,}06 + 6{,}75) = 19{,}91$ kNm/m

$$\sigma_c = \frac{2M}{b \cdot x \cdot z}$$

$x = \xi \cdot d = 0{,}216 \cdot 14 = 3{,}0$ cm

$\xi = 0{,}216$ aus Tafel 6.3 mit $\alpha_e \cdot \rho = 6{,}9 \cdot 0{,}0043 = 0{,}0297$

$\rho = 6{,}04 / (100 \cdot 14) = 0{,}0043$ (∅ 10 – 13)

$\alpha_e = 6{,}9$ (α_e nach Tafel 6.2; Nachweis – ungünstig – für $t = 0$)

$$z = d - \frac{x}{3} = 0{,}140 - \frac{0{,}030}{3} = 0{,}130 \text{ m}$$

$$\sigma_c = \frac{2 \cdot 0{,}01991}{1{,}0 \cdot 0{,}030 \cdot 0{,}130} = 10{,}2 \text{ MN/m}^2 < 0{,}60 \cdot f_{ck} = 0{,}60 \cdot 20 = 12{,}0 \text{ MN/m}^2$$

$\Rightarrow$ Nachweis erfüllt

– unter der quasi-ständigen Last

$$|M_{b,perm}| = 11{,}64 + 0{,}6 \cdot (5{,}06+6{,}75) = 18{,}73 \text{ kNm/m}$$

$$\sigma_c = \frac{2 \cdot 0{,}01873}{1{,}0 \cdot 0{,}030 \cdot 0{,}130} = 9{,}61 \text{ MN/m}^2 > 0{,}45 \cdot f_{ck} = 0{,}45 \cdot 20 = 9{,}0 \text{ MN/m}^2$$

$\Rightarrow$ Nachweis ***nicht*** erfüllt.

Durch den Nachweis soll sichergestellt werden, dass überproportionales Kriechen vermieden wird. Die Überschreitung erscheint hier unbedenklich.

Zum Vergleich wird noch die Betondruckspanung für $t = \infty$ mit $\alpha_e = 15$ bestimmt:

$\alpha_e \cdot \rho = 15 \cdot 0{,}0043 = 0{,}065 \rightarrow \xi = 0{,}301$ (s. Tafel 6.2)

$x = \xi \cdot d = 0{,}301 \cdot 14 = 4{,}2$ cm

$z = 14{,}0 - 4{,}2/3 = 12{,}6$ cm

$$\sigma_c = \frac{2 \cdot 0{,}01873}{1{,}0 \cdot 0{,}042 \cdot 0{,}126} = 7{,}08 \text{ MN/m}^2$$

Begrenzung der Betonstahlspannungen

Nachweis beispielhaft für die Beanspruchung an Stütze B unter seltener Last

$$\sigma_s = \frac{M}{A_s \cdot z}$$

$$z = d - \frac{x}{3} = 0{,}140 - \frac{0{,}042}{3} = 0{,}126 \text{ m}$$

$x = \xi \cdot d = 0{,}301 \cdot 14 = 4{,}2$ cm

$\xi = 0{,}301$ aus Tafel 6.3 mit $\alpha_e \cdot \rho = 15 \cdot 0{,}0043 = 0{,}0645$

$\rho = 6{,}04/(100 \cdot 14) = 0{,}0043$ (∅ 10–13)

$\alpha_e = 15$ (α_e nach Tafel 6.2; Nachweis – ungünstig – für $t = \infty$)

$$\sigma_s = \frac{0{,}01991}{6{,}04 \cdot 10^{-4} \cdot 0{,}126} = 262 \text{ MN/m}^2 < 0{,}80 \cdot f_{yk} = 0{,}80 \cdot 500 = 400 \text{ MN/m}^2$$

$\Rightarrow$ Nachweis erfüllt.

8.1.5.2 Beschränkung der Rissbreite

(Nachweis nachfolgend beispielhaft nur für die Beanspruchung an der Stütze B)

Mindestbewehrung

Es wird unterstellt, dass infolge der statisch unbestimmten Lagerung Zwangschnittgrößen (Biegezwang) auftreten können. Als erforderliche Mindestbewehrung erhält man

Mindestbewehrung

$$A_s = k_c \cdot k \cdot f_{ct,eff} \cdot A_{ct} / \sigma_s$$

$k_c = 0{,}4$ („reine" Biegung)

$k = 1{,}0$ (es wird ungünstig „äußerer" Zwang unterstellt)

$f_{ct,eff} = 3{,}0$ MN/m² (Rissbildung erfolgt erst nach mehr als 28 Tagen)

$A_{ct} = 0{,}18 \cdot 1{,}0/2 = 0{,}09$ m²/m (Betonzugzone vor Rissbildung)

σ_s = 330 MN/m² (Stahlspannung für $d_s^* = 10$ mm und $w_k = 0{,}3$ mm nach Tafel 6.6a; s. auch nachfolgend)

$A_s = 0{,}4 \cdot 1{,}0 \cdot 3{,}0 \cdot 0{,}090 / 330 = 3{,}27 \cdot 10^{-4}$ m²/m= 3,27 cm²/m

Die Mindestbewehrung ist kleiner als die für die Lastbeanspruchnung erforderliche Bewehrung und wird daher nicht maßgebend.

Nachweis der Grenzdurchmessers

Ein Nachweis des Grenzdurchmesser erübrigt sich, da für die der Ermittlung der Mindestbewehrung zugrunde liegende Stahlspannung ein Grenzdurchmesser $d_{s,lim} \geq d_s^* = 10$ mm (für $f_{ct,eff} = f_{ct0}$) zulässig ist.

Rissbreitenbegrenzung

Es liegt die Expositionsklasse XC 3 vor; hierfür ist eine Rissbreite $w_k \leq 0{,}3$ mm nachzuweisen. Maßgebend ist die quasi-ständige Last.

$|M_{b,perm}| = 11{,}64 + 0{,}6 \cdot (5{,}06 + 6{,}75) = 18{,}73$ kNm/m (vgl. Abschn. 8.1.5.1)

$$\sigma_s = \frac{0{,}01873}{6{,}04 \cdot 10^{-4} \cdot 0{,}126} = 246 \text{ MN/m}^2$$ (vgl. Abschn. 8.1.5.1)

Nachweis des gewählten Durchmessers

$$d_s \leq d_{s,lim} = d_s^* \cdot \frac{\sigma_s \cdot A_s}{4 \cdot (h-d) \cdot b \cdot f_{ct0}} \geq d_s^* \cdot \frac{f_{ct,eff}}{f_{ct0}}$$

d_s^* = 18 mm ($w_k = 0{,}3$ mm und $\sigma_s = 246$ MN/m²; s. Tafel 6.6a)

$f_{ct,eff} = f_{ctm} = 2{,}2$ MN/m² (C20/25; s. Tafel 4.6)

$$d_{s,lim} = 18 \cdot \frac{246 \cdot 0{,}000604}{4 \cdot (0{,}18 - 0{,}14) \cdot 1{,}0 \cdot 3{,}0} = 5{,}6 < 18 \cdot \frac{2{,}2}{3{,}0} = 13{,}2$$

$d_s = 10$ mm $< d_{s,lim} = 13{,}2$ mm → Nachweis erfüllt.

Nachweis des Stababstandes

Alternativ kann der Nachweis auch über den Grenzabstand lim s_l gemäß Tafel 6.6b geführt werden; für $\sigma_s = 246$ MN/m² und $w_k = 0{,}3$ mm erhält man

$s_l = 13$ cm $< s_{l,lim} = 19$ cm → Nachweis erfüllt.

8.1.5.3 Beschränkung der Durchbiegungen

Der Nachweis wird durch Begrenzung der Biegeschlankheit geführt; maßgebend ist das Endfeld.

$l_i = 0{,}80 \cdot l = 0{,}80 \cdot 4{,}50 = 3{,}60$ m (vgl. Tafel 6.7)

$$l_i / d = 3{,}60 / 0{,}14 = 26 \leq \begin{cases} 35 & \text{(s. Gl. (6.14a))} \\ 150/3{,}60 = 42 & \text{(s. Gl. (6.14b))} \end{cases}$$

→ Nachweis erfüllt.

8.1.6 Nachweise zur baulichen Durchbildung

Es werden nur die Nachweis gemäß Abschn. 7 dieses Bandes geführt; weitere Nachweise zur Bewehrungsführung (Verankerungslänge, Zugkraftdeckung etc.) s. Band 2.

Mindestbiegezugbewehrung

$$A_{\mathrm{sl,min}} \geq \frac{M_{\mathrm{cr}}}{z_{\mathrm{II}} \cdot f_{\mathrm{yk}}}$$

$$M_{\mathrm{cr}} = f_{\mathrm{ctm}} \cdot \frac{I_{\mathrm{I}}}{z_{\mathrm{I,ct}}} = 2{,}2 \cdot \frac{1{,}00 \cdot 0{,}18^3/12}{0{,}09} = 0{,}0119 \text{ MNm/m} = 11{,}9 \text{ kNm/m} \quad (\text{C20/25})$$

$$z_{\mathrm{II}} \approx 0{,}9 \cdot d = 0{,}9 \cdot 0{,}14 = 0{,}126 \text{ m}$$

$$A_{\mathrm{sl,min}} \geq \frac{11{,}9}{0{,}126 \cdot 50{,}0} = 1{,}89 \text{ cm}^2/\text{m}$$

Alternativ mit Tafel 7.4:

$$A_{\mathrm{sl,min}} \geq 10{,}51 \cdot 10^{-4} \cdot 100 \cdot 18 = 1{,}89 \text{ cm}^2/\text{m} \quad (\text{Beton C20/25; } d/h = 14/18 = 0{,}78)$$

Die Bewehrung muss als Feldbewehrung zwischen den Auflagern durchlaufen; die obere Bewehrung muss in den anschließenden Feldern mindestens mit einem Viertel der Stützweite – hier: 0,25 · 4,50 = 1,13 m – vorhanden sein (eine ggf. aus statischen Gründen größere Länge der obereren Bewehrung ist zu beachten).

Höchstbewehrung / Umschnürung der Biegedruckzone

Bei üblichen Plattentragwerke sind die Nachweise i. d. R. erfüllt (s. a. S. 178).

Querbewehrung

$A_{\mathrm{sq}} \geq 0{,}20 \cdot A_{\mathrm{sl}}$ →
an den Stützen: $A_{\mathrm{s,q}} = 0{,}20 \cdot 6{,}02 = 1{,}20 \text{ cm}^2/\text{m}$
im Randfeld: $A_{\mathrm{s,q}} = 0{,}20 \cdot 4{,}81 = 0{,}96 \text{ cm}^2/\text{m}$
im Innenfeld: $A_{\mathrm{s,q}} = 0{,}20 \cdot 2{,}63 = 0{,}52 \text{ cm}^2/\text{m}$

Weitere Angaben zur Bewehrungsführung

- mindestens die Hälfte der Feldbewehrung muss über die Auflager geführt werden
- Abstand der Stäbe für die Hauptbewehrumg: $s_{\mathrm{l}} \leq h = 18 = 18$ cm
- Größtabstände für die Querbewehung: $s_{\mathrm{q}} \leq 25$ cm
- Für eine rechnerisch nicht berücksichtigte Endeinspannung sollte eine obere Bewehrung angeordnet werden, die mindestens ein Viertel des Maximalmoments des angrenzenden Feldes aufnehmen kann. Diese Bewehrung sollte nicht kürzer als die 0,25fache Länge des Feldes sein (gemessen vom Auflageranschnitt).

Mindestschubbewehrung

Es wird unterstellt, dass ein Verhältnis $b/h > 5$ vorliegt (d. h. $b > 90$ cm), so dass keine Schubbewehung erforderlich ist (s. a. Abschn.8.1.4.2).

8.1.7 Bewehrungsskizze

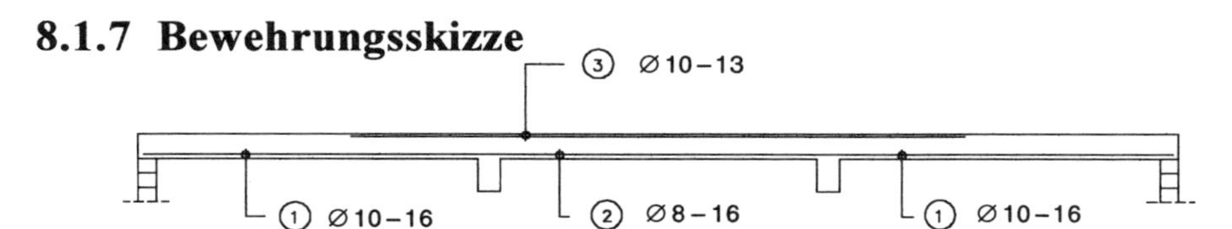

Querbewehrung und konstruktive Einspannbewehrung nicht dargestellt.

8.2 Beispiel 2: Einfeldriger Balken mit Kragarm

8.2.1 System und Belastung

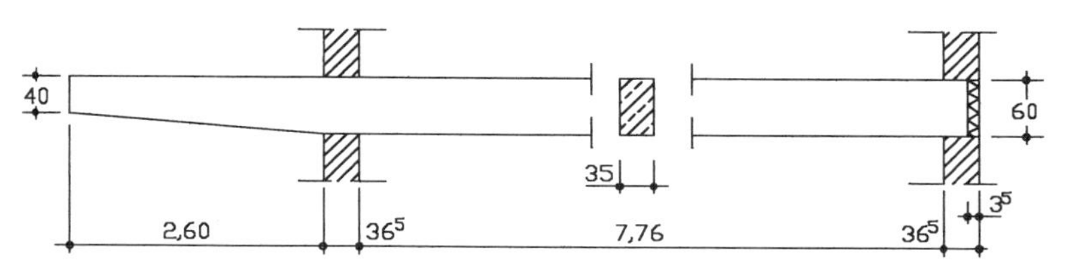

Baustoffe: C30/37; BSt 500
Umgebungsbedingungen: XC 4 und XF 1 (Außenbauteile)

Belastung: Eigenlast $0{,}35 \cdot 0{,}60 \cdot 25{,}0 = g_{1k} = 5{,}25$ kN/m *)
Ausbaulast (Vorgabe) $g_{2k} = 24{,}75$ kN/m

$g_k = 30{,}00$ kN/m

veränderliche Last (Vorgabe) $q_k = 15{,}00$ kN/m

Stützweiten: $l_{Krag} = 2{,}60 + 0{,}365/2 = 2{,}78$ m
$l_{Feld} = 7{,}76 + 0{,}365/2 + 0{,}33/2 = 8{,}05$ m

8.2.2 Schnittgrößenermittlung

Die Schnittgrößenermittlung erfolgt zunächt für charakteristische Lasten; Sicherheitsfaktoren und Kombinationsbeiwerte werden bei der Bemessung berücksichtigt. Es werden drei Lastfälle betrachtet

LF 1: ständige Last g_k für Kragarm und Feld
LF 2: Verkehrslast q_k für den Kragarm
LF 3: Verkehrslast q_k im Feld

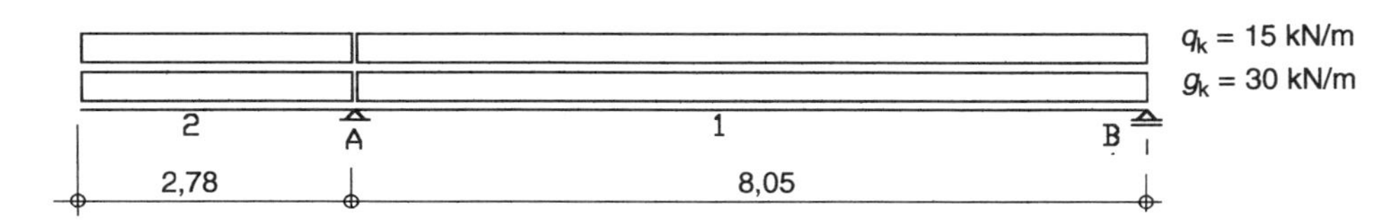

LF	M_A (kNm)	V_{al} (kN)	V_{ar} (kN)	V_b (kN)
g_k	–115,9	–83,4	135,2	–106,4
$q_{k,Krag}$	–58,0	–41,7	7,2	7,2
$q_{k,Feld}$	0	0	60,4	–60,4

*) Vereinfachend und auf der sicheren Seite im Kragarmbereich konstant angesetzt.

8.2.3 Nachweis der Lagesicherheit

Die Lagesicherheit ist im vorliegenden Falle offensichtlich gegeben. Der Nachweis wird zur Demonstration geführt. Hierfür ist die Eigenlast feldweise ungünstig mit $\gamma_{G,sup} = 1,1$ oder mit $\gamma_{G,inf} = 0,9$ zu multiplizieren; die Verkehrslast ist ungünstig mit $\gamma_Q = 1,5$ anzusetzen, im günstigen Fall ist sie wegzulassen. Man erhält die dargestellte Belastungsanordnung.

q_d = 22,5
$g_{d,sup}$ = 33,0 $g_{d,inf}$ = 27,0
2   A   1   B

Für das Auflager B gilt (s. hierzu auch Abschn. 4.1.1.3):

$$E_{d,dst} \leq E_{d,stb}$$

$$E_{d,dst} = (33,0 \cdot \frac{2,78^2}{2} + 22,5 \cdot \frac{2,78^2}{2}) \cdot \frac{1}{8,05} = 26,6 \text{ kN}$$

$$E_{d,stb} = 27,0 \cdot \frac{8,05}{2} = 108,6 \text{ kN}$$

26,6 kN < 108,6 kN ⇒ Nachweis erfüllt (ohne Berücksichtigung von Auflasten aus aufgehenden Wänden).

8.2.4 Nachweis der Dauerhaftigkeit

Nachweis nach Abschn. 4.1.3; die Betonfestigkeitsklasse und die Betondeckung der Bewehrung muss den Anforderungen der Expositionsklasse XC 4 und XF 1 entsprechen.

→ Mindestbetonfestigkeitsklasse C 25/30
Mindestmaß der Betondeckung c_{min} = 2,5 cm
Vorhaltemaß Δc = 1,5 cm

Diese Anforderungen sind durch die gewählte Betonfestigkeitsklasse (C30/37) erfüllt (zusätzlich sind die geforderten Eigenschaften nach EN 206-1 und DIN 1045-2 zu beachten); die Betondeckung wird bei der Bemessung und konstruktiven Durchbildung berücksichtigt.

8.2.5 Grenzzustand der Tragfähigkeit

8.2.5.1 Vorbemerkung

Im Rahmen des Beispiels wird die Bemessung nur in wenigen ausgewählten Punkten durchgeführt; es erfolgt daher keine Ermittlung einer Schnittkraftgrenzlinie.

8.2.5.2 Biegung

Nutzhöhe

$d = h - c_{nom} - d_{s,bü} - d_{s,l}/2$ (für 1-lagige Bewehrung)

$c_{nom} = c_{min} + \Delta h = 2,5 + 1,5 = 4,0$ cm (Umgebungsklasse XC 4; s. vorher)

$d_{s,bü} \leq 1,0$ cm; $d_{s,l} \leq 2,0$ cm (Annahmen)

$d = 60,0 - 4,0 - 1,0 - 2,0/2 = 54$ cm

Bemessung im Feld

$V_{Ed,b,zug} = 1,35 \cdot 106,4 + 1,50 \cdot 60,4 = 234,2$ kN | LF $(g+q_{Feld})$
$M_{Ed,1,max} = 234,2^2/(2 \cdot (1.35 \cdot 30 + 1,50 \cdot 15,0)) = 435,3$ kNm
$M_{Eds} = M_{Ed,1,max} = 435,3$ kNm | $N_{Ed} = 0$

$$\mu_{Eds} = \frac{M_{Eds}}{b \cdot d^2 \cdot f_{cd}} = \frac{0,4353}{0,35 \cdot 0,54^2 \cdot (0,85 \cdot 30 / 1,5)} = 0,251$$

$\rightarrow$ $\omega = 0,296$, $(\zeta = 0,85)$
$\sigma_{sd} = f_{yd} = 435$ MN/m²

$A_s = (1/\sigma_{sd}) \cdot (\omega \cdot b \cdot d \cdot f_{cd} + N_{Ed}) = 0,296 \cdot 35 \cdot 54 \cdot (17,0/435) = 21,8$ cm²

gew.: 7 ∅ 20 (22,0 cm²)

Bemessung an der Stütze

$|M_{Ed,a}| = 1,35 \cdot 115,9 + 1,50 \cdot 58,0 = 243,4$ kNm

Die Bemessung erfolgt näherungsweise und auf der sicheren Seite für das „Spitzenmoment" (ohne Momentenausrundung; s. hierzu Band 2).

$$\mu_{Eds} = \frac{0,2434}{0,35 \cdot 0,54^2 \cdot (0,85 \cdot 30 / 1,5)} = 0,140$$

$\rightarrow$ $\omega = 0,152$, $(\zeta = 0,92)$
$\sigma_{sd} = f_{yd} = 435$ MN/m²

$A_s = 0,152 \cdot 35 \cdot 54 \cdot (17/435) = 11,2$ cm²

gew.: 6 ∅ 16 (12,1cm²)

8.2.5.3 Querkraft

Stütze A_1

Einwirkende Querkraft

$V_{Ed,0} = 1,35 \cdot 83,4 + 1,50 \cdot 41,7 = 175,1$ kN

Die Druckgurtneigung (Untergurt) soll berücksichtigt werden; außerdem darf für die Ermittlung der Querkraftbewehrung ein Bemessungsschnitt im Abstand d vom Auflagerrand (ca. 50 cm vom Rand bei einer Nutzhöhe $d = 50$ cm) berücksichtigt werden.

$V_{Ed} = V_{Ed,0} - f_d \cdot (b_{sup}/2 + d) - V_{ccd}$
$f_d \cdot (b_{sup}/2 + d) = (1,35 \cdot 30 + 1,50 \cdot 15,0) \cdot (0,365/2 + 0,50) = 63,0 \cdot 0,68 = 43$ kN
$V_{ccd} \approx M_{Eds}/d \cdot \tan\varphi = 139/0,50 \cdot 0,0769 = 21,4$ kN (M_{Eds} und $\tan\varphi$ s. nachfolgend)
$|M_{Eds}| = (1,35 \cdot 30 + 1,50 \cdot 15,0) \cdot 2,10^2/2 = 139$ kNm
$\tan\varphi = 0,20/2,60 = 0,0769$
$V_{Ed} = 175,1 - 43,0 - 21,4 = 110,7$ kN

Widerstände $V_{Rd,max}$ (Druckstrebe) und $V_{Rd,sy}$ (Zugstrebe) für lotr. Schubbewehrung ($\alpha = 90°$)

$V_{Rd,max} = \alpha_c \cdot f_{cd} \cdot b_w \cdot z / (\tan\vartheta + \cot\vartheta)$

$\alpha_c = 0,75$; $f_{cd} = 0,85 \cdot 30 / 1,5 = 17,0$ MN/m²
$z \approx 0,92 \cdot 50 = 46$ cm

$\cot \vartheta = 1{,}2$ (gewählt; Näherung)

$V_{Rd,max} = 0{,}75 \cdot 17{,}0 \cdot 0{,}35 \cdot 0{,}46 \cdot 10^3 / (1{,}2 + 0{,}83) = 1010 \text{ kN} > V_{Ed,0}$

$V_{Rd,sy} = a_{sw} \cdot f_{yd} \cdot z \cdot \cot \vartheta$ (für $a = 90°$)

$$a_{sw} \geq \frac{V_{Ed}}{f_{yd} \cdot z \cdot \cot \vartheta} = \frac{0{,}1107}{435 \cdot 0{,}46 \cdot 1{,}2} = 4{,}61 \cdot 10^{-4} \text{ m}^2/\text{m} = 4{,}61 \text{ cm}^2/\text{m}$$

gew.: Bü ∅ 8 / 22 (2schnittig; 4,57 cm²/m)

Stütze A_{re}

$V_{Ed,Ar} = 1{,}35 \cdot 135{,}2 + 1{,}5 \cdot (7{,}2 + 60{,}4) = 283{,}8 \text{ kN}$
$V_{Ed} = V_{Ed,Ar} - f_d \cdot (b_{sup}/2 + d) = 283{,}8 - 63{,}0 \cdot (0{,}365/2 + 0{,}54) = 238 \text{ kN}$
$V_{Rd,max} = 0{,}75 \cdot 17{,}0 \cdot 0{,}35 \cdot 0{,}50 /(1{,}2 + 0{,}83) \cdot 10^3 = 1099 \text{ kN} > V_{Ed,Ar} = 283{,}8 \text{ kN}$

$z \approx 0{,}92 \cdot 54 = 50$ cm; $\alpha_c, f_{cd}, \cot \vartheta$ wie vorher

$$a_{sw} \geq \frac{0{,}238}{435 \cdot 0{,}50 \cdot 1{,}2} = 9{,}12 \cdot 10^{-4} \text{ m}^2/\text{m} = 9{,}12 \text{ cm}^2/\text{m}$$

gew.: Bü ∅ 8 / 11, 2schnittig (9,14 cm²/m)

Stütze B

$V_{Ed,B} = 1{,}35 \cdot 106{,}4 + 1{,}5 \cdot 60{,}4 = 234{,}2 \text{ kN}$
$V_{Ed} = V_{Ed,B} - f_d \cdot (b_{sup}/3 + d) = 234{,}2 - 63{,}0 \cdot (0{,}33/3 + 0{,}545) = 192{,}9 \text{ kN}$
$V_{Rd,max} \approx 1010 \text{ kN} > V_{Ed,B} = 234{,}2 \text{ kN}$

$V_{Rd,max}$ ungefähr wie bei Stütze A_{re}

$$a_{sw} \geq \frac{0{,}1929}{435 \cdot 0{,}50 \cdot 1{,}2} = 7{,}39 \cdot 10^{-4} \text{ m}^2/\text{m} = 7{,}39 \text{ cm}^2/\text{m}$$

gew.: Bü ∅ 8 / 14 (2schnittig; 7,18 cm²/m)

8.2.6 Grenzzustand der Gebrauchstauglichkeit

8.2.6.1 Begrenzung der Spannungen

Nachweis nicht erforderlich, da
- Bemessung und bauliche Durchbildung nach DIN 1045-1 erfolgt
- keine Schnittkraftumlagerung erfolgt (hier auch nicht möglich).

8.2.6.2 Begrenzung der Rissbreite

Mindestbewehrung

Es wird unterstellt, dass keine nennenswerten Zwangsschnittgrößen auftreten können (zwängungsfreie Lagerung bzw. große Nachgiebigkeit der unterstützenden Bauteile). Es wird daher nur die Mindestbewehrung zur Sicherstellung eines duktilen Bauteilverhaltens erforderlich (vgl. hierzu Abschn. 8.2.7.1).

Rissbreitenbegrenzung (für Lastbeanspruchung)

Nachweis für Umweltklasse XC 4 (Außenbauteile) erforderlich. Der Nachweis ist für die quasiständige Last zu führen. Im Rahmen des Beispiels wird der Nachweis nur für die größte Beanspruchung im Feld geführt.

Quasi-ständige Last

Eigenlasten: g_k = (s. vorher) = 30,0 kN/m
Verkehrslasten $\psi_2 \cdot q_k = 0{,}5 \cdot 15{,}0$ = 7,5 kN/m (ψ_2 für sonstige veränderliche Lasten)

Nachweis im Feld

Feldmoment M_1 $|V_{b,zug}| = 106{,}4 + 0{,}5 \cdot 60{,}4 = 136{,}5$ kN

$$M_{1,max} = \frac{136{,}5^2}{2 \cdot (30{,}0 + 7{,}5)} = 248{,}4 \text{ kNm}$$

Stahlspannung $\sigma_s = \dfrac{M_1}{z \cdot A_s}$ $z \approx 0{,}85 \cdot 0{,}54 = 0{,}46$ m; $A_s = 22{,}0$ cm² (7 ∅ 20)

$$\sigma_s = \frac{248{,}4}{0{,}46 \cdot 22{,}0} = 24{,}5 \text{ kN/cm}^2 = 245 \text{ MN/m}^2$$

Nachweis $d_{s,lim} = d_s^* \cdot \dfrac{\sigma_s \cdot A_s}{4 \cdot (h-d) \cdot b \cdot f_{ct,0}} \geq d_s^* \cdot \dfrac{f_{ct,eff}}{f_{ct,0}}$

$d_s^* = 18$ mm; $f_{ct,eff}/f_{ct,0} = 2{,}9/3{,}0 = 0{,}97$ (Beton C30/37)

$$\frac{\sigma_s \cdot A_s}{4 \cdot (h-d) \cdot b \cdot f_{ct,0}} = \frac{245 \cdot 0{,}0022}{4 \cdot (0{,}60 - 0{,}54) \cdot 0{,}35 \cdot 3{,}0} = 2{,}14$$

$d_{s,lim} = 18 \cdot 2{,}14 = 38 \text{ mm} > d_s = 20$ mm, Nachweis erfüllt

8.2.6.3 Begrenzung der Verformungen

Der vereinfachte Nachweis über die Begrenzung der Biegeschlankheit gilt nach DIN 1045-1, 11.3.2 nur für Deckenplatten des üblichen Hochbaus. Soweit die Durchbiegeungen von Bedeutung sind, ist im vorliegenden Fall daher ein „genauerer" Nachweis erforderlich. Im Rahmen des Beispiels wird hierauf verzichtet.

8.2.7 Mindestbewehrung

8.2.7.1 Biegezugbewehrung

$$A_{sl,min} \geq \frac{M_{cr}}{z_{II} \cdot f_{yk}}$$

$$M_{cr} = f_{ctm} \cdot \frac{I_I}{z_{I,ct}} = 2{,}9 \cdot \frac{0{,}35 \cdot 0{,}60^3 / 12}{0{,}30} = 0{,}0609 \text{ MNm} = 60{,}9 \text{ kNm} \quad \text{(C30/37)}$$

$$z_{II} \approx 0{,}9 \cdot d = 0{,}9 \cdot 0{,}54 = 0{,}49 \text{ m}$$

$$A_{sl,min} \geq \frac{60{,}9}{0{,}49 \cdot 50{,}0} = 2{,}49 \text{ cm}^2$$

Alternativ mit Tafel 7.4 (S. 171):

$A_{sl,min} \geq 11{,}92 \cdot 10^{-4} \cdot 35 \cdot 60 = 2{,}50$ cm² (für einen Beton C30/37 und $d/h = 54/60 = 0{,}90$)

Die Bewehrung ist als Feldbewehrung von Auflager zu Auflager zu führen; die obere Bewehrung muss über die ganze Kragarmlänge durchlaufen und im anschließenden Feldbereich mindestens mit einem Viertel der Stützweite – hier: 0,25 · 8,05 = 2,0 m – vorhanden sein (eine ggf. aus statischen Gründen größerer Länge der obereren Bewehrung ist zu beachten).

8.2.7.2 Schubbewehrung

Mindestschubbewehrung

$a_{sw} \geq \rho_w \cdot b_w \cdot \sin \alpha$

$\rho_w = 0{,}00093$ (für C30/37; s. Tafel 7.1, S. 170)
$\sin \alpha = 1$ (lotrechte Bügel)

$a_{sw} \geq 0{,}00093 \cdot 35 \cdot 100 = 3{,}26 \text{ cm}^2/\text{m}$

gew.: ∅ 8 – 25 = 4,02 cm²/m bzw. die rechnerisch erforderliche Schubbewehrung.

Abstände der Bügel

Im ungünstigsten Fall ist das Verhältnis V_{Ed} zu $V_{Rd,max}$ kleiner als 0,30 (Stütze A_r). Damit sind auf der ganzen Trägerlänge folgende Bügelabstände zulässig (s. Tafel 7.2, S. 170):

$s_{längs} \leq 0{,}7\,h = 0{,}7 \cdot 60 = 42$ cm
≤ 30 cm (maßgebend)

$s_{quer} \leq 1{,}0\,h = 1{,}0 \cdot 60 = 60$ cm (maßgebend)
≤ 80 cm

Auf weitere Nachweise wird im Rahmen des Beispiels verzichtet.

8.2.8 Bewehrungsskizze

Die nachfolgend dargestellte Bewehrungsskizze dient nur zur Demonstration der zuvor durchgeführten Rechenschritte und ist unvollständig.

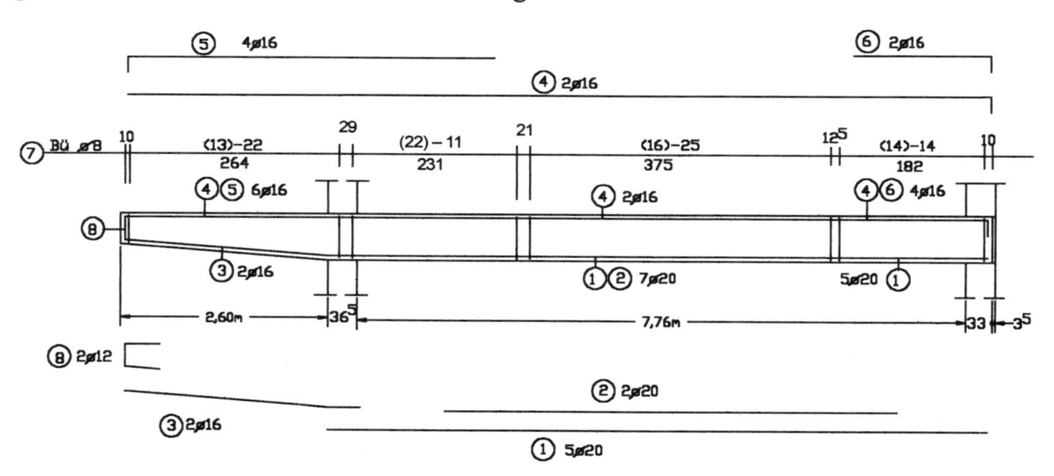

9 Querschnitte von Bewehrungen

Abmessungen und Gewichte

Nenndurchmesser d_s in mm	6	8	10	12	14	16	20	25	28
Nennquerschnitt A_s in cm²	0,283	0,503	0,785	1,13	1,54	2,01	3,14	4,91	6,16
Nenngewicht G in kg/m	0,222	0,395	0,617	0,888	1,21	1,58	2,47	3,85	4,83

Querschnitte von Balkenbewehrungen A_s in cm²

Stabdurchmesser d_s in mm	Anzahl der Stäbe									
	1	2	3	4	5	6	7	8	9	10
6	0,28	0,57	0,85	1,13	1,41	1,70	1,98	2,26	2,54	2,83
8	0,50	1,01	1,51	2,01	2,51	3,02	3,52	4,02	4,52	5,03
10	0,79	1,57	2,36	3,14	3,93	4,71	5,50	6,28	7,07	7,85
12	1,13	2,26	3,39	4,52	5,65	6,79	7,92	9,05	10,18	11,31
14	1,54	3,08	4,62	6,16	7,70	9,24	10,78	12,32	13,85	15,39
16	2,01	4,02	6,03	8,04	10,05	12,06	14,07	16,09	18,10	20,11
20	3,14	6,28	9,42	12,57	15,71	18,85	21,99	25,13	28,27	31,42
25	4,91	9,82	14,73	19,64	24,54	29,45	34,36	39,27	44,18	49,09
28	6,16	12,32	18,47	24,63	30,79	36,95	43,10	49,26	55,42	61,58

Größte Anzahl von Stäben in einer Lage bei Balken

Nachfolgende Werte gelten für ein Nennmaß der Betondeckung $c_{nom} = 2,5$ cm (bezogen auf den Bügel) ohne Berücksichtigung von Rüttellücken. Bei den Werten in ( ) werden die geforderten Abstände geringfügig unterschritten.

Balkenbreite b in cm	Durchmesser d_s in mm						
	10	12	14	16	20	25	28
10	1	1	1	1	1	–	–
15	3	3	3	(3)	2	2	1
20	5	4	4	4	3	(3)	2
25	6	6	(6)	5	4	(4)	2
30	8	7	7	(7)	6	4	3
35	10	9	8	8	7	5	4
40	11	10	10	9	8	6	5
45	13	12	11	(10)	9	7	6
50	14	13	(13)	12	10	8	7
55	16	15	14	13	12	9	8
60	18	16	15	14	13	10	9
Bügeldurchmesser $d_{sbü}$	≤ 8 mm				≤ 10 mm	≤ 12 mm	≤ 16 mm

Querschnitte von Flächenbewehrungen a_s in cm²/m

Stababstand s in cm	Durchmesser d_s in mm									Stäbe pro m
	6	8	10	12	14	16	20	25	28	
5,0	5,65	10,05	15,71	22,62	30,79	40,21	62,83	98,17		20,00
5,5	5,14	9,14	14,28	20,56	27,99	36,56	57,12	89,25		18,18
6,0	4,71	8,38	13,09	18,85	25,66	33,51	52,36	81,81	102,63	16,67
6,5	4,35	7,73	12,08	17,40	23,68	30,93	48,33	75,52	94,73	15,38
7,0	4,04	7,18	11,22	16,16	21,99	28,72	44,88	70,12	87,96	14,29
7,5	3,77	6,70	10,47	15,08	20,53	26,81	41,89	65,45	82,10	13,33
8,0	3,53	6,28	9,82	14,14	19,24	25,13	39,27	61,36	76,97	12,50
8,5	3,33	5,91	9,24	13,31	18,11	23,65	36,96	57,75	72,44	11,76
9,0	3,14	5,59	8,73	12,57	17,10	22,34	34,91	54,54	68,42	11,11
9,5	2,98	5,29	8,27	11,90	16,20	21,16	33,07	51,67	64,82	10,53
10,0	2,83	5,03	7,85	11,31	15,39	20,11	31,42	49,09	61,58	10,00
10,5	2,69	4,79	7,48	10,77	14,66	19,15	29,92	46,75	58,64	9,52
11,0	2,57	4,57	7,14	10,28	13,99	18,28	28,56	44,62	55,98	9,09
11,5	2,46	4,37	6,83	9,83	13,39	17,48	27,32	42,68	53,54	8,70
12,0	2,36	4,19	6,54	9,42	12,83	16,76	26,18	40,91	51,31	8,33
12,5	2,26	4,02	6,28	9,05	12,32	16,08	25,13	39,27	49,26	8,00
13,0	2,17	3,87	6,04	8,70	11,84	15,47	24,17	37,76	47,37	7,69
13,5	2,09	3,72	5,82	8,38	11,40	14,89	23,27	36,36	45,61	7,41
14,0	2,02	3,59	5,61	8,08	11,00	14,36	22,44	35,06	43,98	7,14
14,5	1,95	3,47	5,42	7,80	10,62	13,87	21,67	33,85	42,47	6,90
15,0	1,88	3,35	5,24	7,54	10,26	13,40	20,94	32,72	41,05	6,67
16,0	1,77	3,14	4,91	7,07	9,62	12,57	19,63	30,68	38,48	6,25
17,0	1,66	2,96	4,62	6,65	9,06	11,83	18,48	28,87	36,22	5,88
18,0	1,57	2,79	4,36	6,28	8,55	11,17	17,45	27,27	34,21	5,56
19,0	1,49	2,65	4,13	5,95	8,10	10,58	16,53	25,84	32,41	5,26
20,0	1,41	2,51	3,93	5,65	7,70	10,05	15,71	24,54	30,79	5,00
21,0	1,35	2,39	3,74	5,39	7,33	9,57	14,96	23,37	29,32	4,76
22,0	1,29	2,28	3,57	5,14	7,00	9,14	14,28	22,31	27,99	4,55
23,0	1,23	2,19	3,41	4,92	6,69	8,74	13,66	21,34	26,77	4,35
24,0	1,18	2,09	3,27	4,71	6,41	8,38	13,09	20,45	25,66	4,17
25,0	1,13	2,01	3,14	4,52	6,16	8,04	12,57	19,63	24,63	4,00

Lagermattenprogramm

(mit Materialeigenschaften gemäß DIN 1045-1, Tabelle 11; ab 01.10.2001)

Die neue DIN 1045-1 definiert erhöhte Anforderungen an die Duktilität von Betonstählen, die über den Anforderungen nach DIN 488 liegen. Das geforderte Qualitätsniveau wird mit einer neuen tiefgerippten Betonstahlmatte erreicht, die zukünftig vom Fachverband Betonstahlmatten produziert wird. Im Zuge der Anpassung der Betonstahlmatten an die DIN 1045-1 wird das Lagermattenprogramm außerdem reduziert. Nachfolgend ist das nach dem derzeitigen Stand geplante neue Lagermattenprogramm wiedergegeben.

Länge / Breite	Randeinsparung (Längsrichtung)	Matten-bezeich-nung	Mattenaufbau in Längsrichtung / Querrichtung: Stab-ab-stände	Stabdurchmesser Innen-bereich	Stabdurchmesser Rand-bereich	Anzahl der Längsrandstäbe links	Anzahl der Längsrandstäbe rechts	Quer-schnitte längs / quer	Gewicht je Matte	Gewicht je m²
m			mm	mm	mm			cm²/m	kg	kg
5,00 / 2,15	ohne	**Q188 A**	150 · 150 ·	6,0 6,0				1,88 1,88	32,4	3,01
		Q257 A	150 · 150 ·	7,0 7,0				2,57 2,57	44,1	4,10
		Q335 A	150 · 150 ·	8,0 8,0				3,35 3,35	57,7	5,37
6,00 / 2,15	mit	**Q377 A**	150 · 100 ·	6,0 d / 7,0	6,0 –	4 /	4	3,77 3,85	67,6	5,24
		Q513 A	150 · 100 ·	7,0 d / 8,0	7,0 –	4 /	4	5,13 5,03	90,0	6,98
5,00 / 2,15	ohne	**R188 A**	150 · 250 ·	6,0 6,0				1,88 1,13	26,2	2,44
		R257 A	150 · 250 ·	7,0 6,0				2,57 1,13	32,2	3,00
		R335 A	150 · 250 ·	8,0 6,0				3,35 1,13	39,2	3,65
6,00 / 2,15	mit	**R377 A**	150 · 250 ·	6,0 d / 6,0	6,0 –	2 /	2	3,77 1,13	46,1	3,57
		R513 A	150 · 250 ·	7,0 d / 6,0	7,0 –	2 /	2	5,13 1,13	58,6	4,54

Der Gewichtsermittlung der Lagermatten liegen folgende Überstände zugrunde:

QN 188 – QN 335: Überstände längs: 100/100 mm Überstände quer: 25/25 mm
QN 377 – QN 513: Überstände längs: 150/150 mm Überstände quer: 25/25 mm
RN 188 – RN 335: Überstände längs: 125/125 mm Überstände quer: 25/25 mm
RN 377 – RN 513: Überstände längs: 125/125 mm Überstände quer: 25/25 mm

„d": Doppelstäbe

Randausbildung der Lagermatten

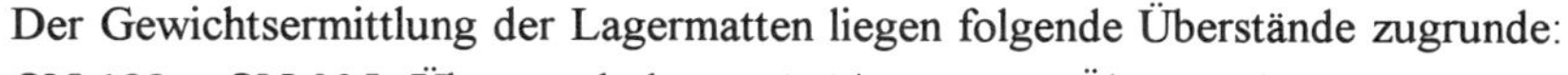

10 Literatur

10.1 Normen und Richtlinien

Normenverzeichnis

DIN	Titel	Ausgabe
	a) Beton, Stahlbeton und Spannbeton	
1045	Beton- und Stahlbeton: Bemessung und Ausführung	07.1988
1045/A1	Beton- und Stahlbeton: Bemessung und Ausführung Änderung A1	12.1996
4227-1	Spannbeton Teil 1: Bauteile aus Normalbeton mit beschränkter und voller Vorspannung	07.1988
4227-1/A1	Spannbeton Teil 1: Bauteile aus Normalbeton mit beschränkter und voller Vorspannung; Änderung A1	12.1995
1045-1	Tragwerke aus Beton, Stahlbeton und Spannbeton Teil 1: Bemessung und Konstruktion	07.2001
1045-2	Tragwerke aus Beton, Stahlbeton und Spannbeton Teil 2: Beton; Festlegung, Eigenschaften, Herstellung und Konformität	07.2001
EN 206-1	Beton – Teil 1: Festlegung, Eigenschaften, Herstellung und Konformität	07.2001
1045-3	Tragwerke aus Beton, Stahlbeton und Spannbeton Teil 3: Bauausführung	07.2001
1045-4	Tragwerke aus Beton, Stahlbeton und Spannbeton Teil 4: Ergänzende Regeln für die Herstellung und Konformität von Fertigteilen	07.2001
V ENV 1992-1	Eurocode 2; Planung von Stahlbeton- und Spannbetontragwerken Teil 1: Grundlagen und Anwendungsregeln für den Hochbau	06.1992
V ENV 1992-1-3	Eurocode 2; Planung von Stahlbeton- und Spannbetontragwerken Teil 1-3: Bauteile und Tragwerke aus Fertigteilen	12.1994
V ENV 1992-1-6	Eurocode 2; Planung von Stahlbeton- und Spannbetontragwerken Teil 1-6: Tragwerke aus unbewehrtem Beton	12.1994
–	DAfStb-Richtlinien zur Anwendung von Eurocode 2	4.93 u. 6.95
1048-1	Prüfverfahren für Beton Teil 1: Frischbeton	06.1991
1048-2	Prüfverfahren für Beton Teil 2: Festbeton in Bauwerken und Bauteilen	06.1991
1048-4	Prüfverfahren für Beton Teil 4: Bestimmung der Druckfestigkeit von Festbeton in Bauwerken und Bauteilen; Anwendung von Bezugsgraden und Auswertung mit besonderen Verfahren	06.1991
1048-5	Prüfverfahren für Beton Teil 5: Festbeton, gesondert hergestellte Probekörper	06.1991

Normenverzeichnis (Fortsetzung)

DIN	Titel	Ausgabe
	b) Betonstahl	
488-1	Betonstahl Teil 1: Sorten, Eigenschaften, Kennzeichen	09.1984
488-2	Betonstahl Teil 2: Betonstabstahl, Abmessungen	06.1986
488-4	Betonstahl Teil 4: Betonstahlmatten, Aufbau	06.1986
	c) Übergreifende Normen	
1055-100	Einwirkungen auf Tragwerke Teil 100: Grundlagen der Tragwerksplanung, Sicherheitskonzept und Bemessungsregeln	03.2001
1080-1	Begriffe, Formelzeichen und Einheiten im Bauingenieurwesen Teil 1: Grundlagen	06.1976
1080-3	Begriffe, Formelzeichen und Einheiten im Bauingenieurwesen Teil 3: Beton- und Stahlbetonbau, Spannbetonbau, Mauerwerksbau	03.1980

Literaturverzeichnis

[Andrä/Avak – 99] Andrä, H.-P.; Avak, R.: Hinweise zur Bemessung von punktgestützen Platten. Stahlbetonbau aktuell 1999, Werner Verlag, Beuth Verlag, 1999

[Avak-T1 – 01] Avak, R.: Stahlbetonbau in Beispielen, DIN 1045 und europäische Normung; Teil 1: Bemessung von Stabtragwerken, 2001, Werner Verlag, Düsseldorf

[Avak/Goris – 94] Avak, R.; Goris, A.: Bemessungspraxis nach EUROCODE 2, Zahlen- und Konstruktionsbeispiele, 1994, Werner Verlag, Düsseldorf

[Bieger – 95] Bieger, K.-W. (Hrsg.): Stahlbeton- und Spannbetontragwerke nach Eurocode 2; 2. Auflage, 1995, Springer-Verlag, Berlin

[DAfStb-H.220 – 79] Deutscher Ausschuß für Stahlbeton, H. 220.Grasser / Kordina / Quast: Bemessung von Beton- und Stahlbetonbauteilen nach DIN 1045, Ausgabe 1978, 2. überarbeitete Auflage, 1979,Verlag Ernst & Sohn, Berlin

[DAfStb-H.240 – 91] Deutscher Ausschuß für Stahlbeton, Heft 240: Hilfsmittel zur Berechnung der Schnittgrößen und Formänderungen von Stahlbetontragwerken nach DIN 1045, Ausg. Juli 1988. 3. Auflage, 1991. Beuth Verlag, Berlin/Köln

[DAfStb-H.371 – 86] Deutscher Ausschuß für Stahlbeton, H. 371. Kordina; Nölting: Tragfähigkeit durchstanzgefährdeter Stahlbetonplatten. DAfStb-Heft 371, 1986, Verlag Ernst & Sohn, Berlin

[DAfStb-H.387 – 87] Deutscher Ausschuß für Stahlbeton, H. 387. Dieterle / Rostásy: Tragverhalten quadratischer Einzelfundamente aus Stahlbeton. 1987, Verlag Ernst & Sohn, Berlin

[DAfStb-H.399 – 93] Deutscher Ausschuß für Stahlbeton, H. 387. Eligehausen / Gerster: Das Bewehren von Stahlbetonbauteilen – Erläuterungen zu verschiedenen gebräuchlichen Bauteilen. 1993, Beuth Verlag, Berlin/Köln

[DAfStb-H.400 – 88] Deutscher Ausschuß für Stahlbeton, H. 400: Erläuterungen zu DIN 1045, Beton- und Stahlbeton, Ausgabe 7.88; Beuth Verlag, Berlin/Köln

[DAfStb-H.425 – 92] Deutscher Ausschuß für Stahlbeton, Heft 425: Bemessungshilfen zu Eurocode 2 Teil 1, 2. ergänzte Auflage, 1992. Beuth Verlag, Berlin/Köln

[DAfStb-H.466 – 96] Deutscher Ausschuß für Stahlbeton, Heft 466: Grundlagen und Bemessungshilfen für die Rißbreitenbeschränkung im Stahlbeton und Spannbeton. 1996. Beuth Verlag, Berlin/Köln

[DBV – 96] Deutscher Beton- und Bautechnik-Verein: Merkblatt Begrenzung der Rissbildung im Stahlbeton- und Spannbetonbau; 1996

[DBV – 97/1] Deutscher Beton- und Bautechnik-Verein: Merkblatt Betondeckung und Bewehrung; 1997

[DBV – 97/2] Deutscher Beton- und Bautechnik-Verein: Merkblatt Abstandhalter; 1997

[DIN – 81] Deutsches Institut für Normung: Grundlagen für die Sicherheitsanforderungen für bauliche Anlagen. 1981. Beuth Verlag, Berlin/Köln

[Eibl/Schmidt – 95] Eibl, J.; Schmidt-Hurtienne, B.: Grundlagen für ein neues Sicherheitskonzept. Die Bautechnik 8/1995, S. 501-506

[Franz – 80] Franz: Konstruktionslehre des Stahlbetons. Band I, Grundlagen und Bauelemente, 4. Auflage, Springer-Verlag, Berlin 1980 und 1983

[Franz/Schäfer – 88] Franz / Schäfer / Hampe: Konstruktionslehre des Stahlbetons. Band II, Tragwerke, 2. Auflage, Springer-Verlag, Berlin, 1988 und 1991

[Geistefeldt/Goris–93] Geistefeldt, H. / Goris, A.: Ingenieurhochbau - Teil 1: Tragwerke aus bewehrtem Beton nach Eurocode 2, 1993, Werner Verlag, Düsseldorf, Beuth Verlag, Berlin

[Goris – 02] Goris, A.: Bemessung von Stahlbetonbauteilen. Stahlbetonbau aktuell, Praxishandbuch 2002, Bauwerk Verlag, Berlin.

[Grasser/Kupfer – 96] Grasser / Kupfer / Pratsch / Feix: Bemessung von Stahlbeton- und Spannbetonbauteilen nach EC 2 für Biegung, Längskraft, Querkraft und Torsion. Beton-Kalender 1996, Verlag Ernst & Sohn, Berlin

[Grasser – 97] Grasser: Bemessung der Stahlbetonbauteile. Bemessung für Biegung mit Längskraft, Schub und Torsion. Beton-Kalender 1997, Verlag Ernst & Sohn, Berlin

[Grünberg – 01] Grünberg, J.: Sicherheitskonzept und Einwirkungen nach DIN 1055 (neu). Stahlbetonbau aktuell, Jahrbuch 2001. Werner Verlag, Beuth Verlag.

[Hilsdorf/Reinh. – 01] Hilsdorf, H: K. / Reinhardt, H.-W.: Beton. Beton-Kalender 2001, Verlag Ernst & Sohn, Berlin

[König/Tue – 98] König, G. / Tue, N.: Grundlagen des Stahlbetonbaus. Teubner-Verlag, Stuttgart 1998

[Kordina – 01] Kordina, K.: DIN 1045-1 – Sorgen der Anwender. Beton- und Stahlbetonbau, 9/2001, S. 614-618

[Kordina/Quast – 01] Kordina / Quast: Bemessung von schlanken Bauteilen für den durch Tragwerksverformungen beeinflußten Grenzzustand der Tragfähigkeit – Stabilitätsnachweis. Beton-Kalender 2001, Verlag Ernst & Sohn, Berlin

[Litzner – 96] Litzner, H.-U.: Grundlagen der Bemessung nach Eurocode 2 - Vergleich mit DIN 1045 u. DIN 4227, Beton-Kalender 1996, Verlag Ernst & Sohn, Berlin

[Litzner – 01] Harmonisierung der technischen Regeln in Europa – die Eurocodes für den konstr. Ingenieurbau. Beton-Kalender 2001, Verlag Ernst & Sohn, Berlin

[Leonhardt-T1 – 73] Leonhardt, F.: Vorlesungen über Massivbau, Teil 1, 2. Auflage, 1973, Springer-Verlag, Berlin

[Leonhardt-T2 – 74] Leonhardt, F.: Vorlesungen über Massivbau, Teil 2, 1974, Springer-Verlag, Berlin

[Leonhardt-T3 – 77] Leonhardt, F.: Vorlesungen über Massivbau, Teil 3, 3. Auflage, 1977, Springer-Verlag, Berlin

[Leonhardt-T4 – 77] Leonhardt, F.: Vorlesungen über Massivbau, Teil 4, korrigierter Nachdruck, 1977, Springer-Verlag, Berlin

[Reineck – 01] Reineck, K.-H.: Hintergründe zur Querkraftbemessung in DIN 1045-1 für Bauteile aus Konstruktionsbeton mit Querkraftbewehrung. Der Bauingenieur 04/2001, S. 168-179

[Rußwurm – 97] Rußwurm, D.: Neuer Betonstahl, Vorstellung der Tiefrippung. Betonwerk + Fertigteil-Technik. 10/1997, S. 38 - 42

[Schießl – 97] Schießl, P.: Bemessung auf Dauerhaftigkeit – Brauchen wir neue Konzepte? Vortrag Betontag 1997, Deutscher Beton-Verein, 1997

[Schlaich/Schäfer – 98] Schlaich / Schäfer: Konstruieren im Stahlbetonbau. Beton-Kalender 1998, Verlag Ernst & Sohn, Berlin 1998

[Schmitz/Goris – 01] Schmitz, P. U / Goris, A.: Bemessungstafeln nach DIN 1045-1. 2001, Werner Verlag, Düsseldorf

[Schmitz/Goris – 02] Schmitz, P. U / Goris, A.: DIN 1045-1 digital. 2002, Werner Verlag, Düsseldorf (in Vorb.)

[Schneider – 00] Schneider, K.-J. (Hrsg): Bautabellen für Ingenieure. 14. Auflage, 2000, Werner Verlag, Düsseldorf

[Steinle – 81] Steinle, A: Zum Tragverhalten von Blockfundamenten für Stahlbetonfertigteilstützen. In: Vorträge Betontag 1981, S. 186 - 205; Deutscher Beton-Verein, 1981

[Steinle/Hahn – 95] Steinle / Hahn: Bauen mit Betonfertigteilen im Hochbau. Beton-Kalender 1995, Verlag Ernst & Sohn, Berlin

[Zilch/Rogge – 01] Zilch, K. / Rogge, A.: Bemessung von Stahlbeton- und Spannbetonbauteilen nach DIN 1045-1. Beton-Kalender 2001, Verlag Ernst & Sohn, Berlin

11 Stichwortverzeichnis